Bruchmechanik

Dietmar Gross • Thomas Seelig

Bruchmechanik

Mit einer Einführung in die Mikromechanik

6., erweiterte Auflage

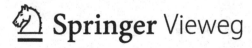 Springer Vieweg

Prof. Dr.-Ing. Dietmar Gross
FB 13 FG Festkörpermechanik
Technische Universität Darmstadt
Franziska-Braun-Straße 7
64287 Darmstadt, Deutschland
gross@mechanik.tu-darmstadt.de

Prof. Dr.-Ing. Thomas Seelig
Institut für Mechanik
Universität Karlsruhe (KIT)
Kaiserstraße 12
76131 Karlsruhe, Deutschland
thomas.seelig@kit.edu

ISBN 978-3-662-46736-7   ISBN 978-3-662-46737-4 (eBook)
DOI 10.1007/978-3-662-46737-4

Die Deutsche Nationalbibliothek verzeichnet diese Publikation in der Deutschen Nationalbibliografie; detaillierte bibliografische Daten sind im Internet über http://dnb.d-nb.de abrufbar.

Springer Vieweg

Gedruckt auf säurefreiem und chlorfrei gebleichtem Papier

Springer Vieweg ist Teil von Springer Nature
Die eingetragene Gesellschaft ist Springer-Verlag GmbH Berlin Heidelberg

Vorwort

Dieses Buch ist aus Vorlesungen über Bruchmechanik und Mikromechanik hervorgegangen, die wir für Hörer aus den Ingenieur- und den Naturwissenschaften halten. Sein Ziel ist es, den Studierenden eine Hilfe beim Erlernen der Grundlagen dieser Fächer zu bieten. Zugleich soll es dem Fachmann in der Industrie den Einstieg in diese Gebiete ermöglichen und ihm das Rüstzeug zur Behandlung entsprechender Fragestellungen zur Verfügung stellen.

Das Buch überdeckt die wichtigsten Teile der Bruchmechanik und führt in die Mikromechanik ein. Dabei kam es uns darauf an, die wesentlichen Grundgedanken und Methoden sauber darzustellen, um damit ein tragfähiges Fundament für ein weiteres Eindringen in diese Gebiete zu schaffen. Im Vordergrund steht die Beschreibung von Bruchvorgängen mit Hilfe der Mechanik, wobei aber auch werkstoffkundliche und materialspezifische Aspekte gestreift werden. Inhaltlich werden zunächst die kontinuumsmechanischen und phänomenologischen Grundlagen zusammengestellt. Es folgt ein Einblick in die klassischen Bruch- und Versagenshypothesen. Ein beträchtlicher Teil des Buches ist dann der linearen Bruchmechanik und der elastisch-plastischen Bruchmechanik gewidmet. Weitere Kapitel befassen sich mit der Kriechbruchmechanik sowie der Bruchdynamik. In einem umfangreicheren Kapitel werden die Grundlagen der Mikromechanik und Homogenisierung bereitgestellt. Schließlich werden noch Elemente der Schädigungsmechanik und der probabilistischen Bruchmechanik abgehandelt.

In den ersten beiden Auflagen umfasste das Werk ausschließlich die Bruchmechanik. Ab der dritten Auflage wurde der Inhalt auf die Mikromechanik ausgeweitet. Sie hat aufgrund der zunehmenden Verknüpfung von bruch- und schädigungsmechanischen Fragestellungen mit mikromechanischen Modellierungen eine besondere Bedeutung erfahren. Die vorliegende Neuauflage haben wir genutzt, um das Buch vollständig zu überarbeiten und eine Reihe weiterer Ergänzungen vorzunehmen. Aufgegriffen haben wir unter anderen Themen wie die numerische Behandlung von Riss- und Homogenisierungsproblemen, Risse in anisotropen Materialien, periodische Mikrostrukturen sowie die nichtlokale Regularisierung von Schädigungsmodellen. Daneben haben wir weitere Übungsaufgaben angefügt.

Gedankt sei an dieser Stelle allen, die zur Entstehung dieses Buches beigetragen haben. Eingeschlossen sind auch die, von denen wir selbst gelernt haben. Wie sagt es Roda Roda so schön ironisch: "Aus vier Büchern abzuschreiben ergibt ein fünftes gelehrtes Buch". Danken möchten wir auch Frau Dipl.-Ing. Heike Herbst für die Anfertigung der meisten Zeichnungen. Nicht zuletzt sei dem Verlag für die gute Zusammenarbeit gedankt.

Darmstadt und Karlsruhe im Dezember 2015

Dietmar Gross
Thomas Seelig

Inhaltsverzeichnis

Einführung 1

1 Einige Grundlagen der Festkörpermechanik 5
   1.1 Spannung 5
        1.1.1 Spannungsvektor 5
        1.1.2 Spannungstensor 7
        1.1.3 Gleichgewichtsbedingungen 11
   1.2 Deformation und Verzerrung 12
        1.2.1 Verzerrungstensor 12
        1.2.2 Verzerrungsgeschwindigkeit 14
   1.3 Stoffgesetze 15
        1.3.1 Elastizität 15
        1.3.2 Viskoelastizität 20
        1.3.3 Plastizität 23
   1.4 Energieprinzipien 28
        1.4.1 Energiesatz 29
        1.4.2 Prinzip der virtuellen Arbeit 29
        1.4.3 Satz von Clapeyron, Satz von Betti 31
   1.5 Ebene Probleme 32
        1.5.1 Allgemeines 32
        1.5.2 Lineare Elastizität, Komplexe Methode 35
        1.5.3 Idealplastisches Material, Gleitlinienfelder . 37
   1.6 Übungsaufgaben 40
   1.7 Literatur 42

2 Klassische Bruch- und Versagenshypothesen 45
   2.1 Grundbegriffe 45
   2.2 Versagenshypothesen 46
        2.2.1 Hauptspannungshypothese 47
        2.2.2 Hauptdehnungshypothese 47
        2.2.3 Formänderungsenergiehypothese 48

        2.2.4   Coulomb-Mohr Hypothese 49

        2.2.5   Drucker-Prager-Hypothese 52

        2.2.6   Johnson-Cook Kriterium 53

  2.3   Deformationsverhalten beim Versagen 54

  2.4   Übungsaufgaben 55

  2.5   Literatur 56

3   Ursachen und Erscheinungsformen des Bruchs 57

  3.1   Mikroskopische Aspekte 57

        3.1.1   Oberflächenenergie, Theoretische Festigkeit 57

        3.1.2   Mikrostruktur und Defekte 59

        3.1.3   Rissbildung 62

        3.1.4   Perkolation 64

  3.2   Makroskopische Aspekte 65

        3.2.1   Rissausbreitung 65

        3.2.2   Brucharten 66

  3.3   Literatur 67

4   Lineare Bruchmechanik 69

  4.1   Allgemeines 69

  4.2   Das Rissspitzenfeld 70

        4.2.1   Zweidimensionale Rissspitzenfelder 70

        4.2.2   Modus I Rissspitzenfeld 76

        4.2.3   Dreidimensionales Rissspitzenfeld 77

  4.3 K-Konzept 78

  4.4 K-Faktoren 80

        4.4.1   Beispiele 80

        4.4.2   Integralgleichungsformulierung 87

        4.4.3   Methode der Gewichtsfunktionen 90

        4.4.4   Risswechselwirkung 93

        4.4.5   Spannungsintensitätsfaktoren und Kerbfaktoren 98

        4.4.6   Numerische Ermittlung von K-Faktoren 101

  4.5   Die Bruchzähigkeit K_{Ic} 103

  4.6   Energiebilanz 105

        4.6.1   Energiefreisetzung beim Rissfortschritt 105

        4.6.2   Energiefreisetzungsrate 107

        4.6.3   Nachgiebigkeit, Energiefreisetzungsrate und K–Faktoren ... 110

        4.6.4   Energiesatz, Griffithsches Bruchkriterium 111

        4.6.5   Numerische Ermittlung der Energiefreisetzungsrate 118

        4.6.6 J-Integral 119

  4.7   Kleinbereichsfließen 126

        4.7.1   Größe der plastischen Zone, Irwinsche Risslängenkorrektur . 126

        4.7.2   Qualitative Bemerkungen zur plastischen Zone 128

  4.8   Stabiles Risswachstum 129

  4.9   Gemischte Beanspruchung 132

4.10 Rissinitiierung an Löchern und Kerben 138
4.11 Ermüdungsrisswachstum 141
4.12 Der Grenzflächenriss...................................... 143
4.13 Anisotrope Materialien 151
4.14 Piezoelektrische Materialien 154
  4.14.1 Grundlagen 154
  4.14.2 Der Riss im ferroelektrischen Material 156
4.15 Übungsaufgaben 159
4.16 Literatur 161

5 **Elastisch-plastische Bruchmechanik**........................... 163
5.1 Allgemeines.. 163
5.2 Dugdale Modell.. 164
5.3 Kohäsivzonenmodelle...................................... 168
5.4 Rissspitzenfeld... 172
  5.4.1 Idealplastisches Material 172
  5.4.2 Deformationstheorie, HRR−Feld...................... 177
5.5 Bruchkriterium 183
5.6 Bestimmung von J 185
5.7 Bestimmung von J_c 186
5.8 Risswachstum 190
  5.8.1 J−kontrolliertes Risswachstum........................ 190
  5.8.2 Stabiles Risswachstum............................... 192
  5.8.3 Stationäres Risswachstum 195
5.9 Konzept der wesentlichen Brucharbeit 201
5.10 Übungsaufgaben 203
5.11 Literatur 204

6 **Kriechbruchmechanik** 205
6.1 Allgemeines.. 205
6.2 Bruch von linear viskoelastischen Materialien.................. 206
  6.2.1 Rissspitzenfeld, elastisch-viskoelastische Analogie 206
  6.2.2 Bruchkonzept 209
  6.2.3 Risswachstum 210
6.3 Kriechbruch von nichtlinearen Materialien 214
  6.3.1 Sekundäres Kriechen, Stoffgesetz 214
  6.3.2 Stationärer Riss, Rissspitzenfeld, Belastungsparameter 216
  6.3.3 Kriechrisswachstum 220
6.4 Literatur 226

7 **Dynamische Probleme der Bruchmechanik** 227
7.1 Allgemeines.. 227
7.2 Einige Grundlagen der Elastodynamik 228
7.3 Dynamische Belastung des stationären Risses 230
  7.3.1 Rissspitzenfeld, K-Konzept........................... 230

          7.3.2 Energiefreisetzungsrate, energetisches Bruchkonzept 230
          7.3.3 Beispiele 232
     7.4 Der laufende Riss 234
          7.4.1 Rissspitzenfeld 234
          7.4.2 Energiefreisetzungsrate 238
          7.4.3 Bruchkonzept, Rissgeschwindigkeit, Rissverzweigung,
                 Rissarrest 241
          7.4.4 Beispiele 244
     7.5 Fragmentierung 248
     7.6 Literatur 250

8   Mikromechanik und Homogenisierung 251
     8.1 Allgemeines 251
     8.2 Ausgewählte Defekte und Grundlösungen 253
          8.2.1 Eigendehnungen, Eshelby-Lösung, Defekt-Energien 253
          8.2.2 Inhomogenitäten, äquivalente Eigendehnung 262
     8.3 Effektive elastische Materialeigenschaften 268
          8.3.1 Grundlagen; RVE-Konzept, Mittelungen 269
          8.3.2 Analytische Näherungsmethoden 280
          8.3.3 Energieprinzipien und Schranken 298
     8.4 Homogenisierung elastisch-plastischer Materialien 307
          8.4.1 Grundlagen; plastische Makroverzerrungen, Fließbedingung 308
          8.4.2 Näherungen 316
     8.5 Numerische Homogenisierung 322
     8.6 Thermoelastisches Material 325
     8.7 Übungsaufgaben 327
     8.8 Literatur 330

9   Schädigung 331
     9.1 Allgemeines 331
     9.2 Grundbegriffe 332
     9.3 Spröde Schädigung 335
     9.4 Duktile Schädigung 338
          9.4.1 Porenwachstum 338
          9.4.2 Schädigungsmodelle 340
          9.4.3 Bruchkonzept 342
     9.5 Entfestigung und Verzerrungslokalisierung 343
     9.6 Nichtlokale Regularisierung von Schädigungsmodellen 347
     9.7 Literatur 352

10   Probabilistische Bruchmechanik 353
     10.1 Allgemeines 353
     10.2 Grundlagen 354
     10.3 Statistisches Bruchkonzept nach Weibull 357
           10.3.1 Bruchwahrscheinlichkeit 357

　　　10.3.2　Bruchspannung 359
　　　10.3.3　Verallgemeinerungen 360
　　10.4　Probabilistische bruchmechanische Analyse 361
　　10.5　Literatur 363

Sachverzeichnis 365

Einführung

Unter *Bruch* versteht man die vollständige oder teilweise Trennung eines ursprünglich ganzen Körpers. Die Beschreibung entsprechender Phänomene ist Gegenstand der Bruchmechanik. Von Interesse für den Ingenieur ist dabei in erster Linie die Betrachtung der Vorgänge aus makroskopischer Sicht. Hierfür hat sich die Kontinuumsmechanik als Werkzeug bestens bewährt. Mit ihrer Hilfe können Bruchkriterien und Konzepte erstellt werden, die eine Vorhersage des Verhaltens ermöglichen.

In der Regel erfolgt die Trennung des Körpers, indem sich ein oder mehrere Risse durch das Material fortpflanzen. Die Bruchmechanik befasst sich deshalb in starkem Maße mit dem Verhalten von Rissen. Risse unterschiedlicher Größenordnung oder Defekte, die zu Rissen führen, sind in einem realen Material fast immer vorhanden. Eine der Fragen, deren Beantwortung die Bruchmechanik ermöglichen soll, lautet: breitet sich ein Riss in einem Körper bei einer bestimmten Belastung aus und führt damit zum Bruch oder nicht? Andere sind die nach der Rissentstehung, nach der Bahn eines sich ausbreitenden Risses oder nach der Geschwindigkeit mit der die Ausbreitung erfolgt.

Zur Beschreibung des mechanischen Verhaltens von Festkörpern verwendet die Kontinuumsmechanik Größen wie Spannungen und Verzerrungen. Diese sind allerdings nicht immer unmittelbar für die Beschreibung von Bruchvorgängen geeignet. Dies liegt zum einen daran, dass diese Größen an der Rissspitze unbeschränkt groß werden können. Zum anderen kann man dies schon alleine aus der Tatsache folgern, dass sich zwei Risse unterschiedlicher Länge auch dann unterschiedlich verhalten werden, wenn sie der gleichen Belastung ausgesetzt sind. Bei einer Laststeigerung wird sich der längere Riss bereits bei einer geringeren Last ausbreiten, als der kürzere. Aus diesem Grund führt man in der Bruchmechanik zusätzliche Größen ein, wie zum Beispiel *Spannungsintensitätsfaktoren* oder die *Energiefreisetzungsrate,* welche den lokalen Zustand an der Rissspitze bzw. das globale Verhalten des Risses bei der Ausbreitung charakterisieren.

Für das Verstehen von Bruchvorgängen ist eine zumindest teilweise Einsicht in die mikroskopischen Mechanismen nützlich. So macht zum Beispiel ein Blick in die Mikrostruktur verständlich, wie ein Materialdefekt sich soweit vergrößert, bis man ihn als makroskopischen Riss ansehen kann. Mit der Bedeutung der Mikromechanismen ist auch die wichtige Rolle zu erklären, welche die Werkstoffwissenschaften und die Materialphysik bei der Entwicklung der Bruchmechanik gespielt haben und weiterhin spielen werden. In zunehmenden Maße werden heute die mikroskopischen Prozesse mechanisch modelliert und mit Hilfe von Kontinuumstheorien erfasst. Spezialgebiete, wie die Schädigungsmechanik oder die Mikromechanik sind aus diesen Bemühungen entstanden und stellen inzwischen wichtige Werkzeuge in der Bruchmechanik dar. So bildet die Mikromechanik den theoretischen Rahmen zur systematischen Behandlung von Defekten und ihrer Auswirkung auf unterschiedlichen Größenskalen.

Die Bruchmechanik kann nach verschiedenen Gesichtspunkten eingeteilt werden. Häufig unterscheidet man die *lineare Bruchmechanik* von der *nichtlinearen Bruchmechanik*. Die erste beschreibt Bruchvorgänge mit Hilfe der linearen Elastizitätstheorie. Hiermit kann insbesondere der spröde Bruch erfasst werden, weshalb die lineare Bruchmechanik auch als *Sprödbruchmechanik* bezeichnet wird. In der nichtlinearen Bruchmechanik werden Bruchvorgänge beschrieben, die wesentlich durch ein inelastisches Materialverhalten geprägt sind. Je nachdem, ob sich das Material elastisch–plastisch verhält oder viskose Effekte eine Rolle spielen, kann man dabei noch in *elastisch–plastische Bruchmechanik* und in *Kriechbruchmechanik* untergliedern. Eine andere Einteilung orientiert sich am betrachteten Material. So unterscheidet man verschiedentlich eine Bruchmechanik von metallischen Werkstoffen, mineralischen Werkstoffe oder Kompositwerkstoffen. Werden im Gegensatz zur deterministischen Beschreibung von Bruchvorgängen statistische Methoden herangezogen, so spricht man von *statistischer Bruchmechanik*.

Die Geschichte der Bruchmechanik reicht in ihren Wurzeln bis zu den Anfängen der Mechanik zurück. Schon LEONARDO DA VINCI (1452-1519) befasste sich mit der Biege- und Zugfestigkeit von Stäben und Balken sowie mit dem Bruch (Reißen) von Metalldrähten. Dabei stellte er unter anderem fest, dass die Zugfestigkeit von Drähten von ihrer Länge, d.h. von der Wahrscheinlichkeit des Vorhandenseins kritischer Defekte abhängt. GALILEO GALILEI (1564-1642) hat 1638 Überlegungen zum Bruch von Balken angestellt, die ihn zu dem Schluss führten, dass hierbei das Biegemoment das entscheidende Maß für die Beanspruchung ist. Mit der Entwicklung der Kontinuumsmechanik im 19. Jahrhundert kam es zur Aufstellung einer Reihe verschiedener Festigkeitshypothesen, die zum Teil noch heute als Bruchkriterien Verwendung finden. In ihnen werden Spannungen oder Verzerrungen zur Charakterisierung der Materialbeanspruchung herangezogen. Entsprechende Bemühungen erfolgten seit Anfang des vergangenen Jahrhunderts insbesondere im Zusammenhang mit der Entwicklung der Plastizitätstheorie. Eine exakte Beschreibung der Spannungen in der Umgebung einer Rissspitze im Rahmen der Elastizitätstheorie erfolgte zwar schon 1908 durch K. WIEGHARDT (1874-1924), doch mündeten seine Überlegungen noch nicht in einem Bruchkonzept. Erst im Jahre 1920 legte A.A. GRIFFITH (1893–1963) einen ersten Grundstein für eine Bruchtheorie von Rissen, indem er die für den Rissfortschritt erforderliche Energie in die Beschreibung einführte und damit das energetische Bruchkonzept schuf. Ein weiterer Meilenstein war die 1939 von W. WEIBULL (1887-1979) entwickelte statistische Theorie des Bruchs. Der eigentliche Durchbruch gelang aber erst 1951 G.R. IRWIN

(1907-1998), der zum erstenmal den Rissspitzenzustand mit Hilfe von Spannungs-intensitätsfaktoren charakterisierte. Das daraus folgende K–Konzept der linearen Bruchmechanik fand rasch Eingang in die praktische Anwendung und ist inzwischen fest etabliert. Seit Anfang der 1960er Jahre wurde an Problemen der elastisch–plastischen Bruchmechanik sowie weiterer Teilgebiete gearbeitet. Eine verstärkte Einbindung der Schädigungsmechanik und der Mikromechanik erfolgt seit dem Ende des vergangenen Jahrhunderts. Trotz großer Fortschritte ist die Bruchmechanik ein noch längst nicht abgeschlossenes Gebiet sondern nach wie vor Gegenstand intensiver Forschung.

In starkem Maße angetrieben wurde und wird die Entwicklung der Bruchmechanik aus dem Bestreben, Schadensfälle an technischen Konstruktionen und Bauteilen zu vermeiden. Dementsprechend wird sie als Werkzeug überall dort angewendet, wo Bruch und ein damit verbundenes Versagen mit schwerwiegenden oder gar katastrophalen Folgen nicht eintreten darf. Typische Einsatzgebiete finden sich in der Luft- und Raumfahrt, der Mikrosystemtechnik, der Reaktortechnik, dem Behälterbau, dem Fahrzeugbau oder dem Stahl- und Massivbau. Daneben wird die Bruchmechanik in vielen anderen Gebieten zur Lösung von Problemen verwendet, wo Trennprozesse eine Rolle spielen. Beispiele hierfür sind die Zerkleinerungstechnik, die Geomechanik und die Materialwissenschaften.

Kapitel 1
Einige Grundlagen der Festkörpermechanik

In diesem Kapitel sind einige wichtige Begriffe, Konzepte und Gleichungen der Festkörpermechanik zusammengestellt. Es versteht sich, dass diese Darstellung nicht vollständig sein kann und sich nur auf das Notwendigste beschränkt. Der Leser, der sich ausführlicher informieren möchte, sei auf die Spezialliteratur verwiesen; einige Angaben hierzu finden sich am Ende des Buches.

Wie der Name schon andeutet, verfolgt die Festkörpermechanik das Ziel, das mechanische Verhalten von festen Körpern einer Analyse zugänglich zu machen. Sie basiert auf der Idealisierung des in Wirklichkeit diskontinuierlichen Materials als ein Kontinuum. Seine Eigenschaften sowie die mechanischen Größen können damit durch im allgemeinen stetige Funktionen beschrieben werden. Es ist klar, dass die darauf aufbauende Theorie ihre Grenzen dort hat, wo der diskontinuierliche Charakter des Materials eine Rolle spielt. So sind Begriffe wie *Spannungen* und *Verzerrungen* nur dann physikalisch sinnvoll anwendbar, wenn sie auf Bereiche bezogen sind, die hinreichend groß im Vergleich zu den charakteristischen Abmessungen der vorhandenen Inhomogenitäten sind (zum Beispiel bei makroskopischen Bauteilen aus polykristallinen Werkstoffen groß gegenüber der Korngröße). Hierauf ist insbesondere bei der Anwendung der Kontinuumsmechanik auf mikroskopische Bereiche zu achten.

Die Darstellung erfolgt im wesentlichen in kartesischen Koordinaten unter Verwendung der Indexschreibweise bzw. der symbolischen Notation. Sie beschränkt sich außerdem meist auf isotrope Materialien sowie auf kleine (infinitesimale) Deformationen.

1.1 Spannung

1.1.1 Spannungsvektor

Wirken auf einen Körper äußere Kräfte (Volumenkräfte f, Oberflächenkräfte t), so werden hierdurch verteilte innere Kräfte - die *Spannungen* - hervorgerufen. Um sie zu definieren, denken wir uns den Körper im augenblicklichen (deformierten) Zustand durch einen Schnitt getrennt (Abb. 1.1a), über welchen die beiden Teilkörper durch entgegengesetzt gleich große Flächenlasten aufeinander einwirken. Ist ΔF die Kraft auf ein Flächenelement ΔA der Schnittfläche, so beschreibt der Quotient

$\Delta F/\Delta A$ die mittlere Flächenbelastung für dieses Element. Den Grenzwert

$$t = \lim_{\Delta A \to 0} \frac{\Delta F}{\Delta A} = \frac{\mathrm{d}F}{\mathrm{d}A} \tag{1.1}$$

bezeichnet man als *Spannungsvektor* in einem Punkt der Schnittfläche. Seine Komponente $\sigma = t \cdot n$ in Richtung des *Normaleneinheitsvektors* n (senkrecht zum Flächenelement $\mathrm{d}A$) heißt *Normalspannung*; die Komponente $\tau = \sqrt{t^2 - \sigma^2}$ senkrecht zu n (tangential zum Flächenelement $\mathrm{d}A$) nennt man *Schubspannung* (Abb. 1.1b).

Der Spannungsvektor t in einem Punkt hängt von der Orientierung des Schnittes, das heißt vom Normalenvektor n ab: $t = t(n)$. Wir betrachten zunächst drei Schnitte senkrecht zu den Koordinatenachsen x_1, x_2, x_3, denen die Spannungsvektoren t_1, t_2, t_3 zugeordnet sind (Abb. 1.1c). Ihre kartesischen Komponenten werden mit σ_{ij} bezeichnet, wobei die Indizes i, j die Zahlen $1, 2, 3$ annehmen können. Der erste Index kennzeichnet die Orientierung des Schnittes (Richtung der Normale), während durch den zweiten Index die Richtung der Komponente zum Ausdruck kommt. Danach sind $\sigma_{11}, \sigma_{22}, \sigma_{33}$ Normalspannungen und σ_{12}, σ_{23} etc. Schubspannungen. Es sei angemerkt, dass es manchmal zweckmäßig ist eine andere Notation zu verwenden. Unter Bezug auf die Koordinaten x,y,z bezeichnet man die Normalspannungen häufig mit $\sigma_x, \sigma_y, \sigma_z$ und die Schubspannungen mit τ_{xy}, τ_{yz} etc.

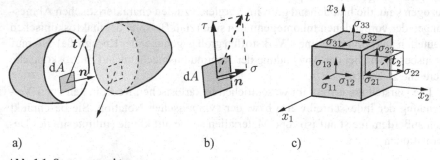

a)   b)   c)

Abb. 1.1 Spannungsvektor

Für das Vorzeichen von Spannungen gilt folgende Vereinbarung: Komponenten sind positiv, wenn sie an einer Schnittfläche, deren Normalenvektor in positive (negative) Koordinatenrichtung zeigt, in positive (negative) Richtung wirken.

Mittels der Komponenten lässt sich zum Beispiel der Spannungsvektor t_2 in der Form $t_2 = \sigma_{21}e_1 + \sigma_{22}e_2 + \sigma_{23}e_3 = \sigma_{2i}e_i$ ausdrücken. Analog gilt $t_1 = \sigma_{1i}e_i$ oder allgemein

$$t_j = \sigma_{ji}\, e_i \,. \tag{1.2}$$

Darin sind e_1, e_2, e_3 die Einheitsvektoren in Richtung der Koordinaten x_1, x_2, x_3. Außerdem wurde Gebrauch von der *Einsteinschen Summationsvereinbarung* gemacht. Danach ist über einen Ausdruck zu summieren, wenn in ihm ein und derselbe Index doppelt vorkommt; der betreffende Index durchläuft dabei der Reihe nach die Werte 1, 2, 3.

1.1.2 Spannungstensor

Die neun skalaren Größen σ_{ij} sind die kartesischen Komponenten des Cauchyschen *Spannungstensors* $\boldsymbol{\sigma}$ (A.L. CAUCHY, 1789-1857). Man kann ihn in Form der Matrix

$$\boldsymbol{\sigma} = \begin{pmatrix} \sigma_{11} & \sigma_{12} & \sigma_{13} \\ \sigma_{21} & \sigma_{22} & \sigma_{23} \\ \sigma_{31} & \sigma_{32} & \sigma_{33} \end{pmatrix} \tag{1.3}$$

darstellen. Durch den Spannungstensor ist der *Spannungszustand* in einem Punkt, d.h. der Spannungsvektor für jeden beliebigen Schnitt durch den Punkt, eindeutig bestimmt. Um dies zu zeigen, betrachten wir das infinitesimale Tetraeder nach Abb. 1.2a. Die Orientierung der Fläche dA ist durch den Normalenvektor $\boldsymbol{n}$ bzw. durch seine Komponenten n_i gegeben. Das Kräftegleichgewicht liefert dann zunächst $\boldsymbol{t}\,dA = \boldsymbol{t}_1 dA_1 + \boldsymbol{t}_2 dA_2 + \boldsymbol{t}_3 dA_3$ (etwaige Volumenkräfte sind von höherer Ordnung klein). Mit $\boldsymbol{t} = t_i \boldsymbol{e}_i$, $dA_j = dA n_j$ und (1.2) erhält man daraus

$$t_i = \sigma_{ij} n_j \qquad \text{bzw.} \qquad \boldsymbol{t} = \boldsymbol{\sigma} \cdot \boldsymbol{n}\,, \tag{1.4}$$

wobei der Punkt in der symbolischen Schreibweise die einfache Indexsummation (hier über j) kennzeichnet. Mit dem Spannungstensor $\boldsymbol{\sigma}$ liegt demnach der Spannungsvektor $\boldsymbol{t}$ für jeden Schnitt $\boldsymbol{n}$ fest (hier und im weiteren wollen wir Tensoren und Vektoren alternativ durch ihre Symbole oder durch ihre Komponenten kennzeichnen und beide Schreibweisen oft parallel benutzen). Es sei angemerkt, dass (1.4) eine lineare Abbildung zweier Vektoren darstellt, durch welche $\boldsymbol{\sigma}$ als Tensor zweiter Stufe charakterisiert ist.

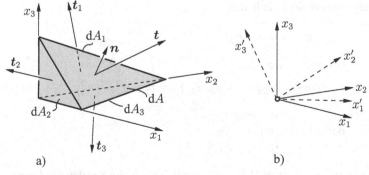

a)   b)

Abb. 1.2 Spannungszustand

Aufgrund des Momentengleichgewichts, auf das wir hier nicht eingehen wollen, ist der Spannungstensor symmetrisch:

$$\sigma_{ij} = \sigma_{ji} \ . \tag{1.5}$$

Das heißt, die Schubspannungen in aufeinander senkrecht stehenden Schnitten sind einander paarweise zugeordnet.

In manchen Fällen ist es notwendig, den Spannungstensor bzw. seine Komponenten in einem zum x_1, x_2, x_3-Koordinatensystem gedrehten System x_1', x_2', x_3' Abb. 1.2b anzugeben. Der Zusammenhang zwischen den Komponenten bezüglich des einen und des anderen Systems ist durch die *Transformationsbeziehung*

$$\sigma_{kl}' = a_{ki} a_{lj} \, \sigma_{ij} \ . \tag{1.6}$$

gegeben. Darin kennzeichnet a_{ki} den Kosinus des Winkels zwischen der x_k'- und der x_i-Achse: $a_{ki} = \cos(x_k', x_i) = e_k' \cdot e_i$.

Ein besonderes Achsensystem ist das *Hauptachsensystem*. Es ist dadurch ausgezeichnet, dass in Schnitten senkrecht zu den Achsen nur Normalspannungen und keine Schubspannungen auftreten. Das bedeutet, der Spannungsvektor t_i und der zugehöriger Normalenvektor n_i sind jeweils gleichgerichtet: $t_i = \sigma n_i = \sigma \delta_{ij} n_j$. Darin sind σ die Normalspannung im Schnitt und δ_{ij} das *Kronecker-Symbol* ($\delta_{ij} = 1$ für $i = j$ und $\delta_{ij} = 0$ für $i \neq j$). Gleichsetzen mit (1.4) liefert das homogene lineare Gleichungssystem

$$(\sigma_{ij} - \sigma \delta_{ij}) n_j = 0 \qquad \text{bzw.} \qquad (\boldsymbol{\sigma} - \sigma \boldsymbol{I}) \cdot \boldsymbol{n} = \boldsymbol{0} \ , \tag{1.7}$$

wobei $\boldsymbol{I}$ den Einheitstensor mit den Komponenten δ_{ij} darstellt. Es hat nur dann eine nichttriviale Lösung für die n_j, wenn seine Koeffizientendeterminate verschwindet: $\det(\sigma_{ij} - \sigma \delta_{ij}) = 0$. Dies führt auf die kubische Gleichung

$$\sigma^3 - I_\sigma \, \sigma^2 - II_\sigma \, \sigma - III_\sigma = 0 \ , \tag{1.8}$$

wobei die Größen $I_\sigma, II_\sigma, III_\sigma$ unabhängig vom Koordinatensystem, d.h. *Invarianten* des Spannungstensors sind; sie lauten

$$I_\sigma = \sigma_{ii} = \sigma_{11} + \sigma_{22} + \sigma_{33} \ ,$$

$$II_\sigma = (\sigma_{ij}\sigma_{ij} - \sigma_{ii}\sigma_{jj})/2$$
$$= -(\sigma_{11}\sigma_{22} + \sigma_{22}\sigma_{33} + \sigma_{33}\sigma_{11}) + \sigma_{12}^2 + \sigma_{23}^2 + \sigma_{31}^2 \ , \tag{1.9}$$

$$III_\sigma = \det(\sigma_{ij}) = \begin{vmatrix} \sigma_{11} & \sigma_{12} & \sigma_{13} \\ \sigma_{21} & \sigma_{22} & \sigma_{23} \\ \sigma_{31} & \sigma_{32} & \sigma_{33} \end{vmatrix} \ .$$

Die drei Lösungen $\sigma_1, \sigma_2, \sigma_3$ von (1.8) sind sämtlich reell. Sie werden als *Hauptspannungen* bezeichnet. Je einer Hauptspannung ist eine *Hauptrichtung* (Normalenvektor n_j in Hauptachsenrichtung) zugeordnet, die sich aus (1.7) ermitteln lässt.

Man kann zeigen, dass die drei Hauptrichtungen senkrecht aufeinander stehen. Die Hauptspannungen selbst sind Extremwerte der Normalspannung in einem Punkt. Bezüglich des Hauptachsensystems kann der Spannungstensor durch

$$\boldsymbol{\sigma} = \begin{pmatrix} \sigma_1 & 0 & 0 \\ 0 & \sigma_2 & 0 \\ 0 & 0 & \sigma_3 \end{pmatrix} \tag{1.10}$$

dargestellt werden.

In Schnittflächen, deren Normale jeweils senkrecht auf einer der Hauptachsen steht und mit den beiden anderen einen Winkel von 45° einschließt, treten extremale Schubspannungen auf. So wirkt zum Beispiel im Schnitt mit der Normalen senkrecht zur σ_3-Richtung eine Schubspannung $\tau_3 = \pm(\sigma_1 - \sigma_2)/2$. Allgemein sind die sogenannten *Hauptschubspannungen* gegeben durch

$$\tau_1 = \pm\frac{\sigma_2 - \sigma_3}{2} \quad , \quad \tau_2 = \pm\frac{\sigma_3 - \sigma_1}{2} \quad , \quad \tau_3 = \pm\frac{\sigma_1 - \sigma_2}{2} \quad . \tag{1.11}$$

Sind σ_1 die maximale und σ_3 die minimale Hauptspannung, so ist demnach die maximale Schubspannung

$$\tau_{\max} = \frac{\sigma_1 - \sigma_3}{2} \quad . \tag{1.12}$$

Von praktischer Bedeutung sind noch die *Oktaederspannungen*. Hierunter versteht man die Normal- und die Schubspannung in Schnitten, deren Normale mit den drei Hauptachsen gleiche Winkel einschließt. Es gilt

$$\sigma_{\mathrm{oct}} = \frac{\sigma_1 + \sigma_2 + \sigma_3}{3} = \frac{\sigma_{ii}}{3} = \frac{I_\sigma}{3} \, ,$$
$$\tau_{\mathrm{oct}} = \frac{1}{3}\sqrt{(\sigma_1 - \sigma_2)^2 + (\sigma_2 - \sigma_3)^2 + (\sigma_3 - \sigma_1)^2} \, . \tag{1.13}$$

Die Spannung σ_{oct} kann man auch als mittlere Normalspannung deuten: $\sigma_m = \sigma_{kk}/3 = \sigma_{\mathrm{oct}}$.

Vielfach ist es nützlich, den Spannungstensor additiv zu zerlegen:

$$\sigma_{ij} = \frac{\sigma_{kk}}{3}\delta_{ij} + s_{ij} \qquad \text{bzw.} \qquad \boldsymbol{\sigma} = \sigma_m \boldsymbol{I} + \boldsymbol{s} \, . \tag{1.14}$$

Darin beschreibt $\frac{1}{3}\sigma_{kk}\delta_{ij}$ eine Beanspruchung durch eine allseitig gleiche Spannung σ_m. Wegen der Analogie zum Spannungszustand in einer ruhenden Flüssigkeit wird dieser Anteil als *hydrostatischer Spannungszustand* bezeichnet. Den Tensor $\boldsymbol{s}$ nennt man *Deviator*. Durch ihn bzw. durch seine Invarianten

$$I_s = 0 \, ,$$

$$II_s = \frac{1}{2}s_{ij}s_{ij} = \frac{1}{6}\left[(\sigma_1 - \sigma_2)^2 + (\sigma_2 - \sigma_3)^2 + (\sigma_3 - \sigma_1)^2\right]$$

$$= \frac{1}{6}[(\sigma_{11} - \sigma_{22})^2 + (\sigma_{22} - \sigma_{33})^2 + (\sigma_{33} - \sigma_{11})^2] + \sigma_{12}^2 + \sigma_{23}^2 + \sigma_{31}^2 \, ,$$

$$III_s = \frac{1}{3} s_{ij} s_{jk} s_{ki} \tag{1.15}$$

wird die Abweichung des Spannungszustandes vom hydrostatischen Zustand charakterisiert. Durch Vergleich mit (1.13) erkennt man: $II_s = \frac{3}{2}\tau_{\text{oct}}^2$.

Zur grafischen Veranschaulichung des Spannungszustandes werden häufig die *Mohrschen Spannungskreise* herangezogen (O. MOHR, 1835-1918). Hierbei handelt es sich um die Darstellung der Normalspannung σ und der zugehörigen Schubspannung τ als Spannungsbildpunkte in einem σ-τ-Diagramm für alle möglichen Schnitte. Geht man von einem Hauptachsensystem aus, so gilt mit (1.4)

$$\sigma^2 + \tau^2 = t_i t_i = \sigma_1^2 n_1^2 + \sigma_2^2 n_2^2 + \sigma_3^2 n_3^2 \ ,$$

$$\sigma = t_i n_i = \sigma_1 n_1^2 + \sigma_2 n_2^2 + \sigma_3 n_3^2 \ .$$

Damit lässt sich unter Beachtung von $n_i n_i = 1$ zum Beispiel die Identität

$$(\sigma - \frac{\sigma_2 + \sigma_3}{2})^2 + \tau^2 = -\sigma(\sigma_2 + \sigma_3) + (\frac{\sigma_2 + \sigma_3}{2})^2 + (\sigma^2 + \tau^2)$$

in der Form

$$(\sigma - \frac{\sigma_2 + \sigma_3}{2})^2 + \tau^2 = n_1^2(\sigma_1 - \sigma_2)(\sigma_1 - \sigma_3) + (\frac{\sigma_2 - \sigma_3}{2})^2 \tag{1.16}$$

schreiben. Man kann dies formal als Gleichung eines "Kreises" mit dem Mittelpunkt bei $\sigma = (\sigma_2 + \sigma_3)/2$, $\tau = 0$ und einem von n_1 abhängigen Radius auffassen. Wegen $0 \leq n_1^2 \leq 1$ beträgt der minimale Mittelpunktsabstand der Spannungsbildpunkte $(\sigma_2 - \sigma_3)/2 = \tau_1$ (für $n_1 = 0$), während der maximale Abstand $\sigma_1 + (\sigma_2 - \sigma_3)/2$ (für $n_1 = \pm 1$) ist. Analoge Überlegungen können an zwei weiteren Gleichungen durchgeführt werden, die sich aus (1.16) durch zyklische Vertauschung der Indizes ergeben. Ordnet man die Hauptspannungen nach ihrer Größe ($\sigma_1 \geq \sigma_2 \geq \sigma_3$), so erhält man zusammengefasst eine Darstellung nach Abb. 1.3. Spannungsbildpunkte befinden sich danach nur in dem grauen Gebiet bzw. auf den Kreisen vom Radius

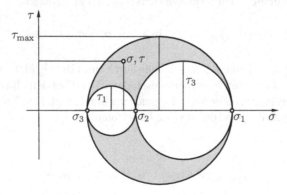

Abb. 1.3 Mohrsche Spannungskreise

τ_i. Die Kreise selbst entsprechen dabei jeweils Schnitten, deren Normale senkrecht zu einer der drei Hauptachsen steht.

1.1.3 Gleichgewichtsbedingungen

Auf einen beliebigen Teilkörper, der aus einem Körper herausgeschnitten ist, wirken im allgemeinen über das Volumen V verteilte Volumenkräfte f_i sowie über die Oberfläche ∂V verteilte Flächenkräfte (Spannungsvektor) t_i. Kräftegleichgewicht herrscht dann, wenn die Resultierende dieser Kräfte verschwindet:

$$\int_{\partial V} t_i \, dA + \int_V f_i \, dV = 0 . \tag{1.17}$$

Mit $t_i = \sigma_{ij} n_j$ und unter Anwendung des Gaußschen Satzes $\int_{\partial V} \sigma_{ij} n_j dA = \int_V \sigma_{ij,j} dV$ ergibt sich hieraus

$$\int_V (\sigma_{ij,j} + f_i) \, dV = 0 . \tag{1.18}$$

Vorausgesetzt ist dabei, dass die Spannungen und ihre Ableitungen stetig sind; letztere sind durch Indizes nach dem Komma gekennzeichnet: $\sigma_{ij,j} = \partial \sigma_{ij}/\partial x_j$. Da das betrachtete Volumen V beliebig ist, folgt aus (1.18), dass für jeden Punkt des Körpers die *Gleichgewichtsbedingungen*

$$\sigma_{ij,j} + f_i = 0 \qquad \text{bzw.} \qquad \nabla \cdot \boldsymbol{\sigma} + \boldsymbol{f} = \boldsymbol{0} \tag{1.19}$$

erfüllt sein müssen. Dabei haben wir in der symbolischen Schreibweise den Vektoroperator $\nabla = (\partial/\partial x_j) \, \boldsymbol{e}_j$ verwendet.

Aus (1.19) erhält man unmittelbar die *Bewegungsgleichungen*, wenn man die bei der Bewegung auftretenden *Trägheitskräfte* $-\rho \ddot{u}_i$ als zusätzliche Volumenkräfte auffasst:

$$\sigma_{ij,j} + f_i = \rho \, \ddot{u}_i . \tag{1.20}$$

Darin ist ρ die Dichte; über eine Größe gesetzte Punkte kennzeichnen Ableitungen nach der Zeit.

Auf die Momentengleichgewichtsbedingung wollen wir hier nicht näher eingehen. Sie führt auf die in (1.5) schon erwähnte Symmetrie des Spannungstensors.

1.2 Deformation und Verzerrung

1.2.1 Verzerrungstensor

Zur Beschreibung der Kinematik eines deformierbaren Körpers werden üblicherweise der Verschiebungsvektor und ein Verzerrungstensor herangezogen. Zu ihrer
Erklärung betrachten wir einen beliebigen materiellen Punkt P, dessen Lage im
undeformierten Zustand (zum Beispiel zur Zeit $t = 0$) durch die Koordinaten (Ortsvektor) X_i gekennzeichnet wird (Abb. 1.4). Ein zu P benachbarter Punkt Q im
Abstand $\mathrm{d}S$ hat die Koordinaten $X_i + \mathrm{d}X_i$. Unter der Wirkung der Belastung verschiebt sich P nach P' bzw. Q nach Q'. Ihre aktuelle Lage (zur Zeit t) ist durch die
Raumkoordinaten x_i bzw. $x_i + \mathrm{d}x_i$ gegeben. Die Verschiebung von P nach P' wird
durch den *Verschiebungsvektor*

$$u_i = x_i - X_i \tag{1.21}$$

ausgedrückt.

Unter der Voraussetzung, dass eine umkehrbar eindeutige Zuordnung zwischen
x_i und X_i besteht, kann man den Verschiebungsvektor u_i und den Ortsvektor x_i als
Funktionen der *materiellen Koordinaten* X_i auffassen:

$$u_i = u_i(X_j, t) , \qquad x_i = x_i(X_j, t) . \tag{1.22}$$

Zur Herleitung eines geeigneten Deformationsmaßes vergleichen wir nun die
Abstände der benachbarten Punkte im deformierten und im undeformierten Zustand.
Es ist zweckmäßig hierzu die Abstandsquadrate

$$\mathrm{d}s^2 = \mathrm{d}x_k \mathrm{d}x_k = \frac{\partial x_k}{\partial X_i} \frac{\partial x_k}{\partial X_j} \mathrm{d}X_i \mathrm{d}X_j$$

$$\mathrm{d}S^2 = \mathrm{d}X_k \mathrm{d}X_k = \mathrm{d}X_i \mathrm{d}X_j \, \delta_{ij}$$

heranzuziehen. Mit (1.22) erhält man

$$\mathrm{d}s^2 - \mathrm{d}S^2 = 2 \, E_{ij} \, \mathrm{d}X_i \mathrm{d}X_j , \tag{1.23}$$

wobei

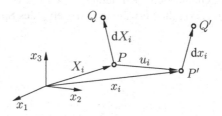

Abb. 1.4 Deformation

$$E_{ij} = \frac{1}{2}\left(\frac{\partial u_i}{\partial X_j} + \frac{\partial u_j}{\partial X_i} + \frac{\partial u_k}{\partial X_i}\frac{\partial u_k}{\partial X_j}\right) \qquad (1.24)$$

ein symmetrischer Tensor zweiter Stufe ist. Man nennt ihn *Greenschen Verzerrungstensor* (G. GREEN, 1793-1841).

Es lässt sich zeigen, dass für hinreichend kleine (infinitesimale) Verschiebungsgradienten ($\partial u_i/\partial X_j \ll 1$) die Ableitung nach den materiellen Koordinaten X_j durch die Ableitung nach den Ortskoordinaten x_j ersetzt werden kann: $\partial u_i/\partial X_j \to \partial u_i/\partial x_j = u_{i,j}$. Beachtet man, dass in diesem Fall das Produkt der Verschiebungsgradienten in E_{ij} von höherer Ordnung klein ist, so erhält man aus (1.24) den *infinitesimalen Verzerrungstensor*

$$\varepsilon_{ij} = \frac{1}{2}(u_{i,j} + u_{j,i}) . \qquad (1.25)$$

Man kann ihn in Form der Matrix

$$\varepsilon = \begin{pmatrix} \varepsilon_{11} & \varepsilon_{12} & \varepsilon_{13} \\ \varepsilon_{21} & \varepsilon_{22} & \varepsilon_{23} \\ \varepsilon_{31} & \varepsilon_{32} & \varepsilon_{33} \end{pmatrix} \qquad (1.26)$$

darstellen, die wegen $\varepsilon_{ij} = \varepsilon_{ji}$ symmetrisch ist.

Geometrisch lassen sich die Komponenten ε_{11}, ε_{22}, ε_{33} als *Dehnungen* (bezogene Längenänderungen) und ε_{12}, ε_{23}, ε_{31} als *Gleitungen* (Winkeländerungen) deuten. Hingewiesen sei in diesem Zusammenhang auf die technische Notation. Unter Bezug auf ein x, y, z-Koordinatensystem finden dort häufig die Bezeichnungen ε_x, ε_y, ε_z für die Dehnungen und $\gamma_{xy}/2$, $\gamma_{yz}/2$, $\gamma_{zx}/2$ für die Gleitungen Verwendung.

Die Eigenschaften des Verzerrungstensors können wir sinngemäß vom Spannungstensor übertragen. So existiert ein Hauptachsensystem, in dem die Gleitungen verschwinden und nur die *Hauptdehnungen* ε_1, ε_2, ε_3 auftreten. Daneben gibt es die drei Invarianten I_ε, II_ε, III_ε des Verzerrungstensors. Die erste charakterisiert dabei geometrisch die *Volumendehnung* (bezogene Volumenänderung):

$$I_\varepsilon = \varepsilon_V = \varepsilon_{kk} = \varepsilon_1 + \varepsilon_2 + \varepsilon_3 . \qquad (1.27)$$

Wird der Verzerrungstensor entsprechend

$$\varepsilon_{ij} = \frac{\varepsilon_{kk}}{3}\delta_{ij} + e_{ij} \qquad \text{bzw.} \qquad \varepsilon = \frac{\varepsilon_V}{3}\,I + e \qquad (1.28)$$

zerlegt, so beschreibt der erste Anteil die Volumenänderung, während durch den Deviator e eine *Gestaltänderung* (bei gleichbleibendem Volumen) ausgedrückt wird. Angegeben sei noch die zweite Invariante des Deviators. Sie lautet in Analogie zu (1.15)

$$II_e = \frac{1}{2}e_{ij}e_{ij} = \frac{1}{6}\left[(\varepsilon_1 - \varepsilon_2)^2 + (\varepsilon_2 - \varepsilon_3)^2 + (\varepsilon_3 - \varepsilon_1)^2\right] . \qquad (1.29)$$

Bei gegebenen Verzerrungskomponenten liegen mit (1.25) sechs Gleichungen für die drei Verschiebungskomponenten vor. Soll in einem einfach zusammenhängenden Gebiet das Verschiebungsfeld (bis auf eine Starrkörperbewegung) eindeutig sein, so können die Verzerrungen nicht unabhängig voneinander sein; sie müssen den sogenannten *Verträglichkeitsbedingungen* (Kompatibilitätsbedingungen) genügen. Letztere ergeben sich aus (1.25) durch Elimination der Verschiebungen zu

$$\varepsilon_{ij,kl} + \varepsilon_{kl,ij} - \varepsilon_{ik,jl} - \varepsilon_{jl,ik} = 0 \ . \tag{1.30}$$

1.2.2 Verzerrungsgeschwindigkeit

Der Verzerrungstensor ist nicht immer geeignet, die Deformation bzw. die Bewegung eines deformierbaren Körpers zu beschreiben. In manchen Fällen, wie zum Beispiel in der Plastizität, ist es vielmehr zweckmäßig, Verzerrungsänderungen bzw. Verzerrungsgeschwindigkeiten zu verwenden. Wir gehen hierzu vom Geschwindigkeitsfeld $v_i(x_j, t)$ aus (Abb. 1.5). Die Relativgeschwindigkeit zweier Partikel, die sich zur Zeit t in den benachbarten Raumpunkten P' und Q' befinden, wird durch

$$\mathrm{d}v_i = \frac{\partial v_i}{\partial x_j}\mathrm{d}x_j = v_{i,j}\mathrm{d}x_j \tag{1.31}$$

ausgedrückt. Hierdurch ist der Geschwindigkeitsgradient $v_{i,j}$ als Tensor zweiter Stufe definiert, den man gemäß

$$v_{i,j} = \frac{1}{2}(v_{i,j} + v_{j,i}) + \frac{1}{2}(v_{i,j} - v_{j,i}) = D_{ij} + W_{ij} \tag{1.32}$$

zerlegen kann.

Der symmetrische Anteil

$$D_{ij} = \frac{1}{2}(v_{i,j} + v_{j,i}) \tag{1.33}$$

wird als *Verzerrungsgeschwindigkeitstensor* bezeichnet. Er charakterisiert die zeitliche Verzerrungsänderung der momentanen Konfiguration. Das sogenannte *natürliche Verzerrungsinkrement* ergibt sich mit ihm zu

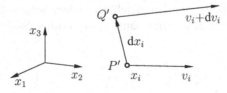

Abb. 1.5 Verzerrungsgeschwindigkeit

$$d\epsilon_{ij} = D_{ij}dt \ . \tag{1.34}$$

Wenn die Verzerrungen für alle Zeiten klein sind, dann können D_{ij} bzw. $d\epsilon_{ij}$ durch die zeitliche Ableitung des Verzerrungstensors $\dot{\varepsilon}_{ij}$ bzw. durch $d\varepsilon_{ij}$ ersetzt werden. Dies wollen wir im folgenden meist voraussetzen. Angemerkt sei wieder, dass auf D_{ij} bzw. $d\epsilon_{ij}$ alle Eigenschaften, die beim Spannungstensor diskutiert wurden, sinngemäß zutreffen. Daneben gelten auch die Kompatibilitätsbedingungen, wenn in (1.30) ε_{ij} durch D_{ij} bzw. durch $d\epsilon_{ij}$ ersetzt wird.

Der schiefsymmetrische Anteil W_{ij} in (1.32) beschreibt die augenblickliche Drehgeschwindigkeit (Spin), auf die wir hier jedoch nicht weiter eingehen.

1.3 Stoffgesetze

Wir beschränken uns im weiteren auf kleine (infinitesimale) Verzerrungen, was für eine große Klasse von Problemen zulässig ist und die Formulierung von Stoffgesetzen stark vereinfacht.

1.3.1 Elastizität

1.3.1.1 Linear elastisches Material

In Verallgemeinerung des einachsigen HOOKEschen Gesetzes $\sigma = E\,\varepsilon$ (R. HOOKE, 1635-1703) sind bei einem linear elastischen Material die Verzerrungen und die Spannungen im dreiachsigen Fall gemäß

$$\boldsymbol{\sigma} = \boldsymbol{C} : \boldsymbol{\varepsilon} \qquad \text{bzw.} \qquad \sigma_{ij} = C_{ijkl}\,\varepsilon_{kl} \tag{1.35a}$$

miteinander verknüpft. Dabei kennzeichnet der Doppelpunkt bei der symbolischen Schreibweise die Summation über zwei Indexpaare (hier k, l). Der *Elastizitätstensor* $\boldsymbol{C}$ (Tensor vierter Stufe) charakterisiert mit seinen Komponenten C_{ijkl} die elastischen Eigenschaften des Materials. Man kann zeigen, dass es im allgemeinsten Fall einer Anisotropie maximal 21 voneinander unabhängige Konstanten gibt; dabei gelten die Symmetrien $C_{ijkl} = C_{jikl} = C_{ijlk} = C_{klij}$. Löst man (1.35a) nach den Verzerrungen auf, so lautet das Elastizitätsgesetz

$$\boldsymbol{\varepsilon} = \boldsymbol{M} : \boldsymbol{\sigma} \qquad \text{bzw.} \qquad \varepsilon_{ij} = M_{ijkl}\,\sigma_{kl} \ . \tag{1.35b}$$

Darin ist $\boldsymbol{M} = \boldsymbol{C}^{-1}$ der *Nachgiebigkeitstensor* mit den Komponenten M_{ijkl}, für welche die gleichen Symmetrieeigenschaften wie für C_{ijkl} gelten.

Im Fall eines isotropen Materials ist $\boldsymbol{C}$ durch alleine zwei unabhängige Konstanten festgelegt (isotroper Tensor):

$$C_{ijkl} = \lambda\, \delta_{ij}\delta_{kl} + \mu\,(\delta_{ik}\delta_{jl} + \delta_{il}\delta_{jk})\;.\tag{1.36}$$

Damit erhält man aus (1.35a) das Elastizitätsgesetz

$$\sigma_{ij} = \lambda\,\varepsilon_{kk}\,\delta_{ij} + 2\,\mu\,\varepsilon_{ij}\;,\tag{1.37}$$

worin λ und μ die LAMÉschen Konstanten sind (G. LAMÉ, 1795-1870). Ihr Zusammenhang mit dem Elastizitätsmodul E, dem Schubmodul G, der Querkontraktionszahl ν (POISSONsche Konstante, S.D. POISSON, 1781-1840) und dem Kompressionsmodul K ist in Tabelle 1.1 gegeben.

Löst man das Elastizitätsgesetz (1.37) entsprechend (1.35b) nach den Verzerrungen auf, so gilt mit den Beziehungen nach Tabelle 1.1

$$\varepsilon_{ij} = -\frac{\nu}{E}\,\sigma_{kk}\,\delta_{ij} + \frac{1+\nu}{E}\,\sigma_{ij}\;.\tag{1.38}$$

Eine weitere mögliche Schreibweise des isotropen Elastizitätsgesetzes folgt durch Trennung in den hydrostatischen (volumetrischen) und den deviatorischen Anteil. Mit (1.14), (1.28) und den Beziehungen nach Tabelle 1.1 ergibt sich

$$\sigma_{kk} = 3\,K\,\varepsilon_{kk}\;,\qquad s_{ij} = 2\,\mu\,e_{ij}\;.\tag{1.39}$$

| | Zugrunde liegendes Konstantenpaar | | | |
	λ,μ	μ, K	E, G	E, ν
λ	λ	$K - \frac{2}{3}\mu$	$\dfrac{G(E-2G)}{3G-E}$	$\dfrac{E\nu}{(1+\nu)(1-2\nu)}$
μ	μ	μ	G	$\dfrac{E}{2(1+\nu)}$
K	$\lambda + \frac{2}{3}G$	K	$\dfrac{GE}{3(3G-E)}$	$\dfrac{E}{3(1-2\nu)}$
E	$\dfrac{\mu(3\lambda+2\mu)}{\lambda+\mu}$	$\dfrac{9K\mu}{3K+\mu}$	E	E
ν	$\dfrac{\lambda}{2(\lambda+\mu)}$	$\dfrac{3K-2\mu}{2(3K+\mu)}$	$\dfrac{E}{2G}-1$	ν

Tabelle 1.1 Beziehungen zwischen den elastischen Konstanten

Ein anisotropes Material verhält sich nicht in allen Richtungen gleich. Wir wollen uns hier auf zwei Fälle beschränken. Bei *Orthotropie* hat der Werkstoff aufeinander senkrecht stehende Vorzugsrichtungen. Fallen sie mit den Koordinatenrichtungen zusammen, so lautet das Elastizitätsgesetz in Matrizenform

$$
\begin{bmatrix} \varepsilon_{11} \\ \varepsilon_{22} \\ \varepsilon_{33} \\ 2\,\varepsilon_{23} \\ 2\,\varepsilon_{31} \\ 2\,\varepsilon_{12} \end{bmatrix}
=
\begin{bmatrix}
h_{11} & h_{12} & h_{13} & 0 & 0 & 0 \\
h_{12} & h_{22} & h_{23} & 0 & 0 & 0 \\
h_{13} & h_{23} & h_{33} & 0 & 0 & 0 \\
0 & 0 & 0 & h_{44} & 0 & 0 \\
0 & 0 & 0 & 0 & h_{55} & 0 \\
0 & 0 & 0 & 0 & 0 & h_{66}
\end{bmatrix}
\begin{bmatrix} \sigma_{11} \\ \sigma_{22} \\ \sigma_{33} \\ \sigma_{23} \\ \sigma_{31} \\ \sigma_{12} \end{bmatrix} .
\tag{1.40}
$$

Dabei hängen die 9 von Null verschiedenen Nachgiebigkeiten h_{ij} mit den Tensorkomponenten M_{ijkl} und den technischen Konstanten E_i (Elastizitätsmoduli), ν_{ij} (Querdehnzahlen), μ_{ij} (Schubmoduli) wie folgt zusammen:

$$
h_{11} = M_{1111} = \frac{1}{E_1} , \quad h_{12} = M_{1122} = -\frac{\nu_{12}}{E_1} = -\frac{\nu_{21}}{E_2} , \quad h_{44} = M_{2323} = \frac{1}{\mu_{23}} ,
$$
$$
h_{22} = M_{2222} = \frac{1}{E_2} , \quad h_{23} = M_{2233} = -\frac{\nu_{23}}{E_2} = -\frac{\nu_{32}}{E_3} , \quad h_{55} = M_{3131} = \frac{1}{\mu_{31}} , \tag{1.41}
$$
$$
h_{33} = M_{3333} = \frac{1}{E_3} , \quad h_{13} = M_{1133} = -\frac{\nu_{13}}{E_1} = -\frac{\nu_{31}}{E_3} , \quad h_{66} = M_{1212} = \frac{1}{\mu_{12}} .
$$

Zeigt ein orthotropes Material keine Abhängigkeit der Materialeigenschaften bei einer Drehung um eine Achse (zum Beispiel die x_3-Achse), dann nennt man es *transversal isotrop*. Aufgrund der dann herrschenden Beziehungen zwischen den Nachgiebigkeiten

$$
h_{11} = h_{22} , \quad h_{13} = h_{23} , \quad h_{44} = h_{55} , \quad h_{66} = 2(h_{11} - h_{12}) \tag{1.42}
$$

wird ein solches Material durch nur 5 unabhängige Konstanten charakterisiert.

Erwärmt man ein spannungsfreies Material um die Temperaturdifferenz ΔT, so führt dies zu thermischen Dehnungen ε^{th}, die in erster Näherung proportional zur Temperaturänderung sind:

$$
\varepsilon^{th} = \mathbf{k}\,\Delta T \qquad \text{bzw.} \qquad \varepsilon_{ij}^{th} = k_{ij}\,\Delta T . \tag{1.43}
$$

Darin stellt $\mathbf{k}$ den Tensor der Wärmedehnungskoeffizienten dar, welcher bei thermisch isotropem Material durch einen einzigen Parameter gegeben ist: $k_{ij} = k\,\delta_{ij}$. Fasst man die elastischen und die thermischen Verzerrungen zu den Gesamtverzerrungen ε zusammen, so erhält man das DUHAMEL-NEUMANN-Gesetz (J.M. DU-HAMEL, 1797-1872, F. NEUMANN, 1798-1895)

$$
\boldsymbol{\sigma} = \mathbf{C} : (\boldsymbol{\varepsilon} - \boldsymbol{\varepsilon}^{th}) . \tag{1.44}
$$

1.3.1.2 Formänderungsenergiedichte

Bei einem elastischen Material ist die bei einer Deformation pro Volumeneinheit geleistete Arbeit

$$U = \int\limits_0^{\varepsilon_{kl}} \sigma_{ij} \, d\varepsilon_{ij} \tag{1.45}$$

unabhängig vom Deformationsweg. In diesem Fall ist der Integrand $dU = \sigma_{ij} d\varepsilon_{ij}$ ein vollständiges Differential ($dU = \frac{\partial U}{\partial \varepsilon_{ij}} d\varepsilon_{ij}$), und es gilt

$$\sigma_{ij} = \frac{\partial U}{\partial \varepsilon_{ij}} \, . \tag{1.46}$$

Man bezeichnet $U = U(\varepsilon_{ij})$ als *Formänderungsenergiedichte* oder *spezifisches elastisches Potential*.

Neben $U(\varepsilon_{ij})$ kann man eine *spezifische Ergänzungsenergie* oder *spezifische Komplementärenergie* $\widetilde{U}(\sigma_{ij})$ einführen. Sie ist definiert durch

$$\widetilde{U} = \sigma_{ij}\varepsilon_{ij} - U = \int\limits_0^{\sigma_{kl}} \varepsilon_{ij} \, d\sigma_{ij} \, . \tag{1.47}$$

Analog zu (1.46) gilt

$$\varepsilon_{ij} = \frac{\partial \widetilde{U}}{\partial \sigma_{ij}} \, . \tag{1.48}$$

Im Spezialfall des linear elastischen Materials folgt die Formänderungs- bzw. die Komplementärenergiedichte durch Einsetzen von (1.35a) und (1.35b) in (1.45) und (1.47) zu

$$U = \widetilde{U} = \frac{1}{2} \sigma_{ij}\varepsilon_{ij} = \frac{1}{2} \boldsymbol{\varepsilon} : \boldsymbol{C} : \boldsymbol{\varepsilon} = \frac{1}{2} \boldsymbol{\sigma} : \boldsymbol{M} : \boldsymbol{\sigma} \, . \tag{1.49}$$

Sie lässt sich unter Verwendung von (1.14), (1.28) und (1.39) in zwei Teile aufspalten:

$$U = \frac{1}{2} K \varepsilon_{kk}^2 + \mu \, e_{ij}e_{ij} = U_V + U_G \, . \tag{1.50}$$

Darin ist $U_V = \frac{1}{2} K\varepsilon_{kk}^2 = \frac{1}{2} K I_\varepsilon^2$ die *Volumenänderungsenergiedichte* (=Energieanteil infolge reiner Volumendehnung), während $U_G = \mu \, e_{ij}e_{ij} = 2\mu \, II_e$ die *Gestaltänderungsenergiedichte* (= Energieanteil infolge reiner Gestaltänderung) beschreibt.

1.3.1.3 Nichtlinear elastisches Material

Ist ein Material isotrop, so hängt die Formänderungsenergiedichte U nur von den Invarianten I_ε, II_ε, III_ε des Verzerrungstensors ab. Dabei lassen sich II_ε, III_ε auch durch die Invarianten II_e, III_e des Deviators ersetzen: $U = U(I_\varepsilon, II_e, III_e)$. Mit $I_\varepsilon = \varepsilon_{ij}\delta_{ij}$, $II_e = \frac{1}{2} e_{ij}e_{ij}$, $III_e = \frac{1}{3} e_{ij}e_{jk}e_{ki}$ und (1.46) kann man demnach ein allgemeines nichtlineares Elastizitätsgesetz in der Form

$$\sigma_{ij} = \frac{\partial U}{\partial I_\varepsilon}\,\delta_{ij} + \frac{\partial U}{\partial II_e}\,e_{ij} + \frac{\partial U}{\partial III_e}\left(e_{ik}e_{kj} - \frac{1}{3}\,e_{kl}e_{lk}\delta_{ij}\right) \qquad (1.51)$$

angeben.

Für viele Materialien kann man annehmen, dass sich die Formänderungsenergiedichte (wie beim linearen Material) entsprechend $U = U_1(I_\varepsilon) + U_2(II_e)$ aus einem Volumenänderungsanteil und einem Gestaltänderungsanteil zusammensetzt. In diesem Fall reduziert sich (1.51) auf

$$\sigma_{ij} = \frac{dU_1}{dI_\varepsilon}\,\delta_{ij} + \frac{dU_2}{dII_e}\,e_{ij}\,, \qquad (1.52)$$

woraus sich durch Zerlegung in den hydrostatischen und den deviatorischen Anteil die folgenden Gesetzmäßigkeiten ergeben:

$$\sigma_{kk} = 3\,\frac{dU_1}{dI_\varepsilon} = f(\varepsilon_{kk})\,, \qquad s_{ij} = \frac{dU_2}{dII_e}\,e_{ij} = g(II_e)\,e_{ij}\,. \qquad (1.53)$$

Wird das Material zusätzlich noch als inkompressibel angesehen ($\varepsilon_{kk} = 0$), so entfällt in (1.53) die erste Gleichung. Die Funktion $g(II_e)$ kann man dann durch das einachsige Spannungs-Dehnungs-Verhalten $\sigma(\varepsilon)$ des Materials ausdrücken. Zu diesem Zweck definieren wir zunächst eine einachsige *Vergleichsspannung* oder *effektive Spannung* σ_e folgendermaßen: ein dreiachsiger Spannungszustand σ (bzw. s) ist hinsichtlich der Materialbeanspruchung äquivalent zu einem einachsigen Spannungszustand σ_e, wenn II_s für beide gleich ist. Hiermit ergibt sich aus (1.15) mit $\sigma_1 = \sigma_e$, $\sigma_2 = \sigma_3 = 0$ der Zusammenhang

$$\sigma_e^2 = \frac{3}{2}\,s_{ij}s_{ij} = \frac{3}{2}\,\boldsymbol{s} : \boldsymbol{s}\,. \qquad (1.54a)$$

Analog sehen wir beim inkompressiblen Material einen dreiachsigen Verzerrungszustand $\boldsymbol{\varepsilon}$ (bzw. e) als äquivalent zu einer einachsigen Dehnung ε_e an, wenn II_e in beiden Fällen gleich ist. Dies führt mit (1.29) und $\varepsilon_1 = \varepsilon_e$, $\varepsilon_2 = \varepsilon_3 = -\varepsilon_1/2$ auf die Definition der einachsigen *Vergleichsdehnung* oder *effektiven Dehnung*

$$\varepsilon_e^2 = \frac{2}{3}\,e_{ij}e_{ij} = \frac{2}{3}\,\boldsymbol{e} : \boldsymbol{e}\,. \qquad (1.54b)$$

Bildet man nun unter Verwendung von (1.53), (1.54a,b) das Produkt $s_{ij}s_{ij}$, so folgt $g = \frac{2}{3}\sigma_e/\varepsilon_e$ und damit schließlich

$$s_{ij} = \frac{2}{3}\,\frac{\sigma_e}{\varepsilon_e}\,e_{ij}\,. \qquad (1.55)$$

Als Beispiel betrachten wir einen einachsigen Spannungs-Dehnungs Zusammenhang in Form eines Potenzgesetzes:

$$\varepsilon = B\,\sigma^n \qquad \text{bzw.} \qquad \sigma = b\,\varepsilon^N\,. \qquad (1.56)$$

Darin sind $n = 1/N$ und $B = 1/b^n$ Materialkonstanten. Seine dreidimensionale Verallgemeinerung lautet unter der Voraussetzung der Inkompressibilität

$$e_{ij} = \frac{3}{2} \, B \, \sigma_{\mathrm{e}}^{n-1} s_{ij} \qquad \text{bzw.} \qquad s_{ij} = \frac{2}{3} \, b \, \varepsilon_{\mathrm{e}}^{N-1} e_{ij} \; . \tag{1.57}$$

Die Formänderungsenergiedichte und die spezifische Komplementärenergie ergeben sich in diesem Fall zu

$$U = \frac{n}{n+1} \, s_{ij} e_{ij} \; , \qquad \tilde{U} = \frac{1}{n+1} \, s_{ij} e_{ij} \; . \tag{1.58}$$

1.3.2 Viskoelastizität

Viskoelastische Materialien kombinieren elastisches mit viskosem Verhalten. Sie sind dadurch gekennzeichnet, dass das Materialverhalten zeitabhängig bzw. eine Funktion der Belastungs- oder Deformationsgeschichte ist. Typische viskoelastische Effekte sind Kriech- und Relaxationserscheinungen, wie sie zum Beispiel bei Polymeren oder im höheren Temperaturbereich auch bei Stählen auftreten.

1.3.2.1 Linear viskoelastisches Material

Das Stoffgesetz von linear viskoelastischen Materialien unter einachsiger Beanspruchung kann alternativ durch

$$\varepsilon(t) = \int\limits_{-\infty}^{t} J(t-\tau) \, \frac{\mathrm{d}\sigma}{\mathrm{d}\tau} \, \mathrm{d}\tau \; , \qquad \sigma(t) = \int\limits_{-\infty}^{t} E(t-\tau) \, \frac{\mathrm{d}\varepsilon}{\mathrm{d}\tau} \, \mathrm{d}\tau \tag{1.59}$$

ausgedrückt werden. Darin sind $J(t)$ bzw. $E(t)$ Materialfunktionen, die das Verhalten bei einer plötzlich aufgebrachten, konstanten Spannung σ_0 bzw. konstanten Dehnung ε_0 beschreiben. Man bezeichnet $J(t) = \varepsilon(t)/\sigma_0$ als *Kriechfunktion* oder *Kriechnachgiebigkeit* und $E(t) = \sigma(t)/\varepsilon_0$ als *Relaxationsfunktion* (Abb. 1.6). Sie sind miteinander durch die Beziehung

$$\frac{\mathrm{d}}{\mathrm{d}t} \int\limits_{0}^{t} J(t-\tau) \, E(\tau) \, \mathrm{d}\tau = 1 \tag{1.60}$$

verknüpft. Die untere Grenze bei den Integralen in (1.59) deutet an, dass das Verhalten des Materials zum Zeitpunkt t von der gesamten zuvor durchlaufenen Spannungs- bzw. Dehnungsgeschichte abhängt.

Bei isotropem Materialverhalten ist es zweckmäßig, die dreidimensionale Verallgemeinerung von (1.59) in den hydrostatischen und den deviatorischen Anteil

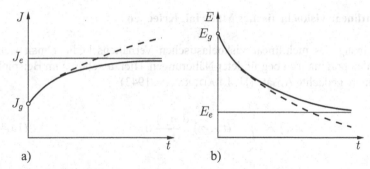

Abb. 1.6 a) Kriechfunktion, b) Relaxationsfunktion

zu trennen. Dabei setzt man häufig die bei vielen viskoelastischen Materialien zu beobachtende Tatsache voraus, dass die Volumendehnung rein elastisch erfolgt ($\sigma_{kk} = 3K\varepsilon_{kk}$). Für den deviatorischen Anteil gilt dann

$$e_{ij} = \frac{1}{2} \int\limits_{-\infty}^{t} J_d(t - \tau)\, \frac{\mathrm{d}s_{ij}}{\mathrm{d}\tau}\, \mathrm{d}\tau\,, \qquad s_{ij} = 2 \int\limits_{-\infty}^{t} G(t - \tau)\, \frac{\mathrm{d}e_{ij}}{\mathrm{d}\tau}\, \mathrm{d}\tau\,. \qquad (1.61)$$

Die Kriechfunktion $J_d(t)$ und die Relaxationsfunktion $G(t)$ hängen wieder wie im einachsigen Fall zusammen.

Integrale vom Typ (1.59), (1.61) nennt man *Faltungsintegrale*. Für ihre Behandlung bietet sich die *Laplace-Transformation* an. Die Laplace-Transformierte $\bar{f}(p)$ einer Funktion $f(t)$ ist definiert als

$$\bar{f}(p) = \int\limits_{0}^{\infty} f(t)\, \mathrm{e}^{-pt}\, \mathrm{d}t\,. \qquad (1.62)$$

Wendet man die Transformation zum Beispiel auf die zweite Gleichung von (1.61) an, so ergibt sich unter der Annahme, dass die Verzerrungsgeschichte zum Beispiel zum Zeitpunkt $\tau = 0$ beginnt,

$$\bar{s}_{ij} = 2\, p\, \bar{G}(p)\, \bar{e}_{ij}\,. \qquad (1.63)$$

Durch Vergleich mit (1.39) erkennt man, dass das transformierte viskoelastische Materialgesetz und das Elastizitätsgesetz die gleiche Form haben. Dies trifft auch auf weitere Gleichungen, wie die Gleichgewichtsbedingungen oder die kinematischen Beziehungen zu. Man spricht aus diesem Grund von der *elastisch–viskoelastischen Analogie*, aus der sich das *Korrespondenzprinzip* herleitet. Danach erhält man die Laplace-transformierte Lösung eines viskoelastischen Problems aus der Lösung des entsprechenden elastischen Problems, indem man die elastischen Konstanten geeignet durch Kriech- bzw. Relaxationsfunktion ersetzt (z.B. $G \rightarrow p\, \bar{G}(p)$). Die endgültige Lösung folgt dann durch Rücktransformation.

1.3.2.2 Nichtlinear viskoelastisches Material, Kriechen

Zur Beschreibung des nichtlinear viskoelastischen Verhaltens bedient man sich häufig formaler, pragmatisch begründeter Näherungen. Hierzu gehört zum Beispiel der für Polymere gedachte Ansatz (H. LEADERMAN, 1943)

$$\varepsilon(t) = \int\limits_{-\infty}^{t} J(t - \tau) \, \frac{\mathrm{d}(\sigma f)}{\mathrm{d}\tau} \, \mathrm{d}\tau \; . \tag{1.64}$$

Darin ist $f(\sigma)$ eine zusätzliche Materialfunktion. Sie charakterisiert die Abhängigkeit der Kriechdehnung von der Größe der angelegten konstanten Spannung σ_0 in der Art $\varepsilon(t) = \sigma_0 f(\sigma_0) J(t)$. Eine Übertragung von (1.64) auf den dreidimensionalen Fall kann sinngemäß wie beim linearen Material erfolgen.

Wegen seiner praktischen Bedeutung sei hier noch auf das Kriechen metallischer Werkstoffe eingegangen. Man unterscheidet dabei zwischen primärem, sekundärem und tertiärem Kriechen. Das sekundäre Kriechen zeichnet sich dadurch aus, dass im einachsigen Fall die Dehnungsgeschwindigkeit $\dot{\varepsilon}$ unter festgehaltener Spannung σ zeitlich konstant ist; sie hängt nur von der Größe der Spannung ab: $\dot{\varepsilon} = \dot{\varepsilon}(\sigma)$. Zur Beschreibung dieser stationären Kriechbewegung finden unter anderem die Ansätze von Norton-Bailey (F.H. NORTON, R.W. BAILEY, 1929)

$$\dot{\varepsilon} = B \, \sigma^n \tag{1.65}$$

oder von Prandtl (L. PRANDTL, 1875-1953)

$$\frac{\dot{\varepsilon}}{\dot{\varepsilon}_\star} = [\sinh(\frac{\sigma}{\sigma_\star})]^n \tag{1.66}$$

sowie modifizierte Ansätze der Art

$$\frac{\dot{\varepsilon}}{\dot{\varepsilon}_\star} = C \, \frac{\mathrm{d}}{\mathrm{d}t}(\frac{\sigma}{\sigma_\star})^m + (\frac{\sigma}{\sigma_\star})^n \tag{1.67}$$

Verwendung. Darin sind B, C, n, m, $\sigma_\star$ und $\dot{\varepsilon}_\star$ Materialkonstanten.

Die Stoffgesetze für viskoses Fließen und elastisches Verhalten weisen häufig eine analoge Struktur auf. So erhält man zum Beispiel (1.65) aus (1.56), indem man die Verzerrungen durch die Verzerrungsgeschwindigkeit ersetzt. Setzt man voraus, dass die Ausdrücke (Arbeitsraten)

$$\tilde{D} = \int\limits_0^{\sigma_{kl}} \dot{\varepsilon}_{ij} \, \mathrm{d}\sigma_{ij} \; , \qquad D = \int\limits_0^{\dot{\varepsilon}_{kl}} \sigma_{ij} \, \mathrm{d}\dot{\varepsilon}_{ij} = \sigma_{ij}\dot{\varepsilon}_{ij} - \tilde{D} \tag{1.68}$$

unabhängig vom Integrationsweg sind, so gelten die zu (1.48), (1.46) analogen Beziehungen

$$\dot{\varepsilon}_{ij} = \frac{\partial \widetilde{D}}{\partial \sigma_{ij}} \,, \qquad \sigma_{ij} = \frac{\partial D}{\partial \dot{\varepsilon}_{ij}} \,. \tag{1.69}$$

Man bezeichnet $\widetilde{D}(\sigma_{ij})$ als *Fließpotential* und $D(\dot{\varepsilon}_{ij})$ als *spezifische Formänderungsenergierate*; die Größe $\sigma_{ij}\dot{\varepsilon}_{ij}$ stellt die *spezifische Dissipationsleistung* dar.

Nimmt man an, dass das Material inkompressibel ist ($\dot{\varepsilon}_{kk} = 0$) und das Fließpotential nur von II_s abhängt, so liefert (1.69)

$$\dot{e}_{ij} = \frac{\mathrm{d}\widetilde{D}}{\mathrm{d}II_s} s_{ij} = \frac{3}{2} \frac{\dot{e}_{\mathrm{e}}}{\sigma_{\mathrm{e}}} s_{ij} \tag{1.70}$$

mit $\sigma_{\mathrm{e}} = (\frac{3}{2}s_{ij}s_{ij})^{1/2}$ und $\dot{e}_{\mathrm{e}} = (\frac{2}{3}\dot{e}_{ij}\dot{e}_{ij})^{1/2}$. Zum Beispiel lauten dann das auf drei Dimensionen verallgemeinerte Nortonsche Kriechgesetz

$$\dot{e}_{ij} = \frac{3}{2} B \,\sigma_{\mathrm{e}}^{n-1} s_{ij} \tag{1.71}$$

und die zugehörige spezifische Formänderungsenergierate sowie das Fließpotential

$$D = \frac{n}{n+1} s_{ij}\dot{e}_{ij} \,, \qquad \widetilde{D} = \frac{1}{n+1} s_{ij}\dot{e}_{ij} \,. \tag{1.72}$$

Diese Beziehungen sind vollkommen analog zu den Gleichungen (1.57), (1.58) für das nichtlinear elastische Verhalten entsprechend einem Potenzgesetz; man muss nur die Verzerrungen durch die Verzerrungsraten ersetzen. Als Folge hiervon sind auch die Lösungen für zugeordnete Randwertprobleme analog. Das heisst, man kann die Lösung eines nichtlinear elastischen Problems auf ein zugeordnetes Kriechproblem übertragen, indem man die Verzerrungen durch die Verzerrungsraten ersetzt.

1.3.3 Plastizität

Überschreitet die Materialbeanspruchung eine bestimmte Grenze, so kommt es insbesondere bei metallischen Werkstoffen zu plastischem Fließen. Hierbei zieht im Unterschied zur Viskoelastizität eine Belastungsänderung meist eine unmittelbare (zeitunabhängige) Deformationsänderung nach sich. Plastisches Fließen hat unter anderem zur Folge, dass nach einer Entlastung bleibende Deformationen auftreten.

Bei der Beschreibung eines elastisch-plastischen Materialverhaltens wird üblicherweise angenommen, dass sich die Verzerrungen und damit auch die Verzerrungsinkremente additiv aus einem elastischen und einem plastischen Anteil zusammensetzen:

$$\varepsilon = \varepsilon^e + \varepsilon^p \,, \qquad \mathrm{d}\varepsilon = \mathrm{d}\varepsilon^e + \mathrm{d}\varepsilon^p \,. \tag{1.73a}$$

Bezieht man die Verzerrungsinkremente auf ein zugeordnetes Zeitinkrement $\mathrm{d}t$, dann lässt sich dies auch in der Form

$$\dot{\varepsilon} = \dot{\varepsilon}^e + \dot{\varepsilon}^p \qquad (1.73b)$$

ausdrücken. Für den elastischen Anteil setzt man dabei einen linearen Spannungs-Dehnungs-Zusammenhang zum Beispiel in Form von (1.35a) voraus. Mit (1.73a) lautet somit das Elastizitätsgesetz

$$\boldsymbol{\sigma} = \boldsymbol{C} : \boldsymbol{\varepsilon}^e = \boldsymbol{C} : (\boldsymbol{\varepsilon} - \boldsymbol{\varepsilon}^p) \,. \qquad (1.74)$$

Als Stoffgesetz für den plastischen Anteil finden sowohl Formulierungen in den Verzerrungsinkrementen (inkrementelle Theorie) als auch in den totalen Verzerrungen (Deformationstheorie) Verwendung. Beide machen häufig Gebrauch von der Annahme, dass keine plastischen Volumenänderungen auftreten: $\varepsilon^p_{kk} = 0$; dies hat dann $\boldsymbol{\varepsilon}^p = \boldsymbol{e}^p$ zur Folge.

1.3.3.1 Fließbedingung

Wir nehmen an, dass für plastisches Fließen ein bestimmter Zustand vorliegen muss, der durch die Spannungen σ_{ij} gegeben ist. Eine solche *Fließbedingung* kann durch

$$F(\boldsymbol{\sigma}) = 0 \qquad (1.75a)$$

ausgedrückt werden, was sich auch als Darstellung einer Fläche (=*Fließfläche*) im neundimensionalen Raum der Spannungen σ_{ij} deuten lässt. Ein Spannungszustand auf der Fließfläche ($F = 0$) charakterisiert danach Fließen, während Punkte innerhalb der Fließfläche ($F < 0$) elastischem Verhalten zugeordnet sind. Die erweiterte Form der Fließbedingung

$$F(\boldsymbol{\sigma}) \leq 0 \qquad (1.75b)$$

beschreibt danach die Menge aller überhaupt möglichen (zulässigen) Spannungszustände.

Die Fließfläche kann ihre Lage und Form im Verlauf des Fließvorganges verändern. Spezialfälle sind die selbstähnliche Aufblähung (isotrope Verfestigung) und die reine Translation (kinematische Verfestigung). Bleibt die Fließfläche unverändert, so nennt man das Material idealplastisch. Aufgrund des Prinzips der maximalen plastischen Arbeit, auf das wir noch eingehen werden, ist die Fließfläche konvex.

Die Fließbedingung kann bei isotropem Material nur von den Invarianten I_σ, II_σ, III_σ oder, was gleichbedeutend ist, nur von I_σ, II_s, III_s abhängen. Berücksichtigt man, dass bei vielen Materialien (insbesondere bei metallischen Werkstoffen) der hydrostatische Anteil des Spannungszustandes nur zu elastischer Volumenänderung führt und den Fließvorgang nicht beeinflusst, so folgt aus (1.75a) die Fließbedingung

$$F(II_s, III_s) = 0 \,. \qquad (1.76)$$

Aus der Fülle der Möglichkeiten, welche (1.76) bietet, seien hier nur zwei bewährte und weit verbreitete Fließbedingungen herausgegriffen. Die VON MI-

SESsche Fließbedingung (R. VON MISES, 1883–1953) lautet

$$F = II_s - k^2 = 0 \quad \text{bzw.} \quad F = \frac{1}{2} s_{ij} s_{ij} - k^2 = 0 \,. \tag{1.77a}$$

Mit (1.15) lässt sie sich auch in der Form

$$F = \frac{1}{6} \left[(\sigma_1 - \sigma_2)^2 + (\sigma_2 - \sigma_3)^2 + (\sigma_3 - \sigma_1)^2 \right] - k^2 = 0 \tag{1.77b}$$

ausdrücken. Danach tritt Fließen auf, wenn II_s einen Wert k^2 erreicht. Äquivalent hierzu sind die Aussagen, dass für Fließen eine bestimmte Oktaederschubspannung τ_{oct} erforderlich ist bzw. dass beim linear elastischen Material die Gestaltänderungsenergiedichte U_G begrenzt ist. Durch (1.77b) ist im dreidimensionalen Raum der Hauptspannungen eine Kreiszylinderfläche definiert, deren Mittelachse mit der *hydrostatischen Geraden* $\sigma_1 = \sigma_2 = \sigma_3$ zusammenfällt und deren Radius $\sqrt{2}k$ beträgt (Abb. 1.7a). Beim idealplastischen Material ist k konstant. Mit der Fließspannung σ_F unter einachsigem Zug ($\sigma_1 = \sigma_F$, $\sigma_2 = \sigma_3 = 0$) und der Fließschubspannung τ_F für reinen Schub ($\sigma_1 = -\sigma_3 = \tau_F$, $\sigma_2 = 0$) gilt dann der Zusammenhang $k = \sigma_F / \sqrt{3} = \tau_F$. Im Fall einer isotropen Verfestigung hängt k von den plastischen Deformationen ab. Dann ist σ_F durch die aktuelle Fließspannung zu ersetzen: $k = \sigma / \sqrt{3}$. Aus (1.77a) ergibt sich damit die einachsige Vergleichsspannung $\sigma_e = (\frac{3}{2} s_{ij} s_{ij})^{1/2}$, die wir schon in (1.54a) kennengelernt haben; sie wird auch *von Misessche Vergleichsspannung* genannt.

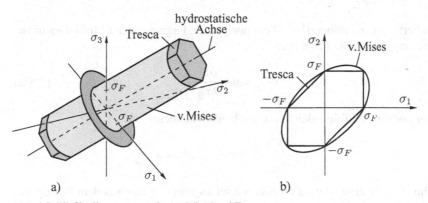

Abb. 1.7 Fließbedingungen nach von Mises und Tresca

Im Spezialfall des ebenen Spannungszustandes ($\sigma_3 = 0$) folgt aus (1.77b) die Fließbedingung

$$\sigma_1^2 + \sigma_2^2 - \sigma_1 \sigma_2 = \sigma_F^2 \,. \tag{1.78}$$

Die zugehörige Fließkurve ist eine Ellipse (Abb. 1.7b).

Die Fließbedingung von H.E. TRESCA (1868) geht von der Annahme aus, dass plastisches Fließen auftritt, wenn die maximale Schubspannung einen bestimmten

Wert annimmt: $F = \tau_{\max} - k = 0$. Mit den Hauptschubspannungen nach (1.11) muss daher eine der Bedingungen

$$\sigma_1 - \sigma_3 \pm 2k = 0 \quad , \qquad \sigma_2 - \sigma_1 \pm 2k = 0 \quad , \qquad \sigma_3 - \sigma_2 \pm 2k = 0 \quad (1.79)$$

erfüllt sein. Die zugehörige Fließfläche im Raum der Hauptspannungen ist ein hexagonales Prisma, dessen Mittelachse die hydrostatische Gerade ist (Abb. 1.7). Beim idealplastischen Material ist der Zusammenhang zwischen k und den Fließspannungen σ_F (einachsiger Zug) und τ_F (reiner Schub) durch $k = \sigma_F/2 = \tau_F$ gegeben.

1.3.3.2 Inkrementelle Theorie

Im weiteren wird vorausgesetzt, dass der Werkstoff dem *Prinzip der maximalen plastischen Arbeit*

$$(\sigma_{ij} - \sigma_{ij}^0)\, d\varepsilon_{ij}^p \geq 0 \qquad (1.80)$$

genügt. Darin sind σ_{ij} der tatsächliche Spannungszustand auf der Fließfläche und σ_{ij}^0 ein Ausgangszustand innerhalb oder auf der Fließfläche. Dieses Prinzip lässt sich dahingehend interpretieren, dass unter allen Spannungszuständen $\tilde\sigma_{ij}$, welche die Fließbedingung erfüllen, die tatsächlichen Spannungen σ_{ij} die plastische Arbeit $\tilde\sigma_{ij} d\varepsilon_{ij}^p$ zum Extremum machen. Diese Extremalaussage kann in der Art

$$\frac{\partial}{\partial \tilde\sigma_{ij}}\left[\tilde\sigma_{ij} d\varepsilon_{ij}^p - d\lambda\, F(\tilde\sigma_{ij})\right] = 0 \qquad \text{für} \qquad \tilde\sigma_{ij} = \sigma_{ij} \qquad (1.81)$$

formuliert werden, wobei $d\lambda \geq 0$ ein noch freier, Lagrangescher Multiplikator ist. Hieraus ergibt sich die *Fließregel*

$$d\varepsilon_{ij}^p = d\lambda\, \frac{\partial F}{\partial \sigma_{ij}} \;, \qquad (1.82a)$$

die wir auch in den folgenden Formen schreiben können:

$$\dot\varepsilon_{ij}^p = \dot\lambda\, \frac{\partial F}{\partial \sigma_{ij}} \qquad \text{bzw.} \qquad \dot{\boldsymbol{\varepsilon}}^p = \dot\lambda\, \frac{\partial F}{\partial \boldsymbol{\sigma}} \;. \qquad (1.82b)$$

Ohne im einzelnen darauf einzugehen sei angemerkt, dass aus dem Prinzip der maximalen plastischen Arbeit bzw. aus der Fließregel Konsequenzen erwachsen. Zu ihnen gehören unter anderen die erwähnte Konvexität der Fließfläche und die *Normalenregel*. Letztere besagt, dass die plastischen Verzerrungsinkremente normal zur Fließfläche gerichtet sind (vgl.(1.82a,b)).

Legt man die von Misessche Fließbedingung (1.77a,b) zugrunde, so folgt aus (1.82a,b) $d\boldsymbol{\varepsilon}^p = d\lambda\, \boldsymbol{s}$. Die Hauptrichtungen von $d\boldsymbol{\varepsilon}^p$ stimmen demnach mit denen des Deviators $\boldsymbol{s}$ und folglich auch mit denen von $\boldsymbol{\sigma}$ überein. Der Faktor $d\lambda$ kann bestimmt werden, indem wir die einachsige Vergleichsspannung $\sigma_e = (\tfrac{3}{2} s_{ij} s_{ij})^{1/2}$ und unter Berücksichtigung der plastischen Volumenkonstanz ein einachsiges Vergleichsverzerrungsinkrement $d\varepsilon_e^p = (\frac{2}{3}d\varepsilon_{ij}^p d\varepsilon_{ij}^p)^{1/2}$ einführen. Aus $d\varepsilon_{ij}^p d\varepsilon_{ij}^p =$ $(d\lambda)^2 s_{ij}s_{ij}$ erhält man dann $d\lambda = \frac{3}{2}d\varepsilon_e^p/\sigma_e$ und damit

$$d\varepsilon_{ij}^p = \frac{3}{2}\frac{d\varepsilon_e^p}{\sigma_e}s_{ij} \qquad \text{bzw.} \qquad \dot{\varepsilon}^p = \frac{3}{2}\frac{\dot{\varepsilon}_e^p}{\sigma_e}s \;. \qquad (1.83a)$$

Für idealplastisches Material ist $\sigma_e = \sigma_F$; für verfestigendes Material schreibt man (1.83a) unter Verwendung des plastischen Tangentenmoduls $g = d\sigma_e/d\varepsilon_e^p = \dot{\sigma}_e/\dot{\varepsilon}_e^p$ auch häufig in der Form

$$d\varepsilon_{ij}^p = \frac{3}{2}\frac{s_{ij}}{g\,\sigma_e}d\sigma_e \qquad \text{bzw.} \qquad \dot{\varepsilon}^p = \frac{3}{2}\frac{\dot{\sigma}_e}{g\,\sigma_e}s \;. \qquad (1.83b)$$

Durch Zusammenfassen der elastischen und der plastischen Verzerrungsinkremente entsprechend (1.73a,b) ergibt sich schließlich als Stoffgesetz im Fließbereich ($F = 0$, $d\sigma_e > 0$) das sogenannte *Prandtl-Reuss-Gesetz*

$$\dot{\varepsilon}_{kk} = \frac{1}{3K}\dot{\sigma}_{kk} \;, \qquad \dot{e} = \frac{1}{2\mu}\dot{s} + \frac{3}{2}\frac{\dot{\sigma}_e}{g\,\sigma_e}s \;. \qquad (1.83c)$$

Geht man von der Trescaschen Fließbedingung in der Form $F = \sigma_1 - \sigma_3 - k = 0$ aus ($\sigma_1 \geq \sigma_2 \geq \sigma_3$), so liefert die Fließregel in Hauptachsenrichtung

$$d\varepsilon_1^p = d\lambda \;, \qquad d\varepsilon_2^p = 0 \;, \qquad d\varepsilon_3^p = -d\lambda \;. \qquad (1.84)$$

Hierdurch wird ebenfalls die Bedingung plastischer Volumenkonstanz erfüllt.

1.3.3.3 Deformationstheorie

In der Deformationstheorie wird angenommen, dass zwischen den plastischen Verzerrungen und den deviatorischen Spannungen die Beziehung

$$\varepsilon^p = \lambda s \qquad (1.85)$$

besteht, wobei der Faktor λ vom Spannungszustand und den plastischen Verzerrungen abhängt. Er ergibt sich unter Zugrundelegung der von Misesschen Fließbedingung mit der Vergleichsspannung $\sigma_e = (\frac{3}{2}s_{ij}s_{ij})^{1/2}$ und der plastischen Vergleichsverzerrung $\varepsilon_e^p = (\frac{2}{3}\varepsilon_{ij}^p\varepsilon_{ij}^p)^{1/2}$ zu $\lambda = 3\varepsilon_e^p/2\sigma_e$. Fasst man nach (1.73a) die elastischen und die plastischen Verzerrungen zusammen, so erhält man das finite *Hencky-Ilyushin-Gesetz*

$$\varepsilon_{kk} = \frac{1}{3K}\sigma_{kk} \;, \qquad e = \left[\frac{1}{2\mu} + \frac{3}{2}\frac{\varepsilon_e^p}{\sigma_e}\right]s \;. \qquad (1.86)$$

Durch Vergleich von (1.86) mit (1.55) erkennt man, dass die Deformationstheorie ein plastisches Materialverhalten wie ein nichtlinear elastisches Verhalten

beschreibt. Sie ist dementsprechend nicht in der Lage zum Beispiel Entlastungsvorgänge adäquat zu modellieren. Physikalisch sinnvoll kann sie nur im Bereich monoton wachsender Belastung angewendet werden. Dabei ist sie insbesondere dann
gut geeignet, wenn eine *Proportionalbelastung* vorliegt, das heisst wenn gilt

$$s = P\, s^0 \, . \tag{1.87}$$

Darin sind s^0 ein Bezugsspannungszustand (zum Beispiel bei der Endbelastung)
und P ein skalarer Belastungsparameter. Man kann zeigen, dass in diesem Fall die
Deformationstheorie und die inkrementelle Theorie äquivalent sind.

Als hinreichend gute Approximation des realen Stoffverhaltens spezialisiert man
häufig die allgemeine Beziehung (1.85) durch das Potenzgesetz (1.56) bzw. (1.57).
Dieses führt immer zu einer Proportionalbelastung nach (1.87), wenn die Belastung
eines Körpers oder Teilkörpers durch einen einzigen Lastparameter P (z.B. durch
eine Kraft) vorgegeben ist. Für die Verzerrungen und die Verschiebungen ergibt sich
in diesem Fall

$$\varepsilon^p = P^n\, \varepsilon^{p\,0} \, , \qquad u = P^n\, u^0 \, . \tag{1.88}$$

Darin sind $\varepsilon^{p\,0}$ und u^0 die zum Bezugsspannungszustand s^0 zugeordneten plastischen Verzerrungen und Verschiebungen. Sind dementsprechend die Spannungen
und Verzerrungen für eine bestimmte Last bekannt, so kennt man sie auch für alle
anderen Lasten.

An dieser Stelle sei angemerkt, dass die Eigenschaften des Potenzgesetzes sinngemäß von der Deformationstheorie auf Kriechvorgänge übertragen werden können. Aufgrund der Analogie der Stoffgesetze für nichtlinear elastisches Verhalten
und für das Kriechen (vgl. Abschnitt 1.3.2.2) müssen nur die Dehnungen durch die
Dehnungsraten und die Verschiebungen durch die Geschwindigkeiten ersetzt werden, d.h. es gelten dann die Beziehungen

$$s = P\, s^0 \, , \qquad \dot{\varepsilon}^p = P^n\, \dot{\varepsilon}^{p\,0} \, , \qquad \dot{u} = P^n\, \dot{u}^0 \, . \tag{1.89}$$

1.4 Energieprinzipien

Im folgenden sind einige klassische Energieprinzipien für deformierbare Körper zusammengestellt. Dabei wird davon ausgegangen, dass bei Zustandsänderungen des
Körpers die materielle Oberfläche unverändert bleibt. Ein etwaiges Risswachstum
ist hier also ausgeschlossen. Der kürzeren Schreibweise wegen nehmen wir noch
an, dass als äußere Kräfte nur Oberflächenkräfte und keine Volumenkräfte wirken.
Letztere können sinngemäß aber ohne weiteres berücksichtigt werden.

1.4.1 Energiesatz

Der Energiesatz der Kontinuumsmechanik besagt, dass die Änderung der Gesamtenergie (innere Energie + kinetische Energie) eines Körpers dem Energiefluss in den
Körper entspricht. Dies kann alternativ in Form der Gleichungen

$$\dot{E} + \dot{K} = P + Q \quad , \qquad (E + K)_2 - (E + K)_1 = \int_{t_1}^{t_2} (P + Q)\,\mathrm{d}t \qquad (1.90)$$

ausgedrückt werden. Darin sind E die innere Energie, K die kinetische Energie und
P die Leistung der äußeren Kräfte. Sie sind gegeben durch

$$E = \int_V \rho\, e\,\mathrm{d}V\,, \qquad K = \frac{1}{2} \int_V \rho\, \dot{u} \cdot \dot{u}\,\mathrm{d}V\,, \qquad P = \int_{\partial V} t \cdot \dot{u}\,\mathrm{d}A\,, \qquad (1.91)$$

wobei e die spezifische innere Energie ist. Durch Q wird der Energietransport in
den Körper beschrieben, welcher nicht durch P erfasst wird (zum Beispiel Wärme-
transport); wir wollen ihn hier nicht näher festlegen.

Für ein elastisches Material lässt sich $\rho\, e$ mit der Formänderungsenergiedichte
U identifizieren. Im Spezialfall einer quasistatischen Belastung ($K = 0$) und für
$Q = 0$ lautet dann der Energiesatz

$$\Pi_2^i - \Pi_1^i = W_{12}^a \,. \qquad (1.92)$$

Hierbei wurden die Abkürzungen

$$\Pi^i = \int_V U\,\mathrm{d}V\,, \qquad W_{12}^a = \int_{\partial V} [\int_{u_1}^{u_2} t \cdot \mathrm{d}u]\,\mathrm{d}A \qquad (1.93)$$

für die Formänderungsenergie des Körpers und für die Arbeit der äußeren Kräfte
zwischen den Zuständen 1 und 2 eingeführt. Man nennt Π^i auch *elastisches Potential*.

1.4.2 Prinzip der virtuellen Arbeit

Wir betrachten einen Körper im Gleichgewicht, auf dessen Teiloberflächen ∂V_t bzw.
∂V_u die Belastungen $\hat{t}$ bzw. die Verschiebungen $\hat{u}$ vorgeschrieben sind. Die statischen und die kinematischen Grundgleichungen hierfür lauten

$$\begin{aligned}
\sigma_{ij,j} = 0 \quad &\text{in } V, \quad \sigma_{ij}n_j = \hat{t}_i \quad \text{auf } \partial V_t\,, \\
\varepsilon_{ij} = \tfrac{1}{2}(u_{i,j} + u_{j,i}) \quad &\text{in } V, \quad u_i = \hat{u}_i \quad \text{auf } \partial V_u\,.
\end{aligned} \qquad (1.94)$$

Ein statisch zulässiges Spannungsfeld $\boldsymbol{\sigma}^{(1)}$ erfüllt die Gleichgewichtsbedingungen und die Randbedingungen auf ∂V_t. Analog genügt ein kinematisch zulässiges Verschiebungsfeld $\boldsymbol{u}^{(2)}$ bzw. Verzerrungsfeld $\boldsymbol{\varepsilon}^{(2)}$ den kinematischen Beziehungen und den Randbedingungen auf ∂V_u. Multipliziert man nun die Gleichgewichtsbedingung für $\boldsymbol{\sigma}^{(1)}$ mit den Verschiebungen $\boldsymbol{u}^{(2)}$ und integriert über das Volumen V, so erhält man aus (1.94) unter Verwendung des Gaußschen Satzes den *allgemeinen Arbeitssatz*

$$\int_V \boldsymbol{\sigma}^{(1)} : \boldsymbol{\varepsilon}^{(2)} \, dV = \int_{\partial V_t} \hat{\boldsymbol{t}}^{(1)} \cdot \boldsymbol{u}^{(2)} \, dA + \int_{\partial V_u} \boldsymbol{t}^{(1)} \cdot \hat{\boldsymbol{u}}^{(2)} \, dA \, . \tag{1.95}$$

Aus (1.95) lassen sich verschiedene Gesetzmäßigkeiten herleiten. Verwendet man als Kraftgrößen die zu einem Gleichgewichtszustand gehörigen wirklichen Größen und als kinematische Größen die virtuellen Verschiebungen δu bzw. virtuellen Verzerrungen $\delta\varepsilon$ aus der Gleichgewichtslage, dann erhält man das *Prinzip der virtuellen Arbeit* (*Prinzip der virtuellen Verrückungen*)

$$\delta W^i = \delta W^a \tag{1.96}$$

mit

$$\delta W^i = \int_V \boldsymbol{\sigma} : \delta\boldsymbol{\varepsilon} \, dV \, , \qquad \delta W^a = \int_{\partial V_t} \hat{\boldsymbol{t}} \cdot \delta\boldsymbol{u} \, dA \, . \tag{1.97}$$

Die virtuellen Verrückungen sind dabei als gedacht, infinitesimal und kinematisch zulässig zu verstehen. Befindet sich ein Körper im Gleichgewicht, so ist nach diesem Prinzip die bei einer virtuellen Verrückung geleistete Arbeit δW^i der inneren Kräfte gleich der Arbeit δW^a der äußeren Kräfte.

Für ein elastisches Material entspricht die Arbeit der inneren Kräfte der Änderung des elastischen Potentials. Nach (1.45) ist nämlich $\boldsymbol{\sigma} : \delta\boldsymbol{\varepsilon} = \delta U$, woraus mit (1.97) und (1.93) die Beziehung $\delta W^i = \delta \Pi^i$ folgt. Sind zusätzlich noch die äußeren Kräfte aus einem Potential herleitbar, so wird $\delta W^a = -\delta\Pi^a$, und man erhält aus (1.96)

$$\delta\Pi = \delta(\Pi^i + \Pi^a) = 0 \, . \tag{1.98}$$

In der Gleichgewichtslage nimmt das Gesamtpotential Π demnach einen Stationärwert an. Man kann zeigen, dass es sich dabei um ein Minimum handelt, sofern das Potential konvex ist:

$$\Pi = \Pi^i + \Pi^a = \text{Minimum} \, . \tag{1.99}$$

Dies ist das *Prinzip vom Stationärwert (Minimum) des Gesamtpotentials*. Es lässt sich auch in folgender Form ausdrücken: unter allen zulässigen (mit den kinematischen Randbedingungen verträglichen) Deformationen machen die wahren Deformationen das Potential Π zu einem Stationärwert (Minimum). Angemerkt sein, dass das Potential bei einem linear elastischen Material und festen Spannungs- oder Verschiebungsrandbedingungen tatsächlich konvex ist, in der Gleichgewichtslage also ein Minimum annimmt.

Aus (1.95) ergibt sich das *Prinzip der virtuellen Komplementärarbeit* (*Prinzip der virtuellen Kräfte*), wenn man als Verschiebungsgrößen die wirklichen Verschiebungen bzw. Verzerrungen einsetzt und als statisch zulässige Kraftgrößen virtuelle Änderungen aus der Gleichgewichtslage verwendet. Dann folgt

$$\delta\widetilde{W}^i = \delta\widetilde{W}^a \ , \tag{1.100}$$

wobei

$$\delta\widetilde{W}^i = \int_V \boldsymbol{\varepsilon} : \delta\boldsymbol{\sigma}\,\mathrm{d}V \ , \qquad \delta\widetilde{W}^a = \int_{\partial V_u} \hat{\boldsymbol{u}} \cdot \delta\boldsymbol{t}\,\mathrm{d}A \tag{1.101}$$

die *Komplementärarbeiten* der inneren und äußeren Kräfte sind. In Analogie zum Vorhergehenden führen wir bei elastischem Material das *innere Komplementärpotential*

$$\widetilde{\Pi}^i = \int_V \widetilde{U}\,\mathrm{d}V \tag{1.102}$$

ein. Existiert zusätzlich noch ein äußeres Komplementärpotential mit $\widetilde{\Pi}^a = -\widetilde{W}^a$, so ergibt sich aus (1.100)

$$\delta\widetilde{\Pi} = \delta(\widetilde{\Pi}^i + \widetilde{\Pi}^a) = 0 \ . \tag{1.103}$$

In der Gleichgewichtslage nimmt also auch das Komplementärpotential einen Stationärwert an. Es handelt sich dabei um ein Minimum, wenn $\widetilde{\Pi}$ konvex ist, was bei linear elastischen Systemen zutrifft:

$$\widetilde{\Pi} = \widetilde{\Pi}^i + \widetilde{\Pi}^a = \text{Minimum} \ . \tag{1.104}$$

Man nennt dies das *Prinzip vom Stationärwert (Minimum) des Komplementärpotentials*. Danach machen unter allen zulässigen (mit den statischen Randbedingungen verträglichen) Spannungsfeldern die wahren Spannungen das Komplementärpotential zu einem Stationärwert (Minimum).

1.4.3 Satz von Clapeyron, Satz von Betti

Wir führen jetzt in (1.95) als statische und kinematische Größen die wirklichen, aktuellen Größen ein. Setzt man die äußeren Kräfte als Totlasten voraus ($\boldsymbol{t} = \boldsymbol{t}(\boldsymbol{x})$), so entspricht die rechte Seite von (1.95) der Arbeit W^a dieser Kräfte vom undeformierten zum aktuellen, deformierten Zustand. Da Totlasten ein Potential besitzen, gilt zudem $W^a = -\Pi^a$. Für ein linear elastisches Material wird die linke Seite von (1.95) mit $\boldsymbol{\sigma} : \boldsymbol{\varepsilon} = 2\,U$ und (1.93) zu $2\,\Pi^i$. Damit erhält man den *Satz von Clapeyron* (B.P.E. CLAPEYRON, 1799-1864)

$$2\,\Pi^i + \Pi^a = 0\ .\tag{1.105}$$

Im Sonderfall eines inkompressiblen nichtlinear elastischen Materials in Form des Potenzgesetzes (1.56) erhält man unter Verwendung von (1.58) für die linke Seite von (1.95) zunächst $\frac{n+1}{n}\,\Pi^i$ und damit

$$\frac{n+1}{n}\,\Pi^i + \Pi^a = 0\ .\tag{1.106}$$

Wir betrachten nun nochmals den Fall eines linear elastischen Materials mit dem Elastizitätsgesetz $\sigma_{ij} = C_{ijkl}\varepsilon_{kl}$ (vgl.(1.35a)). Wegen der Symmetrie des Elastizitätstensors ($C_{ijkl} = C_{jikl} = C_{ijlk} = C_{klij}$) gilt allgemein $\sigma_{ij}^{(1)}\varepsilon_{ij}^{(2)} = \sigma_{ij}^{(2)}\varepsilon_{ij}^{(1)}$. Integration über das Volumen liefert mit dem Arbeitssatz (1.95) den *Satz von Betti* (*Reziprozitätstheorem*, E. BETTI, 1823-1892)

$$\int\limits_{\partial V} \boldsymbol{t}^{(1)} \cdot \boldsymbol{u}^{(2)}\,\mathrm{d}A = \int\limits_{\partial V} \boldsymbol{t}^{(2)} \cdot \boldsymbol{u}^{(1)}\,\mathrm{d}A\ .\tag{1.107}$$

Danach sind für zwei verschiedene Belastungszustände (1), (2) eines Körpers die Arbeiten der Randlasten des einen Zustandes an den Verschiebungen des anderen Zustandes jeweils gleich.

1.5 Ebene Probleme

1.5.1 Allgemeines

Probleme der Festkörpermechanik sind vielfach ebene (zweidimensionale) Probleme, oder sie können näherungsweise als solche beschrieben werden. Besonders wichtig für die Anwendungen sind der ebene Verzerrungszustand (EVZ) und der ebene Spannungszustand (ESZ). Daneben besitzt der longitudinale („nichtebene") Schubspannungszustand noch eine gewisse Bedeutung. Zu ihrer Darstellung bedienen wir uns im weiteren der technischen Notation mit den Koordinaten x, y, z, den Verschiebungen u, v, w, den Verzerrungen $\varepsilon_x, \gamma_{xy}, \ldots$ und den Spannungen $\sigma_x, \tau_{xy}, \ldots$.

Der *ebene Verzerrungszustand* ist dadurch gekennzeichnet, dass die Dehnungen bzw. Verschiebungen in einer Richtung (z.B. in z-Richtung) verhindert sind. In diesem Fall sind w, ε_z, γ_{xz}, γ_{yz}, τ_{xz}, τ_{yz} Null, und alle anderen Größen hängen nur von x und y ab. Die Gleichgewichtsbedingungen (ohne Volumenkräfte), die kinematischen Beziehungen und die Kompatibilitätsbedingungen reduzieren sich dann auf

$$\frac{\partial\sigma_x}{\partial x} + \frac{\partial\tau_{xy}}{\partial y} = 0\ ,\qquad \frac{\partial\tau_{xy}}{\partial x} + \frac{\partial\sigma_y}{\partial y} = 0\ ,\tag{1.108}$$

$$\varepsilon_x = \frac{\partial u}{\partial x}, \qquad \varepsilon_y = \frac{\partial v}{\partial y}, \qquad \gamma_{xy} = \frac{\partial u}{\partial y} + \frac{\partial v}{\partial x}, \tag{1.109}$$

$$\frac{\partial^2 \varepsilon_x}{\partial y^2} + \frac{\partial^2 \varepsilon_y}{\partial x^2} = \frac{\partial^2 \gamma_{xy}}{\partial x \partial y}. \tag{1.110}$$

Auch das Stoffgesetz vereinfacht sich. So erhält man zum Beispiel aus (1.38) für ein isotropes, linear elastisches Material

$$\varepsilon_x = \frac{1-\nu^2}{E}\left(\sigma_x - \frac{\nu}{1-\nu}\sigma_y\right), \quad \varepsilon_y = \frac{1-\nu^2}{E}\left(\sigma_y - \frac{\nu}{1-\nu}\sigma_x\right), \quad \gamma_{xy} = \frac{\tau_{xy}}{G} \tag{1.111}$$

sowie $\sigma_z = \nu(\sigma_x + \sigma_y)$.

Beim *ebenen Spannungszustand* wird angenommen dass $\sigma_z, \tau_{xz}, \tau_{yz}, \gamma_{xz}, \gamma_{yz}$ verschwinden und die restlichen Spannungen und Verzerrungen von z unabhängig sind. Ein entsprechender Zustand tritt näherungsweise (nicht exakt) in Scheiben auf, deren Dicke klein ist im Vergleich zu den Abmessungen in der Ebene und die nur durch Kräfte in der Ebene belastet werden. Die Gleichgewichtsbedingungen, die kinematischen Beziehungen und die Kompatibilitätsbedingung stimmen mit den Gleichungen (1.108 – 1.110) des EVZ überein. Die Verschiebungen u, v, w sind jetzt allerdings im allgemeinen von z abhängig. Das Stoffgesetz lautet im Fall der linearen Elastizität bei Isotropie

$$\varepsilon_x \doteq \frac{1}{E}\left(\sigma_x - \nu\sigma_y\right), \qquad \varepsilon_y = \frac{1}{E}\left(\sigma_y - \nu\sigma_x\right), \qquad \gamma_{xy} = \frac{\tau_{xy}}{G}; \tag{1.112}$$

außerdem gilt $E\varepsilon_z = -\nu(\sigma_x + \sigma_y)$. Die Gleichungen (1.112) weichen von (1.111) nur durch geänderte Elastizitätskonstanten ab. Lösungen von Randwertproblemen des EVZ können demnach durch Änderung der elastischen Konstanten auf den ESZ übertragen werden und umgekehrt.

Häufig ist es erforderlich, die Spannungen in einem zum x, y-System um den Winkel φ gedrehten ξ, η-System anzugeben (Abb. 1.8). Die entsprechenden Transformationsbeziehungen erhält man aus (1.6) zu

$$\sigma_\xi = \frac{1}{2}(\sigma_x + \sigma_y) + \frac{1}{2}(\sigma_x - \sigma_y)\cos 2\varphi + \tau_{xy}\sin 2\varphi,$$

$$\sigma_\eta = \frac{1}{2}(\sigma_x + \sigma_y) - \frac{1}{2}(\sigma_x - \sigma_y)\cos 2\varphi - \tau_{xy}\sin 2\varphi, \tag{1.113}$$

$$\tau_{\xi\eta} = -\frac{1}{2}(\sigma_x - \sigma_y)\sin 2\varphi + \tau_{xy}\cos 2\varphi.$$

Sie können auch durch den Mohrschen Kreis in Abb. 1.8 veranschaulicht werden.

Eine Hauptrichtung ist sowohl im EVZ als auch im ESZ durch die z-Richtung gegeben. Die beiden anderen liegen in der x, y-Ebene; die hierzu gehörigen Hauptspannungen und Hauptrichtungen sind durch

$$\sigma_{1,2} = \frac{\sigma_x + \sigma_y}{2} \pm \sqrt{\left(\frac{\sigma_x - \sigma_y}{2}\right)^2 + \tau_{xy}^2}, \qquad \tan 2\varphi^* = \frac{2\tau_{xy}}{\sigma_x - \sigma_y} \tag{1.114}$$

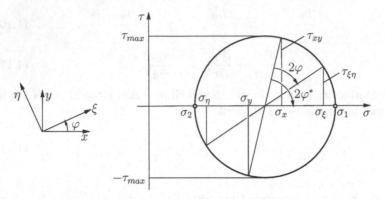

Abb. 1.8 Mohrscher Spannungskreis

bestimmt. In Schnitten unter $\varphi^{**} = \varphi^* \pm \pi/4$ tritt die Hauptschubspannung

$$\tau_3 = \frac{\sigma_1 - \sigma_2}{2} = \sqrt{(\frac{\sigma_x - \sigma_y}{2})^2 + \tau_{xy}^2} \qquad (1.115)$$

auf. Sie ist für $\sigma_1 \geq \sigma_z \geq \sigma_2$ auch die maximale Schubspannung $\tau_{\max}$.

Die hier angegebenen Formeln für die Spannungen können sinngemäß auf die Verzerrungen, die Verzerrungsinkremente und die Verzerrungsgeschwindigkeiten übertragen werden.

Der *nichtebene* oder *longitudinale Schubspannungszustand* zeichnet sich dadurch aus, dass alle Größen bis auf w, γ_{xz}, γ_{yz}, τ_{xz}, τ_{yz} verschwinden; diese sind wiederum unabhängig von z. Die Gleichgewichtsbedingung, die kinematischen Beziehungen und die Kompatibilitätsbedingung lauten in diesem Fall

$$\frac{\partial \tau_{xz}}{\partial x} + \frac{\partial \tau_{yz}}{\partial y} = 0 \,, \qquad \gamma_{xz} = \frac{\partial w}{\partial x} \,, \qquad \gamma_{yz} = \frac{\partial w}{\partial y} \,, \qquad \frac{\partial \gamma_{xz}}{\partial y} = \frac{\partial \gamma_{yz}}{\partial x} \,.$$
$$(1.116)$$

Für linear elastisches Material gilt das Stoffgesetz

$$\gamma_{xz} = \tau_{xz}/G \,, \qquad \gamma_{yz} = \tau_{yz}/G \,. \qquad (1.117)$$

Seiner Einfachheit wegen wird der longitudinale Schubspannungszustand häufig als Modellfall herangezogen.

In der Plastizität und Viskoelastizität werden die Deformationen in der Regel nicht unmittelbar durch die totalen Verschiebungen und Verzerrungen sondern durch deren Inkremente bzw. durch Geschwindigkeiten beschrieben. In diesem Fall sind in den vorhergehenden Gleichungen die kinematischen Größen sinngemäß zu ersetzen.

1.5.2 Lineare Elastizität, Komplexe Methode

Zur Lösung von ebenen Problemen der linearen Elastizitätstheorie existiert eine Reihe von Verfahren. Eines der fruchtbarsten ist die Methode der komplexen Spannungsfunktionen, die hier kurz erläutert werden soll.

Bei diesem Lösungsverfahren werden die Spannungen und Verschiebungen als Funktionen der komplexen Variablen $z = x{+}\mathrm{i}y = r e^{\mathrm{i}\varphi}$ bzw. der konjugiert komplexen Variablen $\bar{z} = x{-}\mathrm{i}y = r e^{-\mathrm{i}\varphi}$ aufgefasst. Man kann dann zeigen, dass Lösungen der Grundgleichungen des EVZ und des ESZ aus nur zwei komplexen Funktionen $\Phi(z)$ und $\Psi(z)$ konstruiert werden können. Ihr Zusammenhang mit den kartesischen Komponenten von Spannung und Verschiebung ist durch die *Kolosovschen Formeln*

$$\sigma_x + \sigma_y = 2[\Phi'(z) + \overline{\Phi'(z)}]\,,$$

$$\sigma_y - \sigma_x + 2\mathrm{i}\tau_{xy} = 2[\bar{z}\Phi''(z) + \Psi'(z)]\,, \qquad (1.118\mathrm{a})$$

$$2\,\mu\,(u+\mathrm{i}v) = \kappa\Phi(z) - z\overline{\Phi'(z)} - \overline{\Psi(z)}\,,$$

mit

$$\kappa = \begin{cases} 3 - 4\nu & \text{EVZ} \\ (3 - \nu)/(1 + \nu) & \text{ESZ} \end{cases} \qquad (1.118\mathrm{b})$$

gegeben. Vielfach ist es zweckmäßig, Polarkoordinaten r, φ (Abb. 1.9) zu verwenden; dann gilt

$$\sigma_r + \sigma_\varphi = 2[\Phi'(z) + \overline{\Phi'(z)}]\,,$$

$$\sigma_\varphi - \sigma_r + 2\mathrm{i}\tau_{r\varphi} = 2[z\Phi''(z) + \Psi'(z)z/\bar{z}]\,, \qquad (1.119)$$

$$2\mu(u_r + \mathrm{i}u_\varphi) = [\kappa\Phi(z) - z\overline{\Phi'(z)} - \overline{\Psi(z)}]e^{-\mathrm{i}\varphi}\,.$$

Bei der Formulicrung von Randbedingungen werden verschiedentlich noch die Beziehungen zwischen Φ, Ψ und den resultierenden Kraftkomponenten X, Y auf den Bogen $\overline{AB}$ bzw. deren Moment M bezüglich des Ursprungs benötigt (Abb. 1.9).Es gelten

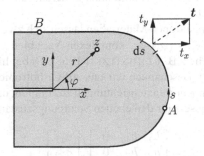

Abb. 1.9 Körper in der koplexen Ebene

$$X + \mathrm{i}Y = \int\limits_A^B (t_x + \mathrm{i}t_y)\mathrm{d}s = -\mathrm{i}\left[\Phi(z) + \overline{\Psi(z)} + z\overline{\Phi'(z)}\right]_A^B ,$$

$$(1.120)$$

$$M = \int\limits_A^B (x\,t_y - y\,t_x)\mathrm{d}s = -\mathrm{Re}\,[z\bar{z}\Phi'(z) + z\Psi(z) - \int \Psi(z)\mathrm{d}z]_A^B .$$

Lösungen des longitudinalen Schubspannungszustandes lassen sich besonders einfach darstellen. In diesem Fall können die Spannungen und die Verschiebung aus alleine einer komplexen Funktion $\Omega(z)$ gewonnen werden:

$$\tau_{xz} - \mathrm{i}\tau_{yz} = (\tau_{rz} - \mathrm{i}\tau_{\varphi z})e^{-\mathrm{i}\varphi} = \Omega'(z) ,$$

$$\mu\,w = \mathrm{Re}\,\Omega(z) .$$

$$(1.121)$$

Eine bestimmte Klasse von ebenen Problemen, die gerade Risse auf der x-Achse einschließt, kann einfacher unter Verwendung nur einer einzigen Funktion, der *Westergaardschen* Spannungsfunktion $Z(z)$, behandelt werden (H.M. WESTERGAARD, 1939). Wenn das Verschiebungsfeld symmetrisch bezüglich der x-Achse ist, d.h. $u(x, -y) = u(x, y)$, $v(x, -y) = -v(x, y)$ und $\tau_{xy} = 0$ entlang $y = 0$, dann ergeben sich die Spannungen und Verschiebungen aus

$$\sigma_x = \mathrm{Re}Z - y\,\mathrm{Im}Z', \quad \sigma_y = \mathrm{Re}Z + y\,\mathrm{Im}Z', \quad \tau_{xy} = -y\,\mathrm{Re}Z',$$

$$4\mu\,u = (\kappa - 1)\mathrm{Re}\bar{Z} - 2y\,\mathrm{Im}Z , \quad 4\mu\,v = (\kappa + 1)\mathrm{Im}\bar{Z} - 2y\,\mathrm{Re}Z$$

$$(1.122)$$

wobei $\bar{Z} = \int Z\mathrm{d}z$. Solche Felder treten zum Beispiel im Rissöffnungsmodus I auf, siehe Abschnitte 4.1 und 4.2. In ähnlicher Weise, wenn das Verschiebungsfeld antisymmetrisch bezüglich der x-Achse ist, d.h. $u(x, -y) = -u(x, y)$, $v(x, -y) = v(x, y)$ und $\sigma_y = 0$ entlang $y = 0$, ergeben sich die Spannungen und Verschiebungen aus

$$\sigma_x = 2\,\mathrm{Im}Z + y\,\mathrm{Re}Z', \quad \sigma_y = -y\,\mathrm{Re}Z', \quad \tau_{xy} = \mathrm{Re}Z - y\,\mathrm{Im}Z',$$

$$4\mu\,u = (\kappa + 1)\mathrm{Im}\bar{Z} + 2y\,\mathrm{Re}Z , \quad 4\mu\,v = -(\kappa - 1)\mathrm{Re}\bar{Z} - 2y\,\mathrm{Im}Z$$

$$(1.123)$$

wobei wieder $\bar{Z} = \int Z\mathrm{d}z$. Solche Felder sind unter anderem für Risse im Rissöffnungsmodus II charakteristisch.

Auch ebene Probleme in anisotropen Materialien lassen sich zweckmäig mit mit Hilfe zweier Funktionen $\Phi(z_1)$, $\Psi(z_2)$ der komplexen Variablen $z_1 = x + \mu_1 y$, $z_2 = x + \mu_2 y$ behandeln (siehe z.B. LEKHNITZKII 1968). Dabei hängen $\mu_{1,2}$ von den elastischen Konstanten ab. Beschänken wir uns auf Orthotropie und fallen die Orthotropierichtungen mit den Koordinatenrichtungen zusammen, dann lautet nach (1.40), (1.41) das Elastizitätsgesetz für den ebenen Spannungszustand

$$\begin{bmatrix} \varepsilon_{11} \\ \varepsilon_{22} \\ 2\,\varepsilon_{12} \end{bmatrix} = \begin{bmatrix} h_{11} & h_{12} & 0 \\ h_{21} & h_{22} & 0 \\ 0 & 0 & h_{66} \end{bmatrix} \begin{bmatrix} \sigma_{11} \\ \sigma_{22} \\ \sigma_{12} \end{bmatrix}$$

$$(1.124)$$

mit $h_{11} = 1/E_1$, $h_{22} = 1/E_2$, $h_{12} = h_{21} = -\nu_{12}/E_1 = -\nu_{21}/E_2$, $h_{66} = 1/G_{12}$, wobei E_i die Elastizitätsmoduli und ν_{ij} die Querdehnzahlen sind; G_{12} kennzeichnet den Schubmodul. Liegt der ebene Verzerrungszustand vor, so gilt (1.124) nach wie vor, sofern die elastischen Konstanten wie folgt ersetzt werden: $1/E_1 \rightarrow (1 - \nu_{13}\nu_{31})/E_1$, $1/E_2 \rightarrow (1 - \nu_{23}\nu_{32})/E_2$, $\nu_{12}/E_1 \rightarrow (\nu_{12} + \nu_{13}\nu_{32})/E_2$. Die $\mu_{1,2}$ sind in diesem Fall rein imaginär und folgen aus der biquadratischen Gleichung

$$h_{11}\mu^4 + (2h_{12} + h_{66})\mu^2 + h_{22} = 0 \qquad (1.125)$$

zu

$$\mu_{1,2} = \frac{i}{2}\left\{ \left[\frac{E_1}{G_{12}} - 2\nu_{12} + 2\left(\frac{E_1}{E_2}\right)^{\frac{1}{2}} \right]^{\frac{1}{2}} \pm \left[\frac{E_1}{G_{12}} - 2\nu_{12} - 2\left(\frac{E_1}{E_2}\right)^{\frac{1}{2}} \right]^{\frac{1}{2}} \right\}. \qquad (1.126)$$

Fallen die Koordinatenachsen dagegen nicht mit den Orthotropieachsen zusammen, so stehen in der Nachgiebigkeitsmatrix in (1.124) anstelle der Nullen die Nachgiebigkeiten $h_{16} = h_{61}$ sowie $h_{26} = h_{62}$, und die nun konjugiert komplexen $\mu_{1,2}$ folgen aus der Gleichung

$$h_{11}\mu^4 - 2h_{16}\mu^3 + (2h_{12} + h_{66})\mu^2 - 2h_{26}\mu + h_{22} = 0 \,. \qquad (1.127)$$

Die Spannungen und Verschiebungen ergeben sich in beiden Fällen wie folgt aus den Funktionen $\Phi(z_1)$ und $\Psi(z_2)$:

$$\begin{aligned}
\sigma_x &= 2\mathrm{Re}\left[\mu_1^2\Phi(z_1) + \mu_2^2\Psi(z_2)\right], \\
\sigma_y &= 2\mathrm{Re}\left[\Phi'(z_1) + \Psi'(z_2)\right], \\
\tau_{xy} &= -2\mathrm{Re}\left[\mu_1\Phi'(z_1) + \mu_2\Psi'(z_2)\right], \\
u &= 2\mathrm{Re}\left[p_1\Phi(z_1) + p_2\Psi(z_2)\right], \\
v &= 2\mathrm{Re}\left[q_1\Phi(z_1) + q_2\Psi(z_2)\right],
\end{aligned} \qquad (1.128)$$

mit den Abkürzungen

$$p_k = h_{11}\mu_k^2 + h_{12} - h_{16}\mu_k \,, \qquad q_k = h_{12}\mu_k + h_{22}\mu_k^{-1} - h_{26}\mu_k \,.$$

1.5.3 Idealplastisches Material, Gleitlinienfelder

Die Lösung von Randwertproblemen der Plastomechanik gelingt in vielen Fällen nur unter Einsatz numerischer Methoden, wie zum Beispiel des Verfahrens der Finiten Elemente. Eines der wenigen Verfahren, das eine weitgehend analytische Behandlung zulässt, ist die *Gleitlinientheorie*. Sie erlaubt die Untersuchung von Spannungen und Deformationen im Fall des ebenen Verzerrungszustandes bei Vorliegen eines starr-idealplastischen Materials, für das wir hier die von Misessche Fließbedingung zugrunde legen wollen.

Aus der Bedingung $\mathrm{d}\varepsilon_z^p = 0$ folgt zunächst mit $\mathrm{d}\varepsilon_{ij}^p = \mathrm{d}\varepsilon_{ij}$ und (1.83a) für die Spannung $s_z = 0$ bzw. $\sigma_z = \sigma_3 = (\sigma_x + \sigma_y)/2 = \sigma_m$. Die Fließbedingung (1.77b) vereinfacht sich damit zu

$$(\sigma_x - \sigma_y)^2 + 4\tau_{xy}^2 = 4k^2 \,, \tag{1.129}$$

womit für die Hauptspannungen $\sigma_1 = \sigma_m + k$, $\sigma_2 = \sigma_m - k$ und für die maximale Schubspannung $\tau_{\max} = k$ gelten. Die Fließbedingung stellt zusammen mit den Gleichgewichtsbedingungen (1.108) ein hyperbolisches System von drei Gleichungen für die drei Unbekannten σ_x, σ_y und τ_{xy} dar.

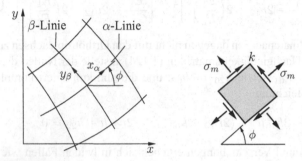

Abb. 1.10 Gleitlinien

Es ist nun zweckmäßig ein orthogonales Netz von α- und β-Linien einzuführen, deren Richtungen in jedem Punkt mit den Hauptschubspannungsrichtungen übereinstimmen (Abb. 1.10). Da letztere mit den Richtungen maximaler Gleitungsänderung zusammenfallen nennt man sie *Gleitlinien*. Es sei angemerkt, dass diese Linien die *Charakteristiken* des hyperbolischen Gleichungssystems sind. Bezeichnet man den Winkel zwischen der x-Achse und der Tangente an die α-Linie (=Hauptschubspannungsrichtung) mit ϕ, so folgen mit (1.114) die Beziehungen

$$\sigma_x = \sigma_m - k\sin 2\phi \,, \qquad \sigma_y = \sigma_m + k\sin 2\phi \,, \qquad \tau_{xy} = k\cos 2\phi \,. \tag{1.130}$$

Sie erfüllen die Fließbedingungen identisch. Einsetzen in die Gleichgewichtsbedingungen (1.108) liefert

$$\frac{\partial\sigma_m}{\partial x} - 2\,k\cos 2\phi\,\frac{\partial\phi}{\partial x} - 2\,k\sin 2\phi\,\frac{\partial\phi}{\partial y} = 0 \,,$$

$$\frac{\partial\sigma_m}{\partial y} - 2\,k\sin 2\phi\,\frac{\partial\phi}{\partial x} + 2\,k\cos 2\phi\,\frac{\partial\phi}{\partial y} = 0 \,.$$

Da die Wahl des Koordinatensystems x, y beliebig ist, können wir auch ein lokales System x_α, y_β verwenden, dessen Achsen in Richtung der Tangenten an die α- bzw. an die β-Linie zeigen (Abb. 1.10). Mit $\phi = 0$ vereinfachen sich die obigen Beziehungen dann zu gewöhnlichen Differentialgleichungen entlang der Gleitlinien:

$$\frac{\mathrm{d}}{\mathrm{d}x_\alpha} \left(\sigma_m - 2\,k\,\phi \right) = 0 \;, \qquad \frac{\mathrm{d}}{\mathrm{d}y_\beta} \left(\sigma_m + 2\,k\,\phi \right) = 0 \;.$$

Integration liefert die *Henckyschen Gleichungen* (H. HENCKY, 1885-1952)

$$\sigma_m - 2\,k\,\phi = C_\alpha = \text{const} \quad \text{entlang } \alpha\text{-Linie} \;,$$
$$\sigma_m + 2\,k\,\phi = C_\beta = \text{const} \quad \text{entlang } \beta\text{-Linie} \;. \tag{1.131}$$

Sie erlauben bei gegebenen Spannungsrandbedingungen die Bestimmung von C_α, C_β und damit des Gleitlinien- und Spannungsfeldes. Liegen dagegen kinematische Randbedingungen vor, so reichen die Gleichungen (1.131) nicht aus. Es müssen dann noch die kinematischen Beziehungen herangezogen werden. Darauf soll hier jedoch nicht näher eingegangen werden.

Ohne Herleitung sei auf zwei geometrische Eigenschaften des Gleitlinienfeldes hingewiesen. Nach dem 1. Henckyschen Satz ist der Winkel zwischen zwei Gleitlinien einer Familie (α) im Bereich des Schnittes mit Gleitlinien der anderen Familie (β) konstant. Befindet sich danach in einer Familie ein Geradenstück, so besteht die gesamte Familie aus Geraden (z.B. parallele Geraden, Fächer). Der 2. Henckysche Satz besagt, dass bei Fortschreiten längs einer Gleitlinie sich der Krümmungsradius der orthogonalen Schar proportional zur zurückgelegten Strecke ändert. Erwähnt sei noch, dass eine Gleitlinie auch eine Unstetigkeitslinie für die Normalspannung tangential zur Gleitlinie bzw. für die Tangentialgeschwindigkeit sein kann.

Analog zum ebenen Verzerrungszustand lässt sich der longitudinale Schubspannungszustand behandeln. Hier lauten die Fließbedingung und die Gleichgewichtsbedingung

$$\tau_{xz}^2 + \tau_{yz}^2 = k^2 = \tau_F^2 \;, \qquad \frac{\partial \tau_{xz}}{\partial x} + \frac{\partial \tau_{yz}}{\partial y} = 0 \;. \tag{1.132}$$

Wir führen nun wieder α-Linien ein, deren Richtung ϕ die Schnitte kennzeichnet, in denen die Fließspannung τ_F auftritt; auf β-Linien können wir verzichten. Mit

$$\tau_{xz} = -\tau_F \sin\phi \;, \qquad \tau_{yz} = \tau_F \cos\phi \tag{1.133}$$

liefert dann die Gleichgewichtsbedingung

$$\frac{\mathrm{d}\phi}{\mathrm{d}x_\alpha} = 0 \quad . \tag{1.134}$$

Die α-Linien sind demnach Geraden.

Die Fließregel $\mathrm{d}\varepsilon_{ij} = \mathrm{d}\varepsilon_{ij}^p = \mathrm{d}\lambda\,s_{ij}$ nach Abschnitt 1.3.3.2 lässt sich in diesem Fall mit

$$2\,\varepsilon_{13} = \gamma_{xz} = \frac{\partial w}{\partial x} \;, \qquad 2\,\varepsilon_{23} = \gamma_{yz} = \frac{\partial w}{\partial y} \tag{1.135}$$

als

$$\mathrm{d}\left(\frac{\partial w}{\partial x} \right) = \frac{\partial(\mathrm{d}w)}{\partial x} = 2\,\mathrm{d}\lambda\,\tau_{xz} \;, \qquad \mathrm{d}\left(\frac{\partial w}{\partial y} \right) = \frac{\partial(\mathrm{d}w)}{\partial y} = 2\,\mathrm{d}\lambda\,\tau_{yz} \tag{1.136}$$

schreiben. Ersetzt man das x, y-Koordinatensystem durch das gleichberechtigte x_α, y_β-System, so nimmt sie mit (1.133) und $\phi = 0$ die Form

$$\frac{\partial(\mathrm{d}w)}{\partial x_\alpha} = 0 \,, \qquad \frac{\partial(\mathrm{d}w)}{\partial y_\beta} = 2\,\mathrm{d}\lambda\,\tau_F \qquad (1.137)$$

an. Längs der α-Linie sind die Verschiebungsänderungen $\mathrm{d}w$ danach konstant. Geht man von einem undeformierten Anfangszustand aus, so erfahren also beim Fließen alle Punkte auf einer α-Linie die gleiche Verschiebung w.

1.6 Übungsaufgaben

Aufgabe 1.1 Das Feld einer Stufenversetzung (siehe hierzu auch Abschnitte 3.1.2, 4.4.2 und 8.2.1.2) lässt sich durch die folgenden komplexen Potentiale beschreiben:

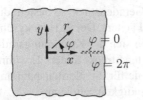

$$\Phi(z) = \Psi(z) = Az \quad \text{mit} \quad A = -\frac{\mu\,b}{\pi(1 + \kappa)}.$$

a) Man bestimme die kartesischen Spannungs- und Verschiebungskomponenten.

Abb. 1.11

b) Was drückt die Konstante b aus?

Lösung

a)
$$\begin{Bmatrix} \sigma_x \\ \sigma_y \\ \tau_{xy} \end{Bmatrix} = -\frac{\mu\,b}{\pi(1 + \kappa)}\frac{1}{r} \begin{Bmatrix} \cos\varphi + \cos 3\varphi \\ 3\cos\varphi - \cos 3\varphi \\ -\sin\varphi + \sin 3\varphi \end{Bmatrix}$$

$$\begin{Bmatrix} u \\ v \end{Bmatrix} = -\frac{b}{2\pi(1 + \kappa)} \begin{Bmatrix} (\kappa - 1)\ln r - \cos 2\varphi \\ (\kappa + 1)\varphi - \sin 2\varphi \end{Bmatrix}$$

b) Durch b wird der entlang der x-Achse auftretende konstante Verschiebungssprung in y-Richtung ausgedrückt: $\Delta v = v(\varphi = 0) - v(\varphi = 2\pi) = b$.

Aufgabe 1.2 Für eine Scheibe mit Kreisloch unter einachsigem Zug σ_0 sind die komplexen Potentiale gegeben durch

$$\Phi(z) = \frac{\sigma_0\,a}{4}\left(\frac{z}{a} + 2\,\frac{a}{z}\right), \qquad \Psi(z) = -\frac{\sigma_0\,a}{2}\left(\frac{z}{a} + \frac{a}{z} - \frac{a^3}{z^3}\right).$$

Man bestimme entlang des Randes $r = a$ die Spannung σ_φ und die Verschiebungen u_r, u_φ.

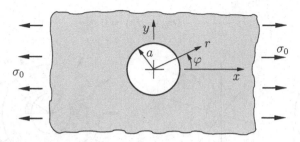

Abb. 1.12

Lösung $\sigma_\varphi = \sigma_0(1 - 2\cos 2\varphi)$,

$$u_r = \frac{\sigma_0\,a}{8\mu}(1+\kappa)(1+\cos 2\varphi)\,, \quad u_\varphi = -\frac{\sigma_0\,a}{4\mu}(1+\kappa)\sin 2\varphi\,.$$

Aufgabe 1.3   Das ebene Problem eines *Dilatationszentrums* wird beschrieben durch die komplexen Potentiale

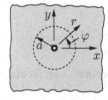

$$\Phi(z) = 0\,, \quad \Psi(z) = -\frac{e}{z} \quad \text{mit} \quad e = 2\mu\,a\,\delta\,.$$

a) Man bestimme die Spannungs- und Verschiebungskomponenten in Polarkoordinaten.

b) Was drückt die Konstante δ aus?

Abb. 1.13   c) Wie groß ist die gesamte Formänderungsenergie?

Lösung

a)
$$\sigma_r = -\sigma_\varphi = -\frac{2\mu a\,\delta}{r^2}\,, \quad u_r = \delta\,\frac{a}{r}\,, \quad u_\varphi = 0\,.$$

b) δ ist die Radialverschiebung an der Stelle $r = a$, d.h. $u_r(a) = \delta$.

c) Die Formänderungsenergie ist nicht integrabel. Mit $U(r) \propto 1/r^4$ folgt

$$\Pi = \lim_{\varepsilon \to 0} \int_\varepsilon^\infty U(r)\,2\pi r\,\mathrm{d}r \to \infty\,.$$

Aufgabe 1.4   Eine dickwandige Kugelschale, die außen durch die allseitige Zugspannung σ_0 belastet ist, enthält einen kugelförmigen Hohlraum. Das Material sei als starr-idealplastisch mit der Fließspannung σ_F angenommen, und es gelte die von Misessche Fließbedingung (vgl. hierzu auch Abschnitt 8.4.1.3).

a) Wie groß muss σ_0 sein, damit die Kugelschale plastisch fließt, d.h. der Hohlraum sich aufweitet?

b) Wie groß sind dann die Spannungen?

Hinweis: die Gleichgewichtsbedingung für das kugelsymmetrische Problem mit $\sigma_\vartheta = \sigma_\varphi$ lautet

$$\frac{\mathrm{d}\sigma_r}{\mathrm{d}r} - \frac{2}{r}\left(\sigma_\varphi - \sigma_r\right) = 0\,.$$

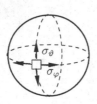
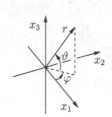
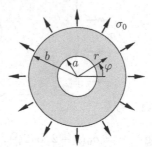

Abb. 1.14

Lösung   a) $\sigma_0 = 2\,\sigma_F\,\ln\dfrac{b}{a}$,

   b) $\sigma_r = 2\,\sigma_F\,\ln\dfrac{r}{a}$, $\sigma_\varphi = \sigma_\vartheta = \sigma_F\left(1 + 2\ln\dfrac{r}{a}\right)$.

1.7 Literatur

Altenbach, J., Altenbach, H.   *Einführung in die Kontinuumsmechanik*. Teubner, Stuttgart, 1994

Bertram, A. and Glüge, R.   *Solid Mechanics*. Springer Int. Publ., 2015

Betten, J.   *Creep Mechanics*. Springer, Berlin, 2008

Chakrabarty, J.   *Theory of Plasticity*. Butterworth-Heinemann, New York, 2006

Christensen, R.M.   *Theory of Viscoelasticity*. Academic Press, New York, 1982

Doghri, I.   *Mechanics of Deformable Solids*. Springer, Berlin, 2000

Fung, Y.C.   *Foundations of Solid Mechanics*. Prentice-Hall, Englewood Cliffs, 1965

Gould, P.L.   *Introduction to Linear Elasticity*. Springer, New York, 1993

Hill, R.   *The Mathematical Theory of Plasticity*. Oxford University Press, Oxford, 1998

Kachanov, L.M.   *Fundamentals of Theory of Plasticity*. North-Holland, 1971

Khan, A.S. and Huang, S.   *Continuum Theory of Plasticity*. John Wiley & Sons, New York, 1995

Lekhnitzkii, S.G.,   *Anisotropic Plates*, (Translation of 2nd russ. edition), Gordon and Breach, New York, 1968

Lemaitre, J. and Chaboche, J.-L.   *Mechanics of Solid Materials*. Cambridge University Press, Cambridge, 2000

Lubliner, J.   *Plasticity Theory*. Macmillan Publ. Comp., New York, 1998

Maugin, G.A.   *The Thermomechanics of Plasticity and Fracture.* Cambridge University Press, Cambridge, 1992

Mußchelischwili, N.I.   *Einige Grundaufgaben zur mathematischen Elastizitätstheorie.* Hanser, München, 1971

Nadai, A.   *Theory of Flow and Fracture of Solids*, Vol. 1 & 2. McGraw-Hill, New York, 1963

Rabotnov, Y.N.   *Creep Problems in Structural Members.* North Holland, Amsterdam, 1969

Sokolnikoff, I.S.   *The Mathematical Theory of Elasticity.* McGraw-Hill, New York, 1956

Kapitel 2
Klassische Bruch- und Versagenshypothesen

In diesem Kapitel soll ein kurzer Einblick in einige klassische Bruch- und Versagenshypothesen für statische Materialbeanspruchung gegeben werden. Das Wort *klassich* deutet in diesem Zusammenhang an, dass die meisten dieser *Festigkeitshypothesen*, wie sie auch genannt werden, schon älteren Datums sind. Sie gehen teilweise auf Überlegungen Ende des 19. bzw. Anfang des 20. Jahrhunderts zurück, und sie sind untrennbar mit der Entwicklung der Festkörpermechanik verbunden. Durch die moderne Bruchmechanik wurden sie, was die Forschung betrifft, etwas in den Hintergrund gedrängt. Wegen ihrer weiten Verbreitung, die nicht zuletzt mit ihrer Einfachheit zusammenhängt, haben sie jedoch eine beachtliche Bedeutung.

2.1 Grundbegriffe

Festigkeitshypothesen sollen eine Aussage darüber machen, unter welchen Umständen ein Material versagt. Ausgangspunkt sind dabei Experimente unter speziellen, meist einfachen Belastungszuständen. Als Beispiel sind in Abb. 2.1 zwei typische Spannungs-Dehnungs-Verläufe für Materialien unter einachsigem Zug schematisch dargestellt. Bis zu einer bestimmten Grenze verhalten sich viele Werkstoffe im wesentlichen rein elastisch. Bei *duktilem* Verhalten treten nach Überschreiten der *Fließgrenze* plastische Deformationen auf. Die *Bruchgrenze* wird in diesem Fall erst nach hinreichend großen inelastischen Deformationen erreicht. Im Gegensatz dazu

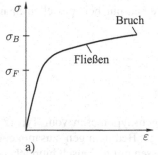
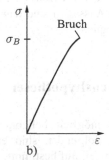
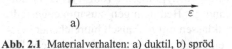

Abb. 2.1 Materialverhalten: a) duktil, b) spröd

ist *sprödes* Materialverhalten dadurch gekennzeichnet, dass vor dem Bruch keine bemerkenswerten inelastischen Deformationen auftreten.

Abhängig von der Problemstellung kennzeichnet man häufig die *Festigkeit* bzw. das *Versagen* eines Materials durch die Fließgrenze oder durch die Bruchgrenze. Gemeinsam ist beiden, dass sich an ihnen das Materialverhalten drastisch ändert. An dieser Stelle sei darauf hingewiesen, dass duktiles bzw. sprödes Verhalten keine reinen Stoffeigenschaften sind. Vielmehr hat der Spannungszustand einen wesentlichem Einfluss auf das Materialverhalten. Als Beispiel sei nur erwähnt, dass ein hydrostatischer Spannungszustand bei Materialien, die als plastisch deformierbar gelten, im allgemeinen zu keinen inelastischen Deformationen führt. Unter bestimmten Beanspruchungen kann sich ein solcher Werkstoff also durchaus spröde verhalten.

Wir nehmen nun an, dass sowohl für den betrachteten einfachen Belastungszustand als auch für eine beliebig komplexe Beanspruchung das Verhalten des Materials und damit auch die Versagensgrenze alleine durch den aktuellen Spannungszustand oder Verzerrungszustand charakterisierbar sind. Dann kann die Versagensbedingung durch

$$F(\sigma_{ij}) = 0 \qquad \text{oder} \qquad G(\varepsilon_{ij}) = 0 \tag{2.1}$$

ausgedrückt werden. Wie die Fließbedingung, die ja durch (2.1) miterfasst wird, kann man die Versagensbedingung $F(\sigma_{ij}) = 0$ als *Versagensfläche* im sechsdimensionalen Raum der Spannungen bzw. im dreidimensionalen Raum der Hauptspannungen deuten. Ein Spannungszustand σ_{ij} auf der Fläche $F = 0$ charakterisiert dabei Versagen infolge Fließen oder Bruch.

Eine Versagensbedingung der Art (2.1) setzt voraus, dass der Materialzustand beim Versagen unabhängig von der Deformationsgeschichte ist. Dies kann mit hinreichender Genauigkeit auf das erstmalige Einsetzen des plastischen Fließens bei duktilen Materialien oder auf den Bruch von spröden Werkstoffen zutreffen. Daneben muss das Material bis zum Erreichen der Versagensgrenze als Kontinuum ohne makroskopische Defekte aufgefasst werden können. Das bedeutet insbesondere, dass nicht etwa makroskopische Risse das Verhalten eines Werkstoffes bestimmen.

Der Deformationsprozess bei plastisch verformbaren Werkstoffen – hierzu zählt man häufig auch Beton oder geologische Materialien – nach Erreichen der Fließgrenze kann durch die Fließregel beschrieben werden. Die Kinematik des Bruches bei sprödem Materialverhalten wird durch letztere nicht bestimmt. Einfache kinematische Aussagen sind dann im allgemeinen nur bei speziellen Spannungszuständen möglich.

2.2 Versagenshypothesen

Es ist formal möglich, beliebig viele Versagenshypothesen vom Typ (2.1) aufzustellen. Im folgenden sind einige gängige Bedingungen zusammengestellt, von denen ein Teil auf bestimmte Materialklassen mit technisch hinreichender Genauigkeit angewendet werden kann. Ein Teil hat allerdings nur noch historische Bedeutung. Auf die VON MISESsche und die TRESCAsche Fließbedingung wird hier nicht nochmals eingegangen; sie sind in Abschnitt 1.3.3.1 diskutiert.

2.2.1 Hauptspannungshypothese

Diese Hypothese geht auf W.J.M. RANKINE (1820–1872), G. LAMÉ (1795–1870) und C.L. NAVIER (1785–1836) zurück. Nach ihr wird das Materialverhalten durch zwei Kennwerte – die *Zugfestigkeit* σ_z und die *Druckfestigkeit* σ_d - bestimmt. Versagen wird angenommen, wenn die größte Hauptnormalspannung den Wert σ_z oder die kleinste Hauptnormalspannung die Grenze $-\sigma_d$ erreicht, das heißt, wenn eine der Bedingungen

$$\sigma_1 = \begin{cases} \sigma_z, \\ -\sigma_d, \end{cases} \qquad \sigma_2 = \begin{cases} \sigma_z, \\ -\sigma_d, \end{cases} \qquad \sigma_3 = \begin{cases} \sigma_z, \\ -\sigma_d \end{cases} \qquad (2.2)$$

erfüllt ist. Die zugehörige Versagensfläche im Raum der Hauptspannungen ist durch die Oberfläche eines Würfels gegeben (Abb. 2.2a). Als Versagenskurve für den ebenen Spannungszustand ($\sigma_3 = 0$) ergibt sich ein Quadrat (Abb. 2.2b).

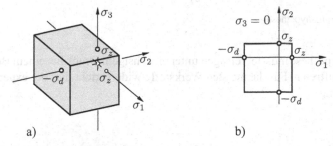

a)   b)

Abb. 2.2 Hauptspannungshypothese

Die Hauptspannungshypothese soll in erster Linie das spröde Versagen von Werkstoffen beschreiben. Bei Zugbeanspruchung verbindet man mit ihr im allgemeinen die kinematische Vorstellung einer Dekohäsion der Schnittflächen senkrecht zur größten Hauptspannung. Die Hypothese vernachlässigt den Einfluss von zwei Hauptspannungen auf das Versagen; sie ist nur recht eingeschränkt anwendbar.

2.2.2 Hauptdehnungshypothese

Bei der von DE SAINT-VENANT (1797–1886) und C. BACH (1889) vorgeschlagenen Hypothese wird angenommen, dass Versagen eintritt, wenn die größte Hauptdehnung einen kritischen Wert ε_z annimmt. Setzt man linear elastisches Verhalten bis zum Versagen voraus und führen wir mit $\sigma_z = E\varepsilon_z$ die kritische Spannung σ_z ein, so folgen die Versagensbedingungen

$$\sigma_1 - \nu(\sigma_2 + \sigma_3) = \sigma_z\,, \quad \sigma_2 - \nu(\sigma_3 + \sigma_1) = \sigma_z\,, \quad \sigma_3 - \nu(\sigma_1 + \sigma_2) = \sigma_z\,. \quad (2.3)$$

Die Versagensfläche wird in diesem Fall durch eine dreiflächige Pyramide um die hydrostatische Achse mit dem Scheitel bei $\sigma_1 = \sigma_2 = \sigma_3 = \sigma_z/(1-2\nu)$ gebildet (Abb. 2.3a). Die Versagenskurve für den ebenen Spannungszustand ist in Abb. 2.3b dargestellt.

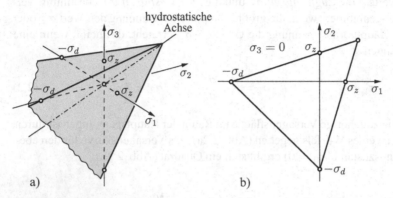

Abb. 2.3 Hauptdehnungshypothese

Nach dieser Hypothese müsste Versagen unter einachsigem Druck bei einem Betrag $\sigma_d = \sigma_z/\nu$ auftreten. Für die meisten Werkstoffe widerspricht dies der experimentellen Erfahrung.

2.2.3 Formänderungsenergiehypothese

Die Hypothese von E. BELTRAMI (1835-1900) postuliert Versagen, wenn die Formänderungsenergiedichte U einen materialspezifischen kritischen Wert U_c erreicht: $U = U_c$. Dabei wird in der Regel von linear elastischem Verhalten bis zum Versagen ausgegangen. Führt man mit $U_c = \sigma_c^2/2E$ eine einachsige Versagensspannung σ_c ein und drückt man $U = U_V + U_G$ unter Verwendung von (1.50) durch die Hauptspannungen aus, so ergibt sich

$$(1+\nu)[(\sigma_1-\sigma_2)^2+(\sigma_2-\sigma_3)^2+(\sigma_3-\sigma_1)^2]+(1-2\nu)(\sigma_1+\sigma_2+\sigma_3)^2 = 3\sigma_c^2\,. \quad (2.4)$$

Die entsprechende Versagensfläche ist ein Rotationsellipsoid um die hydrostatische Achse mit den Scheiteln bei $\sigma_1 = \sigma_2 = \sigma_3 = \pm\sigma_c/\sqrt{3(1-2\nu)}$.

Nach dieser Hypothese kommt es bei hinreichend großen hydrostatischem Druck immer zum Versagen; dies steht in Widerspruch zu experimentellen Ergebnissen. Lässt man in U den Anteil U_V der Volumenänderungsenergiedichte weg (inkompressibles Material), so geht die Beltramische Hypothese in die von Misessche Fließbedingung über.

In neuerer Zeit wurde die Formänderungsenergiehypothese in modifizierter Form wieder zur Verwendung in Rissausbreitungskriterien vorgeschlagen (vgl. S-Kriterium, Abschnitt 4.9).

2.2.4 Coulomb-Mohr Hypothese

Diese Hypothese soll vor allem das Versagen infolge Gleiten bei geologischen und granularen Materialien, wie zum Beispiel Sand, Gestein oder Böden beschreiben. Solche Materialien können Zugspannungen nicht oder nur in beschränktem Maße aufnehmen.

Zur physikalischen Motivierung gehen wir von einer beliebigen Schnittfläche aus, in welcher die Normalspannung $-\sigma$ (Druck) und die Schubspannung τ herrschen. Das *Coulomb*sche Reibungsgesetz – angewandt auf die Spannungen – postuliert Gleiten, wenn τ einen kritischen Wert annimmt, der proportional zur Druckspannung $-\sigma$ ist: $\mid \tau \mid = -\sigma \tan \rho$. Darin ist ρ der materialabhängige *Reibungswinkel*. Für $-\sigma \to 0$ folgt aus diesem Gesetz auch $\mid \tau \mid \to 0$; Zugspannungen können in diesem Fall nicht auftreten. Vielfach setzt Gleiten für $\sigma = 0$ allerdings erst bei einer endlichen Schubspannung ein. Auch können die Materialien häufig beschränkte Zugspannungen aufnehmen. Es bietet sich dann an, von der modifizierten Gleitbedingung

$$\mid \tau \mid = -\sigma \tan \rho + c \qquad (2.5)$$

auszugehen. Diese ist als *Coulomb-Mohr-Hypothese* bekannt (C.A. COULOMB (1736–1806); O. MOHR (1835–1918)). Den Parameter c bezeichnet man als *Kohäsion*.

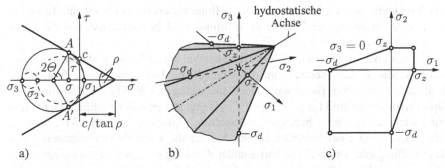

Abb. 2.4 Coulomb-Mohr-Hypothese

Im σ-τ-Diagramm entsprechen der Gleitbedingung (2.5) zwei Geraden, welche die Einhüllende der zulässigen Mohrschen Kreise bilden (Abb. 2.4a). Gleiten tritt für diejenigen Spannungszustände ein, bei denen der größte Mohrsche Kreis die Einhüllende gerade tangiert. Für die zugehörigen Hauptspannungen liest man die Bedingung

$$\frac{|\sigma_1 - \sigma_3|}{2} = \left[\frac{c}{\tan\rho} - \frac{\sigma_1 + \sigma_3}{2}\right] \sin\rho \qquad (2.6)$$

ab. Hieraus ergibt sich zum Beispiel die Zugfestigkeit bei einachsiger Beanspruchung mit $\sigma_1 = \sigma_z$ und $\sigma_3 = 0$ zu $\sigma_z = 2c\cos\rho/(1 + \sin\rho)$; analog folgt die Druckfestigkeit mit $\sigma_1 = 0$ und $\sigma_3 = -\sigma_d$ zu $\sigma_d = 2c\cos\rho/(1 - \sin\rho)$. Angemerkt sei noch, dass (2.6) als Spezialfall für $\rho \to 0$ die Trescasche Fließbedingung beinhaltet (vgl. Abschnitt 1.3.3.1).

Es ist manchmal zweckmäßig, anstelle der Parameter ρ und c die Materialkennwerte σ_d und $\kappa = \sigma_d/\sigma_z$ zu verwenden. Aus (2.6) ergibt sich dann, dass für Gleiten eine der folgenden Bedingungen erfüllt sein muss:

$$\left.\begin{array}{r}\kappa\sigma_1 - \sigma_3 \\ -\sigma_1 + \kappa\sigma_3\end{array}\right\} = \sigma_d, \quad \left.\begin{array}{r}\kappa\sigma_2 - \sigma_1 \\ -\sigma_2 + \kappa\sigma_1\end{array}\right\} = \sigma_d, \quad \left.\begin{array}{r}\kappa\sigma_3 - \sigma_2 \\ -\sigma_3 + \kappa\sigma_1\end{array}\right\} = \sigma_d. \qquad (2.7)$$

Hierbei wurden die Hauptspannungen *nicht* von vornherein ihrer Größe nach geordnet. Die zugehörige Versagensfläche ist eine sechsflächige Pyramide um die hydrostatische Achse (Abb. 2.4b). Ihr Scheitel befindet sich bei $\sigma_1 = \sigma_2 = \sigma_3 = \sigma_d/(\kappa - 1)$. Die Versagenskurve im ebenen Spannungszustand wird durch das in Abb. 2.4c dargestellte Sechseck gebildet.

Wie eingangs erwähnt, nimmt man an, dass Gleiten in Schnitten stattfindet, in welchen (2.5) erfüllt ist. Ihnen entsprechen in Abb. 2.4a die Punkte A und A'. Die Normale der Gleitebene liegt demgemäß in der von der größten Hauptspannung σ_1 und der kleinsten Hauptspannung σ_3 aufgespannten Ebene. Sie schließt mit der Richtung von σ_1 die Winkel

$$\Theta_{1,2} = \pm(45° - \rho/2) \qquad (2.8)$$

ein. Die mittlere Hauptspannung σ_2 hat nach dieser Hypothese keinen Einfluss auf das Versagen und den Versagenswinkel. Hingewiesen sei noch auf die Tatsache, dass Versagen entlang der durch (2.8) bestimmten Fläche nur dann eintritt, falls dies auch kinematisch möglich ist.

Das Ergebnis (2.8) für die Orientierung der Versagensfläche wird unter anderem in der Geologie dazu benutzt, um unterschiedliche Typen von Verwerfungen der Erdkruste zu erklären. Dabei wird davon ausgegangen, dass alle Hauptspannungen Druckspannungen sind ($|\sigma_3| \geq |\sigma_2| \geq |\sigma_1|$) und in vertikaler Richtung (senkrecht zur Erdoberfläche) bzw. horizontaler Richtung wirken. Eine *Normal-Verwerfung* wird danach mit einer Situation erklärt, bei der die vertikale Hauptspannung betragsmäßig größer ist als die in horizontaler Richtung wirkenden Hauptspannungen (Abb. 2.5a). Bei einer *Schiebe-Verwerfung* wird dagegen angenommen, dass die vertikale Druckspannung die betragsmäßig kleinste Hauptspannung ist (Abb. 2.5b). Schließlich bringt man eine *durchlaufende Verwerfung* in Verbindung mit einem

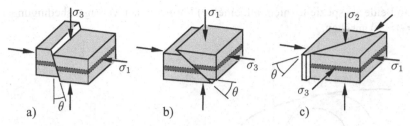

Abb. 2.5 Verwerfungen

vertikalen Druck σ_2, der betragsmäßig zwischen der größten und der kleinsten Hauptspannung liegt (Abb. 2.5c).

Aus Experimenten geht hervor, dass die Coulomb-Mohr-Hypothese das Verhalten verschiedener Materialien zwar im Druckbereich gut, doch im Zugbereich weniger gut beschreibt. Verantwortlich hierfür kann in verschiedenen Fällen eine Änderung des Versagensmechanismus gemacht werden. Dies trifft insbesondere dann zu, wenn im Zugbereich Versagen nicht infolge Gleiten eintritt, sondern mit einer Dekohäsion der Schnittflächen senkrecht zur größten Zugspannung verbunden ist. Eine Möglichkeit zur Verbesserung der Versagensbedingung besteht dann zum Beispiel darin, die Versagensfläche durch Normalspannungsabschnitte (*tension cut-off*) zu modifizieren (Abb. 2.6).

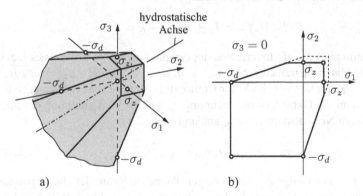

Abb. 2.6 Tension cut-off

Die Hypothese (2.5) geht von einem linearen Zusammenhang zwischen τ und σ aus. Eine Verallgemeinerung der Art

$$| \tau | = h(\sigma) \tag{2.9}$$

wurde von O. MOHR (1900) vorgeschlagen, wobei die Funktion $h(\sigma)$ experimentell zu bestimmen ist. Letztere stellt im σ-τ-Diagramm die Einhüllende der zulässigen Mohrschen Kreise dar (Abb. 2.7). Wie schon bei der Hypothese (2.5) hat auch hier die mittlere Hauptspannung σ_2 keinen Einfluss auf das Versagen. Insofern kann man beide als spezielle (nicht allgemeine) Formen einer Versagensbedingung $F(\sigma_1, \sigma_3) = 0$ ansehen.

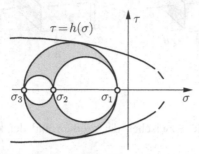

Abb. 2.7 Mohrsche Versagenshypothese

2.2.5 Drucker-Prager-Hypothese

Nach der Hypothese von D.C. DRUCKER (1918-) und W. PRAGER (1903-1980) kommt es zum Versagen, wenn die Bedingung

$$F(I_\sigma, II_s) = \alpha\, I_\sigma + \sqrt{II_s} - k = 0 \qquad (2.10a)$$

erfüllt ist. Darin sind I_σ, II_s Invarianten des Spannungstensors bzw. seines Devia-tors und α, k Materialparameter. Mit $\sigma_m = \sigma_{\text{oct}} = I_\sigma/3$ und $\tau_{\text{oct}} = \sqrt{2\,II_s/3}$ kann man (2.10a) ähnlich wie die Mohr-Coulomb-Hypothese deuten. Versagen tritt danach ein, wenn die Oktaederschubspannung τ_{oct} einen Wert annimmt, der linear von der mittleren Normalspannung σ_m abhängt (vgl. (2.5)):

$$\tau_{\text{oct}} = -\sqrt{6}\,\alpha\,\sigma_m + \sqrt{2/3}\,k\,. \qquad (2.10b)$$

Die durch (2.10a,b) aufgespannte Versagensfläche im Raum der Hauptspannun-gen bildet einen Kreiskegel um die hydrostatische Achse mit dem Scheitel bei $\sigma_1 = \sigma_2 = \sigma_3 = k/3\alpha$ (Abb. 2.8a). Die zugeordnete Versagenskurve für den ebenen Spannungszustand ($\sigma_3 = 0$) ist eine Ellipse (Abb. 2.8b). Wie die Coulomb-Mohr-Hypothese findet die Drucker-Prager-Hypothese als Fließ- bzw. Bruchbedin-gung vorwiegend Anwendung bei granularen und geologischen Materialien. Für $\alpha = 0$ geht sie in die von Misessche Fließbedingung über.

Experimente zeigen, dass in manchen Fällen die Beschreibung der Versagens-bedingung mittels zweier Materialparameter nicht hinreichend ist. Sie muss dann geeignet modifiziert werden. Als Beispiel sei eine Möglichkeit der Erweiterung der Drucker-Prager-Hypothese angegeben, welche verschiedentlich Anwendung findet:

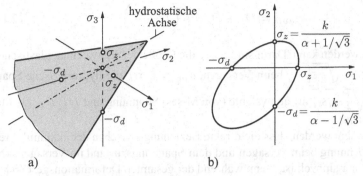

Abb. 2.8 Drucker-Prager-Hypothese

$$F(I_\sigma, II_s) = \alpha\,I_\sigma + \sqrt{II_s + \beta\,I_\sigma^2} - k = 0\,. \tag{2.11}$$

Darin ist β ein weiterer Materialkennwert.

2.2.6 Johnson-Cook Kriterium

Während die zuvor diskutierten Versagenshypothesen für die Beschreibung des Einsetzens von sprödem Versagen oder von plastischem Fließen gedacht sind, soll das Kriterium von JOHNSON und COOK (1985) das duktile Versagen nach ausgeprägter plastischer Deformation beschreiben. Dem endgltigem Versagen geht in vielen Materialien die Bildung, das Wachstum und das Zusammenwachsen von mikroskopischen Hohlräumen bzw. Poren voraus (siehe Abschnitte 3.1.3 and 9.4), welches hauptsächlich durch die hydrostatische Zugspannung gesteuert wird. Dementsprechend wird angenommen, dass die plastische Dehnung beim Versagen ε_{vers} mit dem Verhältnis von hydrostatischer zu deviatorischer Spannung - wie in Abb. 2.9 dargestellt - abnimmt und durch die Beziehung

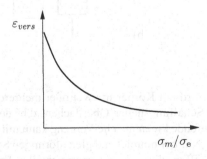

Abb. 2.9 Johnson-Cook Kriterium

$$\varepsilon_{fail} = D_1 + D_2 \exp\left(D_3\, \frac{\sigma_m}{\sigma_e} \right) \qquad (2.12)$$

approximiert werden kann. Darin sind ε_{vers} die Größe der äquivalenten plastischen Dehnung $\varepsilon_e^p = \sqrt{\frac{2}{3}\varepsilon_{ij}^p \varepsilon_{ij}^p}$ beim Versagen, $\sigma_m = \frac{1}{3}\sigma_{kk}$ die hydrostatische Spannung, $\sigma_e = \sqrt{\frac{3}{2} s_{ij} s_{ij}}$ die äquivalente (von Mises) Spannung und D_1, D_2, D_3 Materialkonstanten.

Es soll erwähnt werden, dass die direkte Beziehung zwischen der akkumulierten plastischen Dehnung beim Versagen und dem Spannungszustand im Versagenskriterium (2.12) nur sinnvoll ist, wenn während der gesamten Deformationsgeschichte eine Proportionalbelastung vorherrscht, d.h. wenn das Verhältnis σ_m/σ_e konstant ist (siehe Abschnitt 1.3.3.3). Das Versagensmodell lässt sich auf nichtproportionale Belastung erweitern, wenn es mit einem Evolutionsgesetz für die duktile Schädigung verbunden wird. Entsprechende Modelle für duktiles Versagen werden in Abschnitt 9.4 diskutiert.

2.3 Deformationsverhalten beim Versagen

Die Versagensbedingungen alleine lassen keinen unmittelbaren Schluss auf das Deformationsverhalten bzw. die Kinematik beim Versagen zu. Aussagen hierüber kann man nur dann machen, wenn mit der Versagenshypothese a priori eine bestimmte kinematische Vorstellung verbunden ist, oder wenn man eine solche Annahme zusätzlich einführt.

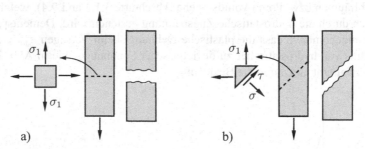

Abb. 2.10 Bruchflächen

Beim Versagen infolge Bruch wird ein Körper in zwei oder mehrere Teile getrennt. Dies geht einher mit der Schaffung neuer Oberflächen, d.h. der Bildung von *Bruchflächen*. Der dabei ablaufende kinematische Vorgang kann mit einfachen Mitteln nicht beschrieben werden. Nur bei hinreichend gleichförmigen Spannungszuständen lassen sich Aussagen treffen, die sich an experimentellen Erfahrungen orientieren. Letztere zeigen zwei Grundmuster der Bildung von Bruchflächen. Beim *normalflächigen Bruch* fällt die Bruchfläche mit der Schnittfläche zusammen, in der die größte Hauptnormalspannung wirkt; diese muss eine Zugspannung sein (Abb. 2.10a). Wird die Bruchfläche dagegen von Schnitten gebildet, in denen eine bestimmte Schubspannung (z.B. τ_{max}, τ_{oct} etc.) einen kritischen Wert annimmt, so spricht man von einem *scherflächigen Bruch* (Abb. 2.10b). Abhängig vom Spannungszustand und vom Materialverhalten treten diese beiden Typen auch in vielfältigen Mischformen auf.

Kennzeichnet "Versagen" das Einsetzen von Fließen, so entspricht die Versagensbedingung einer Fließbedingung. Im Rahmen der inkrementellen Plastizität lassen sich dann die beim Fließen auftretenden Deformationen mit Hilfe der Fließregel $d\varepsilon_{ij}^p = d\lambda\,\partial F/\partial\sigma_{ij}$ beschreiben (vgl. Abschnitt 1.3.3.2). Für die von Misessche und die Trescasche Fließbedingung sind die entsprechenden Gleichungen in (1.83a) und (1.84) zusammengestellt. Als Beispiel seien hier noch die inkrementellen Spannungs-Dehnungs-Beziehungen für das Drucker-Prager-Modell angegeben. Vorausgesetzt sei dabei, dsss die Fließfläche unabhängig von der Deformationsgeschichte ist (ideal plastisches Material). Die Fließregel liefert in diesem Fall mit (2.10a,b), $I_\sigma = \sigma_{kk} = \sigma_{ij}\delta_{ij}$ und $II_s = \frac{1}{2}s_{ij}s_{ij}$ formal das Ergebnis

$$d\varepsilon_{ij}^p = d\lambda\left(\alpha\,\delta_{ij} + \frac{s_{ij}}{2\sqrt{II_s}}\right)\ . \tag{2.13}$$

Auf die Bestimmung von $d\lambda$ sei hier verzichtet. Es sei angemerkt, dass nach (2.13) im allgemeinen plastische Volumenänderungen auftreten; für das entsprechende Inkrement ergibt sich $d\varepsilon_{kk}^p = 3\alpha\,d\lambda$. Experimente legen allerdings nahe, dass bei granularen Materialien die assoziierte Fließregel nicht gültig ist. Fließen erfolgt hier also nicht senkrecht zur Fließfläche. Gleichung (2.13) sollte folglich für solche Werkstoffe nicht verwendet werden.

2.4 Übungsaufgaben

Aufgabe 2.1   a) Man bestimme für das rotationssymmetrische ebene Problem eines linear-elastischen dickwandigen Zylinders (Radien a und b) unter Innendruck p die Spannungsverteilung unter Verwendung der komplexen Potentiale

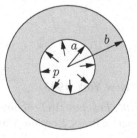

$$\Phi(z) = Az\quad ,\qquad \Psi(z) = \frac{B}{z}\ .$$

b) Bestimmen Sie potentielle Versagensorte im Zylinder gemäß dem Hauptnormalspannungskriterium und dem Hauptschubspannungskriterium.

Abb. 2.11

Lösung

a)

$$\sigma_\varphi = p\,\frac{(b/r)^2 + 1}{(b/a)^2 - 1} = \sigma_1 > 0\,, \quad \sigma_r = p\,\frac{(b/r)^2 - 1}{(b/a)^2 - 1} = \sigma_2 < 0\,, \quad \tau_{r\varphi} = 0\,.$$

b) Hauptnormalspannungskriterium: Da $\sigma_\varphi = \sigma_1 > 0$ die größte Normalspannung ist, sollte Versagen auf Flächen senkrecht zur Umfangsrichtung, d.h. in radialer Richtung stattfinden.

Hauptschubspannungskriterium: Wegen $\tau_{r\varphi} = 0$ ist die maximalen Schubspannung überall im Zylinder unter $45°$ zur radialen Richtung geneigt. Dies kann durch die Differentialbeziehung $\mathrm{d}r = r\mathrm{d}\varphi$ ausgedrückt werden, deren Lösung $\varphi(r) = \varphi_0 + \ln(r/r_i)$ lautet, d.h. Versagen findet entlang von *logarithmischen Spiralen* statt.

Aufgabe 2.2 Ein dickwandiger Zylinder wird am Außenrand durch die Radialspannung σ_0 belastet. Angenommen sei ein ebener Verzerrungszustand und ein starr-idealplastisches Material mit der Fließspannung σ_F.

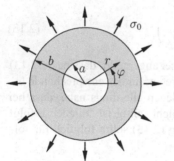

a) Wie groß muss σ_0 sein, damit plastischer Kollaps auftritt, d.h. das Material überall plastisch fließt?

b) Wie groß sind dann die Spannungen?

Hinweis: die Gleichgewichtsbedingung für das ebene rotationssymmetrische Problem lautet

Abb. 2.12

$$\frac{\mathrm{d}\sigma_r}{\mathrm{d}r} - \frac{1}{r}\,(\sigma_\varphi - \sigma_r) = 0\,.$$

Lösung

a)
$$\sigma_0 = \frac{2}{\sqrt{3}}\,\sigma_F\,\ln\frac{b}{a}\,,$$

b)
$$\sigma_r = \frac{2}{\sqrt{3}}\,\sigma_F\,\ln\frac{r}{a}\,, \quad \sigma_\varphi = \frac{2}{\sqrt{3}}\,\sigma_F\left(1 + \ln\frac{r}{a}\right)\,, \quad \sigma_z = \frac{1}{\sqrt{3}}\,\sigma_F\left(1 + 2\ln\frac{r}{a}\right)\,.$$

2.5 Literatur

Gould, P.L.   *Introduction to Linear Elasticity* Springer, New York, 1993

Paul, B.   *Macroscopic Criteria for Plastic Flow and Brittle Fracture*. In *Fracture – A Treatise*, Vol. 2, ed. H. Liebowitz, pp. 315-496, Academic Press, London, 1968

Nadai, A.   *Theory of Flow and Fracture of Solids*, Vol. 1. McGraw-Hill, New York, 1963

Kapitel 3
Ursachen und Erscheinungsformen des Bruchs

Die Ursachen und Erscheinungsformen des Bruchs sind sehr vielgestaltig. Dies liegt daran, dass die Phänomene entscheidend von den mikroskopischen Eigenschaften des Werkstoffes bestimmt werden, welche wiederum von Material zu Material stark variieren. In diesem Buch steht die kontinuumsmechanische Beschreibung des makroskopischen Bruchverhaltens im Vordergrund. Hierfür ist es jedoch vorteilhaft, einen gewissen Eindruck vom mikroskopischen Geschehen zu besitzen. Aus diesem Grund sind in diesem Kapitel sowohl einige mikroskopische als auch makroskopische Aspekte zusammengestellt. Erstere haben allerdings nur exemplarischen Charakter und orientieren sich an Erscheinungen in kristallinen bzw. polykristallinen Materialien, zu denen unter anderem die Metalle zählen.

3.1 Mikroskopische Aspekte

3.1.1 Oberflächenenergie, Theoretische Festigkeit

Bruch ist die Trennung eines ursprünglich ganzen Körpers in zwei oder mehrere Teile. Dabei werden die Bindungen zwischen den Bausteinen des Materials gelöst. Auf mikroskopischer Ebene sind dies zum Beispiel die Bindungen zwischen Atomen, Ionen, Molekülen etc.. Die Bindungskraft zwischen solchen zwei Elementen kann durch eine Beziehung

$$F = -\frac{a}{r^m} + \frac{b}{r^n} \qquad (3.1)$$

ausgedrückt werden (Abb. 3.1a). Darin sind a, b, m, n ($m < n$) Konstanten, die vom Typ der Bindung abhängen. Für kleine Auslenkungen aus der Gleichgewichtslage d_0 kann $F(r)$ durch einen linearen Verlauf approximiert werden; dies entspricht einem Stoffgesetz, wie es sich makroskopisch im Hookeschen Gesetz manifestiert.

Bei der Lösung der Bindung, d.h. der Trennung der Elemente, leistet die Bindungskraft eine materialspezifische Arbeit W^B, die negativ ist. Infolge der Trennung ändert sich zum Beispiel bei einem idealen Kristall die Gittergeometrie in der unmittelbaren Umgebung der neugeschaffenen Oberfläche. Diese Änderung ist auf einige Gitterabstände ins Innere hinein beschränkt. Sieht man von etwaigen dissipativen Vorgängen ab, und betrachtet man das Material vom makroskopischen Standpunkt als Kontinuum, so kann man die Arbeit der Bindungskräfte als *Ober-*

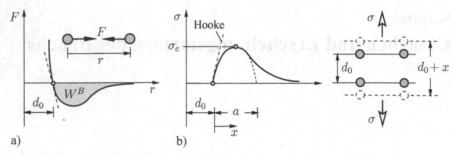

Abb. 3.1 Theoretische Festigkeit

flächenenergie (= gespeicherte Energie an der Oberfläche) wiederfinden.Diese ist definiert als

$$\Gamma^0 = \gamma^0 A \, , \tag{3.2}$$

worin A die neugeschaffene Oberfläche und γ^0 die *spezifische Oberflächenenergie* sind.

Im weiteren betrachten wir als Beispiel den Trennvorgang von zwei Atomebenen eines Kristallgitters, wobei wir für die dabei auftretende Spannung σ einen Verlauf ähnlich zur Bindungskraft annehmen (Abb. 3.1b). Dieser kann im Zugspannungs-bereich durch eine Beziehung $\sigma \approx \sigma_c \sin{(\pi x/a)}$ approximiert werden. Für kleine Verschiebungen x folgt hieraus $\sigma \approx \sigma_c \pi x/a$. Gleichsetzen mit dem Hookeschen Gesetz $\sigma = E\varepsilon = Ex/d_0$ liefert für die bei der Trennung zu überwindende *Kohäsionsspannung* oder sogenannte *Theoretische Festigkeit*

$$\sigma_c \approx E \frac{a}{\pi d_0} \, . \tag{3.3}$$

Nehmen wir zusätzlich noch an, dass die Bindung für $a \approx d_0$ vollständig gelöst ist, so erhält man die Abschätzung

$$\sigma_c \approx \frac{E}{\pi}. \tag{3.4}$$

Aus der Arbeit der Spannung lässt sich mit den getroffenen Annahmen auch die Oberflächenenergie γ^0 bestimmen. Unter Beachtung, dass bei der Trennung *zwei* neue Oberflächen geschaffen werden, ergibt sich zunächst

$$2\gamma^0 = \int_0^\infty \sigma(x)\mathrm{d}x \approx \int_0^a \sigma_c \sin{\frac{\pi x}{a}}\mathrm{d}x = \sigma_c \frac{2a}{\pi} \, . \tag{3.5}$$

Mit $a \approx d_0$ und (3.4) folgt hieraus

$$\gamma^0 \approx \frac{Ed_0}{\pi^2} \, . \tag{3.6}$$

Wendet man die Beziehungen (3.4) und (3.6) auf Eisen bzw. Stahl an, so errechnen sich mit $E = 2,1 \cdot 10^5 \mathrm{MPa}$ und $d_0 = 2,5 \cdot 10^{-10} \mathrm{m}$ die Ergebnisse $\sigma_c \approx 0,7 \cdot 10^5 \mathrm{MPa}$, $\gamma^0 \approx 5 \ \mathrm{J/m^2}$. Entsprechenden Werten kann man allerdings nur bei defektfreien Einkristallen (Whiskern) nahekommen. Bei realem, polykristallinem Material ist die Bruchfestigkeit dagegen um zwei bis drei Zehnerpotenzen geringer. Gleichzeitig übersteigt der Energiebedarf bei der Schaffung neuer Bruchoberflächen den Wert nach (3.6) um mehrere Zehnerpotenzen. Die Ursachen hierfür liegen in der inhomogenen Struktur des Materials und vor allem in seinen Defekten.

An dieser Stelle sei angemerkt, dass die Bindungskraft (3.1) aus einem Wechselwirkungspotential $\Phi(r)$ hergeleitet werden kann: $F = -\partial \Phi / \partial r$. Ein typisches Potential für die Wechselwirkung von Atomen ist das *Lennard-Jones Potential* (J. LENNARD-JONES, 1924)

$$\Phi_{LJ}(r) = -\frac{A}{r^6} + \frac{B}{r^{12}} \ . \tag{3.7}$$

Sein erster Term beschreibt die anziehenden *van der Waals*-Kräfte während der zweite Term für die nahwirkenden, abstoßenden Kräfte verantwortlich ist. Obwohl es oft die wirkenden Kräfte nicht genau widergibt, wird dieses Potential häufig für grundlegende Untersuchungen verwendet. Hierzu gehören insbesondere moleklardynamische Simulationen, die auch Trennprozesse auf der Mikroskala einschließen.

3.1.2 Mikrostruktur und Defekte

Polykristallines Material besteht aus Kristallen (Körner), die entlang der Korngrenzen miteinander verbunden sind. Die einzelnen Kristalle haben anisotrope Eigenschaften; die Orientierung ihrer kristallografischen Ebenen bzw. Achsen ändert sich von Korn zu Korn. Die Eigenschaften der Korngrenzen weichen zudem von denen der Körner zum Beispiel aufgrund von Ausscheidungen ab.

Neben diesen Unregelmäßigkeiten im Materialaufbau enthält ein reales Material von Anfang an eine Anzahl von Defekten unterschiedlicher Größenordnung. Von der charakteristischen Länge einer oder mehrerer Kornabmessungen können zum Beispiel durch den Herstellungsprozess bedingte Einschlüsse mit stark abweichenden Materialeigenschaften, Hohlräume oder Mikrorisse sein. Aus physikalischer Sicht spricht man dabei meist von Defekten auf der *Mesoskala*. Hinzu kommen die Defekte auf der *Mikroskala*, worunter Fehler im Kristallgitter selbst verstanden werden. Man unterscheidet dabei Punktimperfektionen (Leerstellen, Zwischengitteratome, Fremdatome), Linienimperfektionen (Versetzungen) und Flächenimperfektionen (Kleinwinkelkorngrenzen, Großwinkelkorngrenzen, Zwillingsgrenzen).

Eine besondere Rolle hinsichtlich des mechanischen Verhaltens spielen die *Versetzungen*. Die Geometrie dieser Gitterstörung ist in Abb. 3.2a für die *Stufenversetzung* und in Abb. 3.2b für die *Schraubenversetzung* dargestellt. Charakterisiert werden kann eine Versetzung durch den *Burgers-Vektor* $\boldsymbol{b}$ (J.M. BURGERS

(1895-1981)): bei der Stufenversetzung steht b senkrecht auf der *Versetzungslinie*, bei der Schraubenversetzung zeigt b in Richtung der Versetzungslinie (Abb. 3.2a,b). Es sei angemerkt, dass Versetzungen ein Eigenspannungsfeld bewirken, dem eine elastische Energie zugeordnet werden kann (vgl. Abschnitt 8.2.1).

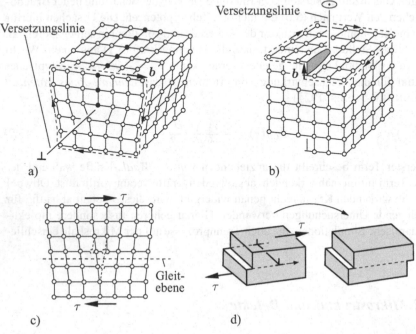

Abb. 3.2 Versetzungen

Unter der Wirkung von Schubspannungen kommt es in der Umgebung der Versetzungslinie zur Umordnung der Atome und damit zu einer Verschiebung der Versetzung (Abb. 3.2c). Die dabei geleistete Arbeit wird im wesentlichen als Wärme (= Gitterschwingung) dissipiert. Die Bewegung von Versetzungen hat ein "Abgleiten" der Gitterebenen zur Folge und kann zur Bildung einer neuen Oberfläche führen (Abb. 3.2d). Auf diesen mikroskopischen Mechanismus ist das makroskopisch plastische Materialverhalten zurückzuführen. Die Versetzungsbewegung innerhalb eines Kristalls ist dabei häufig nicht gleichförmig verteilt, sondern in *Gleitbändern* lokalisiert. In der Regel können Versetzungen nicht unbeschänkt wandern. Vielmehr stauen sie sich an Hindernissen, wie zum Beispiel Einschlüssen oder Korngrenzen auf. Makroskopisch macht sich dieser Versetzungsstau als Verfestigung bemerkbar.

Im Gegensatz zu kristallinen Materialien liegen in amorphen Festkörpern wie Gläsern oder zahlreichen Kunststoffen die einzelnen Atome und Moleküle völlig ungeordnet vor. Dadurch lassen sich keine Störungen eines regelmäßigen Gitters mehr wie Versetzungen oder Korngrenzen identifizieren; Defekte sind im wesentlichen durch eingeschlossene Fremdpartikel oder Mikroporen gegeben. Charakteristisches Merkmal polymerer Materialien (Kunststoffe) ist ihr Aufbau aus langen Molekülketten, die im Fall einer amorphen Mikrostruktur regellos verknäuelt sind. Der Zusammenhalt zu einem Festkörper wird durch zwei Arten von Kräften bzw. Bindungen gewährleistet: a) den intramolekularen Kräften zwischen benachbarten Atomen innerhalb einer Polymerkette aufgrund kovalenter chemischer Bindungen und b) den deutlich schwächeren intermolekularen van der Waals-Kräften zwischen Atomen unterschiedlicher Ketten. Aufgrund von lokalen Verschlaufungen oder auch chemischen Bindungen bilden die Molekülketten ein verzweigtes dreidimensionales Netzwerk. Mikroskopische Deformationen unter der Wirkung einer äußeren Belastung finden zunächst in Form von Rotationen einzelner Kettensegmente und die Verstreckung der Ketten statt. Die Auflösung intermolekularer Vernetzungspunkte und das Reißen von Ketten stellen mikroskopische Schädigungsmechanismen dar, die bevorzugt an Heterogenitäten des Molekülnetzwerks sowie an eingeschlossenen Fremdpartikeln (z.B. Staubkörner) auftreten. Ähnlich wie im Fall kristalliner Materialien kommt es dabei zur lokalen Bildung von Mikroporen. Mit zunehmender Deformation findet die Porenbildung lokalisiert in dünnen Zonen senkrecht zur makroskopischen Hauptbelastungsrichtung statt, wobei das Polymermaterial zwischen den Poren zu sogenannten Fibrillen (Bündeln aus Molekülketten) verstreckt wird (Abb. 3.3). Dieser mesoskalige Schädigungsmechanismus wird als *Crazing* bezeichnet und stellt in Kunststoffen häufig die Vorstufe zur Bildung von Mikrorissen dar. Letztere entstehen aus Craze-Zonen durch das Reißen der Fibrillen.

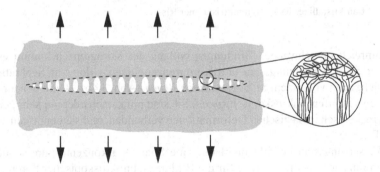

Abb. 3.3 Craze-Zone in thermoplastischem Kunststoff

In mehrphasigen Werkstoffen wie faser- oder partikelverstärkten Kompositen aber auch Beton und Asphalt ist die bruchmechanisch relevante Mikrostruktur durch die gezielt heterogene Zusammensetzung gegeben. Die maßgeblichen mikroskopischen Schädigungsmechanismen, die zu einer Rissbildung führen können, sind der lokale Bruch der üblicherweise spröden Verstärkungspartikel (-fasern) sowie deren Grenzflächenablösung von der umgebenden Matrix. Das Zusammenwachsen dieser mesoskaligen Defekte zu einem makroskopischen Riss spielt sich in der Regel auf einem räumlich wesentlich weiter ausgedehnten Bereich ab als bei unverstärkten Kunststoffen oder polykristallinen Metallen.

3.1.3 Rissbildung

In polykristallinen Werkstoffen gibt es beim Deformationsprozess unterschiedliche Mechanismen der Bildung von Mikrorissen im zunächst rissfreien Material. Eine Trennung der Atomebenen ohne begleitende Versetzungsbewegung kommt in dieser Reinheit kaum vor. Mikrorissbildung und -ausbreitung ist praktisch immer mit mehr oder weniger stark ausgeprägten mikroplastischen Vorgängen verbunden.

Ein wichtiger Mechanismus bei der Bildung von Mikrorissen ist der Stau von Versetzungen an einem Hindernis. Er bewirkt eine hohe Spannungskonzentration, die zur Lösung der Bindungen entlang bevorzugter Gitterebenen und damit zu einem Spaltriss (*cleavage*) führen kann. Durchläuft ein solcher Riss mehrere Körner, so ändert sich die Orientierung der Trennfläche entsprechend den lokalen Vorzugsrichtungen der Kristalle (Abb 3.4a). Man bezeichnet solch einen Bruch als *transkristallin*.

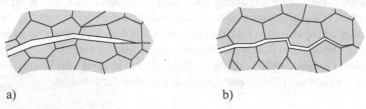

a)   b)

Abb. 3.4 a) transkristalliner Riss, b) interkristalliner Riss

Bei hinreichend schwachen Bindungen entlang der Korngrenzen kommt es – begünstigt durch Versetzungsstau und Korngrenzengleiten – dort zur Separation. Man spricht dann von einem *interkristallinen Bruch* (Abb. 3.4b). Beide genannten Brucharten verlaufen makroskopisch *spröd*. Sie sind mit keinen oder nur sehr geringen makroskopisch inelastischen Deformationen verbunden, und sie benötigen eine geringe Energie.

Ein Versetzungsstau bewirkt nicht nur eine Spannungskonzentration, sondern man kann ihn auch als die Ursache für die Bildung submikroskopischer Poren und Löcher verantwortlich machen. Dies ist in Abb. 3.5 schematisch dargestellt: die Vereinigung von Versetzungen führt zur Bildung und zum Wachstum von Hohlräumen.

Abb. 3.5 Bildung und Wachstum von Poren infolge Versetzungsstau

Kristalline Werkstoffe sind häufig mehrphasig; sie enthalten eine hohe Zahl von Partikeln, die an den Korngrenzen oder in den Kristallen eingebettet sind. In ihrer Umgebung kommt es bei hinreichender Mobilität der Versetzungen vor einer Mikrorissbildung zunächst zu plastischen Deformationen. Der damit verbundene Versetzungsstau führt dann zur Bildung und zum Wachstum von Hohlräumen um die Partikel: deren Bindungen zur umgebenden Matrix werden gelöst. Mit zunehmender makroskopischer Deformation wachsen die Löcher durch mikroplastisches Fließen an, vereinigen sich und führen auf diese Weise zur Separation (Abb. 3.6). Entsprechende Bruchoberflächen zeigen eine typische Struktur von *Waben* oder *Grübchen* (*dimples*), die durch mikroplastisch stark verformte Zonen getrennt sind. Die für so einen Bruch erforderliche Energie ist um ein vielfaches größer als die des Spaltbruchs.

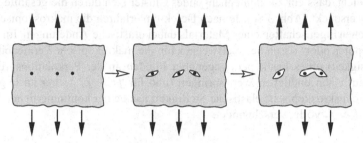

Abb. 3.6 Bruch durch Lochbildung und -vereinigung

Die Lokalisierung der Gleitvorgänge in Gleitbändern kann ebenfalls Anlass zur Rissbildung sein. Insbesondere bei hinreichend großer wechselnder Belastung führt sie an der äußeren Oberfläche oder an Inhomogenitäten zu *Extrusionen* und *Intrusionen* (Abb. 3.7). Ergebnis der zunehmenden "Aufrauhung" der Oberfläche ist die Bildung eines *Ermüdungsrisses*.

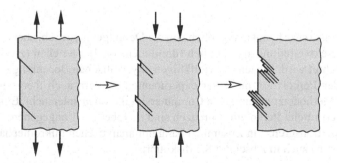

Abb. 3.7 Bildung eines Ermüdungsrisses

3.1.4 Perkolation

Defekte in einen realen Material sind im allgemeinen nicht in perfekt regelmäßiger räumlicher Anordnung verteilt (Abb. 3.8a). Daher kommt es in einer solchen Mikrostruktur mit zunehmendem Anteil an Defekten (z.B. Volumenanteil oder Rissdichte) zwangsläufig zur Bildung sogenannter *Cluster*, d.h. lokalen Anhäufungen von Defekten (Abb. 3.8b; siehe auch Abb. 3.6). In einem Cluster sind mehrere Defekte physikalisch so miteinander verbunden (z.B. zusammengewachsene Mikrorisse oder -poren), dass sie sich wie ein einzelner größerer Defekt auswirken. Solange solche Cluster isoliert in der umgebenden Matrix vorliegen, ist ihr Einfluss auf das makroskopische Verhalten eines heterogenen Materials begrenzt. Jedoch wird bei einem kritischem Defektanteil f_c, der sogenannten *Perkolationsgrenze*, die Situation erreicht, dass ein zusammenhängendes Cluster sich durch die gesamte Mikrostruktur erstreckt (Abb. 3.8c). Je nach Defekttyp erfahren die makroskopischen physikalischen Eigenschaften eines Materials dabei drastische Änderungen. Im Fall von Mikroporen oder -rissen beispielsweise kann die makrokopische Permeabilität (Durchlässigkeit) eines Festköpers gegenüber Fluiden an der Perkolationsgrenze von Null auf einen endlichen Wert springen (und für $f > f_c$ weiter ansteigen), während die makroskopische elastische Steifigkeit nach einer kontinuierlichen Abnahme für $f > f_c$ völlig verschwindet.

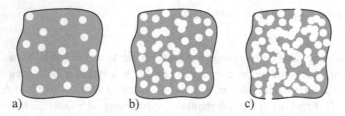

a)   b)   c)

Abb. 3.8 Zunehmender Defektanteil f in irregulärer Mikrostruktur: a) isolierte Defekte: $f_1 \ll f_c$, b) einzelne (isolierte) Cluster: $f_2 < f_c$, c) Perkolationsgrenze $f = f_c$

Die Perkolationsgrenze hängt maßgeblich von der Defektgeometrie ab, aber auch davon, ob die Defektverteilung als räumlich (dreidimensional) oder eben (zweidimensional) betrachtet wird. Wegen der vielfältigen physikalischen Bedeutung wird das Phänomen der Perkolation nicht nur experimentell sondern auch theoretisch mit statistischen Methoden und massiven Computersimulationen untersucht. Einige auf diese Weise ermittelte Perkolationsgrenzen sind in Tabelle 3.1 angegeben. Der Aspekt der Perkolationsgrenze in Zusammenhang mit analytischen mikromechanischen Modellen wird auch in Abschnitt 8.3 diskutiert.

Dimension	Defekttyp	f_c
3D	Kugeln	0.289
	Würfel, parallele Flächenorientierung	0.277
	Würfel, Zufallsorientierung	0.217
	Rotationsellipsoide, Achsenverhältnis 5	0.163
	Rotationsellipsoide, Achsenverhältnis 1/5	0.176
2D	Kreisscheiben	0.676
	Quadrate, parallele Seiten	0.667
	Quadrate, Zufallsorientierung	0.625
	Ellipsen, Achsenverhältnis 5	0.455
	Ellipses, Achsenverhältnis 20	0.178

Tabelle 3.1 Perkolationsgrenzen

3.2 Makroskopische Aspekte

3.2.1 Rissausbreitung

Aus makroskopischer Sicht betrachten wir das Material im weiteren als Kontinuum, das a priori rissbehaftet ist. Dabei kann es sich entweder um einen tatsächlich vorhandenen makroskopischen Riss gegebener geometrischer Konfiguration handeln, oder um angenommene, hypothetische Risse von eventuell sehr kleiner Größe. Letztere sollen die makroskopisch nicht sichtbaren, im realen Material jedoch immer vorhandenen Defekte oder Mikrorisse nachbilden. Die Frage der Rissentstehung in einem anfangs ungeschädigten Material wird bei dieser Betrachtungsweise ausgeklammert. Sie lässt sich mit den Mitteln der klassischen Kontinuumsmechanik nicht beantworten. Eine Beschreibung der Rissentstehung ist nur mit der Kontinuums-Schädigungsmechanik möglich, welche die mikroskopische Defektstruktur mitberücksichtigt (vgl. Kapitel 9).

Ein Bruchvorgang ist immer mit einem Risswachstumsprozess verbunden. Beide kann man nach verschiedenen phänomenologischen Gesichtspunkten klassifizieren. Die typischen Phasen im Verhalten eines Risses bei einer Belastung werden folgendermaßen gekennzeichnet. Solange der Riss seine Größe nicht ändert, spricht man von einem *stationären Riss*. Bei einer bestimmten kritischen Belastung bzw. Deformation kommt es zur *Rissinitiierung*, das heißt der Riss beginnt sich auszubreiten; er wird instationär.

Bei der *Rissausbreitung* unterscheidet man verschiedene Arten. Man nennt ein Risswachstum *stabil*, wenn für eine Rissvergrößerung eine Erhöhung der äußeren Belastung erforderlich ist. Im Gegensatz dazu ist ein Risswachstum *instabil*, wenn ein Riss sich von einem bestimmten Punkt an ohne weitere Erhöhung der äußeren Last spontan ausbreitet. An dieser Stelle sei schon darauf hingewiesen, dass im stabilen bzw. instabilen Risswachstum nicht nur Werkstoffeigenschaften zum Ausdruck kommen. Ganz wesentlich gehen auch die Geometrie und die Art der Belastung des Körpers ein.

Eine Rissausbreitung unter konstanter Belastung, die sehr langsam, kriechend erfolgt (z.B. mit 1 mm/s oder weniger), heißt *subkritisch*. Unter Wechselbelastung kann sich sich Riss in kleinen "Schritten" fortpflanzen (z.B. mit 10^{-6}mm pro Zyklus): dies ist dann ein *Ermüdungsrisswachstum*. Findet die Rissausbreitung mit Geschwindigkeiten statt, die in die Größenordnung der Schallgeschwindigkeit kommen (z.B. 600 m/s oder mehr), so nennt man sie *schnell*. Kommt solch ein schneller Riss wieder zum Stillstand, so bezeichnet man dies als *Rissarrest*. Zur weiteren Kennzeichnung unterscheidet man noch zwischen *quasistatischer* und *dynamischer* Rissausbreitung. Die Trägheitskräfte spielen bei ersterer keine Rolle, sind aber bei der zweiten nicht zu vernachlässigen.

3.2.2 Brucharten

Der Bruchvorgang ist beendet, wenn die Rissausbreitung zum Stillstand gekommen ist, oder wenn - was häufiger eintritt - eine vollständige Trennung des Körpers in zwei oder mehrere Teile erfolgt ist. Nach den typischen Erscheinungen teilt man das Gesamtereignis *Bruch* in verschiedene Arten ein. Bei einem *duktilen* Bruch (*Zähbruch*) ist die dem Bruch vorhergehende bzw. die ihn begleitende plastische Deformation groß. Bei einachsiger Zugbelastung von metallischen Stäben ohne makroskopischen Anriss treten dabei inelastische Dehnungen von mehr als 10% auf. Bei Körpern mit einem Anriss sind diese Dehnungen häufig auf die Umgebung der Rissspitze bzw. die Umgebung der Bruchoberfläche konzentriert. Der zugehörige mikroskopische Versagensmechanismus bei metallischen Werkstoffen ist plastisches Fließen mit Hohlraumbildung und -vereinigung.

Von einem *Sprödbruch* spricht man, wenn makroskopisch nur kleine inelastische Deformationen auftreten (= verformungsarmer Bruch) oder diese Null sind (= verformungsloser Bruch). In diesem Fall sind an zugbelasteten Stäben ohne Anriss plastische Dehnungen von <2...10% zu beobachten. Bei Bauteilen mit Anriss sind diese Dehnungen auf einen kleinen Bereich in unmittelbarer Umgebung der Rissspitze bzw. auf die unmittelbare Umgebung der Bruchoberfläche beschränkt. Der mikroskopische Versagensmechanismus bei Metallen ist dabei entweder eingeschränktes plastisches Fließen mit Hohlraumbildung oder der Spaltbruch.

Einen Bruch, der durch Rissfortpflanzung unter zyklischer Belastung zustande kommt, nennt man *Ermüdungsbruch* oder *Schwingbruch*. Ein Bruch infolge Kriechrisswachstum ist ein *Kriechbruch*.

Ein weiteres Unterscheidungsmerkmal ist die Orientierung der Bruchfläche (vgl. Abschnitt 2.3). Beim *normalflächigen Bruch* oder *Trennbruch* liegt die Bruchfläche senkrecht zur größten Hauptnormalspannung (Zug). Von einem *scherflächigen Bruch* spricht man, wenn die Bruchfläche mit einem Schnitt großer Schubspannung zusammenfällt. Beide Arten können auch kombiniert auftreten. Ein typisches Beispiel hierfür ist ein Trennbruch mit sogenannten *Scherlippen* (Abb. 3.9).

Die Art des Bruchverhaltens ist stark von verschiedenen Faktoren, wie Temperatur, Spannungszustand oder Beanspruchungsgeschwindigkeit abhängig. So ver-

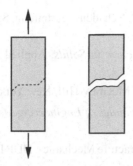

Abb. 3.9 Trennbruch mit Scherlippen

halten sich zum Beispiel viele Werkstoffe bei hinreichend niedrigen Temperaturen spröd, dagegen oberhalb einer Übergangstemperatur duktil. Auch kann je nach Spannungszustand das plastische Fließen mehr oder weniger stark behindert sein. Abhängig davon neigt ein Bruch eher zu sprödem oder zu duktilem Verhalten. Die Orientierung der Bruchfläche wird gleichfalls dadurch beeinflusst. So ist das Auftreten der erwähnten Scherlippen darauf zurückzuführen, dass in ihrem Bereich (Rand) vor dem Bruch ein Spannungszustand (dem ESZ nahekommend) vorlag, der das plastische Fließen wenig behindert.

Eine charakteristische Größe bei Bruch kann die Arbeit der Bindungskräfte bei der Schaffung einer Bruchoberfläche sein. Das trifft insbesondere dann zu, wenn die zum Bruchvorgang gehörigen Prozesse der Bindungslösung (z.B. Lochbildung mit großen mikroplastischen Deformationen) auf die unmittelbare Umgebung der makroskopischen Bruchfläche beschränkt sind. Diese Fläche ist aufgrund der mikroskopischen "Zerklüftung" kleiner als die wahre Bruchoberfläche. Es bietet sich dann an, in Analogie zur Oberflächenenergie eine *effektive Bruchflächenenergie* Γ einzuführen:

$$\Gamma = \gamma A \, . \tag{3.8}$$

Darin sind γ die *spezifische Bruchflächenenergie* und A die makroskopische Bruchfläche.

3.3 Literatur

Anderson, T.L., *Fracture Mechanics; Fundamentals and Application.* CRC Press, Boca Raton, 2004

Blumenauer, H., Pusch, G., *Technische Bruchmechanik.* DVG, Leipzig, 1993

Broberg, K.B., *Cracks and Fracture.* Academic Press, London, 1999

Cotterell, B. and Mai, Y.-W. *Fracture Mechanics of Cementitious Materials.* Blackie Academic & Professional, 1996

Edel, K.O.,   Einführung in die bruchmechanische Schadensbeurteilung. Springer, Berlin, 2015

Gittus, J.,   *Creep, Viscoelasticity and Creep Fracture in Solids*. Applied Science Publishers, London, 1975

Hellan, K.,   *Introduction to Fracture Mechanics*. McGraw-Hill, New York, 1985

Herzberg, R.W.,   *Deformation and Fracture Mechanics of Engineering Materials*. John Wiley & Sons, New York, 1996

Janssen, M., Zuidema, J. and Wanhill, R.J.H.,   Fracture Mechanics. DUP Blue Print, Delft 2002

Knott, J.F.,   *Fundamentals of Fracture Mechanics*. Butterworth, London, 1973

Lawn, B.,   *Fracture of Brittle Solids*. Cambridge University Press, Cambridge, 1993

Liebowitz, H. (ed.),   *Fracture – A Treatise*, Vol. 1. Academic Press, London, 1968

Riedel, H.,   *Fracture at High Temperature*. Springer, Berlin, 1987

Schwalbe, K.H.,   *Bruchmechanik metallischer Werkstoffe*. Hanser, München, 1980

Suresh, S.,   *Fatigue of Materials*. Cambridge University Press, Cambridge, 1998

Yang, W. and Lee, W.B.,   *Mesoplasticity and its Applications*. Springer, Berlin, 1993

Kapitel 4
Lineare Bruchmechanik

4.1 Allgemeines

Wir wenden uns nun der Beschreibung des Verhaltens eines Risses zu. Aus makroskopischer, kontinuumsmechanischer Sicht fassen wir diesen als einen Schnitt in einem Körper auf. Seine einander gegenüberliegenden Berandungen sind die *Rissoberflächen*; man nennt sie auch *Rissflanken* oder *Rissufer* (Abb. 4.1). Sie sind in der Regel belastungsfrei. Der Riss endet an der *Rissfront* bzw. an der *Rissspitze*.

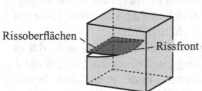

Abb. 4.1 Körper mit Riss

Hinsichtlich der Deformation eines Risses unterscheidet man drei verschiedene *Rissöffnungsarten*, die in Abb. 4.2 dargestellt sind. *Modus I* kennzeichnet eine zur x, z-Ebene symmetrische Rissöffnung. Bei *Modus II* tritt eine antisymmetrische Separation der Rissoberflächen durch Relativverschiebungen in x-Richtung (normal zur Rissfront) auf. Schließlich beschreibt *Modus III* eine Separation infolge Relativverschiebungen in z-Richtung (tangential zur Rissfront). Die mit den verschiedenen Rissöffnungsarten zusammenhängenden Symmetrien sind zunächst nur lokal, d.h. für die Umgebung der Rissspitze, definiert. In bestimmten Fällen können sie jedoch auch für einen gesamten Körper zutreffen.

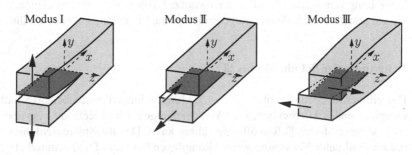

Abb. 4.2 Rissöffnungsarten

Eine wichtige Rolle für die kontinuumsmechanische Beschreibung spielt die Größe der *Prozesszone*. Hierunter versteht man die Region in der Umgebung einer Rissfront (Rissspitze), in welcher der mikroskopisch recht komplexe Prozess der Bindungslösung stattfindet, der mit den Mitteln der klassischen Kontinuumsmechanik in der Regel nicht beschrieben werden kann. Soll die Kontinuumsmechanik auf den gesamten rissbehafteten Körper angewendet werden, muss demnach vorausgesetzt werden, dass die Ausdehnung der Prozesszone vernachlässigbar klein ist im Vergleich zu allen charakteristischen makroskopischen Abmessungen des Körpers. Eine solche Lokalisierung des Bruchprozesses ist in sehr vielen Fällen gegeben. Sie ist zum Beispiel typisch für metallische Werkstoffe und die meisten spröden Materialien. Allerdings tritt sie nicht in allen Fällen ein. So kann die Prozesszone bei Beton oder bei granularen Materialien eine erhebliche Größe haben und unter Umständen sogar den gesamten Körper umfassen.

In der *linearen Bruchmechanik* wird ein rissbehafteter Körper im gesamten Gebiet als linear elastisch angesehen. Etwaige inelastische Vorgänge innerhalb oder außerhalb der Prozesszone um die Rissspitze müssen deshalb auf eine kleine Region beschränkt sein, die aus makroskopischer Sicht vernachlässigt werden kann. Dementsprechend ist die lineare Bruchmechanik in erster Linie zur Beschreibung des Sprödbruchs geeignet (vgl. Abschnitt 3.2.2).

Eine fundamentale Bedeutung kommt dem *Rissspitzenfeld*, d.h. den Spannungen und Deformationen in der Umgebung einer Rissspitze zu. Obwohl dieses Feld, wie schon erwähnt, nicht direkt den Zustand in der Prozesszone beschreibt, bestimmt es doch indirekt die Vorgänge, welche in ihr ablaufen. Im nachfolgenden wird das Rissspitzenfeld für den Fall eines isotropen linear elastischen Materials unter statischer Belastung näher untersucht.

4.2 Das Rissspitzenfeld

4.2.1 Zweidimensionale Rissspitzenfelder

Wir betrachten das zweidimensionale Problem eines Körpers, der einen geraden Riss enthält. Dabei interessieren wir uns nur für das Feld innerhalb einer kleinen Umgebung vom Radius R um eine Rissspitze (Abb. 4.3). Es ist zweckmäßig, hierzu die dargestellten Koordinaten mit dem Ursprung in der Rissspitze einzuführen.

Longitudinaler Schub, Modus III

Das einfachste ebene Problem ist das des longitudinalen (nichtebenen) Schubspannungszustandes. Hierbei treten nur Verschiebungen w senkrecht zur x, y-Ebene auf, was zu einer Modus III Rissöffnung führen kann. Das Rissspitzenfeld lässt sich in diesem Fall unter Verwendung einer komplexen Funktion $\Omega(z)$ ermitteln (vgl. Ab-

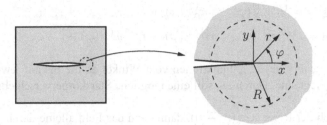

Abb. 4.3 Umgebung der Rissspitze

schnitt 1.5.2). Als Ansatz für die Lösung wählen wir

$$\Omega(z) = Az^\lambda, \tag{4.1}$$

worin A eine noch freie, im allgemeinen komplexe Konstante ist. Den ebenfalls unbekannten Exponenten λ nehmen wir als reell an. Damit die Verschiebung an der Rissspitze nichtsingulär ist, wird außerdem $\lambda > 0$ vorausgesetzt; hiermit ist dann auch die Formänderungsenergie beschränkt. Den Sonderfall $\lambda = 0$ klammern wir zunächst aus; er entspricht nach (1.121) einer spannungsfreien Starrkörperverschiebung.

Aus (4.1) errechnet sich nach (1.121) mit $z = re^{i\varphi}$

$$2i\tau_{yz} = \overline{\Omega'(z)} - \Omega'(z) = \overline{A}\lambda r^{\lambda-1}e^{-i(\lambda-1)\varphi} - A\lambda r^{\lambda-1}e^{i(\lambda-1)\varphi}.$$

Die Randbedingungen verlangen, dass die Rissufer ($\varphi = \pm\pi$) belastungsfrei sind: $\tau_{yz}(\pm\pi) = 0$. Dies führt auf das homogene Gleichungssystem

$$\begin{aligned}
\overline{A}e^{-i\lambda\pi} - Ae^{i\lambda\pi} &= 0, \\
\overline{A}e^{i\lambda\pi} - Ae^{-i\lambda\pi} &= 0.
\end{aligned} \tag{4.2}$$

Eine nichttriviale Lösung existiert, wenn seine Koeffizientendeterminante verschwindet. Die "Eigenwerte" λ ergeben sich danach wie folgt:

$$\sin 2\lambda\pi = 0 \quad \rightarrow \quad \lambda = n/2 \quad n = 1, 2, 3, \dots. \tag{4.3}$$

Einsetzen dieses Resultats in eine Gleichung aus (4.2) liefert schließlich $\overline{A} = (-1)^n A$.

Zu jedem der unendlich vielen Eigenwerte λ gehört eine Eigenfunktion vom Typ (4.1), welche die Randbedingungen erfüllt. Die Eigenfunktionen können beliebig superponiert werden:

$$\Omega = A_1 z^{1/2} + A_2 z + A_3 z^{3/2} + \dots. \tag{4.4}$$

Dementsprechend lassen sich die Spannungen $\tau_{\alpha z}$ mit $\alpha = x, y$ und die Verschiebung w in folgender Form darstellen:

$$\tau_{\alpha z} = r^{-1/2}\hat{\tau}_{\alpha z}^{(1)}(\varphi) + \hat{\tau}_{\alpha z}^{(2)}(\varphi) + r^{1/2}\hat{\tau}_{\alpha z}^{(3)}(\varphi) + \ldots \, ,$$
$$w - w_0 = r^{1/2}\hat{w}^{(1)}(\varphi) + r\hat{w}^{(2)}(\varphi) + r^{3/2}\hat{w}^{(3)}(\varphi) + \ldots \quad (4.5)$$

Hierin sind $\hat{\tau}_{\alpha z}^{(1)}(\varphi)$, $\hat{w}^{(1)}(\varphi)$, ... Funktionen vom Winkel φ, die bis auf jeweils einen Faktor festgelegt sind. Durch w_0 soll eine mögliche Starrkörperverschiebung erfasst werden.

Nähert man sich der Rissspitze ($r \to 0$), dann kann das Feld alleine durch den dominierenden ersten Term in (4.4) bzw. in (4.5) beschrieben werden; er gehört zum kleinsten Eigenwert $\lambda = 1/2$. Die zugeordneten Spannungen und Verschiebungen sind durch

$$\begin{Bmatrix} \tau_{xz} \\ \tau_{yz} \end{Bmatrix} = \frac{K_{III}}{\sqrt{2\pi r}} \begin{Bmatrix} -\sin(\varphi/2) \\ \cos(\varphi/2) \end{Bmatrix}, \qquad w = \frac{2K_{III}}{G}\sqrt{\frac{r}{2\pi}}\sin(\varphi/2) \quad (4.6)$$

gegeben. Danach haben die Spannungen an der Rissspitze eine Singularität vom Typ $r^{-1/2}$.

Das singuläre Rissspitzenfeld ist durch (4.6) bis auf den Faktor K_{III} festgelegt. Dieser wird als *Spannungsintensitätsfaktor* oder kurz als *K-Faktor* bezeichnet, wobei der Index auf die Modus III Rissöffnung hindeutet. Man kann K_{III} als Maß für die "Stärke" des Rissspitzenfeldes ansehen, welches letztlich durch ihn vollständig charakterisiert wird. Umgekehrt lässt sich K_{III} aus (4.6) bestimmen, wenn in der Umgebung der Rissspitze die Spannungen oder Verschiebungen bekannt sind. Nach (4.6) gilt zum Beispiel

$$K_{III} = \lim_{r \to 0} \sqrt{2\pi r}\, \tau_{yz}(\varphi = 0) \, . \quad (4.7)$$

Wie die Spannungen und Verschiebungen hängt die Größe des K-Faktors von der geometrischen Form des Körpers und von seiner Belastung ab.

Der zweite Term in (4.5) gehört zum Eigenwert $\lambda = 1$. Er führt auf die nichtsingulären Spannungen und Verschiebungen

$$\begin{Bmatrix} \tau_{xz} \\ \tau_{yz} \end{Bmatrix}^{(2)} = \begin{Bmatrix} \tau_{\mathrm{T}} \end{Bmatrix} \, , \qquad w^{(2)} = \frac{\tau_{\mathrm{T}}}{G} r\cos\varphi = \frac{\tau_{\mathrm{T}}}{G} x \, , \quad (4.8)$$

wobei τ_{T} eine noch unbestimmte konstante Schubspannung ist. Dieser Beitrag zum gesamten Feld ist unmittelbar an der Rissspitze von untergeordneter Bedeutung. In einiger Entfernung von der Rissspitze kann er jedoch nicht vernachlässigt werden.

EVZ und ESZ, Modus I und Modus II

Für den ebenen Verzerrungszustand (EVZ) und den ebenen Spannungszustand (ESZ) bestimmen wir das Rissspitzenfeld unter Verwendung der zwei komplexen Funktionen $\Phi(z)$ und $\Psi(z)$ (vgl. Abschnitt 1.5.2). Die Vorgehensweise ist dabei analog zum longitudinalen Schub. Als Lösungsansatz findet

$$\Phi(z) = Az^\lambda , \qquad \Psi(z) = Bz^\lambda \tag{4.9}$$

Verwendung, wobei der Exponent λ wieder als reell und positiv angenommen wird. Aus (4.9) bestimmen wir nach (1.120) zunächst

$$\sigma_\varphi + i\tau_{r\varphi} = \Phi'(z) + \overline{\Phi'(z)} + z\Phi''(z) + \Psi'(z)z/\overline{z}$$

$$= A\lambda r^{\lambda-1}e^{i(\lambda-1)\varphi} + \overline{A}\lambda r^{\lambda-1}e^{-i(\lambda-1)\varphi} \tag{4.10}$$

$$+A\lambda(\lambda-1)r^{\lambda-1}e^{i(\lambda-1)\varphi} + B\lambda r^{\lambda-1}e^{i(\lambda+1)\varphi} .$$

Entlang der Rissufer $\varphi = \pm\pi$ müssen die Randbedingungen $\sigma_\varphi + i\tau_{r\varphi} = 0$ erfüllt sein. Sie liefern unter Beachtung von $e^{-i\pi} = e^{i\pi} = -1$ das homogene Gleichungssystem

$$\begin{aligned} A\lambda e^{-i\lambda\pi} &+ \overline{A}e^{i\lambda\pi} &+ Be^{-i\lambda\pi} & &= 0 , \\ A\lambda e^{i\lambda\pi} &+ \overline{A}e^{-i\lambda\pi} &+ Be^{i\lambda\pi} & &= 0 , \\ Ae^{-i\lambda\pi} &+ \overline{A}\lambda e^{i\lambda\pi} & &+ \overline{B}e^{i\lambda\pi} &= 0 , \\ Ae^{i\lambda\pi} &+ \overline{A}\lambda e^{-i\lambda\pi} & &+ \overline{B}e^{-i\lambda\pi} &= 0 . \end{aligned} \tag{4.11}$$

Die letzten beiden Gleichungen sind dabei das konjugiert Komplexe der ersten beiden. Durch Nullsetzen der Koeffizientendeterminante erhält man eine Eigenwertgleichung, die auf die gleichen Eigenwerte wie beim longitudinalen Schubspannungszustand führt:

$$\cos 4\lambda\pi = 1 \quad \rightarrow \quad \lambda = n/2 \quad n = 1, 2, 3, \ldots . \tag{4.12}$$

Setzt man dies in eine Gleichung aus (4.11) ein, dann ergibt sich noch $B = -nA/2 - (-1)^n\overline{A}$.

Die Spannungen σ_{ij} und Verschiebungen u_i mit $i, j = x, y$ können wieder als Summe der zu den Eigenwerten gehörigen Eigenfunktionen dargestellt werden:

$$\begin{aligned} \sigma_{ij} &= r^{-1/2}\hat{\sigma}_{ij}^{(1)}(\varphi) + \hat{\sigma}_{ij}^{(2)}(\varphi) + r^{1/2}\hat{\sigma}_{ij}^{(3)}(\varphi) + \ldots , \\ u_i - u_{i0} &= r^{1/2}\hat{u}_i^{(1)}(\varphi) + r\hat{u}_i^{(2)}(\varphi) + r^{3/2}\hat{u}_i^{(3)}(\varphi) + \ldots . \end{aligned} \tag{4.13}$$

Darin beschreibt u_{i0} eine mögliche Starrkörperverschiebung. Für $r \to 0$ dominiert der erste, in den Spannungen singuläre Term. Es ist zweckmäßig das zugeordnete Feld in einen symmetrischen und in einen antisymmetrischen Anteil bezüglich der x-Achse aufzuspalten. Das symmetrische singuläre Feld entspricht einer Modus I Rissöffnung, während das antisymmetrische Feld zu einer Modus II Rissöffnung führt. Die entsprechenden *Rissspitzenfelder* (Nahfelder) lassen sich in der folgenden Form darstellen:

Modus I:

$$\begin{Bmatrix} \sigma_x \\ \sigma_y \\ \tau_{xy} \end{Bmatrix} = \frac{K_I}{\sqrt{2\pi r}} \cos\left(\varphi/2\right) \begin{Bmatrix} 1 - \sin\left(\varphi/2\right)\sin\left(3\varphi/2\right) \\ 1 + \sin\left(\varphi/2\right)\sin\left(3\varphi/2\right) \\ \sin\left(\varphi/2\right)\cos\left(3\varphi/2\right) \end{Bmatrix},$$ (4.14)

$$\begin{Bmatrix} u \\ v \end{Bmatrix} = \frac{K_I}{2G}\sqrt{\frac{r}{2\pi}}\left(\kappa - \cos\varphi\right) \begin{Bmatrix} \cos\left(\varphi/2\right) \\ \sin\left(\varphi/2\right) \end{Bmatrix},$$

Modus II:

$$\begin{Bmatrix} \sigma_x \\ \sigma_y \\ \tau_{xy} \end{Bmatrix} = \frac{K_{II}}{\sqrt{2\pi r}} \begin{Bmatrix} -\sin\left(\varphi/2\right)[2 + \cos\left(\varphi/2\right)\cos\left(3\varphi/2\right)] \\ \sin\left(\varphi/2\right)\cos\left(\varphi/2\right)\cos\left(3\varphi/2\right) \\ \cos\left(\varphi/2\right)[1 - \sin\left(\varphi/2\right)\sin\left(3\varphi/2\right)] \end{Bmatrix},$$ (4.15)

$$\begin{Bmatrix} u \\ v \end{Bmatrix} = \frac{K_{II}}{2G}\sqrt{\frac{r}{2\pi}} \begin{Bmatrix} \sin\left(\varphi/2\right)[\kappa + 2 + \cos\varphi] \\ -\cos\left(\varphi/2\right)[\kappa - 2 + \cos\varphi] \end{Bmatrix}.$$

Dabei gilt

$$\begin{aligned} \text{EVZ}: \quad & \kappa = 3 - 4\nu\,, & \sigma_z &= \nu(\sigma_x + \sigma_y)\,, \\ \text{ESZ}: \quad & \kappa = (3 - \nu)/(1 + \nu)\,, & \sigma_z &= 0\,. \end{aligned}$$ (4.16)

Danach liegt die Verteilung der Spannungen und Deformationen in der Umgebung der Rissspitze eindeutig fest. Sie wird exemplarisch für den Modus I in Abschnitt 4.2.2 diskutiert. Die "Stärke" (Amplitude) des Rissspitzenfeldes wird durch die *Spannungsintensitätsfaktoren* K_I und K_{II} bestimmt. Diese hängen von der Geometrie des Körpers (einschließlich Riss) und von seiner Belastung ab. Sie lassen sich aus den Spannungen oder Deformationen ermitteln, sofern diese bekannt sind. Nach (4.14) und (4.15) gelten zum Beispiel die Beziehungen

$$K_I = \lim_{r \to 0} \sqrt{2\pi r}\,\sigma_y(\varphi = 0)\,, \qquad K_{II} = \lim_{r \to 0} \sqrt{2\pi r}\,\tau_{xy}(\varphi = 0)\,.$$ (4.17)

Für größere Abstände r von der Rissspitze kann der zweite Term in (4.13), der zum Eigenwert $\lambda = 1$ gehört, nicht vernachlässigt werden. Die zugehörigen nicht-singulären Spannungen und Verschiebungen lauten

$$\begin{Bmatrix} \sigma_x \\ \sigma_y \\ \tau_{xy} \end{Bmatrix}^{(2)} = \begin{Bmatrix} \sigma_T \\ 0 \\ 0 \end{Bmatrix}\,, \qquad \begin{Bmatrix} u \\ v \end{Bmatrix}^{(2)} = \frac{\sigma_T}{8G} \begin{Bmatrix} (\kappa + 1)\,x \\ (\kappa - 3)\,y \end{Bmatrix}\,,$$ (4.18)

wobei σ_T eine noch unbestimmte konstante Spannung ist. Da sie transversal (längs zum Riss) wirkt, nennt man sie kurz *T-Spannung*. Aus (4.18) erkennt man, dass dieser Anteil des Feldes symmetrisch zur x-Achse ist und nur zur Modus-I Rissöffnung beiträgt. Die T-Spannung spielt eine wichtige Rolle wenn K_I Null oder hinreichend klein ist. Sie repräsentiert dann den dominanten Teil des Modus-I Feldes.

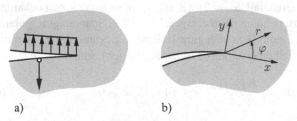

a)   b)

Abb. 4.4 a) Rissuferbelastung, b) gekrümmter Riss

Das Feld in der Umgebung einer Rissspitze eines *geraden* Risses mit *lastfreien* Rissflanken wird nach (4.5) und (4.13) aus einer Summe von Eigenfunktionen gebildet. Von ihnen dominiert der singuläre erste Term (= Nahfeld), wenn man sich der Rissspitze nähert ($r \to 0$); für einen hinreichend großen Abstand r dürfen die höheren Terme allerdings nicht vernachlässigt werden. Es lässt sich zeigen, dass das Nahfeld von der gleichen Form (4.6), bzw. (4.14), (4.15) ist, wenn die Rissufer belastet sind (Abb. 4.4a) oder wenn Volumenkräfte auftreten. Dies trifft auch auf einen Riss zu, der im Bereich der Rissspitze gekrümmt ist (Abb. 4.4b).

Die $r^{-1/2}$–Singularität ist typisch für eine Rissspitze. Singuläre Spannungen mit einem eventuell anderem Typ der Singularität können aber auch bei vielen anderen Problemen der linearen Elastizität auftreten. Als Beispiel sei hier nur eine "rissähnliche" Spitzkerbe betrachtet, deren Flanken einen Winkel 2α bilden (Abb. 4.5a). Der Ansatz (4.9) führt mit (4.11) und den Randbedingungen $(\sigma_\varphi + i\tau_{r\varphi})_{\varphi=\pm\alpha} = 0$ wieder auf ein homogenes Gleichungssystem. Dieses unterscheidet sich von (4.11) nur dadurch, dass an Stelle des Winkels π nun der Winkel α auftritt. Durch Nullsetzen der Koeffizientendeterminante erhält man die Eigenwertgleichung

$$\sin 2\lambda\alpha = \pm\lambda \sin 2\alpha \ . \tag{4.19}$$

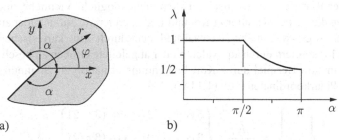

a)   b)

Abb. 4.5 a) Spitzkerbe, b) kleinster Eigenwert

In Abb. 4.5b ist der daraus resultierende kleinste Eigenwert dargestellt (auf die Angabe höherer Eigenwerte und der Eigenfunktionen sei hier verzichtet). Im Fall $2\alpha \leq \pi$ ist $\lambda = 1$; aus (4.9) folgen dann keine Spannungssingularitäten (vgl. auch (4.11)). Für die "einspringende Ecke" $\pi < 2\alpha < 2\pi$ liegt λ im Bereich $1/2 < \lambda < 1$, und im Grenzfall $2\alpha = 2\pi$ (Riss) ergibt sich das schon bekannte Ergebnis $\lambda = 1/2$. Hierzu gehören dann entsprechend (4.9) Spannungssingularitäten vom Typ $\sigma_{ij} \sim r^{\lambda-1}$. Damit lässt sich zum Beispiel die Spannung σ_y unmittelbar vor der Kerbspitze im Fall einer Modus I Belastung in der Form

$$\sigma_y = \frac{K_I^*}{\sqrt{2\pi}}\, x^{\lambda-1} \qquad (y = 0,\ x > 0) \tag{4.20}$$

darstellen. Darin ist K_I^* ein verallgemeinerter Modus I Spannungsintensitätsfaktor.

Bei einer Rundkerbe mit endlichem Kerbradius können die Spannungen ebenfalls sehr groß werden. Im Gegensatz zum Riss oder zur Spitzkerbe gehen sie im Kerbgrund jedoch nicht gegen Unendlich sondern bleiben beschränkt (siehe Abschnitt 4.4.5).

4.2.2 Modus I Rissspitzenfeld

Das Modus I Rissspitzenfeld kann durch die Beziehungen (4.14) beschrieben werden. Danach sind die Spannungen σ_{ij} (und entsprechend dem Hookeschen Gesetz auch die Verzerrungen ε_{ij}) singulär vom Typ $r^{-1/2}$, d.h. sie wachsen mit $r \to 0$ unbeschränkt an. Als Beispiel hierfür ist in Abb. 4.6a der Verlauf von σ_y vor der Rissspitze ($\varphi = 0$) schematisch dargestellt. Die Verschiebungen zeigen ein $r^{1/2}$-Verhalten. Dieses führt entlang der Rissflanken ($\varphi = \pm\pi$) für positives K_I zu einer parabelförmigen Rissöffnung (Abb. 4.6a):

$$v^{\pm} = v(\pm\pi) = \pm\frac{K_I}{2G}\sqrt{\frac{r}{2\pi}}\,(\kappa + 1)\,. \tag{4.21}$$

Ist K_I negativ, dann kommt es nach (4.14) formal zu einer "Überlappung" (Durchdringung) der Rissufer. Physikalisch ist dies nicht möglich. Vielmehr sind beim *Rissschließen* die beiden Rissufer in Kontakt und üben Kräfte aufeinander aus.

Manchmal ist es zweckmäßig, das Nahfeld nicht durch seine kartesischen Komponenten (4.14) sondern durch äquivalente oder abgeleitete Größen zu beschreiben. So erhält man zum Beispiel durch Korrdinatentransformation die Spannungskomponenten in Polarkoordinaten (vgl. (1.114)):

$$\begin{Bmatrix} \sigma_r \\ \sigma_\varphi \\ \tau_{r\varphi} \end{Bmatrix} = \frac{K_I}{4\sqrt{2\pi r}} \begin{Bmatrix} 5\cos(\varphi/2) - \cos(3\varphi/2) \\ 3\cos(\varphi/2) + \cos(3\varphi/2) \\ \sin(\varphi/2) + \sin(3\varphi/2) \end{Bmatrix}\,. \tag{4.22}$$

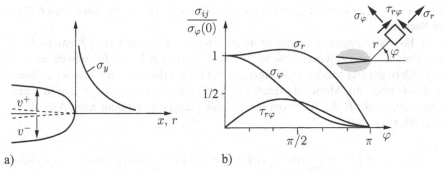

a)   b)

Abb. 4.6 Modus I Rissspitzenfeld

Ihre Winkelabhängigkeit ist in Abb. 4.6b dargestellt.

Die Hauptspannungen in der x, y-Ebene und die Hauptrichtungen – hier mit α bezeichnet – errechnen sich aus (1.114) zu

$$\begin{Bmatrix} \sigma_1 \\ \sigma_2 \end{Bmatrix} = \frac{K_I}{\sqrt{2\pi r}} \cos\left(\varphi/2\right) \begin{Bmatrix} 1 + \sin\left(\varphi/2\right) \\ 1 - \sin\left(\varphi/2\right) \end{Bmatrix}, \qquad \alpha = \pm\frac{\pi}{4} + \frac{3}{4}\varphi . \qquad (4.23)$$

Die dritte Hauptspannung ist durch σ_z gegeben; sie ist nach (4.16) im EVZ und im ESZ unterschiedlich:

$$\sigma_3 = 2\nu \frac{K_I}{\sqrt{2\pi r}} \cos\left(\varphi/2\right) \quad \text{(EVZ)} , \qquad \sigma_3 = 0 \quad \text{(ESZ)} . \qquad (4.24)$$

Danach ist σ_1 die größte Hauptspannung, die kleinste kann je nach Spannungszustand und Winkel φ entweder σ_3 oder σ_2 sein.

Mit den Hauptspannungen lässt sich unmittelbar die maximale Schubspannung bestimmen. Aus $\tau_{\max} = (\sigma_{\max} - \sigma_{\min})/2$ ergibt sich

$$\text{ESZ:} \quad \tau_{\max} = \sigma_1/2$$

$$\text{EVZ:} \quad \tau_{\max} = \begin{cases} (\sigma_1 - \sigma_2)/2 & \text{für} \quad \sin\left(\varphi/2\right) \geq 1 - 2\nu , \\ (\sigma_1 - \sigma_3)/2 & \text{für} \quad \sin\left(\varphi/2\right) \leq 1 - 2\nu . \end{cases} \qquad (4.25)$$

4.2.3 Dreidimensionales Rissspitzenfeld

In verschiedenen Fällen muss der dreidimensionale Charakter eines Rissproblems beachtet werden. Dies ist im allgemeinen der Fall, wenn die Rissfront gekrümmt ist. Beispiele hierfür sind ein pfennigförmiger Innenriss oder ein halbelliptischer Oberflächenriss (Abb. 4.7a). Aber auch bei einem Riss mit gerader Rissfront in einer ebenen Scheibe mit endlicher Dicke hat man es genaugenommen mit einem räumlichen Problem zu tun: der Spannungszustand ändert sich im Rissfrontbereich über die Dicke.

Es lässt sich zeigen, dass im dreidimensionalen Fall das Rissspitzenfeld *lokal* vom gleichen Typ ist, wie bei ebenen Problem. Es setzt sich im allgemeinen aus den Nahfeldern der drei Moden zusammen, wobei hinsichtlich der Deformationen beim Modus I- und beim Modus II-Anteil vom EVZ auszugehen ist. Legt man in einen beliebigen Punkt P der Rissfront ein lokales Koordinatensystem nach Abb. 4.7b, dann gilt für $r \to 0$

$$\sigma_{ij} = \frac{1}{\sqrt{2\pi r}} [K_I \tilde{\sigma}_{ij}^I(\varphi) + K_{II} \tilde{\sigma}_{ij}^{II}(\varphi) + K_{III} \tilde{\sigma}_{ij}^{III}(\varphi)] . \qquad (4.26)$$

Darin sind $\tilde{\sigma}_{ij}^I(\varphi), \dots$ Winkelfunktionen, die durch (4.14), (4.15) und (4.6) festgelegt sind. Das Feld in der Umgebung der Rissfront wird danach durch die Spannungsintensitätsfaktoren K_I, K_{II}, K_{III} vollständig charakterisiert. Letztere können sich entlang der Rissfront ändern: $K_I = K_I(s), \dots$.

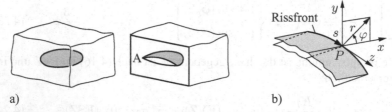

a)   b)

Abb. 4.7 Dreidimensionales Rissspitzenfeld a) pfennigförmiger Innenriss, halelliptischer Oberflächenriss, b) Rissfront, lokale Koordinaten

Die Darstellung (4.26) gilt entlang der Rissfront mit Ausnahme einiger besonderer (singulärer) Punkte. Zu ihnen zählen zum Beispiel ein Knickpunkt in der Rissfront oder ein Punkt, in dem eine Rissfront auf eine freie Oberfläche trifft (vgl. Punkt A in Abb. 4.7a). Dort können dann Spannungssingularitäten auftreten, die *nicht* vom Typ $r^{-1/2}$ sind.

4.3 K-Konzept

Wir beschränken uns bei den folgenden Betrachtungen zunächst auf den für die Anwendungen wichtigsten Fall einer reinen Modus I Rissöffnung. Das zugehörige Rissspitzenfeld ist, wie schon erwähnt, durch den Spannungsintensitätsfaktor K_I eindeutig charakterisiert. Dieses K_I-bestimmte Feld dominiert in einem nach außen begrenzten Bereich um die Rissspitze, der in Abb. 4.8 schematisch durch den Radius R gekennzeichnet ist. Außerhalb von R können die höheren Terme nicht vernachlässigt werden.

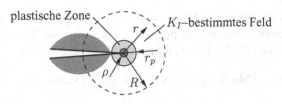

Abb. 4.8 K-Konzept

Die Gültigkeit des K_I-bestimmten Feldes ist aber auch nach innen begrenzt, weil die lineare Elastizitätstheorie unterhalb einer bestimmten Schranke von r die tatsächlichen Gegebenheiten nicht mehr richtig beschreibt. Dies schon alleine deshalb, weil kein reales Material unbeschränkt große Spannungen erträgt. Die formal auftretenden singulären Verzerrungen widersprechen zudem den Voraussetzungen der linearen Elastizität (kleine Verzerrungen). Bei den meisten realen Materialien kommt es vielmehr aufgrund der zur Rissspitze hin stark ansteigenden Spannungen zu plastischem Fließen oder allgemeiner, zu inelastischen Deformationen. Außerdem befindet sich an der Rissspitze die kleine, aber immerhin endliche Prozesszone. Ihre charakteristische Abmessung ist in Abb. 4.8 mit ρ, diejenige der *plastischen Zone* mit r_p bezeichnet.

Wir setzen nun voraus, dass das K_I-bestimmte Gebiet groß ist im Vergleich zur eingeschlossenen Region (= black box), welche nicht durch das Nahfeld beschrieben wird (ρ, $r_p \ll R$). Dann kann man davon ausgehen, dass die in ihr ablaufenden Vorgänge alleine durch das umgebende K_I-bestimmte Feld gesteuert werden. Dies ist die Hypothese, die dem *K-Konzept* zugrunde liegt: der Zustand in der Prozesszone bzw. an der Rissspitze kann indirekt durch K_I charakterisiert werden. Der Spannungsintensitätsfaktor wird, ähnlich wie die Spannungen selbst, als eine Zustandsgröße angesehen, die ein Maß für die "Belastung" im Rissspitzenbereich ist.

Mit dem Spannungsintensitätsfaktor steht damit eine Größe zur Verfügung, welche die Formulierung eines Bruchkriteriums erlaubt. Danach kommt es zum Einsetzen des Rissfortschrittes (Bruch), wenn der Spannungsintensitätsfaktor K_I eine materialspezifische kritische Größe K_{Ic} erreicht:

$$\boxed{K_I = K_{Ic}} \, . \tag{4.27}$$

Unter diesen Umständen liegt in der Prozesszone ein kritischer Zustand vor, welcher zur Separation führt. Dabei haben wir stillschweigend angenommen, dass der Prozesszonenzustand allein durch die aktuelle Größe von K_I bestimmt ist und nicht etwa von der Belastungsgeschichte der Rissspitze abhängt.

Die Größe K_{Ic} auf der rechten Seite von (4.27) nennt man *Bruchzähigkeit*. Sie ist ein Materialkennwert, der in geeigneten Experimenten bestimmt wird (vgl. Abschnitt 4.5). Entsprechend (4.22) hat ein K-Faktor die Dimension [*Spannung*] $\times$ [*Länge*]$^{1/2}$; er wird in Vielfachen der Einheit Nmm$^{-3/2}$ bzw. MPa mm$^{1/2}$ angegeben. Die Verwendung von Spannungsintensitätsfaktoren in einem Bruchkriterium geht auf G.R. Irwin (1951) zurück.

Im Kriterium (4.27) für reinen Modus I wird die Beanspruchung der Rissspitze alleine durch K_I charakterisiert. Entsprechende 1-parametrige Bruchkriterien lassen sich auch für reinen Modus II bzw. für reinen Modus III aufstellen:

$$K_{II} = K_{IIc} \quad (\text{Modus II}) \, , \quad K_{III} = K_{IIIc} \quad (\text{Modus III}) \, . \tag{4.28}$$

Im Fall einer gemischten Beanspruchung durch K_I, K_{II} und K_{III} muss dagegen von einem allgemeinen Bruchkriterium

$$f(K_I, K_{II}, K_{III}) = 0 \tag{4.29}$$

ausgegangen werden (siehe Abschnitt 4.9).

4.4 K-Faktoren

Es gibt sehr viele Methoden zur Bestimmung von K-Faktoren. Da letztere direkt mit den Feldgrößen zusammenhängen, sind grundsätzlich alle Verfahren anwendbar, welche in der linearen Elastizität zur Bestimmung der Spannungen und Deformationen existieren. Manchmal ist es allerdings notwendig, sie auf die Besonderheit von Rissproblemen (Spannungssingularitäten) zuzuschneiden.

Analytische Methoden werden hauptsächlich verwendet, wenn man an Lösungen in geschlossener Form interessiert ist. Diese sind allerdings nur bei relativ einfachen Randwertproblemen zu erzielen. Bei komplizierteren Problemen ist man auf *numerische Methoden* angewiesen. Hierbei werden zum Beispiel Finite Elemente Verfahren, Randelementverfahren oder Differenzenverfahren verwendet. Daneben können auch *experimentelle Methoden*, wie Dehnungsmessungen im Rissspitzenbereich oder die Spannungsoptik herangezogen werden.

Eine sachgerechte Behandlung aller Verfahren würde den Rahmen dieses Buches sprengen. Diesbezüglich sei der Leser auf die Spezialliteratur verwiesen. Im folgenden werden nur einige Lösungen für ausgewählte Risskonfigurationen und Belastungen diskutiert. Anschließend wird beispielhaft auf eine Integralgleichungsformulierung von Rissproblemen, auf die Methode der Gewichtsfunktionen sowie auf ein Verfahren zur Untersuchung von vielen Rissen eingegangen.

4.4.1 Beispiele

Als einfachsten Fall betrachten wir zuerst einen geraden Riss R der Länge $2a$ in einer unendlich ausgedehnten Ebene unter einachsigem Zug σ (Abb. 4.9a). Hier und bei vielen anderen Rissproblemen ist es zweckmäßig, die Lösung durch Superposition zweier Teillösungen zu erzeugen. Teilproblem (1) betrifft die elastische Ebene *ohne* Riss unter der gegebenen Belastung σ. Entlang des gedachten Schnittes R

tritt dabei die Spannung $\sigma_y^{(1)}|_R = \sigma$ auf. Beim Teilproblem (2) wird die elastische Ebene *mit* Riss alleine entlang der Rissufer durch genau diese Spannung, allerdings mit umgekehrten Vorzeichen, belastet: $\sigma_y^{(2)}|_R = -\sigma$. Die Randbedingung des Ausgangsproblems (belastungsfreie Rissufer) ist nach Superposition der Teillösungen erfüllt: $\sigma_y|_R = \sigma_y^{(1)}|_R + \sigma_y^{(2)}|_R = 0$. Beim Teilproblem (1) ist kein Riss und dementsprechend auch kein Spannungsintensitätsfaktor vorhanden. Dies bedeutet, dass die K-Faktoren des Ausgangsproblems und des Teilproblems (2) übereinstimmen.

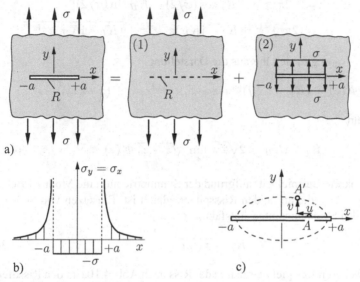

Abb. 4.9 Einzelriss unter Belastung σ

Unter Verwendung der komplexen Methode lassen sich die Lösungen der Teilprobleme und des Ausgangsproblems folgendermaßen darstellen:

$$\Phi = \Phi^{(1)} + \Phi^{(2)} \, , \ \Phi^{(1)}(z) = \tfrac{1}{4}\sigma z \, , \ \Phi^{(2)}(z) = \tfrac{1}{2}\sigma\left[\sqrt{z^2 - a^2} - z\right] ,$$
$$\Psi = \Psi^{(1)} + \Psi^{(2)} \, , \ \Psi^{(1)}(z) = \tfrac{1}{2}\sigma z \, , \ \Psi^{(2)}(z) = -\tfrac{1}{2}\sigma a^2 / \sqrt{z^2 - a^2} \, . \tag{4.30}$$

Für das Teilproblem (2) erhält man daraus zum Beispiel für die Spannungen entlang der x-Achse (Abb. 4.9b)

$$\tau_{xy}^{(2)} = 0 \, , \quad \sigma_y^{(2)} = \sigma_x^{(2)} = \sigma \begin{cases} -1 & |x| < a \\[2mm] \dfrac{x}{\sqrt{x^2 - a^2}} - 1 & |x| > a \, . \end{cases} \tag{4.31}$$

Die Verschiebungen des oberen (+) und des unteren (−) Rissufers ($|x| \le a$) ergeben sich zu (Abb. 4.9c)

$$4Gu^{\pm} = -(1 + \kappa)\sigma x , \qquad 4Gv^{\pm} = \pm(1 + \kappa)\sigma\sqrt{a^2 - x^2} . \qquad (4.32)$$

Den Spannungsintensitätsfaktor kann man direkt aus dem komplexen Potential Φ ermitteln. Hierzu betrachten wir zunächst eine Rissspitze, die sich an einer beliebigen Stelle z_0 befindet. Nach den Kolosovschen Formeln in Verbindung mit (4.14), (4.15) gilt allgemein für $r \to 0$ bzw. $z \to z_0$

$$2\Phi'(z) + 2\overline{\Phi'(z)} = \sigma_x + \sigma_y$$
$$= 2(2\pi r)^{-1/2}[K_I \cos(\varphi/2) - K_{II}\sin(\varphi/2)]$$
$$= (2\pi r)^{-1/2}[(K_I - iK_{II})e^{-i\varphi/2} + \overline{(K_I - iK_{II})e^{-i\varphi/2}}] .$$

Mit $re^{i\varphi} = z - z_0$ ergibt sich hieraus die Darstellung

$$2\Phi'(z) = (K_I - iK_{II})[2\pi(z - z_0)]^{-1/2} \qquad (z \to z_0) ,$$

oder umgekehrt

$$K_I - iK_{II} = 2\sqrt{2\pi} \lim_{z \to z_0} \sqrt{z - z_0}\, \Phi'(z) . \qquad (4.33)$$

Für das konkrete Beispiel tritt aufgrund der Symmetrie nur eine Modus-I Belastung auf ($K_{II} = 0$), die an beiden Rissspitzen gleich ist. Einsetzen von (4.30) in (4.33) liefert den Spannungsintensitätsfaktor

$$K_I = \sigma\sqrt{\pi a} . \qquad (4.34)$$

In einem weiteren Beispiel werde nun der Riss nach Abb. 4.10a an den Rissufern durch entgegengesetzte Einzelkräfte belastet. Wirkt nur P ($Q = 0$), dann lauten die komplexen Potentiale

$$\Phi'(z) = \frac{P}{2\pi(z - b)}\sqrt{\frac{a^2 - b^2}{z^2 - a^2}} , \qquad \Psi'(z) = -z\Phi''(z) . \qquad (4.35)$$

Durch sie werden alle Randbedingungen erfüllt. Die zugehörigen K_I-Faktoren (K_{II} ist aus Symmetriegründen Null) an der rechten ($+$) und an der linken ($-$) Rissspitze ergeben sich aus (4.33) zu

$$K_I^{\pm} = \frac{P}{\sqrt{\pi a}}\sqrt{\frac{a \pm b}{a \mp b}} . \qquad (4.36)$$

Analog erhält man für eine Belastung nur durch Q (reiner Modus II)

$$K_I^{\pm} = 0 , \qquad K_{II}^{\pm} = \frac{Q}{\sqrt{\pi a}}\sqrt{\frac{a \pm b}{a \mp b}} . \qquad (4.37)$$

Die Lösungen (4.36), (4.37) kann man als *Grundlösungen* verwenden, mit deren Hilfe man weitere Lösungen konstruieren kann. So folgt für eine Rissbelastung nach

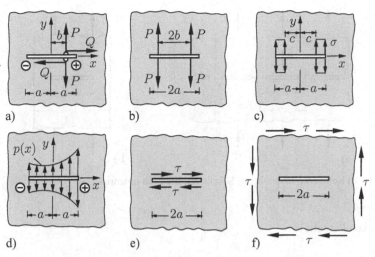

Abb. 4.10 Riss unter verschiedenen Rissbelastungen

Abb. 4.10b durch Superposition

$$K_I = \frac{P}{\sqrt{\pi a}} \left[\sqrt{\frac{a+b}{a-b}} + \sqrt{\frac{a-b}{a+b}} \right] - \frac{P}{\sqrt{\pi a}} \frac{2a}{\sqrt{a^2 - b^2}} . \tag{4.38}$$

Unter Zuhilfenahme dieses Resultats errechnet sich für die Rissbelastung nach Abb. 4.10c

$$K_I = 2\sigma \sqrt{\frac{a}{\pi}} \int_c^a \frac{\mathrm{d}x}{\sqrt{a^2 - x^2}} = 2\sigma \sqrt{\frac{a}{\pi}} \left[\frac{\pi}{2} - \arcsin \frac{c}{a} \right] . \tag{4.39}$$

Im Sonderfall $c = 0$ ergibt sich hieraus das schon bekannte Ergebnis (4.34). Auf ähnliche Art erhält man unter Verwendung von (4.36) die Lösung für einen Riss unter der beliebigen Belastung nach Abb. 4.10d:

$$K_I^{\pm} = \frac{1}{\sqrt{\pi a}} \int_{-a}^{+a} p(x) \sqrt{\frac{a \pm x}{a \mp x}} \, \mathrm{d}x . \tag{4.40}$$

Genauso kann man bei Schubbelastungen vorgehen. So ergibt sich mit (4.37) für einen Riss unter reiner Schubbelastung (Modus II) nach Abb. 4.10e

$$K_{II} = \tau \sqrt{\pi a} . \tag{4.41}$$

Der K_{II}-Faktor hierfür und für den Fall nach Abb. 4.10f stimmen überein.

Abb. 4.11a zeigt eine periodische Reihe von kollinearen Rissen gleicher Länge $2a$ im unendlichen Gebiet unter einer Zugspannung σ. Hierfür lautet die Lösung in

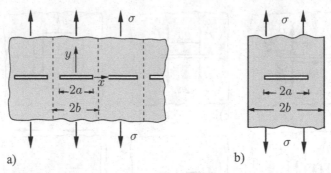

Abb. 4.11 a) Kollineare Rissreihe, b) Scheibenstreifen mit Innenriss

komplexen Potentialen

$$\Phi'(z) = \frac{\sigma}{2} \frac{1}{\sqrt{1 - \left[\dfrac{\sin(\pi a/2b)}{\sin(\pi z/2b)}\right]^2}} \,, \qquad \Psi'(z) = -z\Phi''(z) \,. \tag{4.42}$$

Der Spannungsintensitätsfaktor K_I folgt hieraus mit (4.33) zu

$$K_I = \sigma\sqrt{\pi a} \sqrt{\frac{2b}{\pi a} \tan\frac{\pi a}{2b}} \,. \tag{4.43}$$

Hiernach steigt K_I stark an, wenn sich die Rissspitzen einander nähern. Dies ist auf die gegenseitige Wechselwirkung der Risse zurückzuführen (vgl. Abschnitt 4.4.4). Kommen sich die Rissspitzen sehr nahe ($a \to b$), so ergibt sich mit der Bezeichnung $c = b - a$ aus (4.43) das Ergebnis

$$K_I = \sigma\sqrt{\frac{4b}{\pi}} \sqrt{\frac{b}{c}} \qquad \text{für} \qquad c \ll b \,. \tag{4.44}$$

Man kann (4.43) auch als eine Näherung für die Konfiguration in Abb. 4.11b verwenden, wenn die Ränder hinreichend weit von den Rissspitzen entfernt sind.

In der Tabelle 4.1 sind K–Faktoren für einige Fälle zusammengestellt. Lösungen für viele weitere Konfigurationen sind in den einschlägigen Handbüchern für Spannungsintensitätsfaktoren zu finden. Angaben hierüber finden sich im Literaturverzeichnis.

Tabelle 4.1 K-Faktoren

1		$\left\{ \begin{array}{c} K_I \\ K_{II} \end{array} \right\} = \left\{ \begin{array}{c} \sigma \\ \tau \end{array} \right\} \sqrt{\pi a}$
2		$\left\{ \begin{array}{c} K_I^\pm \\ K_{II}^\pm \end{array} \right\} = \left\{ \begin{array}{c} P \\ Q \end{array} \right\} \dfrac{1}{\sqrt{\pi a}} \sqrt{\dfrac{a \pm b}{a \mp b}}$
3		$\left\{ \begin{array}{c} K_I \\ K_{II} \end{array} \right\} = \left\{ \begin{array}{c} \sigma \\ \tau \end{array} \right\} \sqrt{2b \tan \dfrac{\pi a}{2b}}$
4		$\left\{ \begin{array}{c} K_I \\ K_{II} \end{array} \right\} = \left\{ \begin{array}{c} P \\ Q \end{array} \right\} \dfrac{2}{\sqrt{2\pi b}}$
5		$K_I = 1.1215\, \sigma \sqrt{\pi a}$
6		$K_I = \sigma \sqrt{\pi a}\, F_I(a/b)$ $$F_I = \dfrac{1 - 0.025(a/b)^2 + 0.06(a/b)^4}{\sqrt{\cos(\pi a/2b)}}$$

Tabelle 4.1 K-Faktoren (Fortsetzung)

7		$K_I = \sigma\sqrt{\pi a}\ \sqrt{\dfrac{2b}{\pi a}\tan\dfrac{\pi a}{2b}}\ G_I(a/b)$ $G_I = \dfrac{0.752 + 2.02\frac{a}{b} + 0.37(1-\sin\frac{\pi a}{2b})^3}{\cos\frac{\pi a}{2b}}$
8		$K_I = \sigma\sqrt{\pi a}\ \sqrt{\dfrac{2b}{\pi a}\tan\dfrac{\pi a}{2b}}\ G_I(a/b)$ $G_I = \dfrac{0.923 + 0.199(1-\sin\frac{\pi a}{2b})^4}{\cos\frac{\pi a}{2b}}$
9		$K_I = \dfrac{2}{\pi}\sigma\sqrt{\pi a}$
10		$K_I = \dfrac{2}{\pi}\sigma\sqrt{\pi a}\left[1 - \sqrt{1-(b/a)^2}\,\right]$
11		$K_I = \dfrac{P}{\pi a^2}\sqrt{\pi a}\sqrt{1-a/b}\ G_I(a/b)$ $K_{III} = \dfrac{2M_T}{\pi a^3}\sqrt{\pi a}\sqrt{1-a/b}\ G_{III}(a/b)$ $G_I = \frac{1}{2}(1+\frac{\varepsilon}{2}+\frac{3}{8}\varepsilon^2 - 0.363\varepsilon^3 + 0.731\varepsilon^4)$ $G_{III} = \frac{3}{8}(1+\frac{\varepsilon}{2}+\frac{3}{8}\varepsilon^2 + \frac{5}{16}\varepsilon^3 + \frac{35}{128}\varepsilon^4$ $+0.208\varepsilon^5)\,, \quad \varepsilon = a/b$
12		$K_I(\theta) = \sigma\sqrt{\pi a}\ F_I(\theta)$ $F_I = \frac{2}{\pi}(1.211 - 0.186\sqrt{\sin\theta}\,)$ $10° < \theta < 170°$

4.4.2 Integralgleichungsformulierung

Ein möglicher Ausgangspunkt zur Lösung von Rissproblemen ist deren Formulierung durch Integralgleichungen. Von den verschiedenen Arten, welche dabei existieren, sei hier zunächst eine diskutiert, deren Grundgedanke in der Darstellung eines Risses durch eine Versetzungsbelegung besteht.

Zur Vorbereitung der Formulierung betrachten wir zunächst die aus den komplexen Potentialen

$$\Phi(z) = A \ln z \ , \qquad \Psi(z) = \overline{A} \ln z \qquad (4.45)$$

folgenden Verschiebungen und Spannungen, wobei wir A hier speziell durch die reelle Größe $A = -Gb_y/\pi(\kappa+1)$ ersetzen:

$$\left\{ \begin{array}{c} u \\ v \end{array} \right\} = \frac{-b_y}{2\pi(\kappa+1)} \left\{ \begin{array}{c} (\kappa - 1)\ln r - \cos 2\varphi \\ (\kappa + 1)\,\varphi - \sin 2\varphi \end{array} \right\} ,$$

$$\left\{ \begin{array}{c} \sigma_x \\ \sigma_y \\ \tau_{xy} \end{array} \right\} = \frac{-b_y G}{\pi(\kappa+1)\,r} \left\{ \begin{array}{c} \cos\varphi + \cos 3\varphi \\ 3\cos\varphi - \cos 3\varphi \\ -\sin\varphi + \sin 3\varphi \end{array} \right\} . \qquad (4.46)$$

Während die Verschiebung u bei einem Umlauf von $\varphi = 0$ bis $\varphi = 2\pi$ keine Änderung erfährt, tritt bei v ein *Verschiebungssprung* (Diskontinuität) der Größe $v(0) - v(2\pi) = v^+ - v^- = b_y$ auf. Die Potentiale (4.45) beschreiben danach eine *Stufenversetzung* mit einem Verschiebungssprung in y-Richtung (Abb. 4.12, vgl. Abschnitt 3.1.2). Entlang der x-Achse wirken dabei die Spannungen $\sigma_y = \sigma_x = -2Gb_y/\pi(\kappa+1)x, \tau_{xy} = 0$. Soll ein allgemeiner Verschiebungssprung um b_y in y- und um b_x in x-Richtung beschrieben werden, dann muss die Konstante A in (4.45) zu $A = G(b_y - ib_x)/\pi(\kappa+1)$ gesetzt werden.

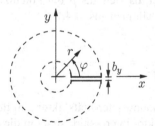

Abb. 4.12 Verschiebungssprung infolge Stufenversetzung

Als konkretes Problem sei im weiteren der schon zuvor untersuchte Riss unter der Rissuferbelastung σ (Druck) nach Abb. 4.13a betrachtet. Dabei stellen wir uns nun den Riss erzeugt vor durch eine kontinuierliche Verteilung von Versetzungen, welche im Bereich $-a \leq t \leq +a$ auf der x-Achse angeordnet sind (Abb. 4.13b).

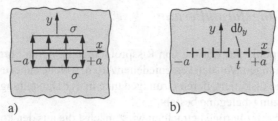

a)   b)

Abb. 4.13 Riss als Versetzungsverteilung

Mit den Umbenennungen $b_y \to \mathrm{d}b_y = \mu \mathrm{d}t$, $x \to x - t$, $z \to z - t$ erhält man dann aus (4.45), (4.46) zum Beispiel für die Spannung σ_y entlang der x-Achse und für das Potential Φ' die Darstellungen

$$\sigma_y(x,0) = -\frac{2G}{\pi(\kappa + 1)} \int_{-a}^{+a} \frac{\mu(t)\mathrm{d}t}{x - t} \; , \tag{4.47}$$

$$\Phi'(z) = -\frac{G}{\pi(\kappa + 1)} \int_{-a}^{+a} \frac{\mu(t)\mathrm{d}t}{z - t} \; . \tag{4.48}$$

Die Funktion $\mu(t) = \mathrm{d}b_y/\mathrm{d}t$, d.h. die (risstangentiale) Ableitung des Verschiebungssprungs bezeichnet man auch als *Versetzungsdichte*.

In unserem Fall ist die Spannung σ_y im Rissbereich bekannt: $\sigma_y = -\sigma$. Gleichung (4.47) stellt dementsprechend eine singuläre Integralgleichung für die unbekannte Versetzungsdichte μ dar. Ihre Lösung lautet

$$\mu(x) = \frac{\sigma(\kappa + 1)}{2G} \frac{x}{\sqrt{a^2 - x^2}} \; . \tag{4.49}$$

Hiermit ist das Problem im Prinzip gelöst, da sich aus μ die Potentiale Φ und Ψ durch Integration bestimmen lassen. So erhält man aus (4.48)

$$\Phi'(z) = -\frac{\sigma}{2\pi} \int_{-a}^{+a} \frac{x\mathrm{d}x}{(z - x)\sqrt{a^2 - x^2}} = \frac{\sigma}{2} \left[\frac{z}{\sqrt{z^2 - a^2}} - 1 \right] \; , \tag{4.50}$$

woraus man dann unter anderem den Spannungsintensitätsfaktor ermitteln kann.

Ist man nur am Spannungsintensitätsfaktor interessiert, so kann dieser auch unmittelbar aus μ bestimmt werden. Entlang des Risses gilt nämlich $\mu = \mathrm{d}b_y/\mathrm{d}x = \mathrm{d}(v^+ - v^-)/\mathrm{d}x$. Unter Verwendung der Nahfeldformeln (4.14) ergibt sich daraus für die rechte Rissspitze der Zusammenhang

$$K_I = \lim_{x \to a} \frac{2G}{\kappa + 1} \sqrt{2\pi}\sqrt{a - x}\, \mu(x) \; . \tag{4.51}$$

Einsetzen liefert das bekannte Ergebnis $K_I = \sigma \sqrt{\pi a}$.

Die hier vorgestelle Integralgleichungsmethode ist ein Sonderfall der sehr viel allgemeineren Formulierung von Randwertproblemen der linearen Elastizitätstheorie – und damit auch von linear-elastischen Rissproblemen – durch Integralgleichungen. Deren numerische Behandlung im Rahmen der sogenannten Rand-Elemente-Methode (= REM, boundary element method = BEM) stellt insbesondere für Rissprobleme eine sehr effiziente Lösungstechnik dar.

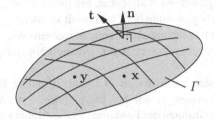

Abb. 4.14 Räumlich gekrümmte Rissfläche

Die Integralgleichung (4.47) gilt für den 2D Sonderfall eines geraden Risses im unberandeten Gebiet unter reiner Modus-I Belastung. Die Formulierung von Randwertproblemen der linearen Bruchmechanik durch Integralgleichungen ist jedoch auch für den 3D-Fall einer beliebig gekrümmten Rissfläche Γ unter allgemeiner Belastung möglich (Abb. 4.14). Der Verschiebungssprung ist dann durch den Vektor $\Delta u_i = u_i^+ - u_i^-$ gegeben und die (nun tensorwertige) Versetzungsdichte durch dessen partielle Ableitungen tangential zur Rissfläche

$$\mu_{ijk} = \Delta u_{i,j} n_k - \Delta u_{i,k} n_j \,, \qquad (4.52)$$

wobei n_j (bzw. n_k) den Normaleneinheitsvektor auf dem Riss bezeichnet.

Eine beliebige Belastung der Rissfläche (analog zur reinen Normalbelastung σ in Abb.4.13) wird nun durch den Spannungsvektor $t_p\,(\mathbf{x} \in \Gamma)$ beschrieben. Unter Verweis auf die weiterführende Literatur (z.B. ZHANG & GROSS, 1997) verzichten wir auf die detaillierte Herleitung und geben die Integralgleichung für die Verteilung $\mu_{ijk}(\mathbf{y} \in \Gamma)$ auf einem Riss im unberandeten dreidimensionalen Gebiet wie folgt an:

$$t_p(\mathbf{x}) = -n_q(\mathbf{x})\, C_{pqkl} \int_\Gamma \Sigma_{ijl}(\mathbf{x} - \mathbf{y}) \mu_{ijk}(\mathbf{y})\, \mathrm{d}A(\mathbf{y}) \,. \qquad (4.53)$$

Hier bezeichnet C_{pqkl} den isotropen Elastizitätstensor (1.36), und der Auswertepunkt $\mathbf{x}$ sowie der Integrationspunkt $\mathbf{y}$ durchlaufen die gesamte Rissfläche Γ. Die Funktion Σ_{ijl} lautet

$$\Sigma_{ijl} = \frac{-1}{\alpha 4\pi(1-\nu)\, r^\alpha} \left[(1-2\nu)(\delta_{ij} r_{,l} + \delta_{il} r_{,j} - \delta_{jl} r_{,i}) + \beta r_{,i}\, r_{,j}\, r_{,l} \right], \qquad (4.54)$$
$$r = |\mathbf{x} - \mathbf{y}|$$

mit $\alpha=1$, $\beta=2$ im 2D-Fall und $\alpha=2$, $\beta=3$ im 3D-Fall sowie der Querdehnzahl ν. Im 2D-Fall nehmen die Indizes nur die Werte 1 und 2 an, und man kann leicht nachrechnen, dass sich die Integralgleichung (4.53) für einen geraden Riss unter reiner Normalbelastung (Modus I) auf den Sonderfall (4.47) zurückführen lässt. Insbesondere weist die Funktion Σ_{ijl} dann die gleiche r^{-1}-Singularität bezüglich des Abstandes $r = |\mathbf{x} - \mathbf{y}|$ auf wie der Ausdruck $(x - t)^{-1}$ in (4.47).

Wie im 2D-Sonderfall (4.51) lassen sich auch im 3D-Fall die Spannungsintensitätsfaktoren direkt aus der Vesetzungsdichte μ_{ijk} bestimmen. Jedoch sind die Funktionen $\mu_{ijk}(\mathbf{x})$ in der Regel nicht geschlossen angebbar. Sie müssen vielmehr durch die numerische Lösung der Integralgleichung (4.53) ermittelt werden, wobei Näherungsansätze für die Rissöffnungsverschiebung Δu_i gemacht werden. Wie man dabei vorgeht, wird in Abschnitt 4.4.6 etwas näher erläutert, wo auch ein Beispiel diskutiert wird.

Abschließend sei angemerkt, dass sich alternativ zu (4.53) auch andere Integralgleichungsformulierungen herleiten lassen, in welchen beispielsweise der Verschiebungssprung Δu_i selbst sowie Ableitungen der Funktion Σ_{ijl} auftreten (siehe z.B. ALIABADI & ROOKE, 1991; ZHANG & GROSS, 1997). Als Ausgangspunkt für die numerische Behandlung mittels der BEM weisen die verschiedenen Formulierungen unterschiedliche Vor- und Nachteile auf; allesamt lassen sie sich jedoch auf den allgemeinen Fall eines endlich berandeten rissbehafteten Körpers erweitern.

4.4.3 Methode der Gewichtsfunktionen

Für viele geometrische Konfigurationen sind K-Faktoren für bestimmte Belastungen zum Beispiel aus Handbüchern bekannt. Wie man hieraus K-Faktoren für andere Belastungen ermitteln kann, soll hier gezeigt werden. Wir wollen uns dabei auf ebene Modus I-Probleme beschränken.

Ausgangspunkt ist der Satz von Betti (vgl. Abschnitt 1.4.3)

$$\int\limits_A t_i^{(1)} u_i^{(2)} \mathrm{d}A = \int\limits_A t_i^{(2)} u_i^{(1)} \mathrm{d}A \qquad (4.55)$$

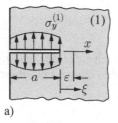
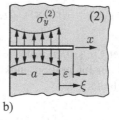

a)   b)

Abb. 4.15 Anwendung des Bettischen Satzes

mit $t_i = \sigma_{ij} n_j$, den wir auf die zwei Konfigurationen in Abb. 4.15 anwenden. Abgesehen von der Belastung unterscheiden sich beide nur dadurch voneinander, dass die Risslänge der Konfiguration (2) um den *kleinen* Betrag ε größer ist. Da (4.55) nur auf geometrisch gleiche Konfigurationen angewendet werden kann, denken wir uns die Konfiguration (1) vor der Rissspitze entlang der x-Achse um die Strecke ε aufgeschnitten. Die dort wirkenden Normalspannungen sind durch die Nahfeldformeln (4.14) gegeben: $\sigma_y^{(1)}(\xi) = K_I^{(1)}(a)/\sqrt{2\pi\xi}$. Analog gilt für die Verschiebung v im unbelasteten Bereich $0 \leq \xi \leq \varepsilon$ der Konfiguration (2): $v^{(2)}(\xi) = \frac{\kappa+1}{2G} K_I^{(2)}(a+\varepsilon)\sqrt{(\varepsilon-\xi)/2\pi}$. Mit den Bezeichnungen aus Abb. 4.15 und unter Berücksichtigung der Symmetrie folgt dann aus (4.55)

$$\int_0^a \sigma_y^{(1)}(x)\, v^{(2)}(x, a+\varepsilon)\mathrm{d}x + \int_0^\varepsilon \frac{K_I^{(1)}(a)}{\sqrt{2\pi\xi}}\, \frac{\kappa+1}{2G} K_I^{(2)}(a+\varepsilon)\sqrt{\frac{\varepsilon-\xi}{2\pi}}\, \mathrm{d}\xi$$
$$= \int_0^a \sigma_y^{(2)}(x)\, v^{(1)}(x)\, \mathrm{d}x \,.$$

Daraus erhält man mit den Entwicklungen

$$v^{(2)}(x, a+\varepsilon) = v^{(2)}(x, a) + \frac{\partial v^{(2)}}{\partial a}\varepsilon + \dots \,, \qquad K_I^{(2)}(a+\varepsilon) = K_I^{(2)}(a) + \frac{\mathrm{d}K_I^{(2)}}{\mathrm{d}a}\varepsilon + \dots$$

und unter Beachtung von

$$\int_0^a \sigma_y^{(1)}\, v^{(2)}(x, a)\, \mathrm{d}x = \int_0^a \sigma_y^{(2)}\, v^{(1)}(x, a)\, \mathrm{d}x \quad , \qquad \int_0^\varepsilon \sqrt{\frac{\varepsilon-\xi}{\xi}}\, \mathrm{d}\xi = \frac{\pi\varepsilon}{2}$$

nach Grenzübergang $\varepsilon \to 0$ das Ergebnis

$$\int_0^a \sigma_y^{(1)} \frac{\partial v^{(2)}}{\partial a}\, \mathrm{d}x + \frac{\kappa+1}{8G} K_I^{(1)}(a)\, K_I^{(2)}(a) = 0 \,. \qquad (4.56)$$

Wir fassen nun die Konfiguration (2) als bekannte Referenzkonfiguration auf, während für die Konfiguration (1) der Spannungsintensitätsfaktor gesucht wird. Mit den Umbenennungen

$$K_I^{(2)}\,,\ v^{(2)} \to K_I^r\,,\ v^r\,, \qquad K_I^{(1)}\,,\ \sigma_y^{(1)} \to K_I\,,\ \sigma_y$$

ergibt sich dann

$$K_I = -\frac{8G}{\kappa+1}\, \frac{1}{K_I^r} \int_0^a \sigma_y \frac{\partial v^r}{\partial a}\, \mathrm{d}x \,. \qquad (4.57)$$

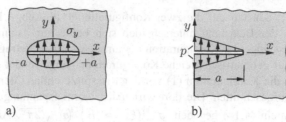

Abb. 4.16 Beispiele zur Methode der Gewichtsfunktionen

Darin bezeichnet man den Ausdruck $[8G/(\kappa + 1)K_I^r]\partial v^r/\partial a$ als *Gewichtsfunktion*; mit ihr wird die gegebene Belastung σ_y bei der Integration "gewichtet" um den zugehörigen K–Faktor zu bestimmen. Die Formel (4.57) gilt zunächst nur für einen Riss mit *einer* Rissspitze. Man kann sie aber auch auf einen Riss mit zwei Rissspitzen anwenden. Die Integration hat dann über die gesamte Risslänge zu erfolgen, wobei die Ableitung $\partial v^r/\partial a$ nur bezüglich derjenigen Rissspitze vorzunehmen ist, für die der K–Faktor bestimmt werden soll (die andere Rissspitze ist festzuhalten). Bei einem symmetrisch belasteten Riss mit $K_I^+ = K_I^-$ reduziert sich (4.57) auf die Integration über die halbe Risslänge.

Als Beispiel wollen wir K_I für den Riss nach Abb. 4.16a mit der Rissflankenbelastung $\sigma_y = -\sigma_0\sqrt{1 - x^2/a^2}$ bestimmen. Als Referenzlastfall verwenden wir den Riss mit einer konstanten Belastung $\sigma_y^r = -\sigma$ (vgl. Abschnitt 4.4.1). Hierfür gelten $K_I^r = \sigma\sqrt{\pi a}$ und $4Gv^r = (1 + \kappa)\sigma\sqrt{a^2 - x^2}$. Einsetzen in (4.57) liefert unter Beachtung der Symmetrie das Ergebnis

$$K_I = \frac{8G}{\kappa + 1}\frac{1}{\sigma\sqrt{\pi a}}\int_0^a \sigma_0\sqrt{1 - \frac{x^2}{a^2}}\frac{1 + \kappa}{4G}\frac{\sigma a}{\sqrt{a^2 - x^2}}\,\mathrm{d}x = \frac{2}{\pi}\sigma_0\sqrt{\pi a}\;. \quad (4.58)$$

Häufig ist für eine Referenzbelastung σ_y^r zwar der Spannungsintensitätsfaktor K_I^r bekannt, doch die Referenzverschiebung v^r unbekannt. In solchen Fällen ist es möglich, unter Verwendung eines Verschiebungsansatzes zu Näherungslösungen für K_I zu gelangen. Um dies zu zeigen, nehmen wir der Einfachheit halber an, dass die Referenzbelastung über die Risslänge konstant ist: $\sigma_y^r = -\sigma = \mathrm{const}$ Für die Referenzverschiebung verwenden wir den zweigliedrigen Ansatz (Petroski-Achenbach-Ansatz)

$$v^r = \frac{1 + \kappa}{8\sqrt{2}}\frac{\sigma}{G}\left[4f(a)\sqrt{a}\,(a - x)^{1/2} + h(a)\frac{(a - x)^{3/2}}{\sqrt{a}}\right] \quad (4.59)$$

mit

$$K_I^r = \sigma\sqrt{\pi a}\,f(a)\,, \quad (4.60)$$

der sich an der Nahfeldlösung orientiert. Die Funktion $h(a)$ wird dabei aus der Bedingung der *Selbstkonsistenz* bestimmt. Danach muss für $\sigma_y = \sigma_y^r$ auch $K_I = K_I^r$ sein. Aus (4.57) folgt dann

$$(K_I^r)^2 = \frac{8G}{1+\kappa}\,\sigma \int\limits_0^a \frac{\partial v^r}{\partial a}\,\mathrm{d}x \qquad \text{bzw.} \qquad \int\limits_0^a (K_I^r)^2\,\mathrm{d}a = \frac{8G}{1+\kappa}\,\sigma \int\limits_0^a v^r\mathrm{d}x$$

und nach Einsetzen

$$h(a) = \frac{5\sqrt{2}\pi}{2a^2} \int\limits_0^a af^2(a)\,\mathrm{d}a - \frac{20}{3}f(a)\;. \tag{4.61}$$

Als Beispiel hierzu betrachten wir den einseitigen Randriss mit dreiecks-förmiger Rissflankenbelastung nach Abb. 4.16b. Für den Referenzlastfall unter konstanter Belastung gilt $K_I^r = 1,1215\,\sigma\sqrt{\pi a}$, d.h. $f = 1,1215 = $ const (vgl. Tabelle 4.1, Nr.5). Einsetzen von (4.59) und der Belastung $\sigma_y = -p(1-x/a)$ in (4.57) liefert schließlich als Näherung für den K–Faktor

$$K_I \simeq 0,435\,p\sqrt{\pi a}\;. \tag{4.62}$$

Der exakte Wert beträgt $K_I^{ex} = 0,439\,p\sqrt{\pi a}$. Begnügt man sich beim Ansatz (4.59) nur mit dem ersten Glied ($h = 0$), dann erhält man die gröbere Näherung $K_I \simeq 0,480\,p\sqrt{\pi a}$.

4.4.4 Risswechselwirkung

Häufig hat man es nicht nur mit einem Riss sonderen mit mehreren Rissen oder mit einem System aus sehr vielen Rissen zu tun. Ist der Abstand der Risse groß im Vergleich zu ihrer Länge, so beeinflussen sie einander nur wenig. Man kann dann jeden einzelnen Riss in erster Näherung so behandeln, als gäbe es die anderen Risse nicht. Liegen die Risse dagegen hinreichend dicht beieinander, so kann die Wechselwirkung zwischen ihnen je nach geometrischer Konfiguration zu einer Vergrößerung oder zu einer Verkleinerung der Rissspitzenbelastung, d.h. der K–Faktoren führen. Man spricht in diesem Fall von Verstärkungs- oder von Abschirmeffekten. Exakte Lösungen für solche Probleme sind nur in wenigen Sonderfällen möglich. Aber auch numerische Verfahren unterliegen starken Einschränkungen; sie sind im allgemeinen nur bei einer geringen Risszahl praktikabel. Ein Beispiel, für das eine exakte Lösung existiert, ist die kollinearen Rissreihe nach Abb. 4.11a bzw. nach Tabelle 4.1, Nr.3. Bei Annäherung der benachbarten Rissspitzen ($a \rightarrow b$) wachsen hier die K–Faktoren unbeschränkt an (Verstärkung).

Im folgenden wollen wir das Prinzip eines Verfahrens kennenlernen, das auf M. KACHANOV (1983) zurückgeht, und mit dessen Hilfe gute Näherungslösungen auch für komplexe Risssysteme gewonnen werden können. Zur Vorbereitung betrachten wir nach Abb. 4.17 einen Riss 1, auf dessen Rissflanken eine konstante Einheitsbelastung wirkt. Die Lösung für dieses Problem ist bekannt (vgl. Abschnitt 4.4.1), und wir können die Spannungen in jedem Punkt oder entlang jeder

beliebigen Linie bestimmen. So ergibt sich zum Beispiel nach (4.31) entlang der
Linie 2 (x-Achse) die Normalspannung (die Schubspannung ist dort Null)

$$\sigma_y(x) = f_{12}(x) = \frac{x}{\sqrt{x^2 - a^2}} - 1 \, . \tag{4.63}$$

Ihren Mittelwert im Intervall (b, c) bezeichnen wir als *Übertragungsfaktor:*

$$\Lambda_{12} = \langle f_{12} \rangle = \frac{1}{c - b} \int_b^c f_{12}(x)\mathrm{d}x = \frac{\sqrt{c^2 - a^2} - \sqrt{b^2 - a^2}}{c - b} - 1 \, . \tag{4.64}$$

Er beschreibt die globale Belastung der Linie 2 infolge einer Einheitsbelastung des
Risses 1 und ist alleine durch die geometrische Konfiguration bestimmt.

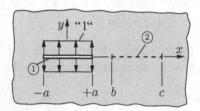

Abb. 4.17 Zur Definition des Übertragungsfaktors

Zur Erklärung des Verfahrens von Kachanov beschränken wir uns im weiteren
der Einfachheit halber auf zwei kollineare Risse unter einer reinen Modus I Belastung durch die Zugspannung σ_0 (Abb. 4.18). Da wir nur an den Spannungsintensitätsfaktoren interessiert sind, genügt es, das System mit den Rissflankenbelastun-
gen $p_1^\infty = p_2^\infty = \sigma_0$ zu untersuchen. Die Lösung hierfür lässt sich formal durch
Superposition zweier Teilprobleme erzeugen. Beim ersten ist nur der Riss 1 mit der
noch unbekannten Rissflankenbelastung $p_1(x) = p_1^\infty + \tilde{p}_1(x)$ vorhanden. Dabei
beschreibt $\tilde{p}_1(x)$ die Änderung der Belastung des Risses 1 aufgrund der Existenz
des Risses 2. Entlang dessen Linie tritt infolge der Belastung $p_1(x)$ die Spannung
$\sigma_2(x)$ auf. Diese ersetzen wir nun näherungsweise durch die Spannung $\langle p_1 \rangle f_{12}(x)$,
welche infolge einer konstanten Rissbelastung durch den Mittelwert $\langle p_1 \rangle$ zustande
kommt. Wir berücksichtigen danach hinsichtlich der Auswirkung auf den Riss 2 nur
die mittlere (globale) Belastung des Risses 1. Beim zweiten Teilproblem gehen wir
entsprechend vor. Nach der Superposition führen damit die Randbedingungen für
beide Risse

$$p_1(x) - \langle p_2 \rangle \, f_{21}(x) = p_1^\infty \, , \qquad p_2(x) - \langle p_1 \rangle \, f_{12}(x) = p_2^\infty$$

auf die Darstellungen

$$p_1(x) = p_1^\infty + \langle p_2 \rangle \, f_{21}(x) \, , \qquad p_2(x) = p_2^\infty + \langle p_1 \rangle \, f_{12}(x) \, . \tag{4.65}$$

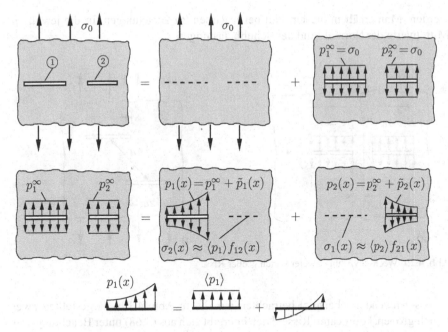

Abb. 4.18 Verfahren von Kachanov

Die darin noch unbekannten Mittelwerte $\langle p_1 \rangle$ und $\langle p_2 \rangle$ bestimmen wir aus der Bedingung, dass die Gleichungen (4.65) *selbstkonsistent* sein müssen, d.h., dass sie auch zur Bildung der Mittelwerte selbst verwendet werden können:

$$\langle p_1 \rangle = p_1^\infty + \langle p_2 \rangle \langle f_{21} \rangle , \qquad \langle p_2 \rangle = p_2^\infty + \langle p_1 \rangle \langle f_{12} \rangle .$$

Diese *Selbstkonsistenz-Gleichungen* stellen ein lineares Gleichungssystem für $\langle p_1 \rangle$, $\langle p_2 \rangle$ dar, das unter Verwendung der Übertragungsfaktoren nach (4.64) in der Form

$$\langle p_1 \rangle - \Lambda_{21} \langle p_2 \rangle = p_1^\infty ,$$
$$-\Lambda_{12} \langle p_1 \rangle + \langle p_2 \rangle = p_2^\infty \tag{4.66}$$

geschrieben werden kann. Nach seiner Lösung liegen die Rissbelastungen $p_1(x)$ und $p_2(x)$ entsprechend (4.65) fest, und wir können mit Hilfe von (4.40) die Spannungsintensitätsfaktoren $K_I^\pm$ für die einzelnen Risse bestimmen.

Treten nicht nur zwei sondern n Risse unter einer Modus I Belastung auf, so ergibt sich in Verallgemeinerung von (4.68) das Gleichungssystem

$$(\delta_{ji} - \Lambda_{ji}) \langle p_j \rangle = p_i^\infty , \qquad i = 1, \dots, n \tag{4.67}$$

mit $\Lambda_{ij} = 0$ für $i = j$. Wenn die Risse auch eine Modus II Belastung erfahren, dann muss dies in den Übertragungsfaktoren und in den Randbedingungen berücksichtigt werden. Man erhält in diesem Fall bei n Rissen $2n$ Gleichungen für die jeweils n Mittelwerte der Normal- und der Schubbelastungen.

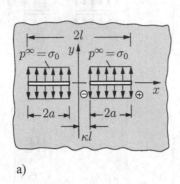
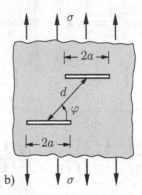

a)   b)

Abb. 4.19 Wechselwirkung zweier gleich großer Risse

Als Anwendungsbeispiel betrachten wir die in Abb. 4.19a dargestellten zwei gleich großen, kollinearen Risse. Hierfür ergibt sich aus (4.68) unter Beachtung von $\Lambda_{12} = \Lambda_{21} = \Lambda$, $\langle p_1 \rangle = \langle p_2 \rangle = \langle p \rangle$ (Symmetrie!)

$$\langle p \rangle - \Lambda \langle p \rangle = p^\infty \qquad \text{bzw.} \qquad \langle p \rangle = \frac{p^\infty}{1 - \Lambda},$$

wobei

$$\Lambda = \frac{\sqrt{2(1 + \kappa)}}{1 + \sqrt{\kappa}} - 1.$$

Nach (4.65) und (4.63) liegt damit die Rissbelastung zum Beispiel des rechten Risses (Koordinatentransformation beachten) fest:

$$p(x) = p^\infty + \langle p \rangle \left[\frac{2x + 1 + \kappa}{2\sqrt{(x + \kappa)(x + 1)}} - 1 \right].$$

Einsetzen in (4.40) liefert schließlich für die K–Faktoren die Näherungslösung

$$K_I^\pm = K_I^0 \left\{ 1 + \frac{1}{1 - \Lambda} \frac{1}{2\pi(1 - \kappa)} \left[\pm 4\mathcal{E}(\alpha) \mp 2\kappa(\kappa + 1)\mathcal{K}(\alpha) - \pi(1 - \kappa) \right] \right\}. \quad (4.68)$$

Hierin sind $K_I^0 = \sigma_0 \sqrt{\pi a}$ der K–Faktor für einen einzelnen (ungestörten) Riss und $\mathcal{K}(\alpha)$ bzw. $\mathcal{E}(\alpha)$ die vollständigen elliptischen Integrale erster bzw. zweiter Art mit dem Argument $\alpha = \sqrt{1 - \kappa^2}$. In der Tabelle 4.2 sind einige Ergebnisse der Näherungslösung den exakten Werten gegenübergestellt. Man erkennt, dass der Fehler selbst bei recht kleinen Rissabständen gering ist.

Zum Abschluss wollen wir für dieses Beispiel noch den Sonderfall betrachten, dass der Rissmittenabstand $d = 2(\kappa l + a)$ groß ist im Vergleich zu den Risslängen:

κ	K_I^+/K_I^0 (Näherung)	K_I^+/K_I^0 (exakt)	K_I^-/K_I^0 (Näherung)	K_I^-/K_I^0 (exakt)
0.2	1.052	1.052	1.112	1.112
0.05	1.118	1.120	1.452	1.473
0.01	1.175	1.184	2.134	2.372

Tabelle 4.2 Vergleich der Näherungslösung mit exakten Werten

$d \gg a$. Aus (4.63) erhält man in diesem Fall zunächst durch Reihenentwicklung für $x \gg a$ entlang der x-Achse die Spannung $f_{12} = \sigma_y \approx \frac{1}{2}(a/x)^2$. Sie kann im Bereich der Risslinie 2 mit $x \approx d$ als konstant angesehen werden: $f_{12} = \Lambda_{12} = \sigma_y \approx \frac{1}{2}(a/d)^2$. Hiermit ergibt sich $p \approx p^\infty[1 + \frac{1}{2}(a/d)^2]$, und wir erhalten für die K-Faktoren

$$K_I \approx K_I^0 \left[1 + \frac{1}{2}\left(\frac{a}{d}\right)^2\right]. \tag{4.69}$$

Sie unterscheiden sich in erster Näherung an der linken bzw. an der rechten Rissspitze nicht.

Auf gleiche Weise folgt für die allgemeinere Risskonfiguration nach Abb. 4.19b

$$K_I \approx K_I^0 \left[1 + \frac{a^2}{2d^2}(2\cos 2\varphi - \cos 4\varphi)\right],$$
$$K_{II} \approx K_I^0 \frac{a^2}{2d^2}(-\sin 2\varphi + \sin 4\varphi). \tag{4.70}$$

Man erkennt, dass die Wechselwirkung der Risse mit zunehmenden Abstand d sehr schnell abklingt. So ergibt sich für $d = 10\,a$ bei kollinearen Rissen ($\varphi = 0$) nur noch eine K_I-Vergrößerung um $1/200$ bzw. bei übereinander liegenden Rissen ($\varphi = \pi/2$) eine K_I-Verkleinerung um $3/200$. Die Ursache hierfür liegt im Abklingverhalten der Spannungen von einem Riss, der entsprechend Abb. 4.17 belastet ist. Dieses ist im ebenen Fall für $r \gg a$ allgemein vom Typ $(a/r)^2$. Im dreidimensionalen Fall zum Beispiel eines kreisförmigen Risses klingen die Spannungen für große Abstände ($r \gg a$) dagegen mit $(a/r)^3$, d.h. noch schneller ab. Bei gleichen Rissabständen ist dementsprechend die Wechselwirkung im 3D-Fall deutlich geringer als im ebenen Fall.

Bei der Ausbreitung wechselwirkender Risse treten mitunter interessante, unerwartete Phänomene auf, wovon wir eines kurz diskutieren wollen. Wir betrachten dabei eine Scheibe, in der sich zwei kollineare, gerade Risse befinden (Abb. 4.20). Experimente zeigen, dass diese Risse unter einer Zugbelastung zunächst wie erwartet aufeinander zulaufen. Mit geringer werdendem Abstand lenken sich die einander näher kommenden Rissspitzen jedoch ab und vereinigen sich nicht auf dem kürzesten Weg. Vielmehr laufen die beiden Rissspitzen aufgrund ihrer Wechselwirkung in einem gewissen Abstand umeinander herum und vereinigen sich erst später mit dem

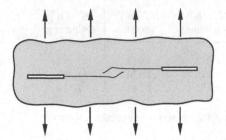

Abb. 4.20 Wechselwirkung zweier aufeinander zulaufender Risse

jeweils anderen Riss. Abb. 4.20 zeigt das Ergebnis einer numerischen Simulation, die diesen Vorgang recht deutlich wiedergibt.

Auch wenn sich solche krummlinigen Rissbahnen nur numerisch berechnen lassen, lässt sich das beobachtete Phänomen qualitativ mit den Ergebnissen (4.70) für die Risskonfiguration nach Abb. 4.19b erklären. Wie in Abschnitt 4.9 erläutert wird, ist der Winkel, um den eine sich ausbreitende Rissspitze abgelenkt wird, maßgeblich durch den K_{II}-Faktor bestimmt. Dieser ändert sich nach (4.70) mit dem Winkel φ, d.h. mit der relativen Lage der Rissspitzen und erfährt einen Vorzeichenwechsel. Für kleine Winkel φ ist K_{II} positiv, was eine anfängliche Ablenkung des linken Risses in Abb. 4.19 nach unten und des rechten Risses nach oben bewirkt: die Rissspitzen weichen sich danach aus. Für größere Winkel φ wird K_{II} dagegen negativ, und die beiden Risse werden aufeinander zugelenkt.

4.4.5 Spannungsintensitätsfaktoren und Kerbfaktoren

An rissähnlichen Kerben mit einem hinreichend kleinen Kerbradius treten ähnlich wie in der Umgebung von Rissspitzen oft sehr große Spannungen auf. Allerdings bleiben die Spannungen im Kerbgrund im Gegensatz zur Rissspitze immer beschränkt und sind nicht singulär. Man spricht in diesem Fall von *Spannungskonzentration* und erfasst die durch die Kerbe hervorgerufene Spannungserhöhung gegenüber einer Nennspannung durch einen sogenannten *Kerbfaktor*. Eine genauere Analyse zeigt, dass zwischen den Spannungsfeldern in der Umgebunge einer Rissspitze und der Umgebung eines Kerbgrundes enge Beziehungen bestehen, die hier kurz diskutiert werden sollen.

Als typisches Beispiel betrachten wir zunächst das in Abb. 4.21a dargestellte elliptische Loch mit den Halbachsen a und b in einer unendlich ausgedehnten Ebene unter einachsigem Zug σ senkrecht zur großen Halbachse a. Ohne auf die Herleitung einzugehen lässt sich zeigen, dass die maximale Randspannung in den Scheiteln $x = \pm a$ der Ellipse auftritt und den Betrag

$$\sigma_{\max} = \sigma \left(1 + 2\frac{a}{b} \right) = \sigma \left(1 + 2\sqrt{\frac{a}{\rho}} \right) \tag{4.71}$$

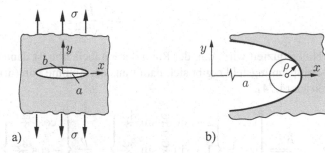

Abb. 4.21 Elliptisches Loch unter einachsigem Zug

hat. Darin ist $\rho = b^2/a$ der Krümmungsradius im Scheitel, vgl. Abb. 4.21b. Man erkennt, dass die Spannungserhöhung umso größer ist, je kleiner das Halbachsen-verhältnis b/a bzw. je kleiner ρ/a ist. Für sehr enge Ellipsen ($b \ll a$ bzw. $\rho \ll a$) vereinfacht sich (4.71) zu

$$\sigma_{\max} = 2\sigma\sqrt{\frac{a}{\rho}}. \tag{4.72}$$

Im Grenzfall $b \to 0$ bzw. $\rho \to 0$ entartet das elliptische Loch zu einem Riss der Länge $2a$, und die Maximalspannung wächst über alle Grenzen.

Um den Zusammenhang zwischen dem Rissspitzenfeld und dem Kerbspan-nungsfeld herzustellen, betrachten wir in Abb. 4.22a die unmittelbare Umgebung des Scheitels. Dort entspricht der Rand dem einer tiefen Kerbe mit einer para-belförmigen Kontur. Legen wir den Koordinatenursprung in den Brennpunkt der Parabel, dann wird sie alternativ durch

$$x = \frac{\rho}{2} + \frac{y^2}{2\rho} \quad \text{oder} \quad z = \frac{\rho}{2}(1 - i\,\eta)^2, \quad -\infty < \eta < \infty \tag{4.73}$$

mit $z = x + iy = r\,e^{i\varphi}$ beschrieben. Das zugehörige Modus I Kerbspannungs-feld ergibt sich durch Superposition zweier Felder. Eines ist das Rissspitzenfeld ei-ner Rissspitze im Koordinatenursprung, das durch (4.14) gegeben ist. Dieses Span-nungsfeld ruft entlang der Parabelkontur eine Randbelastung hervor, die durch ein zweites Feld mit den komplexen Potentialen

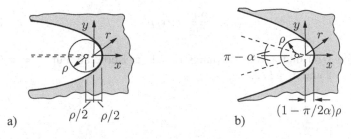

Abb. 4.22 a) parabelförmige Kerbe, b) V-förmige Kerbe

$$\Phi'(z) = 0, \qquad \Psi'(z) = \frac{\rho K_I}{2z\sqrt{2\pi z}} \tag{4.74}$$

gerade zu Null reduziert wird; d.h. der Rand der Parabelkerbe ist dann belastungsfrei. Das Kerbspannungsfeld ergibt sich damit aus der Summe von (4.14) und den Spannungen aus (4.74):

$$\left\{ \begin{matrix} \sigma_x \\ \sigma_y \\ \tau_{xy} \end{matrix} \right\} = \frac{K_I}{\sqrt{2\pi r}} \left[\cos\frac{\varphi}{2} \left\{ \begin{matrix} 1 - \sin\frac{\varphi}{2}\sin\frac{3\varphi}{2} \\ 1 + \sin\frac{\varphi}{2}\sin\frac{3\varphi}{2} \\ \sin\frac{\varphi}{2}\cos\frac{3\varphi}{2} \end{matrix} \right\} - \frac{\rho}{2r} \left\{ \begin{matrix} \cos\frac{3\varphi}{2} \\ -\cos\frac{3\varphi}{2} \\ \sin\frac{3\varphi}{2} \end{matrix} \right\} \right]. \tag{4.75}$$

Die Intensität des Kerbspannungsfeldes ist demnach eindeutig durch den Spannungsintensitätsfaktor K_I eines zugeordneten Risses festgelegt. So folgt für die maximale Randspannung $\sigma_{\max} = \sigma_y$ im Kerbgrund ($r = \rho/2$, $\varphi = 0$)

$$\sigma_{\max} = \frac{2K_I}{\sqrt{\pi\rho}}. \tag{4.76}$$

Diese allgemein gültige Beziehung erlaubt es bei gegebener Belastung, aus dem Modus I Spannungsintensitätsfaktor für einen Riss auf die maximale Spannung in einer entsprechenden tiefen Kerbe mit bekanntem Kerbradius zu schließen. Umgekehrt kann man aus der Beziehung

$$K_I = \lim_{\rho\to 0} \frac{1}{2}\sqrt{\pi\rho}\, \sigma_{\max} \tag{4.77}$$

bei Kenntnis von $\sigma_{\max}$ den Spannungsintensitätsfaktor bestimmen. Analog gelten im reinen Modus II bzw. Modus III:

$$K_{II} = \lim_{\rho\to 0} \frac{1}{2}\sqrt{\pi\rho}\, \sigma_{\max}, \qquad K_{III} = \lim_{\rho\to 0} \frac{1}{2}\sqrt{\pi\rho}\, \tau_{\max}. \tag{4.78}$$

Einen gleichartigen Zusammenhang gibt es zwischen dem verallgemeinerten Spannungsintensitätsfaktor K^* für eine scharfe Spitzkerbe nach Abb.4.5 (vgl. auch (4.20)) und der maximalen Randspannung $\sigma_{\max}$ in einer abgerundeten V-förmigen Kerbe mit dem Kerbradius ρ nach Abb. 4.22b:

$$\sigma_{\max} = \frac{K_I^*}{\sqrt{2\pi}}\, f(\alpha)\, \rho^{\lambda-1}. \tag{4.79}$$

Darin hängen $f(\alpha)$ und λ vom Öffnungswinkel der Kerbe ab. Für $\alpha = \pi$ (Riss) gelten $f = 2\sqrt{2}$ und $\lambda = 1/2$.

4.4.6 Numerische Ermittlung von K-Faktoren

Für beliebige Körper- und Rissgeometrien sowie Belastungssituationen können Spannungsintensitätsfaktoren nur mittels numerischer Methoden berechnet werden. Die gängigen Verfahren zur numerischen Lösung allgemeiner Randwertprobleme der Festkörpermechanik sind die Finite-Elemente-Methode (FEM) sowie die Randelemente-Methode (REM, boundary element method = BEM), wobei auf letztere schon in Abschnitt 4.4.2 hingewiesen wurde. Bei der FEM wird der gesamte Körper in eine endliche Anzahl hinreichend kleiner Elemente unterteilt (Abb. 4.23a), in denen zum Beispiel die Verschiebungen durch standardisierte Verschiebungsansätze approximiert werden. Das Randwertproblem führt auf diese Weise auf ein lineares Gleichungssystem, nach dessen numerischen Lösung in den „Knoten" diskrete Werte des Verschiebungsfeldes und in den „Integrationspunkten" (Gauß-Punkten) diskrete Werte des Spannungsfeldes vorliegen (siehe z.B. KUNA, 2010). Bei der BEM wird hingegen nur der Körperrand (wozu auch Risse zählen) in diskrete Randelemente zerlegt (Abb. 4.23b), in denen zum Beispiel die Verschiebungen wie in der FEM durch Ansatzfunktionen approximiert werden. Auf die Diskretisierung des inneren Gebietes kann man verzichten, da sich die Lösung im Innern unter Verwendung einer Grundlösung eindeutig aus den Randwerten der Verschiebungen ergibt. Auch in der BEM führt das Randwertproblem schließlich auf ein lineares Gleichungssystem, nach dessen numerischer Lösung in den Elementknoten üblicherweise die Verschiebungen bzw. der Verschiebungssprung über den Riss (Rissöffnungsverschiebung $\Delta \mathbf{u}$) vorliegen (siehe z.B. ALIABADI & ROOKE, 1991; ZHANG & GROSS, 1997).

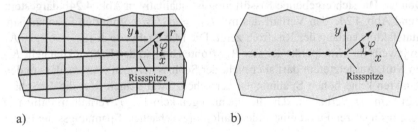

a)   b)

Abb. 4.23 Diskretisierung eines 2D-Rissproblems a) in finite Elemente b) in Randelemente

Aus den bei der FEM für den gesamten Körper vorliegenden Verschiebungen und Spannungen bzw. aus den bei der BEM auf einem Riss vorliegenden Verschiebungen können aus den diskreten Werten in der Nähe einer Rissspitze die K-Faktoren über die Nahfeldbeziehungen (vgl. Abschnitt 4.2)

$$\left\{ \begin{array}{c} K_I \\ K_{II} \\ K_{III} \end{array} \right\} = \lim_{r \to 0} \sqrt{\frac{2\pi}{r}} \left\{ \begin{array}{c} v(r, \varphi = \pi)\, 2G/(\kappa + 1) \\ u(r, \varphi = \pi)\, 2G/(\kappa + 1) \\ w(r, \varphi = \pi)\, G/2 \end{array} \right\} \tag{4.80}$$

bzw.

$$\begin{Bmatrix} K_I \\ K_{II} \\ K_{III} \end{Bmatrix} = \lim_{r \to 0} \sqrt{2\pi r} \begin{Bmatrix} \sigma_y(r, \varphi = 0) \\ \tau_{xy}(r, \varphi = 0) \\ \tau_{yz}(r, \varphi = 0) \end{Bmatrix} \tag{4.81}$$

extrapoliert werden. Bei der Verwendung von Standardelementen mit linearen oder quadratischen Ansatzfunktionen zur Interpolation der Verschiebungen zwischen den Knoten ist dabei eine hinreichend feine Diskretisierung in der Umgebung der Rissspitze erforderlich. Die Genauigkeit der numerischen K-Faktor-Ermittlung kann allerdings deutlich erhöht werden, wenn die analytisch bekannte $\sqrt{r}$-Variation der Nahfeldverschiebungen in den Diskretisierungsansätzen berücksichtigt wird. Dazu gibt es zwei Möglichkeiten. Einerseits können direkt Verschiebungsansatzfunktionen vom $\sqrt{r}$-Typ an der Rissspitze verwendet werden, was jedoch beim Einsatz kommerzieller Berechnungsprogramme nicht ohne weiteres implementierbar ist. Alternativ kann bei der Verwendung von quadratischen Standardelementen der $\sqrt{r}$-Charakter der Nahfeldverschiebungen durch eine spezielle Lage innerer Elementknoten abgebildet werden. Zu Details dieser sogenannten „Viertelpunkt-Elemente" (quarter point elements) sei jedoch auf die Spezialliteratur verwiesen (z.B. KUNA, 2010; ZEHNDER, 2012).

Als Beispiel für die numerische Lösung eines einfachen räumlichen Modus-I Rissproblems mit Hilfe der BEM betrachten wir einen quadratischen Riss im unberandeten Gebiet unter einer Zugspannung σ senkrecht zur Rissfläche (Abb. 4.24a). Die Rissfläche wurde hierfür in $13 \times 13 = 169$ gleiche Elemente unterteilt. Als Verschiebungsansatzfunktionen wurden für die inneren Elemente konstante Verschiebungen und für die Elemente unmittelbar an der Rissfront Ansätze vom $\sqrt{r}$-Typ verwendet. Die sich ergebende Rissöffnung ist qualitativ in Abb. 4.24b dargestellt während Abb. 4.24c den Verlauf des mit $K_0 = \sigma\sqrt{\pi a}$ normierten Spannungsintensitätsfaktors entlang der Rissfront zeigt. Die Maximalwerte $K_{Imax} = 0,76\,K_0$ treten jeweils im Mittelpunkt der vier Rissfronten auf; an den Eckpunkten geht K_I gegen Null. Aus letzterem darf aber nicht der Schluss gezogen werden, dass in den Eckpunkten keine hohen Spannungen herrschen. Zwar zeigen dort die Verschiebungen kein $\sqrt{r}$-Verhalten, d.h. die Spannungen kein $1/\sqrt{r}$ Verhalten, dafür tritt in diesem singulären Punkt eine andere, allerdings schächere Spannungssingularität

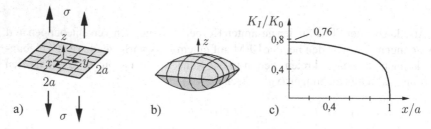

Abb. 4.24 a) Quadratischer Riss unter Zug b) Rissöffnung c) K_I-Verlauf entlang der Rissfront

auf. Die Verschiebungen sind dort vom Typ r^λ mit $\lambda = 0,81$, und die Spannungen vom Typ $r^{\lambda-1} = r^{-0,19}$.

4.5 Die Bruchzähigkeit K_{Ic}

Die Bestimmung der Bruchzähigkeit K_{Ic} eines Werkstoffes erfolgt in der Regel in genormten Versuchen (z.B. nach dem ASTM–Standard E399-90), auf deren Details hier nicht näher eingegangen werden soll. Verwendung finden dabei unterschiedliche Probenformen, von denen zwei in Abb. 4.25 dargestellt sind. Die Proben müssen über einen Anriss verfügen, welcher bei metallischen Werkstoffen von einem Kerb ausgehend durch eine geeignete Schwingbeanspruchung erzeugt wird. Aus der gemessenen Belastung, bei welcher die Rissausbreitung einsetzt, lässt sich dann mittels des Zusammenhanges zwischen Spannungsintensitätsfaktor, Belastung und Risslänge die Bruchzähigkeit ermitteln.

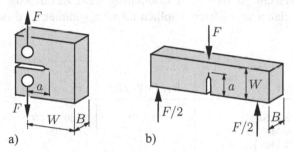

Abb. 4.25 a) Kompakt-Zugprobe (CT), b) 3-Punkt-Biegeprobe (3PB)

Damit aus Messungen tatsächlich geometrieunabhängige Bruchzähigkeiten gewonnen werden können, haben die Proben die Bedingungen der linearen Bruchmechanik zu erfüllen. Danach muss die plastische Zone klein sein im Vergleich zu allen relevanten Abmessungen einschließlich der Größe des K_I-bestimmten Gebietes (vgl. Abschnitte 4.3 und 4.7). Dies wird durch die *Größenbedingung*

$$a, \; W - a, \; B \geq 2,5 \left(\frac{K_{Ic}}{\sigma_F} \right)^2 \tag{4.82}$$

gewährleistet, wobei für σ_F die Streckgrenze R_e eingesetzt wird. Unter diesen Umständen ist dann auch gesichert, dass in der Umgebung der Rissfront im wesentlichen der EVZ vorherrscht. Wie sich eine Verringerung der Probendicke auf den kritischen Spannungsintensitätsfaktor auswirkt, ist in Abb. 4.26a dargestellt. Die wesentliche Ursache für das Ansteigen des K_c–Wertes ist dabei die Abnahme der Fließbehinderung, welche mit der Änderung des Spannungszustandes einhergeht (vgl. Abschnitt 4.7.2).

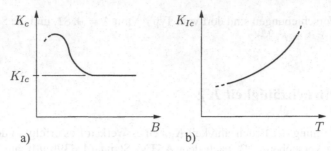

Abb. 4.26 a) Einfluss der Probendicke, b) Einfluss der Temperatur

Die Bruchzähigkeit eines Werkstoffes hängt von zahlreichen Faktoren ab. Zu ihnen gehören unter anderen die Eigenschaften der Mikrostruktur (z.B. Korngröße),
die Vorgeschichte der Belastung, die Wärmebehandlung und das Umgebungsmedium (z.B. Luft oder Wasser). Abb. 4.26b zeigt schematisch den signifikanten Einfluss der Temperatur bei vielen Metallen. In der Tabelle 4.3 sind Anhaltswerte für
die Bruchzähigkeiten einiger Werkstoffe zusammengestellt. Zuverlässige Werte für
ein zum Einsatz gelangendes Material sollten allerdings immer an diesem selbst
bestimmt werden.

Material	K_{Ic} [MPa$\sqrt{\mathrm{m}}$]	$R_{p0,2}$ [MPa]
hochfeste Stähle	25...95	1600...2000
30CrNiMo8 (20°)	115	1100
30CrNiMo8 (−20°)	65	
Baustähle	30...125	<500
Gusseisen	10...120	
Ti Legierungen	40...95	800...1200
Ti6Al4V	90	900
Al Legierungen	20...65	200...600
AlCuMg	30	450
AlZnMgCu1,5	30	500
Al_2O_3 Keramik	3...9	
SiC Keramik	3...5	
Marmor	1,2...2	
Glas	0.6...1.3	
Beton	0.15...1.4	
PMMA	0.7...1,6	
Polystyrol (PS)	0,8...1,1	
Douglasfichte (TL, RL)	0.32, 0.36	

Tabelle 4.3 Bruchzähigkeiten einiger Werkstoffe

4.6 Energiebilanz

4.6.1 Energiefreisetzung beim Rissfortschritt

Wir betrachten einen rissbehafteten elastischen Körper, auf den entlang des Randes ∂V_t äußere Lasten wirken bzw. bei dem entlang des Randes ∂V_u die Verschiebungen vorgeschrieben sind (Abb. 4.27). Von den äußeren Lasten sei vorausgesetzt, dass sie ein Potential Π^a besitzen, was zum Beispiel für Totlasten oder Federkräfte zutrifft.

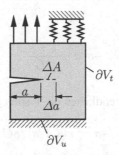

Abb. 4.27 Rissfortschritt und Energiefreisetzung

Infolge eines Rissfortschrittes um die Fläche ΔA (bzw. um die Länge Δa im ebenen Fall) gehe nun das System von der ursprünglichen Gleichgewichtslage 1 in eine neue Gleichgewichtslage 2 über. Diesen Übergang stellen wir uns folgendermaßen realisiert vor: wir denken uns den Körper im Zustand 1 entlang ΔA geschnitten und fassen die dort wirkenden Spannungen als äußere Kräfte auf. Diese werden nun quasistatisch auf Null reduziert, so dass am Ende der Zustand 2 erreicht ist. Dabei wird von ihnen eine Arbeit ΔW_σ geleistet, die kleiner oder höchstens gleich Null ist. Daneben leisten die äußeren Kräfte auf ∂V_t beim Übergang vom Zustand 1 zum Zustand 2 eine Arbeit W_{12}^a, welche durch die Potentialdifferenz ausgedrückt werden kann: $W_{12}^a = -\Delta \Pi^a = -(\Pi_2^a - \Pi_1^a)$. Aus dem Energiesatz (vgl. Abschnitt 1.4.1) folgt damit

$$\Delta \Pi^i = \Pi_2^i - \Pi_1^i = W_{12}^a + \Delta W_\sigma = -\Pi_2^a + \Pi_1^a + \Delta W_\sigma \,,$$

bzw. mit $\Pi = \Pi^i + \Pi^a$

$$\Delta \Pi = \Delta W_\sigma \leq 0 \,. \tag{4.83}$$

Beim Rissfortschritt nimmt danach die mechanische Energie Π des Systems ab. Die freigesetzte Energie steht für den Bruchprozess zur Verfügung. Ausdrücklich sei darauf hingewiesen, dass ΔW_σ *nicht* mit der Arbeit ΔW^B der Bindungskräfte beim Rissfortschritt verwechselt werden darf. Letztere wird beim Trennprozess zwischen den Bausteinen des Materials geleistet und ist dementsprechend eine materialspezifische Größe (vgl. Abschnitte 3.1.1 und 3.2.2).

Wir wollen kurz zwei Sonderfälle betrachten. Sind entlang des gesamten Randes die Verschiebungen festgehalten, dann ist $\Delta\Pi^a = 0$, und es wird $\Delta\Pi^i = \Delta W_\sigma$. Ist dagegen die äußere Belastung eine Totlast, so folgt bei linear elastischem Materialverhalten mit dem Satz von Clapeyron $(2\Pi^i + \Pi^a = 0)$ das Ergebnis $-\Delta\Pi^i = \Delta\Pi^a/2 = \Delta W_\sigma$.

Als Beispiel hierzu sei die Energieänderung bestimmt, wenn in einer zunächst rissfreien, unendlich ausgedehnten Ebene unter einachsigem Zug σ ein Riss der Länge $2a$ gebildet wird (Abb. 4.28). Unter Verwendung der Verschiebung $v = (1 + \kappa)\sigma\sqrt{a^2 - x^2}/4G$ des oberen Rissufers errechnet sich zunächst die Arbeit ΔW_σ bei der Rissöffnung (am oberen und am unteren Rissufer wird die gleiche Arbeit geleistet):

$$\Delta W_\sigma = -2 \int\limits_{-a}^{a} \frac{1}{2}\sigma v \mathrm{d}x = -\sigma^2 a^2 \pi \frac{1+\kappa}{8G} \ . \tag{4.84}$$

Hieraus erhält man für den Fall, dass im Unendlichen die Lasten konstant bleiben (Totlasten)

$$\Delta\Pi = -\Delta\Pi^i = \Delta\Pi^a/2 = -\sigma^2 a^2 \pi(1 + \kappa)/8G \ . \tag{4.85}$$

Werden dagegen im Unendlichen die Verschiebungen festgehalten, so gilt

$$\Delta\Pi = \Delta\Pi^i = -\sigma^2 a^2 \pi(1 + \kappa)/8G \ . \tag{4.86}$$

Zwar ist $\Delta\Pi$ in beiden Fällen gleich, die $\Delta\Pi^i$ unterscheiden sich jedoch durch die Vorzeichen. Angemerkt sei an dieser Stelle, dass man ohne Beschränkung der Allgemeinheit das Potential für den Ausgangszustand (Ebene ohne Riss) zu Null setzen kann. Dann beschreibt (4.85) bzw. (4.86) das Potential Π der Ebene mit Riss. Außerdem sei darauf hingewiesen, dass die Ausdrücke (4.84)–(4.86) Arbeiten bzw. Energieänderungen pro Einheitsdicke darstellen (ebenes Problem).

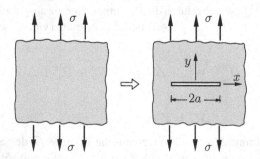

Abb. 4.28 Energiefreisetzung bei der Rissbildung

4.6.2 Energiefreisetzungsrate

Die auf einen infinitesimalen Rissfortschritt dA bezogene freigesetzte Energie $-\mathrm{d}\Pi$ nennt man *Energiefreisetzungsrate* (energy release rate):

$$\mathcal{G} = -\frac{\mathrm{d}\Pi}{\mathrm{d}A} \ . \tag{4.87a}$$

Beim ebenen Problem ist dΠ auf die Einheitsdicke bezogen, und man schreibt daher

$$\mathcal{G} = -\frac{\mathrm{d}\Pi}{\mathrm{d}a} \ , \tag{4.87b}$$

wobei da eine infinitesimale Rissverlängerung ist. Die Energiefreisetzungsrate hat die Dimension einer Kraft (pro Einheitsdicke); sie wird deshalb auch als *Rissausbreitungskraft* (crack extension force) bezeichnet.

Im linear elastischen Fall kann die Energiefreisetzungsrate durch die Spannungsintensitätsfaktoren ausgedrückt werden. Wir wollen dies an Hand des Modus I zeigen. Einen Rissfortschritt um die *kleine* Länge Δa denken wir uns wieder dadurch erzeugt, dass die längs des Schnittes Δa wirkenden Spannungen quasistatisch auf Null reduziert werden (Abb. 4.29). *Vor* dem Rissfortschritt wirkt dort nach (4.13) die Normalspannung $\sigma_y(x) = K_I(a)/\sqrt{2\pi x}$ (Glieder höherer Ordnung können wegen des späteren Grenzüberganges $\Delta a \to 0$ unberücksichtigt bleiben). Die Verschiebung der oberen bzw. der unteren Rissflanke entlang Δa *nach* dem Rissfortschritt ergibt sich laut (4.21) zu $v^\pm(x) = \pm\frac{\kappa+1}{2G}K_I(a+\Delta a)\sqrt{(\Delta a - x)/2\pi}$. Damit erhält man

$$\Delta W_\sigma = \Delta\Pi = -\frac{1}{2}\int_0^{\Delta a}\sigma_y\,(v^+ - v^-)\,\mathrm{d}x \tag{4.88}$$

$$= -\int_0^{\Delta a}\frac{K_I(a)}{\sqrt{2\pi x}}\,\frac{\kappa+1}{2G}\,K_I(a+\Delta a)\sqrt{\frac{\Delta a - x}{2\pi}}\,\mathrm{d}x$$

$$= -\frac{\kappa+1}{8G}\,K_I(a)\,K_I(a+\Delta a)\,\Delta a \ ,$$

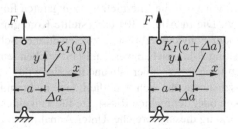

Abb. 4.29 Energiefreisetzungsrate beim Modus I

woraus für $\Delta a \rightarrow 0$ das Ergebnis

$$\mathcal{G} = -\frac{\mathrm{d}\Pi}{\mathrm{d}a} = \frac{\kappa+1}{8G}\,K_I^2 = \begin{cases} K_I^2/E & \text{ESZ} \\[2mm] (1-\nu^2)K_I^2/E & \text{EVZ} \end{cases} \tag{4.89}$$

folgt.

Analog lassen sich die Energiefreisetzungsraten für reine Modus II- und für reine Modus III Belastung bestimmen. Es gilt:

$$\mathcal{G} = \frac{\kappa+1}{8G}K_{II}^2 \quad \text{(Modus II)}, \qquad \mathcal{G} = \frac{1}{2G}K_{III}^2 \quad \text{(Modus III)}. \tag{4.90}$$

Im Fall einer allgemeinen Rissbelastung, bei der alle drei Moden auftreten, erhält man damit für die Energiefreisetzungsrate pro Einheitslänge der Rissfront

$$\mathcal{G} = \frac{1}{E'}(K_I^2 + K_{II}^2) + \frac{1}{2G}K_{III}^2 \,. \tag{4.91}$$

Dabei ist $E' = E/(1-\nu^2)$ im EVZ bzw. im dreidimensionalen Fall und $E' = E$ im ESZ.

Im reinen Modus I besteht nach (4.89) eine eindeutige Beziehung zwischen K_I und $\mathcal{G}$. Analoges gilt im reinen Modus II bzw. Modus III. Im Rahmen der linearen Bruchmechanik sind demnach das K-Konzept und ein Kriterium

$$\boxed{\mathcal{G} = \mathcal{G}_c} \tag{4.92}$$

für reine Moden äquivalent. Darin ist $\mathcal{G}_c$ ein Materialkennwert, der *Risswiderstand* oder *Risswiderstandskraft* genannt wird. Wegen des unmittelbaren Zusammenhangs $\mathcal{G}_c = K_{Ic}^2/E'$ wird er häufig genau wie K_{Ic} auch als *Bruchzähigkeit* bezeichnet. Man kann (4.92) folgendermaßen interpretieren: zum Einsetzen des Bruchvorganges kommt es, wenn die bei einem Rissfortschritt freigesetzte Energie der benötigten Energie entspricht. Dieses *energetische Kriterium* wurde in einer etwas modifizierten Form von A.A. GRIFFITH (1921) aufgestellt. Wir werden in Abschnitt 4.6.4 nochmals darauf zurückkommen. Eine andere Interpretation von (4.92) orientiert sich an der Deutung von $\mathcal{G}$ als (verallgemeinerte) Kraft. Danach muss beim Einsetzen des Risswachstums die Rissausbreitungskraft gleich der Risswiderstandskraft sein.

Zum Abschluss wollen wir noch die Energiefreisetzungsraten für zwei Anwendungsbeispiele bestimmen. Die in Abb. 4.30a dargestellte Konfiguration kann als Modell für eine Klebe- oder Schweißverbindung zweier dünner Schichten (Streifen) unter einer Zugbelastung F angesehen werden. In hinreichendem Abstand von den Rissspitzen herrschen für $h \ll 2b$ außerhalb und innerhalb des Verbindungsbereichs jeweils Spannungszustände, die sich über die Länge nicht ändern. Ein Rissfortschritt um $\mathrm{d}a$ der linken oder der rechten Rissspitze führt zu einer gleich großen Verlängerung bzw. Verkürzung dieser Bereiche. Unter Annahme einer Totlast und Verwendung der Beziehungen der Stab- und Balkentheorie (die in diesem Fall exakt

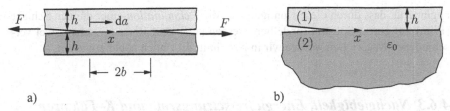

a)   b)

Abb. 4.30 Beispiele zur Energiefreisetzungsrate a) Klebeverbindung, b) dünne Schicht auf Substrat

sind), ergibt sich mit dem Biegemoment $M = Fh/2$ und und dem Flächenträgheitsmoment $I = Bh^3/12$ zunächst

$$d\Pi^i = \left[\left(\frac{F^2}{2\,E'(B\,h)} + \frac{M^2}{2\,E'I}\right) - \frac{F^2}{2\,E'(2\,B\,h)}\right]\,da = \frac{7\,F^2}{4\,E'\,B\,h}\,da\ .$$

Darin ist B die Breite der Schicht. Wegen $d\Pi = -d\Pi^i = d\Pi^a/2$ und $dA = B\,da$ liefert (4.87a) damit im EVZ

$$\mathcal{G} = \frac{7\,(1-\nu^2)\,F^2}{4\,E\,B^2\,h} \qquad \text{bzw.} \qquad \mathcal{G} = \frac{7\,(1-\nu^2)\,\sigma^2\,h}{4\,E}\ . \tag{4.93}$$

Hierbei wurde mit $\sigma = F/Bh$ die mittlere Spannung in einer Schicht eingeführt. Entgegen dem ersten Anschein liegt in diesem Fall keine reine Modus II Belastung vor. Aus diesem Grund lassen sich die Spannungsintensitätsfaktoren auch nicht einfach aus $\mathcal{G}$ bestimmen. Ohne näher darauf einzugehen erhält man $K_I \approx -K_{II} \approx \sqrt{7/9}\,\sigma\sqrt{h}$.

Abb. 4.30b zeigt einen Riss in der Verbindungsebene zwischen einer dünnen Schicht (1) und einem Trägermaterial (2). Dabei wollen wir annehmen, dass der Träger (2) eine konstante Dehnung $\varepsilon_x = \varepsilon_0$ erfährt, die der Schicht (1) aufgezwungen wird. Setzen wir den EVZ voraus, dann herrscht in ihr für $|x| \gg h$ rechts von der Rissspitze die konstante Spannung $\sigma = E\varepsilon_0/(1-\nu^2)$, und links ist die Schicht spannungsfrei. Bei einer Rissfortpflanzung um da verkürzt sich in der Schicht der Bereich mit der konstanten Spannung, während sich der Zustand im Träger nicht ändert. Damit wird

$$d\Pi^i = -\frac{1}{2}\,\sigma\,\varepsilon_0\,B\,h\,da = -\frac{\sigma^2(1-\nu^2)\,B\,h}{2\,E}\,da\ .$$

Da keine äußeren Kräfte wirken, gilt $d\Pi = d\Pi^i$, und es folgt aus (4.87a) unter Beachtung von $dA = B\,da$ die gesuchte Energiefreisetzungsrate zu

$$\mathcal{G} = \frac{(1-\nu^2)\,\sigma^2\,h}{2\,E}\ . \tag{4.94}$$

Wie im vorhergehenden Beispiel liegt auch hier kein reiner Modus II vor, weshalb die Spannungsintensitätsfaktoren nicht aus $\mathcal{G}$ bestimmt werden können. Es sei angemerkt, dass durch diese Konfiguration die *Delamination* einer dünnen Schicht (Film) auf einem Substrat modelliert werden kann. Auf Risse zwischen zwei verschiedenen Materialien werden wir in Abschnitt 4.11 noch näher eingehen.

4.6.3 Nachgiebigkeit, Energiefreisetzungsrate und K–Faktoren

Im linear elastischen Fall steht die Energiefreisetzungsrate mit der Nachgiebigkeit bzw. mit der Steifigkeit des Körpers in Zusammenhang. Wir zeigen dies am Beispiel des ebenen Modus I Rissproblems, bei dem ein Körper der Dicke B durch eine vorgegebene Einzelkraft F (Totlast) belastet ist (Abb. 4.31a). Mit $\Pi^a = -Fu_F$ und $\Pi^i = Fu_F/2$ lautet in diesem Fall das Gesamtpotential

$$\Pi = \Pi^i + \Pi^a = -\frac{1}{2} F u_F .$$

Zwischen der Verschiebung u_F des Kraftangriffspunktes und der Last F gilt dabei die Beziehung

$$u_F = C F .$$

Darin ist C die *Nachgiebigkeit* oder *Compliance* (= reziproke Steifigkeit). Lässt man einen Rissfortschritt zu, dann ändern sich C und u_F (Abb. 4.31b): $C = C(a)$, $u_F = u_F(a)$. Damit erhält man $\Pi = -F^2 C(a)/2$, und es folgt

$$\mathcal{G} = -\frac{\mathrm{d}\Pi}{B\,\mathrm{d}a} = \frac{F^2}{2B} \frac{\mathrm{d}C}{\mathrm{d}a} . \tag{4.95}$$

Man kann zeigen, dass dieses Ergebnis unabhängig von der Art der Belastung ist. So könnte zum Beispiel die Kraft F auch über eine Feder auf den Körper wirken, oder es könnte anstelle der Kraft die Verschiebung u_F festgehalten sein.

Im reinen Modus I erhält man aus (4.95) unter Verwendung von (4.89) für den Spannungsintensitätsfaktor

$$K_I^2 = \frac{F^2 E'}{2B} \frac{\mathrm{d}C}{\mathrm{d}a} \tag{4.96}$$

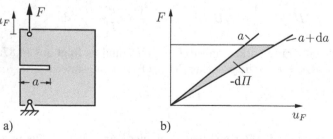

a)   b)

Abb. 4.31 Änderung der Nachgiebigkeit beim Rissfortschritt

mit $E' = E$ im ESZ und $E' = E/(1-\nu^2)$ im EVZ. Man kann diese Beziehung zum Beispiel benutzen, um Spannungsintensitätsfaktoren experimentell zu ermitteln. Hierzu werden die Nachgiebigkeiten eines Körpers bei Risslängen bestimmt, die sich um die kleine Differenz Δa unterscheiden. Daneben erlaubt (4.95) in verschiedenen Fällen die einfache Herleitung von Näherungsformeln für K-Faktoren.

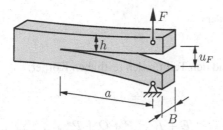

Abb. 4.32 DCB Probe

Als Beispiel hierzu betrachten wir eine DCB-Probe (Double Cantilever Beam-Probe), die in bruchmechanischen Experimenten Verwendung findet (Abb. 4.32). Fasst man die beiden Arme jeweils als Kragträger der Länge a auf, so gilt nach der Balkentheorie (ohne Berücksichtigung des Schubes) $u_F = 2Fa^3/3EI$, woraus mit $I = Bh^3/12$ die Compliance $C = u_F/F = 8a^3/EBh^3$ folgt. Daraus errechnet sich bei Annahme eines ESZ

$$K_I = 2\sqrt{3}\,\frac{F\,a}{B\,h^{3/2}}\;. \tag{4.97}$$

4.6.4 Energiesatz, Griffithsches Bruchkriterium

Ein Bruchvorgang in einem Körper geht mit irreversiblen Prozessen der Bindungslösung einher. Es ist zweckmäßig, die dabei auftretenden und speziell an den Bruchprozess gebundenen Energieformen in der Energiebilanz (1.90) als separate Terme zu berücksichtigen. Hierzu gehören zum Beispiel die Oberflächenenergie, die Energie, welche für die großen mikroplastischen Deformationen in der Prozesszone benötigt wird, aber auch etwaige chemische oder elektromagnetische Energieformen (vgl. Kapitel 3). Ohne sie hier näher zu konkretisieren, fassen wir sie in Γ zusammen. Dann kann man den Energiesatz allgemein in der Form

$$\dot{E} + \dot{K} + \dot{\Gamma} = P + Q \tag{4.98}$$

schreiben. Er muss sowohl beim Einsetzen als auch im weiteren Verlauf des Bruchprozesses erfüllt sein. Wegen der Irreversibilität des Prozesses ist $\dot{\Gamma} \geq 0$.

Der Bruchvorgang spielt sich in der Prozesszone ab, deren Volumen in vielen Fällen als vernachlässigbar klein im Vergleich zum Volumen des Körpers angesehen werden kann (Abb. 4.33). Es liegt dann nahe, die Energiebilanz (4.98) aufzuspalten

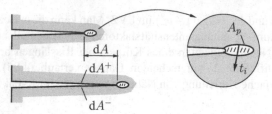

Abb. 4.33 Bruchprozess und Energiebilanz

in den Teil für die Prozesszone und den Teil für den restlichen Körper:

$$\text{Prozesszone}: \qquad \dot{\Gamma} = -P^*,$$

$$\text{Körper}: \qquad \dot{E} + \dot{K} = P + Q + P^*. \qquad (4.99)$$

Darin beschreibt $-P^*$ den Energietransport in die Prozesszone hinein. Beschränken wir uns dabei auf mechanische Energieformen, dann ist er gegeben durch

$$P^* = \int_{A_P} t_i \dot{u}_i \, dA. \qquad (4.100)$$

Ein Bruchvorgang ist mit der laufenden Bildung einer neuen Oberfläche verbunden. So wird das Material zwischen zwei um die Zeit dt benachbarten Zuständen 1 und 2 entlang der Bruchfläche dA getrennt. Dabei verschiebt sich die Prozesszone, und alle Punkte von dA durchlaufen eine "Entlastungsgeschichte" vom Zustand 1 zum völlig entlasteten Zustand 2 ($t_i = 0$). Die hierbei geleistete Arbeit (= Energiefluss in die Prozesszone) kann durch

$$dW_\sigma = P^* dt = \int_{dA^\pm} [\int_{(1)}^{(2)} t_i \, du_i] \, d\overline{A} \qquad (4.101)$$

ausgedrückt werden. Darin deutet $dA^\pm$ an, dass die Arbeit der Kräfte an beiden gegenüberliegenden Flächen zu bilden ist. Gleichzeitig erfährt bei der Bildung von dA die Bruchenergie eine Änderung $d\Gamma$, die proportional zu dA ist: $d\Gamma \sim dA$. Stellt man sie sich im Zustand 2 (nach vollzogener Trennung) als *Bruchflächenenergie* entlang der Oberfläche $dA^\pm$ verteilt vor, dann gilt (vgl. Abschnitt 3.2.2)

$$d\Gamma = \dot{\Gamma} dt = 2\gamma \, dA. \qquad (4.102)$$

Darin wird die spezifische Bruchflächenenergie γ häufig als Konstante angesehen. Sie kann allerdings auch eine Funktion von der Bruchgeschichte sein, d.h. zum Beispiel eine Funktion der Rissverlängerung Δa: $\gamma = \gamma(\Delta a)$.

Der Klarheit halber sei noch einmal die unterschiedliche physikalische Bedeutung von $\dot{\Gamma}$ und P^* betont. Bei der Verschiebung der Prozesszone um dA

(= Risswachstum) wird die Energie $d\Gamma$ durch die Schaffung neuer Bruchflächen in andere Energieformen(z.B. Wärme, Oberflächenenergie) umgewandelt. Man kann dies auch als Definition der Prozesszone ansehen. Dagegen beschreibt P^* die Wirkung des umgebenden Kontinuums auf die Prozesszone.

Wir kommen nun auf den Spezialfall des elastischen Körpers zurück, in dem ein "langsamer", quasistatischer Bruchprozess abläuft. Die Prozesszone identifizieren wir hier mit der plastischen Zone, d.h. mit dem gesamten *kleinen* Bereich um die Rissspitze, in dem inelastische Vorgänge auftreten. Dementsprechend beinhaltet Γ jetzt sowohl die für den Trennprozess als auch die für den inelastischen Deformationsprozess in der plastischen Zone erforderliche Energie. Die kinetische Energie K und der nichtmechanische Energietransport Q spielen keine Rolle. Die innere Energie E kann durch die Formänderungsenergie Π^i ersetzt werden; von den äußeren Kräften wollen wir annehmen, dass sie ein Potential Π^a haben. Mit $\dot{\Pi}^i dt = d\Pi^i$, $\dot{\Gamma} dt = d\Gamma$ und $P dt = -d\Pi^a$ lautet der Energiesatz (4.98) dann

$$\boxed{d\Pi^i + d\Pi^a + d\Gamma = 0} \qquad \text{bzw.} \qquad \boxed{\frac{d\Pi}{dA} + \frac{d\Gamma}{dA} = 0}. \qquad (4.103)$$

Danach ist beim Bruchvorgang die Änderung der Summe aus dem Potential Π der äußeren und inneren Kräfte sowie der Bruchenergie Γ Null. Führt man die Energiefreisetzungsrate nach (4.87a) ein, dann lässt sich (4.103) mit (4.102) und der Bezeichnung $\mathcal{G}_c = 2\gamma$ auch in der Form (4.92), d.h.

$$\boxed{\mathcal{G} = \mathcal{G}_c} \qquad (4.104)$$

schreiben. In anderen Worten: beim Einsetzen und beim darauffolgenden Verlauf des quasistatischen Rissfortschrittes muss die freigesetzte Energie gleich sein der für den Bruchprozess benötigten Energie. Von A.A. GRIFFITH wurde die energetische Beziehung (4.103) zum ersten Mal als Bruchbedingung verwendet; sie wird deshalb auch als *Griffithsches Bruchkriterium* bezeichnet. Allerdings hat Griffith Γ nicht als Bruchflächenergie sondern als reine Oberflächenenergie angesehen und damit den Bruchvorgang formal als *reversibel* betrachtet. Daneben hat er den Energiesatz (4.103) nur auf das Einsetzen des Risswachstums und nicht auf dessen weiteren Verlauf angewendet.

In Abschnitt 4.6.2 wurde schon darauf hingewiesen, dass das K–Konzept und das energetische Kriterium in der linearen Bruchmechanik vollständig äquivalent sind. In der praktischen Anwendung wird allerdings meist dem K–Konzept der Vorzug gegeben. Ein wesentlicher Grund hierfür ist die einfachere Handhabbarkeit; so sind für viele geometrischen Konfigurationen und Lastfälle die K–Faktoren in Handbüchern verfügbar. Ein anderer liegt in der Übertragbarkeit des Grundgedankens von dominanten, singulären Rissspitzenfeldern auf die nichtlineare Bruchmechanik, d.h. auf inelastisches, nichtlineares Materialverhalten. Es gibt allerdings in der linearen Bruchmechanik auch Fälle, in denen das energetische Kriterium bevorzugt wird. Ein Beispiel hierfür sind Interface-Risse, wie sie in Kompositwerkstoffen oder Laminaten häufig auftreten (vgl. Abschnitt 4.11).

Zur Illustration des energetischen Bruchkriteriums (4.103) betrachten wir nochmals den geraden Riss in der unendlich ausgedehnten Ebene unter einachsigem Zug σ nach Abb. 4.34. Bezogen auf die Einheitsdicke gelten hierfür nach (4.85) und (4.102) bei konstantem γ

$$\Pi = -\sigma^2 a^2 \pi \frac{1+\kappa}{8G} \,, \qquad \Gamma = 4a\gamma \,.$$

Aus (4.103) folgt damit die Bedingung

$$\frac{\mathrm{d}(\Pi + \Gamma)}{\mathrm{d}a} = 0 \qquad \rightsquigarrow \qquad 4\gamma = 2\sigma^2 \pi a \frac{1+\kappa}{8G} \,. \tag{4.105}$$

Ist die aktuelle Risslänge gegeben, dann erhält man daraus die für den Bruchvorgang erforderliche kritische Spannung

$$\sigma_c = \sqrt{\frac{16G\gamma}{\pi(1+\kappa)a}} \,. \tag{4.106a}$$

Umgekehrt ergibt sich aus (4.105) bei vorgegebener Spannung eine kritische Risslänge a_c, bei der Risswachstum eintritt:

$$a_c = \frac{16G\gamma}{\pi(1+\kappa)\sigma^2} \,. \tag{4.106b}$$

Die gleichen Ergebnisse erhält man natürlich auch mit dem K–Konzept.

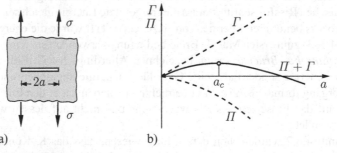

Abb. 4.34 Griffithsches Bruchkriterium

In einem anderen Beispiel wollen wir untersuchen, unter welchen Umständen es zum Aufreißen einer dünnen Schicht (Film) (1) der Dicke h kommt, die auf ein Trägermaterial (2) (Substrat) aufgebracht ist (Abb. 4.35). Man spricht in diesem Zusammenhang von einer *Kanalbildung* (channeling). Dabei nehmen wir an, dass der Schicht vom Substrat eine einachsige Dehnung ε_0 aufgeprägt wird und beim Aufreißen der Verbund zwischen Schicht und Träger erhalten bleibt. Setzen wir noch voraus, dass die Schicht querdehnungsbehindert ist, dann herrscht in ihr vor dem Aufreißen die Spannung $\sigma_0 = E\,\varepsilon_0/(1-\nu^2)$. Die Änderung des Gesamtpotentials

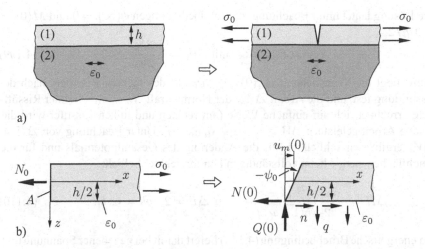

Abb. 4.35 a) Kanalbildung in einer dünnen Schicht, b) Modellierung der Schicht durch Balken (Plattenstreifen)

$\Delta\Pi$ infolge des vollständigen Durchreißens der Schicht lässt sich in guter Näherung bestimmen, indem wir die Schicht als schubelastischen Balken (Plattenstreifen) auffassen. Hierfür lauten die Gleichgewichtsbedingungen und Elastizitätsgesetze

$$Q' = -q\,, \qquad N' = -n\,, \qquad M' = Q - n\frac{h}{2}\,,$$

$$Q = \kappa G A(w' + \psi)\,, \quad N = \frac{E}{1-\nu^2}\,u_m'\,, \quad M = \frac{E}{1-\nu^2}\,\psi'\,, \qquad (4.107a)$$

mit

$$(\cdot)' = \frac{\mathrm{d}(\cdot)}{\mathrm{d}x}\,, \quad G = \frac{E}{2(1+\nu)}\,, \quad A = bh\,, \quad I = \frac{bh^3}{12}\,, \quad \kappa = \frac{5}{6}\,. \quad (4.107b)$$

Darin sind Q, N und M die Schnittgrößen Querkraft, Normalkraft und Biegemoment sowie ψ, w und u_m die Deformationsgrößen Drehwinkel, Durchbiegung und Längsverschiebung; q und n kennzeichnen die in der Grenzfläche zwischen der Schicht und dem Substrat wirkenden Quer- und Längsbelastungen (Abb. 4.35b) sowie b die Querschnittsbreite. Wegen der Symmetrie betrachten wir zunächst nur das rechte Balkenteil. Mit der Verschiebung an der Balkenunterseite $u(h/2) = u_m + \psi h/2$ und den kinematischen Annahmen $u'(h/2) = \varepsilon_0$, $w \equiv 0$ folgen $u' + \psi' h/2 = \varepsilon_0$ und $w' = 0$. Aus den Gleichungen (4.107a,b) ergibt sich damit die Differentialgleichung

$$\psi'' + \omega^2 \psi = 0\,, \quad \text{mit} \quad \omega^2 = \frac{\kappa G A}{E(1+\nu^2)(I + Ah^2/4)} = \frac{5(1-\nu)}{4h^2}\,. \quad (4.108)$$

Ihre Lösung lautet unter Beachtung der Randbedingungen $\psi(\infty) = 0$ und $M(0) = N(0)h/2$

$$\psi = \psi_0\, e^{-\omega x} \quad \text{mit} \quad \psi_0 = -\frac{3\varepsilon_0}{2h\omega}\,. \tag{4.109}$$

Damit liegt die Verschiebung $u_m(0) = -\psi_0 h/2$ des rechten Rissufers nach der Rissbildung fest, und die Arbeit ΔW_σ der Normalkraft $N_0 = \sigma_0 A$ bei der Rissöffnung errechnet sich auf einfache Weise (am rechten und linken Rissufer wird die gleiche Arbeit geleistet): $\Delta W_\sigma = -2[\frac{1}{2}N_0\, u_m(0)]$. Unter Beachtung von $\Delta\Pi = \Delta W_\sigma$ ergibt sich schließlich für die Änderung des Gesamtpotentials und für die Bruchflächenenergie beim vollständigen Durchreißen der Schicht

$$\Delta\Pi = -\frac{3\sigma^2\, h^2 b\,(1-\nu^2)}{2\sqrt{5(1-\nu)}\,E}\,, \qquad \Delta\Gamma = 2\,\gamma\,bh = \mathcal{G}_c\, bh\,. \tag{4.110}$$

Die energetische Bruchbedingung (4.103) liefert damit bei gegebener Spannung und Bruchzähigkeit die kritische Schichtdicke

$$h_c = \frac{2\sqrt{5(1-\nu)}}{3(1-\nu^2)}\, \frac{\mathcal{G}_c E}{\sigma_0^2}\,. \tag{4.111}$$

Soll die Schicht unter Zugspannungen nicht aufreißen ($\mathrm{d}\Pi + \mathrm{d}\Gamma < 0$), so ist danach die Schichtdicke h durch h_c immer nach oben begrenzt: $h < h_c$. Zugspannungen infolge des Herstellungsprozesses oder aufgrund von thermischen Einwirkungen lassen sich aber in Bauteilen zum Beispiel der Mikrosystemtechnik oft nicht vermeiden.

Als letztes Beispiel zur Anwendung des energetischen Bruchkriteriums untersuchen wir im folgenden den sogenannten *Peel-Test*, der häufig zur experimentellen Bestimmung der spezifischen Bruchflächenenergie dünner Schichten (Filme) auf einem Substrat (z.B. Klebverbindungen) eingesetzt wird. Wir betrachten dazu gemäß Abb. 4.36a einen elastischen Film der Querschnittsfläche $A = Bh$ (B Breite, h Dicke), der von einem starren Trägermaterial abgezogen wird. Der Ablösevorgang sei dabei als stationär angenommen, d.h. die Kraft F (Totlast) und der Winkel φ seien konstant.

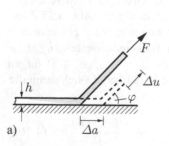

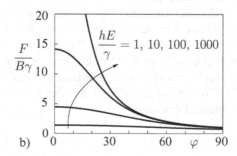

a)   b)

Abb. 4.36 Peel Test

Bei einer Ablösung des Films um Δa verschiebt sich der Angriffspunkt der Kraft F in Richtung der Kraft um $\Delta u = \Delta a(1 - \cos\varphi + \varepsilon)$. Darin ist $\varepsilon = F/EA$ die konstante Dehnung im bereits abgelösten Teil des Films. Mit der äußeren Arbeit $\Delta W = -\Delta\Pi^a = F\Delta u$, der Änderung der im abgelösten Film gespeicherten Energie $\Delta U = \Delta\Pi^i = F^2/(2EA)\Delta a$ und der Bruchflächenenergie $\Delta\Gamma = \gamma B \Delta a$ folgt aus der Energiebilanz (vgl. 4.103))

$$\Delta U - \Delta W + \Delta\Gamma = 0$$

zunächst

$$\frac{F^2}{2EA} - F(1 - \cos\varphi + \frac{F}{EA}) + \gamma B = 0 \,. \tag{4.112}$$

Auflösen nach der Abzugskraft liefert

$$F = EA\left(\sqrt{\frac{2\gamma}{Eh} + (1 - \cos\varphi)^2} - (1 - \cos\varphi)\right) \,. \tag{4.113}$$

Für den Sonderfallall eines unendlich steifen Films ($E \to \infty$) ergibt sich aus (4.112) $F = \gamma B/(1 - \cos\varphi)$. In entdimensionierter Form ($F/B\gamma$) ist die Abzugskraft als Funktion des Abzugswinkels φ für verschiedene Werte des dimensionslosen Parameters hE/γ in Abb. 4.36b dargestellt. Danach ist die erforderliche Abzugskraft umso größer, je größer der Steifigkeit EA des Films und je kleiner der Abzugswinkel φ ist.

An dieser Stelle sei noch eine andere Interpretation des energetischen Bruchkriteriums angesprochen, die auf dem verallgemeinerten Kraftbegriff beruht. Dabei wird $\mathcal{G}$ als Kraft aufgefasst, die den Riss vorwärts zu treiben sucht (=Rissausbreitungskraft). Der Rissausbreitung entgegen wirkt der Materialwiderstand $\mathcal{G}_c$ (= Risswiderstandskraft). Damit ein quasistatischer Rissfortschritt stattfinden kann, muss die "Gleichgewichtsbedingung" (4.104) erfüllt sein. Letztere kann man übrigens auch noch in Form des (verallgemeinerten) Prinzips der virtuellen Verrückungen formulieren. Hierzu führen wir einen virtuellen (d.h. einen gedachten und infinitesimalen) Rissfortschritt δA durch. Hierbei leistet die Rissausbreitungskraft die virtuelle Arbeit $\mathcal{G}\delta A = -\delta\Pi$ und die Risswiderstandskraft die Arbeit $\mathcal{G}_c\delta A = 2\gamma\delta A = \delta\Gamma$. Gleichung (4.103) führt damit auf

$$\delta(\Pi + \Gamma) = 0 \,. \tag{4.114}$$

Schließlich sei noch auf ein einfaches Modell für die Rissausbreitung hingewiesen. Es besteht in der Coulombschen Reibung eines Körpers auf einer rauen Unterlage (Abb. 4.37), wobei wir die Bewegung des Körpers mit einer Rissausbreitung gleichsetzen. Der Körper verharrt in Ruhe, solange die angreifende Kraft kleiner ist als die Haftgrenzkraft ($\hat{=}$ keine Rissausbreitung für $\mathcal{G} < \mathcal{G}_c$). Sind angreifende Kraft und Haftgrenzkraft bzw. Reibkraft gleich, dann kommt es zum Einsetzen und zum weiteren Verlauf von Bewegung unter Gleichgewichtsbedingungen ($\widehat{=}$ Rissfortschritt für $\mathcal{G} = \mathcal{G}_c$).

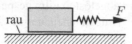

Abb. 4.37 Coulombsche Reibung als Rissausbreitungsmodell

Der Energiesatz (4.98) gilt auch dann, wenn große inelastische Bereiche auftreten. In diesem Fall ist es allerdings nicht mehr möglich, den gesamten plastischen Bereich als Prozesszone aufzufassen. Vielmehr ist es in diesem Fall erforderlich, die Energieanteile für den Bruchprozess ($\dot{\Gamma}$) und für die inelastischen Deformationen außerhalb der Prozesszone sauber zu trennen. Dies kann zum Beispiel im Rahmen eines *Kohäsivmodells* erfolgen (siehe Abschnitt 5.3). Hierbei wird die Dicke der Prozesszone vernachlässigt und sie als reine Fläche A_P aufgefasst. Außerhalb der Prozesszone A_P verhält sich das Material inelastisch (z.B. elastisch-plastisch). Entlang der Fläche A_P findet der Bruchprozess statt, wobei für die Kohäsivspannungen ein materialspezifisches Trenngesetz gilt. Diesem Trenngesetz entsprechend leisten die Spannungen dann eine bestimmte Brucharbeit.

4.6.5 Numerische Ermittlung der Energiefreisetzungsrate

In den vorangegangenen Abschnitten wurde gezeigt, dass die Energiefreisetzungsrate eines rissbehafteten elastischen Körpers den Belastungszustand an einer Rissspitze charakterisiert und alternativ zu den lokal zu ermittelnden K-Faktoren verwendet werden kann. Im Rahmen der numerischen Behandlung von Rissproblemen besteht ein wesentlicher Vorteil der (globalen) Energiefreisetzungsrate darin, dass auf eine genaue diskrete Approximation des Rissspitzenfeldes (vgl. Abschnitt 4.4.6) verzichtet werden kann. Allerdings sind zur numerischen Ermittlung der Energiefreisetzungsrate aus der Änderung des Gesamtpotentials gemäß

$$\mathcal{G} \approx - \frac{\Pi(a + \Delta a) - \Pi(a)}{\Delta a} \tag{4.115}$$

zwei Berechnungen nötig, eine für einen Riss der Länge a und eine weitere für die Konfiguration mit dem um Δa verlängerten Riss. Entsprechend der Beziehung (4.91) ist dabei zunächst keine Trennung der einzelnen Belastungsmoden möglich.

Eine Trennung der einzelnen Moden und damit auch eine Berechnung der einzelnen Spannungsintensitätsfaktoren aus der Energiefreisetzungsrate ist erst durch die Verallgemeinerung und separate Auswertung des Arbeitsausdrucks (4.89) für die einzelnen Moden möglich. Auch hierbei sind zwei numerische Simulationen nötig: eine zur Berechnung der Spannungen bzw. der diskreten Knotenkräfte in den einzelnen Richtungen *vor* dem Riss der Länge a und eine zur Berechnung der Rissöffnungsverschiebungen *auf* dem Riss der Länge $a + \Delta a$ und der an diesen durch die Knotenkräfte in den verschiedenen Richtungen (Moden) verrichteten Arbeiten. Für Details und Modifikationen dieser als „Rissschließintegral" (crack closure integral) bezeichneten Methode verweisen wir auf die Spezialliteratur (z.B. KUNA, 2010; ZEHNDER, 2012).

4.6.6 J-Integral

Mit den K–Faktoren und der Energiefreisetzungsrate $\mathcal{G}$ haben wir schon Parameter eingeführt, die zur Beschreibung des Bruchverhaltens verwendet werden können. Eine weitere Größe ist das J–Integral. Obwohl dieser Parameter in der linearen Bruchmechanik äquivalent zu K bzw. zu $\mathcal{G}$ ist, hat er doch eine herausragende Bedeutung. Sie beruht unter anderem darauf, dass J im Gegensatz zu K und $\mathcal{G}$ auch bei inelastischem Materialverhalten angewendet werden kann (vgl. Kapitel 5, elastisch-plastische Bruchmechanik).

4.6.6.1 Erhaltungsintegrale vom J-Typ

Wir betrachten einen Körper aus homogenem, elastischem Material mit der Formänderungsenergiedichte $U(\varepsilon_{ij})$, auf den keine Volumenkräfte wirken ($f_i = 0$). Das Material kann dabei beliebig nichtlinear und anisotrop sein; der Einfachheit halber wollen wir aber kleine Verzerrungen annehmen. Dann ist der J–Integral Vektor definiert als

$$J_k = \int_{\partial V} b_{kj}\, n_j\, \mathrm{d}A = \int_{\partial V} (U\, \delta_{jk} - \sigma_{ij}\, u_{i,k})\, n_j\, \mathrm{d}A\,, \qquad (4.116)$$

wobei ∂V eine geschlossene Oberfläche mit dem Normalenvektor n_j ist (Abb. 4.38a). Den Ausdruck

$$b_{kj} = U\, \delta_{jk} - \sigma_{ij}\, u_{i,k} \qquad (4.117)$$

bezeichnet man als *Konfigurationsspannungstensor* oder ESHELBY-Spannungstensor und verschiedentlich auch als *Energie-Impuls-Tensor* der Elastostatik. Bildet man seine Divergenz, indem man nach x_j differenziert, so ergibt sich mit (1.46), (1.19) und (1.25)

$$b_{kj,j} = \frac{\partial U}{\partial \varepsilon_{mn}} \frac{\partial \varepsilon_{mn}}{\partial x_j}\, \delta_{jk} - \sigma_{ij,j}\, u_{i,k} - \sigma_{ij}\, u_{i,kj}$$

$$= \sigma_{mn}\, u_{m,nk} - \sigma_{ij}\, u_{i,kj} = 0\,. \qquad (4.118)$$

Hiermit folgt nach dem Gaußschen Satz

$$J_k = 0 \qquad (4.119)$$

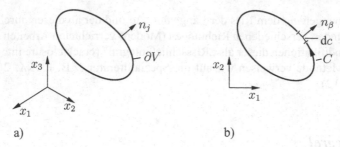

a)   b)

Abb. 4.38 J-Integral

für jede beliebige Fläche ∂V, die ein defektfreies Material ohne Singularitäten oder Diskontinuitäten von b_{kj} einschließt. Ist das Material inhomogen oder sind von ∂V zum Beispiel Diskontinuitäten wie etwa ein Riss eingeschlossen, dann ist J_k im allgemeinen von Null verschieden. Gleichung (4.119) stellt einen speziellen Erhaltungssatz der Elastizitätstheorie dar, von dem man an verschiedenen Stellen sinnvoll Gebrauch machen kann.

Wendet man (4.119) zum Beispiel auf einen schubstarren Balken an, der nur an den Enden A und B durch die Schnittgrößen M (Biegemoment) und Q (Querkraft) belastet ist, so erhält man

$$-\frac{M_A^2}{2EI} + \frac{M_B^2}{2EI} - Q_A w_A' + Q_B w_B' = 0 \,.$$

Darin sind EI die Biegesteifigkeit des Balkens und w' die Neigung.

Neben (4.116) existieren noch zwei weitere Oberflächenintegrale mit solchen Eigenschaften:

$$L_k = \int\limits_{\partial V} \epsilon_{klm}(x_l\, b_{mj} + u_l\, \sigma_{mj})\, n_j\, \mathrm{d}A \,,$$

$$M = \int\limits_{\partial V} \left[b_{ij}\, x_i + \frac{1}{2}\, \sigma_{ij}\,(2-\alpha)\, u_i \right] n_j\, \mathrm{d}A \,. \tag{4.120}$$

Hierbei sind L_k ein Vektor und M ein Skalar; ϵ_{klm} ist der Permutationstensor und $\alpha = 3$ für den räumlichen Fall bzw. $\alpha = 2$ im ebenen Fall. Analog zu (4.119) folgt durch Anwendung des Gaußschen Satzes

$$L_k = 0 \tag{4.121}$$

für jede geschlossene Fläche ∂V, die ein defektfreies Material einschließt, sofern dieses isotrop und homogen ist. Darüber hinaus lässt sich zeigen, dass $J_k = 0$ und $L_k = 0$ auch für endliche Deformationen zutreffen. Im Gegensatz dazu gilt

$$M = 0 \tag{4.122}$$

nur im Spezialfall der linearen Elastizität bei infinitesimalen Verzerrungen.

Bei ebenen Problemen hängen die Feldgrößen nur von x_1 und x_2 ab. In diesem Fall entarten die Oberflächenintegrale zu Konturintegralen längs einer geschlossenen Kurve C (Abb. 4.38b). Für den J–Integral-Vektor erhält man dann

$$J_\alpha = \int_C (U\,\delta_{\alpha\beta} - \sigma_{i\beta}\,u_{i,\alpha})\,n_\beta\,\mathrm{d}c\,,\qquad(4.123)$$

wobei die griechischen Indizes die Werte 1, 2 durchlaufen.

4.6.6.2 Konfigurationskräfte

Wir wollen nun die mechanische Bedeutung des J–Integrals (4.116) untersuchen, wenn von ∂V eine Diskontinuitätsfläche A_D eingeschlossen wird (Abb. 4.39a). Eine solche liegt vor, sofern b_{kj} bzw. eine der Größen U, σ_{ij}, $u_{i,k}$ sich beim Überschreiten der Fläche A_D sprungartig ändert. Dies ist zum Beispiel der Fall, wenn A_D der Rand des elastischen Körpers ist, der durch die Randlasten $t_i = \sigma_{ij}n_j$ belastet ist; links von A_D befinde sich also kein Material. Wir nehmen nun an, dass der Rand A_D um ein konstantes Inkrement $\mathrm{d}s_k$ verschoben wird (Translation von A_D), wobei die äußere Belastung t_i unverändert bleibe. Eine solche Verschiebung kann man sich dadurch erzeugt vorstellen, dass Material "weggenommen" oder "hinzugefügt" wird. Hierdurch erfährt die Gesamtenergie des Systems eine Änderung $\mathrm{d}\Pi$. Diese besteht aus der im Streifen der Dicke $\mathrm{d}s_k n_k$ gespeicherten Formänderungsenergie

$$\mathrm{d}\Pi^i = \int_{A_D} U\,\mathrm{d}s_k\,n_k\,\mathrm{d}A$$

sowie aus der Differenz

$$\mathrm{d}\Pi^a = -\int_{A_D} t_i\,u_i(x_k + \mathrm{d}s_k)\,\mathrm{d}A + \int_{A_D} t_i\,u_i(x_k)\,\mathrm{d}A = -\int_{A_D}\sigma_{ij}\,u_{i,k}\,\mathrm{d}s_k\,n_j\,\mathrm{d}A$$

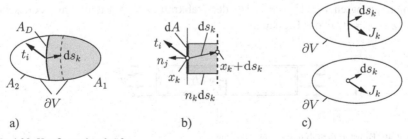

a)   b)   c)

Abb. 4.39 Konfigurationskräfte

des Potentials der äußeren Kräfte, wobei $u_i(x_k + \mathrm{d}s_k) = u_i(x_k) + u_{i,k}\,\mathrm{d}s_k$ (Abb. 4.39b). Damit erhält man

$$\mathrm{d}\Pi = \mathrm{d}\Pi^i + \mathrm{d}\Pi^a = \mathrm{d}s_k \int\limits_{A_D} (U\,\delta_{jk} - \sigma_{ij}\,u_{i,k})\,n_j\,\mathrm{d}A\;.$$

Da nach (4.119) das entsprechende Integral über die geschlossene Fläche $A_1 + A_D$ verschwindet ($\int_{A_1}\ldots + \int_{A_D}\ldots = 0$) und da $\partial V = A_1 + A_2$ mit $\int_{A_2}\ldots = 0$, kann man dies auch in der Form

$$\mathrm{d}\Pi = -\mathrm{d}s_k \int\limits_{A_1} (U\delta_{jk} - \sigma_{ij}u_{i,k})n_j\mathrm{d}A = -\mathrm{d}s_k \int\limits_{\partial V} (U\delta_{jk} - \sigma_{ij}u_{i,k})n_j\mathrm{d}A \quad (4.124)$$

oder

$$\boxed{\mathrm{d}\Pi = -J_k\mathrm{d}s_k} \quad\quad\quad (4.125)$$

schreiben.

Das Ergebnis (4.125) gilt nicht nur für dieses Beipiel, sondern man kann es auf beliebige Diskontinuitätsflächen (Flächendefekte) und Singularitäten (Punktdefekte) etwa aufgrund von Versetzungen ausdehnen (Abb. 4.39c). In anderen Worten: die Energieänderung eines elastischen Systems infolge einer translatorischen Verschiebung eines Punkt- oder Flächendefektes kann durch das "wegunabhängige" Integral J_k beschrieben werden, wobei der Integrationsbereich (Fläche ∂V) den Defekt umschließen muss, sonst aber beliebig ist. In diesem energetischen Sinn kann man J_k als Kraft auffassen, die auf den Defekt wirkt; sie wird als *Konfigurationskraft*, als *verallgemeinerte Kraft*, oder als *materielle Kraft* bezeichnet.

Analog beschreibt das wegunabhängige Integral L_k ein *verallgemeinertes Moment* oder *Konfigurationsmoment* auf einen Defekt. Es führt zu einer Energieänderung des Systems, wenn der Defekt eine Drehung (Rotation) erfährt. Schließlich charakterisiert das M–Integral die Energieänderung aufgrund eines selbstähnlichen Defektwachstums (z.B. Radiusvergrößerung eines kugelförmigen Loches).

Als einfachstes Beispiel hierzu betrachten wir einen Bimaterial-Stab mit konstantem Querschnitt A unter einachsigem Zug nach Abb. 4.40, der bei A_D einen Sprung im Elastizitätsmodul hat. Die Konfigurationskraft auf A_D bestimmen wir unter Verwendung der gestrichelt angedeuteten Integrationsfläche. Dann erhält man mit der Formänderungsenergie $U = \sigma^2/2E$, der Stabkraft $N = \sigma A$ und dem Hookeschen Gesetz $u_{1,1} = \sigma/E$ das Ergebnis

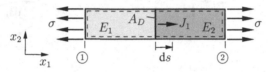

Abb. 4.40 Bimaterial-Stab unter Zugbelastung

$$J_1 = \left(\frac{N^2}{2EA} - \sigma A\, u_{1,1} \right)_② - \left(\frac{N^2}{2EA} - \sigma A\, u_{1,1} \right)_①$$

$$= \frac{N^2}{2A} \left[\frac{1}{E_1} - \frac{1}{E_2} \right], \tag{4.126}$$

$$J_2 = J_3 = 0\,,$$

wobei nur die Flächen senkrecht zu x_1 einen Beitrag liefern. Verschiebt sich die Sprungstelle des Elastizitätsmoduls um ds, so folgt eine Energieänderung

$$\mathrm{d}\Pi = -J_1 \mathrm{d}s = \frac{N^2}{2A} \left[\frac{1}{E_2} - \frac{1}{E_1} \right] \mathrm{d}s\,. \tag{4.127}$$

Man kann dieses Beispiel auch als einfachstes Modell für eine Phasentransformation im Einkristall ansehen. Hierbei verschiebt sich ebenfalls die Grenze zwischen zwei Phasen mit unterschiedlichen elastischen Eigenschaften.

4.6.6.3 J-Integral als Rissspitzenbeanspruchungsparameter

Wir wenden nun den J–Integral–Vektor auf das ebene Problem eines Risses an, dessen Rissufer belastungsfrei sind (Abb. 4.41a). Dabei wählen wir eine beliebige Kontur C, die an den gegenüberliegenden Rissufern startet bzw. endet und welche die Rissspitze umläuft. Dann beschreiben J_1 bzw. J_2 nach (4.124), (4.125) die Energieänderung (Energiefreisetzung) des Systems, wenn die von der Kontur eingeschlossenen Rissufer (= Diskontinuitätslinie) zusammen mit der Rissspitze (= Singularität) in x_1- bzw. in x_2-Richtung verschoben werden. Während eine Verschiebung in x_2-Richtung nur formal, gedanklich möglich ist, entspricht einer Verschiebung da in x_1-Richtung eine kinematisch mögliche Rissfortpflanzung. Das zugehörige Konturintegral

$$J = J_1 = \int_C (U\,\delta_{1\beta} - \sigma_{i\beta}\, u_{i,1})\, n_\beta\, \mathrm{d}c = \int_C (U\,\mathrm{d}y - t_i\, u_{i,x}\, \mathrm{d}c) \tag{4.128}$$

bezeichnet man als *J–Integral*, wobei der Index 1 weggelassen wird.

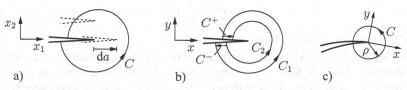

Abb. 4.41 *J*-integral

In seiner energetischen Interpretation entspricht J der Energiefreisetzungsrate beim Rissfortschritt in einem elastischen Körper:

$$J = \mathcal{G} = -\frac{d\Pi}{da} \ . \tag{4.129}$$

Aufgrund dieses Zusammenhanges kann man J auch als Bruchparameter verwenden; ein Bruchkriterium

$$\boxed{J = J_c} \tag{4.130}$$

ist gleichwertig zum energetischen Kriterium (4.104). Liegt lineares Materialverhalten vor, so folgt aus (4.129) und (4.91)

$$J = \frac{1}{E'}(K_I^2 + K_{II}^2) + \frac{1}{2G}K_{III}^2 \tag{4.131}$$

mit $E' = E/(1 - \nu^2)$ im EVZ und $E' = E$ im ESZ. Damit ist (4.130) auch äquivalent zum K–Konzept, sofern eine reine Modus I-, eine reine Modus II- oder eine reine Modus III Belastung vorliegt.

Die Bedeutung von J als Bruchparameter kann man auch begründen, ohne auf die energetische Interpretation zurückzugreifen. Zu diesem Zweck wählen wir nach Abb. 4.41b zur Bestimmung von J zwei verschiedene Konturen C_1 und C_2. Dann gilt nach (4.119) für die geschlossene Kontur $C_1 + C^+ + C_2 + C^-$ unter Beachtung des Richtungssinnes zunächst $\int_{C_1} \ldots + \int_{C^+} \ldots - \int_{C_2} \ldots + \int_{C^-} \ldots = 0$. Die Integrale $\int_{C^+} \ldots, \int_{C^-} \ldots$ verschwinden unter den getroffenen Annahmen (gerade unbelastete Rissufer) wegen $\int U dy = 0$ und $t_i = 0$, womit schließlich $\int_{C_1} \ldots = \int_{C_2} \ldots$ folgt. Das J–Integral ist demnach *wegunabhängig*. Es ist ein charakteristischer Parameter für den Zustand in unmittelbarer Umgebung der Rissspitze unabhängig davon, ob die Kontur durch diesen Bereich verläuft oder nicht. Dies trifft sowohl im linear als auch im nichtlinear elastischen Fall zu.

Die Wegunabhängigkeit von J kann bei der Berechnung der Rissbeanspruchung für konkrete Risskonfigurationen vorteilhaft genutzt werden. So wählt man bei numerischen Rechnungen mit Finiten Elementen oder mit der Randelementmethode den Integrationsweg zweckmäßig in hinreichender Entfernung von der Rissspitze. Auf eine aufwendige, genaue Berechnung der Feldgrößen im Rissspitzenbereich kann dann nämlich verzichtet werden. Auf diese Weise erfolgt bei Modus I Problemen die numerische Bestimmung von K–Faktoren in vielen Fällen unter Verwendung der Beziehung

$$J = \mathcal{G} = \frac{1}{E'}K_I^2 \tag{4.132}$$

über die Berechnung des J–Integrals.

Die Wegunabhängigkeit des J–Integrals ist nur unter den genannten Umständen gewährleistet. Sind die Rissufer belastet oder ist der Riss gekrümmt, so ist J im allgemeinen *wegabhängig*. Dies trifft bei J_2 übrigens schon beim unbelasteten, geraden Riss zu. Einen "wegunabhängigen", den Rissspitzenzustand charakterisierenden Parameter erhält man unter solchen Umständen nur, wenn man die Kontur auf die Rissspitze zusammenzieht (Abb. 4.41c):

$$J = J_1 = \lim_{\rho \to 0} \int_C (U \mathrm{d}y - t_i u_{i,x} \mathrm{d}c) \,. \tag{4.133}$$

Dann gilt im linear elastischen Fall nach wie vor die Beziehung (4.131). Hiervon kann man sich überzeugen, indem man in (4.133) für die Kontur einen Kreis wählt und die Nahfeldlösung nach Abschnitt 4.2.1 einsetzt. Auf die gleiche Weise lässt sich die y-Komponente der verallgemeinerten Kraft auf die Rissspitze bestimmen; man erhält

$$J_2 = -\frac{1}{E'} K_I K_{II} \,. \tag{4.134}$$

Das J–Integral lässt sich auch auf dreidimensionale Rissprobleme anwenden, bei denen die Rissbeanspruchung entlang der Rissfront veränderlich ist. Als Beispiel hierzu betrachten wir den in Abb. 4.42 dargestellten Fall eines ebenen Risses mit gerader Rissfront. Die auf ein Element Δl der Rissfront wirkende verallgemeinerte Kraft in x_1-Richtung bestimmt man zweckmäßig, indem die Integration von (4.116) über die Oberfläche des scheibenförmigen Körpers einschließlich seiner Deckflächen ausgeführt wird, der durch die erzeugende Kontur C in der x_1, x_2-Ebene gebildet wird. Lässt man im Grenzfall die Elementlänge (=Dicke der Scheibe) gegen Null gehen, so heben sich die Integrale über die Deckflächen gegenseitig auf, und es bleibt nur das Konturintegral (4.105). Dies ist nun allerdings von der Position auf der Rissfront abhängig: $J = J(x_3)$. Mit den gleichen Argumenten wie im ebenen Fall kann man die Wegunabhängigkeit von J auch hier zeigen.

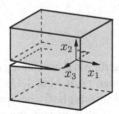

Abb. 4.42 J beim dreidimensionalen Rissproblem

Bedingung dafür, dass das J–Integral als Rissspitzenparameter verwendet werden kann, ist eine Kontur, welche die entsprechende Rissspitze umläuft. Wählt man im Gegensatz dazu eine geschlossene Kontur um den ganzen Riss, dann beschreibt J_k nach Abschnitt 4.6.6.2 die Energieänderung des Systems bei einer Translation des Risses als Ganzes. Analoges gilt für L_k bzw. für M bei einer Rotation bzw. bei einer selbstähnlichen Rissvergrößerung. Solche "Bewegungen" eines Risses sind von Ausnahmen abgesehen kinematisch nicht möglich, weshalb auch die Bedeutung dieser Integrale gering ist.

4.7 Kleinbereichsfließen

4.7.1 Größe der plastischen Zone, Irwinsche Risslängenkorrektur

In der linear elastischen Bruchmechanik wird vorausgesetzt, dass die plastische Zone klein ist im Vergleich zum K-bestimmten Gebiet (vgl. Abschnitt 4.3). Man spricht dann von *Kleinbereichsfließen*. Dabei umfasst die plastische Zone die gesamte Region, in der das Stoffverhalten vom linear elastischen Verhalten abweicht. Die Bestimmung der Größe und der Form dieser Zone für ein "nichtlineares" Material ist im allgemeinen keine einfache Aufgabe. Wir wollen deshalb hier für den Modus I nur eine Abschätzung auf der Basis der elastischen Nahfeldlösung durchführen, wobei wir das Stoffverhalten in der plastischen Zone als idealplastisch annehmen.

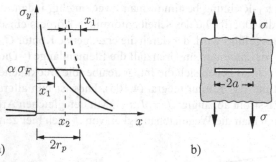

Abb. 4.43 Estimation of plastic zone size

Eine auf G. IRWIN zurückgehende erste Näherung für die Ausdehnung der plastischen Zone vor der Rissspitze erhält man, indem man nach Abb. 4.43a die elastische Spannungsverteilung durch die dargestellte elastisch-plastische Spannungsverteilung ersetzt. Diese wird in der plastischen Zone als konstant angenommen, während sie im elastischen Bereich durch die (nach rechts verschobene) elastische Nahfeldlösung gegeben sei. Dann fordern wir zunächst, dass die Trescasche Fließbedingung $\sigma_1 - \sigma_3 = \sigma_F$ an der Grenze von elastischem und plastischem Bereich erfüllt ist. Hieraus folgen mit $\sigma_1 = \sigma_y = K_I/\sqrt{2\pi x}$ und mit $\sigma_3 = 2\nu\sigma_1$ im EVZ bzw. $\sigma_3 = 0$ im ESZ für den plastischen Bereich

$$\sigma_y = \alpha\sigma_F , \qquad 1/\alpha = \begin{cases} 1 - 2\nu & \text{(EVZ)} \\ 1 & \text{(ESZ)} \end{cases}$$

und durch Einsetzen

$$x_1 = \frac{1}{2\pi}\left(\frac{K_I}{\alpha\sigma_F}\right)^2 .$$

Die Länge x_2 ergibt sich aus der Bedingung, dass die resultierenden Kräfte infolge der rein elastischen Spannungsverteilung bzw. infolge der elastisch-plastischen

Spannungsverteilung gleich sein müssen:

$$\int\limits_0^\infty \frac{K_I}{\sqrt{2\pi x}}\,\mathrm{d}x = \alpha\sigma_F(x_1+x_2) + \int\limits_{x_1+x_2}^\infty \frac{K_I}{\sqrt{2\pi(x-x_2)}}\,\mathrm{d}x \ .$$

Dies liefert $x_2 = x_1$, womit sich die Länge $2r_p = x_1 + x_2$ der plastischen Zone zu

$$2r_p = \begin{cases} \dfrac{1}{3\pi}\left(\dfrac{K_I}{\sigma_F}\right)^2 & (\text{EVZ})\,, \\[3mm] \dfrac{1}{\pi}\left(\dfrac{K_I}{\sigma_F}\right)^2 & (\text{ESZ}) \end{cases} \tag{4.135}$$

errechnet. Dabei wurde im EVZ der Wert $\alpha = \sqrt{3}$, d.h. $\nu = 0,21$ gewählt. Nach (4.135) ist bei gleicher Rissbeanspruchung (gleiches K_I) die plastische Zone im EVZ wesentlich kleiner als im ESZ. Dies ist auch experimentell bestätigt.

Gleichung (4.135) bietet die Möglichkeit, die Größenbedingung (4.82), welche bei der Bestimmung zulässiger K_{Ic}–Werte eingehalten werden muss, in anderer Form zu schreiben. Unter Voraussetzung eines EVZ erhält man für den kritischen Fall ($K_I = K_{Ic}$) durch Einsetzen

$$r_{pc} \stackrel{\textstyle <}{\sim} 0,02\,\{a,\,W-a,\,B\}\ . \tag{4.136}$$

Ergänzt man die rechte Seite um möglicherweise auftretende weitere Geometrieparameter, dann vermittelt diese Beziehung einen Eindruck von der Größe der plastischen Zone, die im Rahmen der linearen Bruchmechanik allgemein noch zulässig ist.

Die Länge $x_2 = r_p$ charakterisiert die Translation des elastischen Nahfeldes infolge plastischen Fließens. Ein entsprechend verschobenes Nahfeld wird aber auch von einem um r_p verlängerten, fiktiven Riss im rein elastischen Fall hervorgerufen. G. Irwin hat deshalb vorgeschlagen, Fließen in erster Näherung im Bruchkriterium dadurch zu berücksichtigen, dass von einer um r_p korrigierten *effektiven Risslänge* ausgegangen wird:

$$a_{\text{eff}} = a + r_p\ . \tag{4.137}$$

Man nennt diese Vorgehensweise *Irwinsche Risslängenkorrektur*. Wendet man (4.137) zum Beispiel auf einen Riss nach Abb. 4.43b an, dann ergibt sich mit $K_I = \sigma\sqrt{\pi a}$ und (4.135) im ESZ

$$a_{\text{eff}} = a + \frac{1}{2\pi}\left(\frac{K_I}{\sigma_F}\right)^2 = a\left[1 + \frac{1}{2}\left(\frac{\sigma}{\sigma_F}\right)^2\right]\ . \tag{4.138}$$

Setzt man dies in das K–Kriterium ein, so folgt für die kritische Spannung

$$\sigma_c = \frac{K_{Ic}}{\sqrt{\pi a_{\text{eff}}}} = \frac{K_{Ic}}{\sqrt{\pi[a + (1/2\pi)(K_{Ic}/\sigma_F)^2]}}\ . \tag{4.139}$$

4.7.2 Qualitative Bemerkungen zur plastischen Zone

Genaue Aussagen über die Form der plastischen Zone sowie über die in ihr auftretenden Spannungen und Deformationen lassen sich nur durch die Lösung des entsprechenden elastisch–plastischen Randwertproblemes machen. Eine solche ist selbst für einfach Stoffmodelle (z.B. elastisch–idealplastisch) und Probleme des EVZ oder ESZ nur mit numerischen Methoden möglich.

Einen groben Eindruck von der Form der plastischen Zone kann man erhalten, wenn man den Rand dieser Zone mit der Kontur identifiziert, entlang welcher die Spannungen des elastischen Nahfeldes gerade die Fließbedingung erfüllen. Auf diese Weise erhält man zum Beispiel mit der von Misesschen Fließbedingung (1.77b)

$$(\sigma_1 - \sigma_2)^2 + (\sigma_2 - \sigma_3)^2 + (\sigma_3 - \sigma_1)^2 = 6k^2 = 2\sigma_F^2 \,,$$

und den Hauptspannungen (4.23), (4.24) im Modus I die Kontur

$$r_p(\varphi) = \frac{K_I^2}{2\pi\sigma_F^2} \cos^2 \frac{\varphi}{2} \begin{cases} [3\sin^2 \frac{\varphi}{2} + (1-2\nu)^2] & \text{EVZ} \\[2mm] [3\sin^2 \frac{\varphi}{2} + 1] & \text{ESZ} \,. \end{cases} \tag{4.140}$$

Zum Vergleich sind im Abb. 4.44a die Konturen dargestellt, die sich nach der von Misesschen und nach der Trescaschen Hypothese ergeben, wobei im EVZ die Querdehnzahl $\nu = 1/4$ gewählt wurde. Beide Hypothesen zeigen einen deutlichen Größenunterschied zwischen EVZ und ESZ.

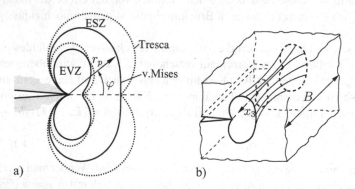

Abb. 4.44 Plastic zone

Auf diesem Resultat basiert auch das *Hundeknochenmodell* nach Abb. 4.44b für die Form der plastischen Zone in "dicken" Platten ($B \gg r_p$). Dabei geht man für die Umgebung der Rissfront davon aus, dass im Innern näherungsweise ein EVZ vorherrscht ($\varepsilon_{33} \approx 0$), während der Spannungszustand an der Oberfläche dem ESZ nahekommt ($\sigma_{3i} \approx 0$). Dreidimensionale numerische Untersuchungen zeigen allerdings, dass die Größe der plastischen Zone an der Oberfläche durch dieses Modell meist überschätzt wird.

Im EVZ treten nach (4.25) die maximalen Schubspannungen größtenteils in Schnitten auf, deren Normale in der x_1, x_2-Ebene liegt. Dies legt für das plastische Fließen einen Gleitmechanismus nahe, wie er in Abb. 4.45a dargestellt ist. Entsprechende Gleitprozesse führen zur Abstumpfung (blunting) einer ursprünglich scharfen Rissspitze und damit zur "Öffnung" eines Risses. Im Gegensatz zum EVZ tritt τ_{max} im ESZ in Schnitten unter 45° zur x_1, x_2-Ebene auf. Dementsprechend wird in "dünnen" Platten ($r_p \gg B$) eher ein Gleitmechanismus nach Abb. 4.45b auftreten. Dieser beschränkt die Ausdehnung der plastischen Zone in x_2-Richtung auf die Größenordnung der Plattendicke und begünstigt eine streifenförmige Ausbildung in x_1-Richtung (Abb. 4.45c). Auf diesen Mechanismus ist auch die Einschnürung vor der Rissspitze zurückzuführen, die man in diesem Fall beobachtet.

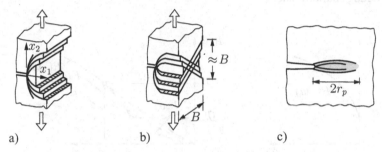

a)   b)   c)

Abb. 4.45 Gleitmechanismus: a) im EVZ, b) und c) im ESZ

Die Bruchzähigkeit K_{Ic} ist nach Abschnitt 4.6 direkt mit der für den Bruchprozess benötigten Energie verbunden: $K_{Ic}^2 \sim \mathcal{G}_c$. In diese geht auch die gesamte Energie ein, welche für den Deformationsprozess in der plastischen Zone benötigt wird. Damit lässt sich die Abhängigkeit der Bruchzähigkeit von der Dicke B nach Abb. 4.26a qualitativ erklären. Für $B \gg r_p$ (dicke Proben) herrscht entlang der Rissfront näherungsweise ein EVZ vor, der nur eingeschränktes plastisches Fließen zulässt. Dem entspricht eine geringe plastische Energiedissipation und folglich ein kleines K_{Ic}. Für $B \ll r_p$ (dünne Proben) dominiert dagegen der ESZ mit größerer plastischer Zone und geringerer Deformationsbehinderung. Folge ist eine größere plastische Energiedissipation und damit ein größerer K_{Ic}-Wert.

4.8 Stabiles Risswachstum

Wir betrachten einen geraden Riss in der Ebene unter reiner Modus I-Belastung. Beim Einsetzen und weiteren Verlauf des Risswachstums muss die Bruchbedingung erfüllt sein, welche sich zum Beispiel nach (4.104) als $\mathcal{G} = \mathcal{G}_c$ ausdrücken lässt. Der Risswiderstand $\mathcal{G}_c$ ist dabei in den seltensten Fällen konstant, sondern nach Abb. 4.46a meist eine vom Rissfortschritt $\Delta a = a - a_0$ abhängige, monoton ansteigende Funktion:

$$\mathcal{G}_c = R(\Delta a) \, . \tag{4.141}$$

Man bezeichnet $R(\Delta a)$ als *Risswiderstandkurve* (crack resistance curve) oder kurz als *R–Kurve*. So kann der Risswiderstand bei Metallen ausgehend vom Initiierungswert $\mathcal{G}_{ci}$ bei der Ausgangsrisslänge a_0 im Verlauf eines Risswachstums von 1 bis 2 Millimetern auf ein mehrfaches von $\mathcal{G}_{ci}$ anwachsen. Eine Ursache hierfür ist die "Bewegung" der plastischen Zone beim Rissfortschritt. Dabei durchlaufen die materiellen Punkte recht unterschiedliche Spannungsgeschichten (Belastung, Entlastung), und die Größe sowie die Form der plastischen Zone ändern sich. Auf eine detaillierte Beschreibung dieses recht komplexen Vorganges verzichtet man häufig, indem man die $R(\Delta a)$-Kurve aus Experimenten bestimmt. Man fasst sie damit insgesamt als eine materialspezifische Funktion auf, die den quasistatischen Rissfortschritt eindeutig charakterisiert.

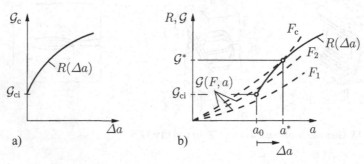

Abb. 4.46 Stabiles Risswachstum

Aufgrund des Anstiegs von R ist es möglich, einen Riss über den Initiierungswert hinaus zu belasten. Folge ist ein Rissfortschritt, dessen Größe durch die Gleichgewichtsbedingung

$$\mathcal{G}(F, a) = R(\Delta a) \tag{4.142}$$

zwischen Rissausbreitungskraft und Risswiderstand festgelegt ist (Abb. 4.46b). Darin deutet der Parameter F die Abhängigkeit der Rissausbreitungskraft von der Belastung an. Die Gleichgewichtslage ist *stabil*, sofern bei fester Last der Risswiderstand mit zunehmender Risslänge stärker ansteigt, als die Rissausbreitungskraft:

$$\left. \frac{\partial \mathcal{G}}{\partial a} \right|_{F=\text{const}} < \frac{\mathrm{d}R}{\mathrm{d}a} \, . \tag{4.143}$$

Dann muss nämlich die Last erhöht werden, um den Riss weiter voranzutreiben. Dies ist in Abb. 4.46b durch die Schar von $\mathcal{G}$-Kurven für unterschiedliche Lasten ($F_1 < F_2 < \ldots$) angedeutet. Die Grenze des *stabilen Risswachstums* ist erreicht, wenn der kritische Fall

$$\left.\frac{\partial \mathcal{G}}{\partial a}\right|_{F=\text{const}} = \frac{dR}{da} \qquad (4.144)$$

eintritt. Bei weiterer Laststeigerung ist die Gleichgewichtsbedingung (4.142) nicht mehr erfüllt; der Riss beginnt sich "instabil" dynamisch auszubreiten. Gleiches gilt, wenn die Last konstant bleibt, aber eine Störung durch einen beliebig kleinen Rissfortschritt auftritt. Die kritische Belastung F_c bzw. der zugehörige Wert $\mathcal{G}^*$ hängt sowohl von der Rissgeometrie und der Art der Belastung als auch von der R–Kurve ab.

Man kann die eben gemachten Aussagen auch auf formalem Weg erhalten. Dabei gehen wir davon aus, dass wir es mit einem System zu tun haben, dessen „Gesamtenergie" durch das Gesamtpotential Π und die Bruchflächenenergie Γ gegeben ist: $\Pi^*(a) = \Pi(a) + \Gamma(a)$ (vgl. Abschnitt 4.6.4). Die Gleichgewichtslage eines solchen Systems ist durch die Bedingung $d\Pi^*/da = 0$ gekennzeichnet. Dem entspricht mit $\mathcal{G} = -d\Pi/da$ und $R = d\Gamma/da$ die Gleichung (4.142). Auskunft über die Stabilität gibt die zweite Ableitung. Für $d^2\Pi^*/da^2 > 0$ ist das System in der Gleichgewichtslage stabil, bei $d^2\Pi^*/da^2 = 0$ findet der Übergang zur Instabilität statt. Dies sind genau die Aussagen von (4.143) und (4.144).

Die Untersuchung des stabilen Risswachstums muss nicht auf der Basis des energetischen Konzepts erfolgen. Wegen der in der linearen Bruchmechanik gegebenen Äquivalenz von K, $\mathcal{G}$ und J kann sie vielmehr mit jeder dieser Größen durchgeführt werden.

Im weiteren wollen wir $d\mathcal{G}/da$ für den rissbehafteten Körper nach Abb. 4.47 bestimmen, der durch eine Feder mit vorgegebener Verschiebung u_F belastet ist. Mit den Nachgiebigkeiten $C(a)$ und C_F von Körper und Feder gilt zunächst für die angreifende Kraft und für die Verschiebung von P

$$F = \frac{u_F}{C(a) + C_F}, \qquad u_P = CF = \frac{C}{C + C_F}\, u_F. \qquad (4.145)$$

Damit lautet das Potential

$$\Pi = \frac{1}{2}Fu_P + \frac{1}{2}F(u_F - u_P) = \frac{1}{2}\frac{u_F^2}{C(a) + C_F},$$

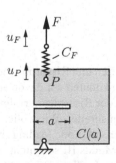

Abb. 4.47 Stabilität des Risswachstums

und man erhält durch Differenzieren

$$\mathcal{G} = -\frac{\mathrm{d}\Pi}{\mathrm{d}a} = \frac{u_F^2}{2} \frac{C'}{(C + C_F)^2} ,$$

$$\frac{\mathrm{d}\mathcal{G}}{\mathrm{d}a} = -\frac{\mathrm{d}^2\Pi}{\mathrm{d}a^2} = \frac{u_F^2}{2} \frac{C''(C + C_F) - 2C'^2}{(C + C_F)^3} = \frac{F^2}{2} \left[C'' - \frac{2C'^2}{C + C_F} \right] ,$$

(4.146)

wobei $C' = \mathrm{d}C/\mathrm{d}a$. In $\mathrm{d}\mathcal{G}/\mathrm{d}a$ gehen also nicht nur die Eigenschaften des Körpers, sondern auch die Art der Belastung (C_F) ein.

Aus (4.146) kann man noch Ergebnisse für die beiden Sonderfälle $C_F = 0$ und $C_F \to \infty$ herleiten. Nach (4.145) entspricht der erste einer Belastung des Körpers durch eine in P vorgeschriebene Verschiebung u_F, der zweite einer von $C(a)$ unabhängigen Last (=Totlast). Man erhält

$$\frac{\mathrm{d}\mathcal{G}}{\mathrm{d}a} = \frac{F^2}{2} \begin{cases} C'' - \dfrac{2C'^2}{C} & \text{für } C_F = 0 , \\[2ex] C'' & \text{für } C_F \to \infty . \end{cases}$$

(4.147)

Bei einer zunehmenden Belastung des Körpers in P durch Totlasten ($C_F \to \infty$) wird der Instabilitätspunkt danach immer früher erreicht als bei einer zunehmenden Belastung durch vorgegebene Verschiebungen ($C_F = 0$).

Als Beispiel betrachten wir die DCB–Probe nach Abb. 4.32. Mit der Nachgiebigkeit $C(a) = 8a^3/EBh^3$ (vgl. Abschnitt 4.6.3) errechnet sich

$$\frac{\mathrm{d}\mathcal{G}}{\mathrm{d}a} = \begin{cases} -\dfrac{48F^2 a}{EBh^3} & \text{für } \quad C_F = 0 , \\[2ex] +\dfrac{24F^2 a}{EBh^3} & \text{für } \quad C_F \to \infty . \end{cases}$$

(4.148)

Bei Belastung durch vorgegebene Verschiebungen ($C_F = 0$) ist das Risswachstum also immer stabil.

4.9 Gemischte Beanspruchung

Wir haben uns bisher im wesentlichen auf Bruchkriterien und Rissprobleme im Falle einer reinen Modus I Belastung konzentriert. Dabei konnten wir davon ausgehen, dass ein Rissfortschritt in Richtung der Tangente an der Rissspitze erfolgt, ein gerader Riss sich also in Richtung seiner Längsachse ausbreitet. Wir wollen uns nun mit Bruchkriterien bei *gemischter Beanspruchung* (mixed mode loading) befassen, bei welcher Modus I und Modus II überlagert sind; Modus III soll nicht auftreten. Dann wird der kritische Zustand (= Bruch) durch den Einfluss beider Moden bestimmt. Außerdem setzt die Rissfortpflanzung unter einem bestimmten Winkel zur Tangente an der Rissspitze ein (Abb. 4.48). Bei sprödem Material ergibt sich dabei meist eine Richtung, bei der sich die neugeschaffenen Rissoberflächen wie bei einer Modus I Belastung öffnen.

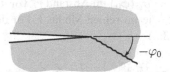

Abb. 4.48 Rissausbreitung bei gemischter Beanspruchung

Beim Auftreten beider Moden kann der Zustand an der Rissspitze im Rahmen der linearen Bruchmechanik durch die Spannungsintensitätsfaktoren K_I und K_{II} charakterisiert werden. Ein mixed mode Bruchkriterium lässt sich damit allgemein folgendermaßen ausdrücken (vgl. (4.29)):

$$f(K_I, K_{II}) = 0 . \tag{4.149}$$

Ähnlich wie bei den Versagenshypothesen in Abschnitt 2 ist es möglich, beliebig viele Bruchkriterien vom Typ (4.149) aufzustellen. Tatsächlich existieren auch viele Hypothesen, die je nach Materialklasse bzw. je nach dominierendem mikroskopischen Versagensmechanismus mehr oder weniger gut mit experimentellen Ergebnissen übereinstimmen. Im folgenden sind einige häufig verwendete Kriterien zusammengestellt, die auch Aussagen über die Rissfortschrittsrichtung machen.

Energetisches Kriterium

Nach (4.92) bzw. (4.104) setzt der Bruchvorgang für

$$\mathcal{G} = \mathcal{G}_c \tag{4.150}$$

ein, wobei $\mathcal{G} = (K_I^2 + K_{II}^2)/E'$. Führt man mittels $\mathcal{G}_c = K_{Ic}^2/E'$ die Bruchzähigkeit für den Modus I ein, so lässt sich (4.150) auch in der Form

$$K_I^2 + K_{II}^2 = K_{Ic}^2 \tag{4.151}$$

schreiben. Dieses Kriterium geht von der Annahme aus, dass die Rissfortpflanzung unabhängig von der Größe des Modus II Anteiles immer in tangentialer Richtung erfolgt. Dies trifft in der Regel nur für $K_{II} \ll K_I$ mit hinreichender Genauigkeit zu, weshalb (4.151) auch nur recht eingeschränkt verwendet werden kann.

Kriterium der maximalen Umfangsspannung

Diesem Kriterium, das von F. ERDOGAN und G.C. SIH (1963) stammt, liegen zwei Annahmen zugrunde: (a) der Riss breitet sich in radialer Richtung φ_0, senkrecht zur maximalen Umfangsspannung $\sigma_{\varphi\text{max}}$ aus, und (b) Rissfortschritt wird initiiert, wenn im Nahfeld die Spannung $\sigma_{\varphi\text{max}} = \sigma_\varphi(\varphi_0)$ im Abstand r_c vor der Rissspitze den gleichen kritischen Wert annimmt, wie im reinen Modus I. Für die Umfangsspannung (vgl. Abschnitte 4.2.1 und 4.2.2)

$$\sigma_\varphi = \frac{1}{4\sqrt{2\pi r_c}} \left[K_I \left(3\cos\frac{\varphi}{2} + \cos\frac{3\varphi}{2} \right) - K_{II} \left(3\sin\frac{\varphi}{2} + 3\sin\frac{3\varphi}{2} \right) \right]$$

gelten damit die Bedingungen

$$\left.\frac{\partial\sigma_\varphi}{\partial\varphi}\right|_{\varphi_0} = 0 \,, \qquad \sigma_\varphi(\varphi_0) = \frac{K_{Ic}}{\sqrt{2\pi r_c}} \,,$$

woraus die beiden Gleichungen

$$K_I \sin\varphi_0 + K_{II}\,(3\cos\varphi_0 - 1) = 0 \,,$$

$$K_I \left(3\cos\frac{\varphi_0}{2} + \cos\frac{3\varphi_0}{2} \right) - K_{II} \left(3\sin\frac{\varphi_0}{2} + 3\sin\frac{3\varphi_0}{2} \right) = 4K_{Ic} \qquad (4.152)$$

folgen. Aus der ersten ergibt sich der Ablenkwinkel φ_0. Mit ihm ist durch die zweite festgelegt, wann Versagen eintritt. In den Bildern 4.49a,b sind die entsprechenden Ergebnisse für $K_I, K_{II} \geq 0$ dargestellt. So ergeben sich zum Beispiel im reinen Modus II ($K_I = 0$) für den Ablenkungswinkel $\cos\varphi_0 = 1/3$ bzw. $\varphi_0 = -70,6°$ und für die kritische Belastung $K_{II} = \sqrt{3/4}\,K_{Ic} = 0,866\,K_{Ic}$.

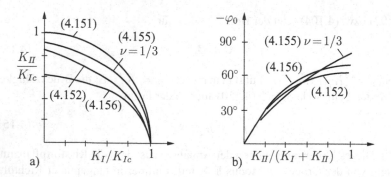

Abb. 4.49 Gemischte Beanspruchung: a) Bruchkriterien, b) Ablenkungswinkel

Eine Rissausbreitung ist kinematisch von der Rissspitze aus nur in radialer Richtung möglich. Diese Bedingung wird durch das Kriterium der maximalen Umfangsspannung und auch durch die anderen hier diskutierten Kriterien erfüllt. Sie schließt aber eine Reihe anderer Kriterien von vornherein aus. So erfüllt die klassische Hauptspannungshypothese diese Bedingung nicht, da bei allgemeiner gemischter Belastung keine der beiden Hauptspannungsrichtungen im Nahfeld mit der radialen Richtung zusammenfällt.

S–Kriterium

Die Formänderungsenergiedichte in der Umgebung der Rissspitze lässt sich im EVZ mit der Nahfeldlösung (4.14), (4.15) in der Form

$$U = \frac{1}{4G}\left[(1-\nu)(\sigma_x^2 + \sigma_y^2) - 2\nu\sigma_x\sigma_y + 2\tau_{xy}^2\right]$$

$$= \frac{1}{r}\left(a_{11}K_I^2 + 2a_{12}K_I K_{II} + a_{22}K_{II}^2\right) = \frac{S}{r}$$

(4.153)

ausdrücken, wobei

$$16\pi G a_{11} = (3 - 4\nu - \cos\varphi)(1 + \cos\varphi)\,,$$

$$16\pi G a_{12} = 2\sin\varphi\,(\cos\varphi - 1 + 2\nu)\,,$$

(4.154)

$$16\pi G a_{22} = 4(1-\nu)(1 - \cos\varphi) + (1 + \cos\varphi)(3\cos\varphi - 1)\,.$$

Von G.C. SIH (1973) wurde nun angenommen, dass (a) der Riss in diejenige radiale Richtung φ_0 wächst, in der die Stärke S der singulären Formänderungsdichte ein Minimum ist, und dass (b) Risswachstum einsetzt, wenn $S(\varphi_0)$ einen kritischen Wert S_c erreicht. Letzterer kann durch die Bruchzähigkeit K_{Ic} für den reinen Modus I ersetzt werden (dann ist ja $\varphi_0 = 0$): $S_c = a_{11}(\varphi_0 = 0)K_{Ic}^2$. Damit lauten das Richtungs- und das Bruchkriterium

$$\left.\frac{\mathrm{d}S}{\mathrm{d}\varphi}\right|_{\varphi_0} = 0 \quad \text{mit} \quad \left.\frac{\mathrm{d}^2 S}{\mathrm{d}\varphi^2}\right|_{\varphi_0} > 0\,,$$

(4.155)

$$\left[a_{11}K_I^2 + 2a_{12}K_I K_{II} + a_{22}K_{II}^2\right]_{\varphi_0} = \frac{1 - 2\nu}{4\pi G}\,K_{Ic}^2\,.$$

Der Ablenkungswinkel und die Versagenskurve sind in Abb. 4.49 dargestellt. Wählt man $\nu = 1/3$, so liefert diese Hypothese im reinen Modus II für den Ablenkungswinkel $\cos\varphi_0 = 1/9$, d.h. $\varphi_0 = -83,62°$ und für die kritische Belastung $K_{II} = \sqrt{9/11}\,K_{Ic} = 0,905\,K_{Ic}$.

Das S–Kriterium lässt sich auf vielfältige Weise modifizieren. So kann es zweckmäßig sein, nicht von der Formänderungsenergiedichte U, sondern von der Volumenänderungsenergiedichte U_V oder von der Gestaltänderungsenergiedichte U_G auszugehen. Hierauf sei jedoch nicht näher eingegangen.

Kinken—Modell

Dieses Modell geht davon aus, dass die Rissspitze unter gemischter Belastung abknickt, d.h. innerhalb des K_I, K_{II}–bestimmten Nahfeldes einen kleinen "Kinken" (Haken) bildet (Abb. 4.50). Physikalisch lässt sich der Kinken als Ersatz für etwaige radiale Mikrorisse in der Umgebung der makroskopischen Rissspitze interpretieren. An der Spitze des Kinken ist das Feld wieder singulär und kann durch die Spannungsintensitätsfaktoren k_I, k_{II} charakterisiert werden. M.A. HUSSAIN, S.L. PU und I. UNDERWOOD (1972) haben angenommen, dass (a) der Kinken sich unter einem Winkel φ_0 ausbildet, für den die Energiefreisetzungsrate $\mathcal{G} = (k_I^2 + k_{II}^2)/E'$ maximal ist, und dass (b) Risswachstum einsetzt, wenn diese Energiefreisetzungsrate einen kritischen Wert $\mathcal{G}_c$ erreicht. Die Richtungs- und die Versagensbedingung lauten danach

$$\left.\frac{\mathrm{d}\mathcal{G}}{\mathrm{d}\varphi}\right|_{\varphi_0} = 0 \,, \qquad \mathcal{G}(\varphi_0) = \mathcal{G}_c \,, \tag{4.156}$$

wobei $\mathcal{G}_c = K_{Ic}^2/E'$. Die Lösung dieser Gleichungen setzt die Ermittlung von $k_I(\varphi)$, $k_{II}(\varphi)$ und damit die Lösung des entsprechenden Randwertproblems voraus. Dieses ist nur numerisch möglich; Abb. 4.49 zeigt die Ergebnisse für Ablenkungswinkel und Versagenskurve. Eine Näherungslösung für $k_I(\varphi)$, $k_{II}(\varphi)$ lässt sich in der Form

$$k_I \simeq C_{11}K_I + C_{12}K_{II} + D_1\sigma_T\sqrt{\pi\varepsilon} \,, \quad k_{II} \simeq C_{21}K_I + C_{22}K_{II} + D_2\sigma_T\sqrt{\pi\varepsilon}$$
$$\tag{4.157a}$$

mit

$$C_{11} = \frac{1}{4}\left(3\cos\frac{\varphi}{2} + \cos\frac{3\varphi}{2}\right) \,, \quad C_{12} = -3\cos^2\frac{\varphi}{2}\sin\frac{\varphi}{2} \,,$$

$$C_{22} = \frac{1}{4}\left(\cos\frac{\varphi}{2} + 3\cos\frac{3\varphi}{2}\right) \,, \quad C_{21} = \sin\frac{\varphi}{2}\cos^2\frac{\varphi}{2} \,, \tag{4.157b}$$

$$D_1 = \sin^2\varphi \,, \qquad\qquad\qquad D_2 = -\sin\varphi\cos\varphi \,.$$

angeben, wobei ε die Kinkenlänge kennzeichnet.

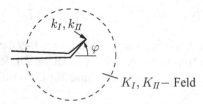

Abb. 4.50 Kinken-Modell

Die hier diskutierten Bruchkriterien gehen nicht auf den mikroskopischen Versagensmechanismus ein. Dieser kann je nachdem ob der Modus I oder der Modus II dominiert recht unterschiedlich sein, was Auswirkungen auf das Bruchverhalten hat. Aus diesem Grund ist die Anwendbarkeit dieser Kriterien eingeschränkt, und sie dürfen hinsichtlich ihrer physikalischen Interpretation nicht überstrapaziert werden. So versagen die Kriterien oft schon bei einer reinen Modus II Belastung. Aufgrund der fehlenden Rissöffnung "verhaken" sich nämlich die mikroskopisch rauhen Rissoberflächen, was zu veränderten Verhältnissen an der Rissspitze führt. Die tatsächlich vorliegende Rissspitzenbelastung ist dann geringer als durch K_{II} (berechnet unter der Annahme unbelasteter Rissufer) ausgedrückt wird. Um lastfreie Rissufer zu sichern, sollte demnach eine gewisse minimale Rissoffnung vorliegen ($K_I > 0$). Außerdem sind die Bruchkriterien grundsätzlich nur für $K_I \geq 0$ physikalisch sinnvoll. Kommt es zum Rissschließen, so existiert kein Modus I Rissspitzenfeld mehr, sondern es liegt eine reine Modus II Rissspitzenbelastung vor ($K_I = 0$). Ein Beispiel hierfür sind Risse unter kombinierter Druck- und Scherbelastung (= Scherriss). Aufgrund der erwähnten Reibungs- bzw. Verhakungseffekte sind dann zwar die Bruchkriterien kaum anwendbar; verwendbar bleiben aber weiterhin die Richtungskriterien für den Rissablenkungswinkel.

Da die verschiedenen Hypothesen unterschiedlich gut auf unterschiedliche Werkstoffe angewendet werden können, ist vorgeschlagen worden, auf eine physikalisch motivierte Bruchhypothese ganz zu verzichten und statt dessen einen formalen, einfachen Ansatz zu verwenden. Eine Möglichkeit hierfür ist die Darstellung

$$\left(\frac{K_I}{K_{Ic}}\right)^{\mu} + \left(\frac{K_{II}}{K_{IIc}}\right)^{\nu} = 1 , \qquad (4.158)$$

bei dem die vier Parameter K_{Ic}, K_{IIc}, μ, ν aus Experimenten ermittelt werden müssen.

Hingewiesen sei noch darauf, dass die verschiedenen Hypothesen sich bei kleinem Modus II Anteil ($K_{II} \ll K_I$) nur wenig voneinander unterscheiden. Dies trifft insbesondere für den Ablenkungswinkel φ_0 zu. So liefern in diesem Fall (4.152), (4.155) und (4.156) das gleiche Ergebnis

$$\varphi_0 \approx -2\,\frac{K_{II}}{K_I} . \qquad (4.159)$$

Als einfaches Beispiel zur gemischten Beanspruchung betrachten wir den schrägen Riss unter einachsigem Zug nach Abb. 4.51a. Hierfür gilt

$$K_I = \sigma\sqrt{\pi a}\,\cos^2\gamma , \qquad K_{II} = \sigma\sqrt{\pi a}\,\sin\gamma\cos\gamma . \qquad (4.160)$$

Wendet man das Kriterium der maximalen Umfangsspannung nach (4.152) an, so ergeben sich die in Abb. 4.51b,c dargestellten Ergebnisse für den Ablenkungswinkel φ_0 und die kritische Spannung σ_c. Es ist bemerkenswert, dass sich letztere für nicht zu große γ nur schwach ändert.

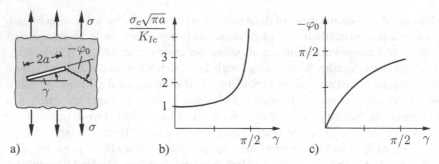

Abb. 4.51 Schräger Riss unter einachsigem Zug

4.10 Rissinitiierung an Löchern und Kerben

An *Spannungskonzentratoren* wie Löchern, Kerben oder Ecken treten in der Regel
große Spannungen auf, die häufig zur Bildung eines Risses führen. Sind die maximalen Spannungen beschränkt wie beim elliptischen Loch (vgl. Abschnitt 4.4.5)
oder bei der Kerbe mit endlichem Kerbradius, d.h. wenn keine Spannungssingularitäten auftreten, dann liegt es nahe, die Rissinitiierung an diesen Stellen mit Hilfe eines klassischen Versagenskriteriums zu beschreiben; siehe Kapitel 2. Es zeigt
sich allerdings, dass die klassischen Versagenskriterien hier Grenzen haben, da sie
den experimentell beobachtbaren *Größeneffekt* nicht beschreiben können. Hierunter versteht man die Abhängigkeit der Versagensspannung von der absoluten Größe
des Spannungskonzentrators. So beträgt zum Beispiel die maximale Randspannung
$\sigma_{\max}$ beim kreisförmigen Loch im unbeschränkten Gebiet unter einachsigem Zug
σ gerade das dreifache der angelegten Spannung: $\sigma_{\max} = 3\sigma$. Nach der Hauptspannungshypothese (2.2) müsste Versagen bei bekannter Zugfestigkeit σ_c dementsprechend unabhängig von der Größe des Lochs immer dann eintreten, wenn die
Bedingung $\sigma_{\max} = \sigma_c$ erfüllt ist, d.h. bei der angelegten Spannung $\sigma = \sigma_c/3$.
Dies trifft auf hinreichend große Löcher auch in guter Näherung zu. Wird das Loch
jedoch kleiner und kleiner, dann nimmt die für ein Versagen erforderlich Zugspannung σ immer mehr zu bis sie im Grenzfall eines mikroskopisch kleinen Loches
genau die Zugfestigkeit σ_c erreicht. Die Ursache für dieses anscheinend paradoxe
Verhalten ist in der Mikrostruktur des Materials zu suchen, die auf der Mikroskala lokale Schwankungen (Fluktuationen) des Spannungszustandes verursacht, siehe
auch Kapitel 8. Wird die charakteristische Abmessung des Spannungskonzentrators
immer kleiner und nimmt sie die charakteristische Länge der Mikrostruktur an, so
wird der Spannungskonzentrator selbst Bestandteil der Mikrostruktur. Aus makroskopischer Sicht geht dann der Unterschied zwischen den Spannungsfluktuationen
infolge der vorhandenen Mikrostruktur und der Störung des Spannungszustandes infolge des vorhandenen Spannungskonzentrators verloren. Anschaulich gesprochen
geht die Spannungskonzentration am mikroskopischen Loch im mikroskopischen
„Rauschen" des Spannungszustandes unter - das mikroskopische Loch wird makroskopisch nicht mehr wahrgenommen. Das eben Gesagte gilt sinngemäß auch für

Kerben mit endlichem Kerbradius deren absolute Größe selbstähnlich verkleinert wird. Es trifft aber insbesondere auch für Risse zu: „kleine Risse" unterhalb einer bestimmten Größe ertragen aus dem genannten Grund in der Regel höhere Belastungen, als es die makroskopische Bruchmechanik vorhersagt.

An V-förmigen Spitzkerben oder scharfen Ecken tritt immer eine Spannungssingularität auf, deren Stärke durch verallgemeinerte Spannungsintensitätsfaktoren chrakterisiert wird, d.h. zum Beipiel im Modus I durch K_I^*, siehe Abschnitt 4.2.1. Die unmittelbare Anwendung der klassischen Festigkeitshypothesen ist hier nicht zielführend. Diese sagen ja aufgrund der Spannungssingularität ein Versagen selbst bei der geringsten äußeren Belastung vorher, was im Widerspruch zur Erfahrung steht. Aus diesem Grund ist unter anderem vorgeschlagen worden, in Analogie zum Riss ein Versagenskriterium in der Form $K_I^* = K_{Ic}^*$ zu postulieren. Nachteil einer solchen Vorgehensweise ist, dass eine so verallgemeinerte Bruchzähigkeit K_{Ic}^* vom Öffnungswinkel der Kerbe anhängig ist und dementsprechend keinen intrinsischen Materialparameter darstellt. Ein weiterer Nachteil ist, dass man im Unterschied zum Riss keinen Zusammenhang zwischen einem auf diese Weise verallgemeinerten K^*-Konzept und einem energetischen Bruchkriterium herstellen kann. Es lässt sich nämlich zeigen, dass die Energiefreisetzungsrate $\mathcal{G}$ bei Rissinitiierung an einer Spitzkerbe, aber auch an einer abgerundeten Kerbe, Null ist. Hierzu nehmen wir ähnlich zu Abschnitt 4.6.2 an, dass ausgehend von der Kerbe ein kleiner Riss der Länge Δa entsteht. Die hierdurch hervorgerufene Energieänderung können wir bestimmen, indem wir in (4.89) nur die Spannungsverteilung vor einem Riss durch die entsprechende Spannungsverteilung vor einer Spitzkerbe (d.h. im Modus I durch (4.20)) oder vor einer abgerundeten Kerbe ersetzen. Der Grenzübergang $\Delta a \to 0$ führt dann immer (außer beim Riss) auf $\mathcal{G} = 0$.

Ein Rissinitiierungskriterium, das die genannten Nachteile nicht hat, wurde von D. LEGUILLON, 2002 vorgeschlagen. Es geht von der Annahme aus, dass sich bei der Initiierung spontan ein Riss endlicher Länge Δa bildet. Damit dies geschieht, muss zum einen ein Spannungskriterium

$$f(\sigma_{ij}) \geq \sigma_c \qquad (4.161)$$

über die ganze Länge von Δa erfüllt sein, wobei σ_c die Zugfestigkeit ist (siehe auch Kapitel 2). Hierfür wird in der Regel das Hauptspannungskriterium (2.2) verwendet. Gleichzeitig muss das energetische Kriterium

$$\overline{\mathcal{G}}(\Delta a) = \mathcal{G}_c \qquad (4.162a)$$

erfüllt sein, worin

$$\overline{\mathcal{G}}(\Delta a) = -\frac{\Delta \Pi}{\Delta a} = \frac{1}{\Delta a} \int_0^{\Delta a} \mathcal{G}(a)\, \mathrm{d}a \qquad (4.162b)$$

die *inkrementelle Energiefreisetzungsrate* und $\mathcal{G}_c$ der Risswiderstand sind. Letzterer kann im Modus I natürlich auch durch die Bruchzähigkeit ausgedrückt werden: $\mathcal{G}_c = K_{Ic}^2/E'$.

Man erkennt, dass das sogenannte *hybride Kriterium*

$$f(\sigma_{ij}) \geq \sigma_c, \qquad \overline{\mathcal{G}}(\Delta a) = \mathcal{G}_c \qquad (4.163)$$

die beiden Grenzfälle eines Risses und eines homogenen Spannungszustandes richtig beschreibt. Im Fall eines Risses ist das Spannungskriterium (4.161) für $\Delta a \rightarrow 0$ immer erfüllt, und Rissinitiierung wird durch das energetische Kriterium (4.162a) kontrolliert. Im anderen Grenzfall eines homogenen Spannungszustandes in einem hinreichend großen Körper wird das Versagen alleine durch das Spannungskriterium (4.161) kontrolliert. Vorteil des Kriteriums von LEGUILLON ist, dass es mit den beiden bekannten Materialkennwerten, σ_c und $\mathcal{G}_c$ bzw. K_{Ic} auskommt. Es hat sich auch gezeigt, dass Größeneffekte durch das Kriterium befriedigend wiedergegeben werden. Die konkrete Anwendung ist allerdings nicht so einfach wie es im ersten Moment erscheint und meist nur mittels numerischer Methoden wie der FEM möglich. Grund hierfür ist, dass die Größe und die Richtung von Δa zunächst unbekannt sind und neben der gesuchten kritischen äußeren Belastung einer Kerbkonfiguration iterativ bestimmt werden müssen.

Meist ist es zweckmäßig, nicht die Erfüllung der Spannungsbedingung (4.161) zu fordern, sondern von der Erfüllung ihres Mittelwertes über Δa auszugehen. Das hybride Kriterium hat dann die Form

$$\frac{1}{\Delta a} \int\limits_{0}^{\Delta a} f(\sigma_{ij})\, \mathrm{d}x = \sigma_c, \qquad \overline{\mathcal{G}}(\Delta a) = \mathcal{G}_c. \qquad (4.164)$$

Mit Δa tritt eine Länge im hybriden Bruchkriterium auf, die selbst kein intrinsischer Materialparameter ist. Ihre Größe hängt ja von der Spannungsverteilung vor dem Spannungskonzentrator ab, die ihrerseits für unterschiedliche Kerbformen oder Löcher verschieden ist. Eine materialcharakteristische Länge

$$l = \frac{1}{\pi} \left(\frac{K_{Ic}}{\sigma_c} \right)^2 \qquad (4.165)$$

lässt sich allerdings mittels der im Kriterium auftretenden Materialparameter definieren, wobei der Vorfaktor $1/\pi$ nur Zweckmäßigkeitsgründe hat. Angemerkt sei an dieser Stelle, dass für Rissinitiierung die charakteristische Größe der plastischen Zone bei Kleinbereichsfließen durch einen analogen Ausdruck festgelegt ist, wobei nur σ_c durch σ_F zu ersetzen ist (vgl. Abschnitt 4.7.1).

Wendet man das Kriterium (4.164) auf den Sonderfall eines geraden Risses der Länge $2a$ unter einer Zugspannung σ nach Abb. 4.52a an, dann ergeben sich nach einfacher Rechnung unter Verwendung der Hauptspannungshypothese, der Spannungen $\sigma_y(x)$ auf dem Ligament (siehe Abschnitt 4.4.1) und der Energiefreisetzungsrate nach (4.89) die beiden Gleichungen

$$\sigma\sqrt{1 + 2\frac{a}{\Delta a}} = \sigma_c, \qquad \pi\sigma^2\left(a + \frac{\Delta a}{2}\right) = K_{Ic}^2. \qquad (4.166)$$

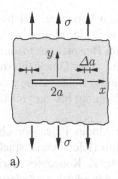
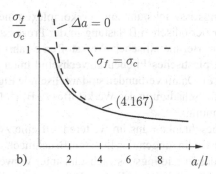

Abb. 4.52 Hybrides Bruchkriterium

Auflösen nach Δa und der Spannung $\sigma = \sigma_f$, bei der Rissinitiierung auftritt, liefert unter Verwendung von (4.165)

$$\Delta a = 2l, \qquad \sigma_f = \frac{K_{Ic}}{\sqrt{\pi a}} \frac{1}{\sqrt{1 + \Delta a/a}} = \sigma_c \sqrt{\frac{1}{1 + a/l}} \ . \qquad (4.167)$$

Danach hat Δa die Größenordnung der charakteristischen Länge l. In Abb. 4.52b ist die Abhängigkeit der Versagensspannung σ_f von der Risslänge dargestellt. Man erkennt dass kurze Risse ($a < l$) praktisch unabhängig von ihrer Länge bei $\sigma_f \approx \sigma_c$ versagen, d.h. der Riss wird dann gar nicht mehr als Spannunskonzentrator wahrgenommen. Mit zunehmender Risslänge ($a > l$) passt sich das Ergebnis des hybriden Kriteriums dagegen dem Resultat $\sigma_f = K_{Ic}/\sqrt{\pi a}$ für $\Delta a = 0$ an.

Wegen der beiden Materialparameter im hybriden Kriterium kann man es in die Klasse der *Zweiparameterkriterien* einordnen. Da es außerdem bei der Initiierung von einem endlichen (finiten) Rissfortschritt ausgeht, spricht man auch manchmal von einer *finiten Bruchmechanik*. Es gibt noch eine Reihe anderer Zweiparameterkriterien. So lassen sich auch die Kohäsivzonenmodelle als zweiparametrige Modelle auffassen, sofern das Kohäsivgesetz mittels nur zweier Parameter charakterisiert wird, vgl. Abschnitt 5.3. Hierauf wollen wir hier jedoch nicht weiter eingehen.

4.11 Ermüdungsrisswachstum

Wird ein Bauteil mit einem Riss statisch beansprucht, so tritt keine Rissausbreitung (=Bruch) auf, solange die Risslänge bzw. die Belastung unterhalb der kritischen Größe liegt. Bei schwingender Beanspruchung stellt man dagegen ein Risswachstum in "kleinen Schritten" schon bei Belastungen weit unterhalb der kritischen statischen Last fest (vgl. Abschnitt 3.2.1). Man spricht in diesem Fall von *Ermüdungsrisswachstum* (fatigue crack growth). Es wird in der Regel durch die *Risswachstumsrate* da/dN charakterisiert, wobei N die Lastspielzahl ist. Ursache für das

Ermüdungsrisswachstum sind die komplexen inelastischen Vorgänge, welche sich bei einer periodischen Belastung in der Prozesszone bzw. in der plastischen Zone abspielen. Bei metallischen Werkstoffen erfährt dort zum Beispiel ein materielles Teilchen plastisches Fließen abwechselnd unter Zug und unter Druck (plastische Hysterese). Damit verbunden sind wechselnde Eigenspannungsfelder sowie eine zunehmende Schädigung des Werkstoffes (z.B. Hohlraumbildung) bis zur vollständigen Trennung.

Wir beschränken uns im weiteren auf eine zyklische Modus I Beanspruchung. Sind die Bedingungen der linearen Bruchmechanik erfüllt (Kleinbereichsfließen), so kann das Ermüdungsrisswachstum unter Verwendung des K–Konzeptes beschrieben werden. Einer periodischen Belastung ist dann ein periodisch veränderlicher Spannungsintensitätsfaktor zugeordnet, dessen Schwingbreite ΔK (Abb. 4.53a) als *zyklischer Spannungsintensitätsfaktor* bezeichnet wird. Misst man für einen Werkstoff die Risswachstumsraten in Abhängigkeit von ΔK, so ergibt sich qualitativ der in Abb. 4.53b dargestellte Verlauf. Unterhalb eines Schwellenwertes ΔK_0 breitet sich der Riss nicht aus; dieser Wert ist meist kleiner als $K_{Ic}/10$. Der mittlere Bereich der Kurve zwischen ΔK_0 und K_{Ic} lässt sich bei logarithmischer Auftragung durch eine Gerade mit dem Anstieg m approximieren. Danach wird das Risswachstum empirisch durch die Gleichung

$$\frac{\mathrm{d}a}{\mathrm{d}N} = C\,(\Delta K)^m \tag{4.168}$$

beschrieben; sie wird nach P.C. PARIS (1963) auch *Paris–Gesetz* genannt. Die Konstanten C und m hängen dabei vom Werkstoff und verschiedenen Einflüssen wie Temperatur, Umgebungsmedium oder mittlerem Spannungsintensitätsfaktor ab. Für metallische Werkstoffe sind Exponenten im Bereich $m \approx 2 \ldots 4$ typisch.

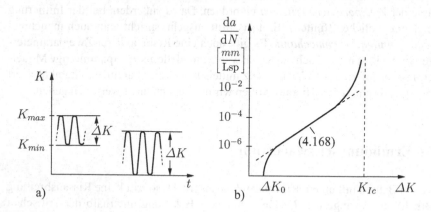

Abb. 4.53 Ermüdungsrisswachstum

Es gibt viele verschiedene Ansätze, um die experimentellen Ergebnisse besser als nach (4.168) zu erfassen. So wird unter anderen die R.G. FOREMAN–Beziehung (1967)

$$\frac{\mathrm{d}a}{\mathrm{d}N} = \frac{C\,(\Delta K)^m}{(1-R)K_{Ic} - \Delta K}, \tag{4.169}$$

verwendet, wobei $R = K_{\min}/K_{\max}$. Daneben existiert eine Reihe von Modellen, die eine vereinfachte Beschreibung des im Detail recht komplexen Vorganges der Ermüdungsrissausbreitung ermöglichen sollen. Eines dieser Modelle geht zum Beispiel davon aus, dass der Rissfortschritt bei jedem Zyklus proportional zur Größe der plastischen Zone ist. Wegen $r_p \sim K_I^2$ (vgl. (4.135)) führt dies auf $\mathrm{d}a/\mathrm{d}N \sim (\Delta K)^2$, d.h. auf einen Exponenten $m = 2$.

Die Kenntnis der Risswachstumsrate $\mathrm{d}a/\mathrm{d}N$ ermöglicht es, eine Lebensdauervorhersage zu machen. Dies geschieht, indem man die erforderliche Lastspielzahl N_c bestimmt, damit ein Riss die kritische Länge a_c erreicht. Als Beispiel für die Vorgehensweise betrachten wir ein Bauteil, das durch ein konstantes $\Delta\sigma$ schwingend belastet ist. Der zyklische Spannungsintensitätsfaktor sei durch $\Delta K = \Delta\sigma\sqrt{\pi a}\,F(a)$ gegeben, wobei $F(a)$ von der Geometrie des Bauteiles abhängt (vgl. Abschnitt 4.4.1, Tabelle 4.1). Geht man vom Paris–Gesetz (4.168) aus, so erhält man damit durch Integration die Zahl der Lastzyklen um einen Riss der Ausgangsrisslänge a_i auf die Länge a anwachsen zu lassen:

$$N(a) = \frac{1}{C\,(\Delta\sigma)^m} \int\limits_{a_i}^{a} \frac{\mathrm{d}\bar{a}}{\left[\sqrt{\pi\bar{a}}\,F(\bar{a})\right]^m}. \tag{4.170}$$

Durch Einsetzen der kritischen Risslänge a_c folgt schließlich N_c.

4.12 Der Grenzflächenriss

Wir haben uns bisher nur mit Rissen in homogenen Materialien beschäftigt. Von beträchtlichem praktischen Interesse sind aber auch Risse, die in der Grenzfläche von zwei Materialien mit unterschiedlichen elastischen Konstanten auftreten. Sie werden als *Grenzflächenrisse*, *Bimaterialrisse* oder *Interface-Risse* bezeichnet. Beispiele hierfür sind Risse in Materialverbunden, in Klebeverbindungen oder Risse in den Grenzflächen von Kompositwerkstoffen (Laminate, Faser-Matrix-Verbunde etc.). Auf solche Risse kann das K-Konzept nicht unbesehen angewendet werden, weil das Rissspitzenfeld hier nicht die gleiche Form wie bei homogenen Materialien hat. Es ist von vornherein ebenfalls nicht klar, inwieweit für solche Risse Parameter wie $\mathcal{G}$ oder J in Bruchkonzepten Verwendung finden können.

Wir betrachten zunächst das Feld an der Spitze eines Bimaterial-Risses, der in der Grenzfläche zwischen den Materialien mit den elastischen Konstanten E_1, ν_1 und E_2, ν_2 liegt (Abb. 4.54). Hierbei können wir uns auf den EVZ beschränken, da ein ESZ in der Umgebung der Grenzfläche kaum zu realisieren ist. Um das Rissspitzenfeld zu bestimmen, benutzen wir wieder die komplexe Methode (vgl. Abschnitt 4.2.1), die nun aber in der oberen (1) und in der unteren (2) Halbebene getrennt angewendet werden muss. Als Lösungsansatz verwenden wir

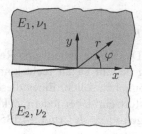

Abb. 4.54 Spitze eines Bimaterial-Risses

$$\Phi_1(z) = A_1 z^\lambda, \quad \Psi_1(z) = B_1 z^\lambda, \qquad \Phi_2(z) = A_2 z^\lambda, \quad \Psi_2(z) = B_2 z^\lambda,$$
$$(4.171)$$

wobei der Exponent λ im Unterschied zu Abschnitt 4.2.1 jetzt auch komplex sein kann. Damit die Verschiebungen an der Rissspitze nichtsingulär werden und die Formänderungsenergie beschränkt bleibt, setzen wir Re $\lambda > 0$ voraus. Die Rand- und Übergangsbedingungen

$$(\sigma_\varphi + \mathrm{i}\,\tau_{r\varphi})^{(1)}_{\varphi=\pi} = 0\,, \qquad (\sigma_\varphi + \mathrm{i}\,\tau_{r\varphi})^{(1)}_{\varphi=0} = (\sigma_\varphi + \mathrm{i}\,\tau_{r\varphi})^{(2)}_{\varphi=0}\,,$$

$$(\sigma_\varphi + \mathrm{i}\,\tau_{r\varphi})^{(2)}_{\varphi=-\pi} = 0\,, \qquad (u + \mathrm{i}\,v)^{(1)}_{\varphi=0} = (u + \mathrm{i}\,v)^{(2)}_{\varphi=0}$$

führen auf ein homogenes Gleichungssystem für die vier komplexen Konstanten $A_1 \ldots B_2$ (4 Real- und 4 Imaginärteile). Durch Nullsetzen der 8×8 Koeffizienten-determinante erhält man eine Eigenwertgleichung mit der Lösung

$$\lambda = \begin{cases} 1/2 + n + \mathrm{i}\,\varepsilon \\ n \end{cases} \qquad n = 0, 1, 2, \ldots\,, \qquad (4.172)$$

worin

$$\varepsilon = \frac{1}{2\pi} \ln \frac{\mu_2 \kappa_1 + \mu_1}{\mu_1 \kappa_2 + \mu_2} \qquad (4.173)$$

mit $\mu_i = E_i / 2(1 + \nu_i)$ und $\kappa_i = 3 - 4\nu_i$ die sogenannte *Bimaterialkonstante* ist. An der Rissspitze $r \to 0$ dominiert das Feld, das zum Eigenwert mit dem kleinsten Realteil, d.h. zu

$$\lambda = 1/2 + \mathrm{i}\,\varepsilon \qquad (4.174)$$

gehört. Nach den Kolosovschen Formeln (1.118a) oder (1.120) und unter Beachtung von $r^{\mathrm{i}\,\varepsilon} = e^{\mathrm{i}\,\varepsilon \ln r}$ zeigen dementsprechend die Spannungen und Verschiebungen ein Verhalten der Art

$$\sigma_{ij} \sim r^{-1/2} \cos(\varepsilon \ln r)\,, \qquad u_i \sim r^{1/2} \cos(\varepsilon \ln r)\,, \qquad (4.175)$$

wobei der Kosinus auch durch den Sinus ersetzt werden kann. Das typische singuläre $1/\sqrt{r}$-Verhalten der Spannungen bzw. das $\sqrt{r}$-Verhalten der Verschiebungen tritt also auch an der Bimaterial-Risssitze auf. Mit Annäherung an die Rissspitze oszillieren die Größen aber zunehmend (oszillierende Singularität).

Wir wollen hier nicht das komplette Rissspitzenfeld angeben, sondern wir beschränken uns auf die Spannungen im Interface und auf die Rissöffnung:

$$(\sigma_y + \mathrm{i}\,\tau_{xy})_{\varphi=0} = \frac{K\,(r/2a)^{\mathrm{i}\,\varepsilon}}{\sqrt{2\pi r}}\,,$$

$$(v^+ - v^-) + \mathrm{i}\,(u^+ - u^-) = \frac{c_1 + c_2}{2\cosh\pi\varepsilon}\,\frac{K\,(r/2a)^{\mathrm{i}\,\varepsilon}}{1 + 2\,\mathrm{i}\,\varepsilon}\,\sqrt{\frac{r}{2\pi}}\,. \tag{4.176a}$$

Hierin sind $2a$ eine beliebige Bezugslänge (z.B. die Risslänge),

$$K = K_1 + \mathrm{i}\,K_2 \tag{4.176b}$$

ein komplexer Spannungsintensitätsfaktor und

$$c_1 = (1 + \kappa_1)/\mu_1\,, \qquad c_2 = (1 + \kappa_2)/\mu_2\,. \tag{4.176c}$$

Danach ist das Rissspitzenfeld eindeutig durch den modifizierten komplexen Spannungsintensitätsfaktor $\overline{K} = K\,(2a)^{-\mathrm{i}\,\varepsilon}$ charakterisiert. Mit dem Betrag und dem Phasenwinkel

$$|K| = \sqrt{K_1^2 + K_2^2}\,, \qquad \tan\psi = K_2/K_1 \tag{4.177}$$

lässt er sich auch in der Form

$$\overline{K} = |K|\,\mathrm{e}^{\mathrm{i}\,\psi}\,(2a)^{-\mathrm{i}\,\varepsilon} \tag{4.178}$$

schreiben. Neben den beiden Spannungsintensitätsfaktoren K_1 und K_2 tritt also noch eine Länge $2a$ auf, die mit der Bimaterialkonstante ε gewichtet wird. Deswegen ist eine einfache Aufspaltung in Modus I und Modus II hier zunächst nicht möglich. Die Spannungsintensitätsfaktoren K_1, K_2 können daher auch nicht ohne weiteres diesen Moden zugeordnet werden. Man erkennt dies deutlich, wenn man die Spannungen im Interface nach (4.176a) in reeller Form darstellt:

$$\begin{Bmatrix} \sigma_y \\ \tau_{xy} \end{Bmatrix} = \frac{1}{\sqrt{2\pi r}} \begin{Bmatrix} K_1 \cos[\varepsilon \ln{(r/2a)}] - K_2 \sin[\varepsilon \ln{(r/2a)}] \\ K_1 \sin[\varepsilon \ln{(r/2a)}] + K_2 \cos[\varepsilon \ln{(r/2a)}] \end{Bmatrix}\,. \tag{4.179}$$

Der Spannungsintensitätsfaktor K_1 beschreibt danach im Interface nicht nur Normalspannungen sondern auch Schubspannungen. In gleicher Weise sind K_2 sowohl Schub- als auch Normalspannungen zugeordnet. Dementsprechend sind beim Bimaterialriss beide Moden (genau genommen) untrennbar miteinander verbunden. Nur im Grenzfall des homogenen Materials ($c_1 = c_2$, $\varepsilon = 0$) reduzieren sich K_1, K_2 auf K_I, K_{II}, und die beiden Moden sind dann separierbar.

Aus (4.176a) geht hervor, dass die Rissöffnung mit Annäherung an die Rissspitze zunehmend oszilliert. Da eine Durchdringung der Rissufer physikalisch nicht möglich ist, muss es folglich vor der Rissspitze zum Rissuferkontakt kommen. Die

angegebene Lösung kann also nur außerhalb des Kontaktbereiches das Rissspitzenfeld sinnvoll beschreiben.

Im weiteren bestimmen wir noch die Energiefreisetzungsrate $\mathcal{G} = -\mathrm{d}\Pi/\mathrm{d}a$ für
einen Rissfortschritt im Interface (vgl. auch Abschnitt 4.6.2, Gleichung (4.89)). Sie
ergibt sich aus

$$\frac{\mathrm{d}\Pi}{\mathrm{d}a} = -\lim_{\Delta a \to 0} \frac{1}{2\Delta a} \int_0^{\Delta a} [\sigma_y \, (v^+ - v^-) + \tau_{xy} \, (u^+ - u^-)] \, \mathrm{d}x$$

mit (4.176a) und (4.176c) zu

$$\mathcal{G} = \frac{(c_1 + c_2) \, (K_1^2 + K_2^2)}{16 \cosh^2 (\pi \varepsilon)} . \tag{4.180}$$

Danach ist zwar $\mathcal{G}$ durch die beiden Spannungsintensitätsfaktoren eindeutig bestimmt. Umgekehrt lassen sich aber aus $\mathcal{G}$ nur der "Betrag" $(K_1^2 + K_2^2)^{1/2}$ und
nicht etwa die einzelnen Komponenten K_1 und K_2 ermitteln.

Man kann zeigen, dass die Energiefreisetzungsrate auch aus dem J-Integral

$$J = \mathcal{G} = \int_C (U \, \mathrm{d}y - t_i u_{i,x} \mathrm{d}c) \tag{4.181}$$

bestimmt werden kann. Dieses ist wegunabhängig, solange der Riss gerade ist, belastungsfreie Rissufer hat und sich die elastischen Konstanten in x-Richtung nicht
ändern.

Als einfachstes Beispiel eines Grenzflächenrisses, für das sich eine Lösung in ge-
schlossener Form finden lässt, betrachten wir den Riss im unendlichen Gebiet unter
Innendruckbelastung nach Abb. 4.55a. Wegen der Kompliziertheit der komplexen
Potentiale sei exemplarisch nur Φ_1' angegeben:

$$\Phi_1' = \frac{\sigma}{1 + \mathrm{e}^{2\pi \varepsilon}} \left[\left(\frac{z+a}{z-a} \right)^{\mathrm{i}\varepsilon} \frac{z - 2\mathrm{i}\varepsilon a}{\sqrt{z^2 - a^2}} - 1 \right] .$$

Die Spannungsintensitätsfaktoren an der rechten Rissspitze ergeben sich zu

$$K = (1 + 2\mathrm{i}\varepsilon) \, \sigma \sqrt{\pi a} \quad \text{bzw.} \quad \begin{cases} K_1 = \sigma \sqrt{\pi a} \, , \\ K_2 = 2\varepsilon\sigma \sqrt{\pi a} \, . \end{cases} \tag{4.182}$$

Überlagern wir diesem Belastungsfall ein homogenes Verzerrungsfeld mit der Zugspannung σ in y-Richtung und geeigneten konstanten Spannungen σ_1, σ_2 in x-
Richtung, dann erhalten wir den Belastungsfall nach Abb. 4.55b. Für ihn gelten
die gleichen Spannungsintensitätsfaktoren (4.182) wie bei der Innendruckbelastung. Wirkt im Unendlichen nicht eine Zugspannung sondern die Schubspannung
τ (Abb. 4.55c), dann erhält man

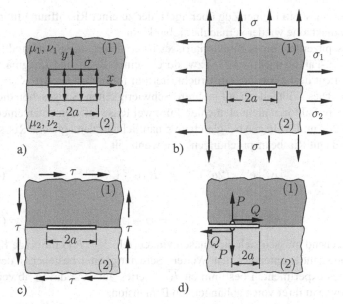

Abb. 4.55 Grenzflächenrisse

$$K_1 = -2\,\varepsilon\,\tau\,\sqrt{\pi a}\,, \qquad K_2 = \tau\,\sqrt{\pi a}\,. \tag{4.183}$$

Man beachte, dass nach (4.179) in diesem Fall aufgrund von $K_1 < 0$ und $K_2 > 0$ Druckspannungen im Interface auftreten und folglich die Rissspitze geschlossen sein wird. Für die Konfiguration nach Abb. 4.55d ergibt sich schließlich (vgl. auch Tabelle 4.1, Nr. 4)

$$K_1 = \frac{P}{\sqrt{\pi a}}\cosh\pi\varepsilon\,, \qquad K_2 = \frac{Q}{\sqrt{\pi a}}\cosh\pi\varepsilon\,. \tag{4.184}$$

An Hand der Beispiele nach Abb. 4.55a,b können wir die Länge des Kontaktbereiches an der Rissspitze abschätzen. Zu diesem Zweck identifizieren wir die Kontaktlänge mit dem größten Abstand r_k, bei dem die Rissöffnung $\delta = v^+ - v^-$ aufgrund der Oszillation zum ersten Mal Null wird. Dies führt nach (4.176a) auf die Bedingung $\mathrm{Re}\,[K\,(r_k/2a)^{\mathrm{i}\varepsilon}/(1+2\mathrm{i}\,\varepsilon)] = 0$, und durch Einsetzen von (4.182) ergibt sich $\mathrm{Re}\,[r_k/2a]^{\mathrm{i}\varepsilon} = \cos[\varepsilon\ln(r_k/2a)] = 0$. Hieraus folgt schließlich

$$r_k/2a = \exp\left(-\pi/2\,\varepsilon\right)\,. \tag{4.185}$$

Ein extremer Wert, den ε für $\mu_2 \to \infty$ und $\nu_1 = 0$ annimmt, beträgt $\varepsilon_{\max} = 0,175$. In den meisten praktisch interessierenden Fällen ist allerdings $\varepsilon \ll 1$. So ergeben sich zum Beispiel $\varepsilon = 0,039$ für die Materialkombination Ti/Al$_2$O$_3$, $\varepsilon = 0,028$ für Cu/Al$_2$O$_3$ und $\varepsilon = 0,004$ für Au/MgO. Setzen wir in (4.185) den Wert $\varepsilon = 0,05$ ein, dann ergibt sich $r_k/2a \approx 2\cdot10^{-14}$, d.h. die Kontaktzone ist vernachlässigbar klein. Dies trifft - wie schon angedeutet - auf eine reine Scherbelastung nicht zu. Ist ihr aber zumindest ein kleiner Zug überlagert, der zu einer Rissöffnung führt, dann wird die Kontaktzone wieder vernachlässigbar klein.

Das Rissspitzenfeld eines Bimaterialrisses ist eindeutig durch den modifizierten komplexen K-Faktor nach (4.178) bzw. durch seinen Real- und Imaginärteil bestimmt. Es liegt deshalb nahe, ein Bruchkriterium formal in der Art $\overline{K} = \overline{K}_c$ zu formulieren. Dies stößt jedoch auf mehrere Schwierigkeiten. So ist schon die Übertragung von $\overline{K}$-Faktoren nicht elementar. Für zwei Risse mit den unterschiedlichen Risslängen $2a^*$ und $2a$ liegen bei gleichem ε nämlich nur dann gleiche Rissspitzenfelder (und damit Rissbeanspruchungen) vor, wenn gilt

$$|K^*|\, e^{i\,\psi^*}\, (2a^*)^{-i\,\varepsilon} = |K|\, e^{i\,\psi}\, (2a)^{-i\,\varepsilon} \qquad (4.186a)$$

bzw.

$$|K|^* = |K|\,, \qquad \psi^* = \psi - \varepsilon \ln a/a^*\,. \qquad (4.186b)$$

Dementsprechend müssen sich die Phasenwinkel (d.h. K_2/K_1) für beide Konfigurationen voneinander unterscheiden. Weitere Schwierigkeiten bestehen in der Übertragung eines experimentell bestimmten $\overline{K}_c$-Wertes auf eine davon abweichende Situation sowie in ihrer von ε abhängenden Dimension.

Aus den genannten Gründen wendet man häufig eine pragmatische Näherung an. In vielen praktisch relevanten Fällen ist es wegen $\varepsilon \ll 1$ berechtigt, $\overline{K} \approx K$ bzw. $K_1 \approx K_I$ und $K_2 \approx K_{II}$ zu setzen. Damit wird der Rissspitzenzustand in guter Näherung wie bei homogenem Material durch die üblichen Modus I- und Modus II Spannungsintensitätsfaktoren beschrieben. Äquivalent hierzu ist eine Charakterisierung der Rissbeanspruchung durch $K_I^2 + K_{II}^2$ und K_{II}/K_I bzw. durch die Energiefreisetzungsrate $\mathcal{G}$ und den Phasenwinkel ψ. Das Bruchkriterium kann damit in der Form

$$\mathcal{G}(\psi) = \mathcal{G}_c^{(i)}(\psi) \qquad \text{mit} \qquad \tan\psi = \frac{K_{II}}{K_I} \qquad (4.187)$$

ausgedrückt werden. Die Interface Bruchzähigkeit $\mathcal{G}_c^{(i)}$ weist darin im allgemeinen eine starke Abhängigkeit von ψ auf.

Wenden wir dieses Bruchkriterium auf die Beispiele nach Abb. 4.55a,b an, dann liefert es mit (4.180) und (4.182) bei gegebener Belastung σ eine kritische Risslänge

$$a_c = \frac{18 \cosh^2(\pi\varepsilon)\, \mathcal{G}_c^{(i)}(0)}{\pi(1 + 4\varepsilon^2)(c_1 + c_2)\, \sigma^2}\,. \qquad (4.188)$$

Mit $\varepsilon \ll 1$ kann man sie noch zu $a_c \approx 18\,\mathcal{G}_c^{(i)}(0)/\pi(c_1 + c_2)\, \sigma^2$ vereinfachen.

Als typisches Anwendungsbeispiel betrachten wir die Delamination zweier Schichten (1) und (2), welche mit der Ausbreitung eines Interfacerisses einhergeht (Abb. 4.56a). Mit einem ähnlichen Problem haben wir schon in Abschnitt 4.6.2 befasst. In Verallgemeinerung hierzu sei nun eine endliche Dicke h_2 der Schicht (2) angenommen, die wie h_1 aber klein im Vergleich zu allen anderen Abmessungen sein soll: $h_1, h_2 \ll a$. Aufgrund einer *Eigendehnung* ε_0 der Schicht (2) zum Beispiel infolge einer Erwärmung herrsche im System ein Eigenspannungszustand.

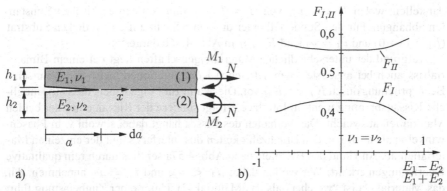

Abb. 4.56 Delamination

Diesen können wir durch die in beiden Schichten resultierenden Kräfte N und Momente M_1, $M_2 = M_1 + (h_1 + h_2)N/2$ charakterisieren. Die Eigendehnung ε_0 beschreibt dabei den Dehnungsunterschied beider Schichten für den Fall, dass jede einzelne Schicht sich unbehindert deformieren kann. Die Energiefreisetzungsrate $\mathcal{G}$ lässt sich exakt mit Hilfe der Balkentheorie ermitteln. Danach ergeben sich für $x \gg h_1, h_2$ zunächst

$$N = f\, \frac{E_1' h_1 \varepsilon_0}{B}\,, \qquad f = \left[1 + eH + 3\,\frac{(1+H)^2\, eH}{1 + eH^3}\right]^{-1}\,,$$

$$M_1 = -\frac{(1+H)eH^3}{2(1 + eH^3)}\, h_2 N\,, \qquad M_2 = \frac{(1+H)}{2(1 + eH^3)}\, h_2 N\,, \tag{4.189}$$

wobei B die Breite der Schichten ist und die Abkürzungen $e = E_1/E_2$, $H = h_1/h_2$ verwendet wurden. Mit

$$\mathrm{d}\Pi = \mathrm{d}\Pi^i = -\frac{1}{2}\left[12\,\frac{M_1^2}{E_1' h_1^3} + 12\,\frac{M_2^2}{E_2' h_2^3} + \frac{N^2}{E_1' h_1} + \frac{N^2}{E_2 h_2}\right] B\,\mathrm{d}a\,,$$

und der Bezugsspannung $\sigma = E_1' \varepsilon_0$ errechnet sich damit

$$\mathcal{G} = f\,\frac{(1 - \nu_1^2)\, \sigma^2 h_1}{2\, E_1}\,. \tag{4.190}$$

Danach ergibt sich im Grenzfall $h_1/h_2 \to 0$ mit $f \to 1$ gerade das Ergebnis aus Abschnitt 4.6.2, während der Grenzfall zweier gleicher Schichten ($e = 1$, $H = 1$) auf $f = 0,2$ führt.

Die Spannungsintensitätsfaktoren lassen sich nicht auf eine solch einfache Weise bestimmen. Hierfür ist vielmehr die Lösung des elastischen Randwertproblems für die Umgebung der Rissspitze erforderlich. Allgemein lässt sich die Lösung in der Form

$$K_I = F_I\, N\, \sqrt{h_1}\,, \qquad K_{II} = F_{II}\, N\, \sqrt{h_1} \tag{4.191}$$

darstellen, wobei F_I und F_{II} von $H = h_1/h_2$ und den den elastischen Konstanten abhängen. Für den Sonderfall einer dünnen Schicht auf einem dicken Substrat ($h_1/h_2 \to 0$) und $\nu_1 = \nu_2$ sind F_I, F_{II} in Abb. 4.56b dargestellt.

Aufgrund der unterschiedlichen Materialeigenschaften liegt bei einem Bimaterialriss auch bei ansonsten symmetrischen Konfigurationen meist eine gemischte Beanspruchung durch K_I und K_{II} vor. Dies kann zur Folge haben, dass eine mögliche Rissausbreitung nicht im Interface erfolgt sondern der Riss in eines der beiden Materialien ausweicht. Das Verhalten des Risses hängt dabei sowohl vom Phasenwinkel ψ als auch von den Bruchzähigkeiten des Interfaces und der einzelnen Materialien ab. An Hand des Beispiels nach Abb. 4.57a sei dies durch rein qualitative Überlegungen erklärt. Wir wollen dabei $\mu_1 < \mu_2$, und $\nu_1 = \nu_2$ annehmen, d.h. das Material (1) ist "weicher" als das Material (2). Unter einer Zugbelastung führt dies zu Schubspannungen im Interface, die an der rechten Rissspitze ein negatives K_{II} bzw. einen negativen Phasenwinkel ψ bewirken (Abb. 4.57b). Nehmen wir nun an, dass sich der Riss infolge einer Störung schon geringfügig in das Material (1) fortgepflanzt hat, dann können wir die Rissablenkungshypothesen nach Abschnitt 4.9 anwenden. Diese ergeben alle für die entsprechende Situation einen positiven Ablenkungswinkel φ_0, d.h. eine Rissfortpflanzung vom Interface weg in das weichere Material (1) hinein (vgl. auch (4.159)). Wendet man die gleiche Überlegung für eine hypothetische kleine Rissfortpflanzung in das Material (2) an, dann ergibt

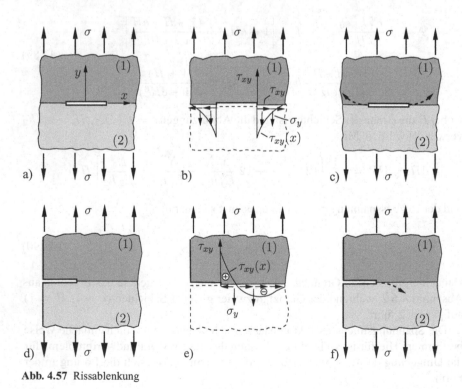

Abb. 4.57 Rissablenkung

sich auch hier ein positiver Ablenkungswinkel φ_0, der nun aber den Riss wieder zum Interface zurückführt. Insgesamt hat der Riss also das Bestreben aus dem Interface heraus und in das weichere Material hineinzulaufen (Abb. 4.57c). Dies wird allerdings nur eintreten, wenn für die Bruchzähigkeiten gilt: $\mathcal{G}_c^{(1)} \leq \mathcal{G}_c^{(i)}$.

Ein anderes Verhalten ergibt sich für den Bimaterialriss nach Abb. 4.57d, bei dem wir die gleichen Materialeigenschaften wie zuvor annehmen. Die Zugbelastung führt in diesem Fall zu einer Schubspannungsverteilung im Interface, die ein positives K_{II} bewirkt (Abb. 4.57e). Dementsprechend wird jetzt der Riss die Tendenz haben, in das "steifere" Material hineinzulaufen sofern die Bruchzähigkeit dort geringer ist als im Interface (Abb. 4.57f).

4.13 Anisotrope Materialien

Viele Materialien sind anisotrop. Typische Beispiele hierfür sind Materialien mit gerichteter Faserstruktur wie Holz oder Faserkomposite mit einer metallischen, keramischen oder polymerischen Matrix. Anisotrop sind aber auch einkristalle Werkstoffe, die für moderne Bauelemente immer häufiger eingesetzt werden. Besonders weit verbreitet sind *orthotrope Materialien*, bei denen die Vorzugsrichtungen senkrecht aufeinander stehen (siehe Abschnitt 1.3.1.1). Im weiteren wollen wir uns auf ebene Rissprobleme für diese Materialklasse beschränken.

Grundsätzlich haben Rissspitzenfelder in anisotropen spröden Materialien mit linearem Stoffgesetz die gleichen Eigenschaften wie in isotropen Materialien. An den Rissspitzen haben die Spannungen eine Singularität vom Typ $1/\sqrt{r}$, die durch Spannungsintensitätsfaktoren charakterisiert werden kann, und die Rissöffnung zeigt das typische $\sqrt{r}$-Verhalten. Zu beachten ist allerdings, dass infolge der Anisotropie im Allgemeinen an einer Rissspitze eine gemischte Belastung mit K_I und K_{II} vorliegt. Dies ist selbst beim orthotropen Material der Fall sofern die Rissrichtung nicht mit einer Orthotropierichtung zusammenfällt. Stimmen dagegen die Rissrichtung und eine Orthotropierichtung überein, dann sind Modus-I und Modus-II entkoppelt.

Als einfachsten Fall betrachten wir den geraden Riss im orthotropen unendlichen Gebiet unter einachsigem Zug σ, wobei die Rissrichtung mit einer Orthotropierichtung (hier die x-Richtung) übereinstimmt (Abb.4.58a). Das entsprechende Problem für das isotrope Material wurde in Abschnitt 4.4.1 behandelt. Die komplexen Potentiale nach Abschnitt 1.5.2 lauten nun (KACHANOV et al., 2003)

$$\begin{aligned}
\Phi(z_1) &= \frac{\sigma a^2 \mu_2}{2(\mu_1 - \mu_2)(z_1 + \sqrt{z_1^2 - a^2})}, \\
\Psi(z_2) &= \frac{-\sigma a^2 \mu_1}{2(\mu_1 - \mu_2)(z_2 + \sqrt{z_2^2 - a^2})},
\end{aligned} \tag{4.192}$$

womit die Spannungen und Verschiebungen im gesamten Gebiet festliegen. Speziell entlang der x-Achse ergibt sich für die Spannungen ($|x| > a$)

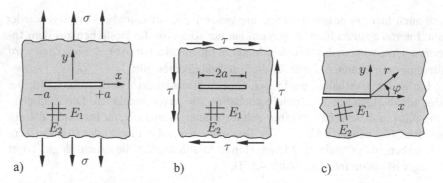

Abb. 4.58 Riss im orthotropen Material

$$\sigma_x = \sigma \, \frac{a^2 \mu_1 \mu_2}{\sqrt{x^2 - a^2}\,[x + \sqrt{x^2 - a^2}]} \, ,$$

$$\sigma_y = \sigma \left[1 + \frac{a^2}{\sqrt{x^2 - a^2}\,[x + \sqrt{x^2 - a^2}]} \right] = \sigma \, \frac{x}{\sqrt{x^2 - a^2}} \, , \qquad (4.193\text{a})$$

$$\tau_{xy} = 0 \, ,$$

und die Rissöffnungsverschiebungen ($|x| \leq a$)

$$u^\pm = \sigma \, h_{11} \mu_1 \mu_2 \, x \, , \qquad v^\pm = \pm \sigma \, \frac{i \, h_{22}(\mu_1 + \mu_2)}{\mu_1 \mu_2} \, \sqrt{a^2 - x^2} \, . \qquad (4.193\text{b})$$

Man erkennt, dass die Spannungen σ_y und τ_{xy} entlang der x-Achse sich von denen im isotropen Fall nicht unterscheiden, während σ_x durch die Anisotropie beeinflusst wird. Diese Eigenschaft gilt übrigens allgemein bei Anisotropie und ist nicht auf Orthotropie beschränkt. Dementsprechend ist der Spannungsintensitätsfaktor (es liegt reiner Modus-I vor)

$$K_I = \sigma \, \sqrt{\pi a} \, . \qquad (4.194)$$

Auch die Rissöffnung hat bis auf die Vorfaktoren die gleiche Gestalt, wie im isotropen Fall (vgl. (4.32)). Liegt eine reine Modus-II Belastung infolge der Schubspannung τ nach Abb. 4.58b vor, dann ergibt sich auf gleiche Weise der Spannungsintensitätsfaktor

$$K_{II} = \tau \, \sqrt{\pi a} \, . \qquad (4.195)$$

Da die analytische Lösung von anisotropen Rissproblemen nur in wenigen Sonderfällen möglich ist, bestimmt man die Spanungsintensitätsfaktoren bzw. andere bruchmechanisch relevante Größen wie die Energiefreisetzungsrate in der Regel mit numerischen Methoden (FEM oder BEM). Hierfür ist es vorteilhaft, das Rissspitzenfeld zu kennen. Wir geben es hier unter Bezug auf die Bezeichnungen in Abb. 4.58c ohne Herleitung an (siehe z.B. G.C. SIH et al. 1965):

Modus I:

$$\left\{\begin{array}{c} \sigma_x \\ \sigma_y \\ \tau_{xy} \end{array}\right\} = \frac{K_I}{\sqrt{2\pi r}} \mathrm{Re} \left\{\begin{array}{c} \dfrac{\mu_1 \mu_2}{\mu_1 - \mu_2}\left[\dfrac{\mu_2}{\sqrt{\cos\varphi + \mu_2 \sin\varphi}} - \dfrac{\mu_1}{\sqrt{\cos\varphi + \mu_1 \sin\varphi}}\right] \\[2mm] \dfrac{\mu_1 \mu_2}{\mu_1 - \mu_2}\left[\dfrac{\mu_1}{\sqrt{\cos\varphi + \mu_2 \sin\varphi}} - \dfrac{\mu_2}{\sqrt{\cos\varphi + \mu_1 \sin\varphi}}\right] \\[2mm] \dfrac{\mu_1 \mu_2}{\mu_1 - \mu_2}\left[\dfrac{1}{\sqrt{\cos\varphi + \mu_1 \sin\varphi}} - \dfrac{1}{\sqrt{\cos\varphi + \mu_2 \sin\varphi}}\right] \end{array}\right\},$$

$$\text{(4.196)}$$

$$\left\{\begin{array}{c} u \\ v \end{array}\right\} = K_I \sqrt{\frac{2r}{\pi}} \,\mathrm{Re}\left\{\begin{array}{c} \dfrac{1}{\mu_1 - \mu_2}\left[\mu_1 p_2 \sqrt{\cos\varphi + \mu_2 \sin\varphi} - \mu_2 p_1 \sqrt{\cos\varphi + \mu_1 \sin\varphi}\right] \\[2mm] \dfrac{1}{\mu_1 - \mu_2}\left[\mu_1 q_2 \sqrt{\cos\varphi + \mu_2 \sin\varphi} - \mu_2 q_1 \sqrt{\cos\varphi + \mu_1 \sin\varphi}\right] \end{array}\right\},$$

Modus II:

$$\left\{\begin{array}{c} \sigma_x \\ \sigma_y \\ \tau_{xy} \end{array}\right\} = \frac{K_{II}}{\sqrt{2\pi r}} \mathrm{Re} \left\{\begin{array}{c} \dfrac{1}{\mu_1 - \mu_2}\left[\dfrac{\mu_2^2}{\sqrt{\cos\varphi + \mu_2 \sin\varphi}} - \dfrac{\mu_1^2}{\sqrt{\cos\varphi + \mu_1 \sin\varphi}}\right] \\[2mm] \dfrac{1}{\mu_1 - \mu_2}\left[\dfrac{1}{\sqrt{\cos\varphi + \mu_2 \sin\varphi}} - \dfrac{1}{\sqrt{\cos\varphi + \mu_1 \sin\varphi}}\right] \\[2mm] \dfrac{1}{\mu_1 - \mu_2}\left[\dfrac{\mu_1}{\sqrt{\cos\varphi + \mu_1 \sin\varphi}} - \dfrac{\mu_2}{\sqrt{\cos\varphi + \mu_2 \sin\varphi}}\right] \end{array}\right\},$$

$$\text{(4.197)}$$

$$\left\{\begin{array}{c} u \\ v \end{array}\right\} = K_{II} \sqrt{\frac{2r}{\pi}} \,\mathrm{Re}\left\{\begin{array}{c} \dfrac{1}{\mu_1 - \mu_2}\left[p_2 \sqrt{\cos\varphi + \mu_2 \sin\varphi} - p_1 \sqrt{\cos\varphi + \mu_1 \sin\varphi}\right] \\[2mm] \dfrac{1}{\mu_1 - \mu_2}\left[q_2 \sqrt{\cos\varphi + \mu_2 \sin\varphi} - q_1 \sqrt{\cos\varphi + \mu_1 \sin\varphi}\right] \end{array}\right\}.$$

Angemerkt sei, dass diese Gleichungen auch gelten, wenn die Rissrichtung nicht mit einer Orthotropierichtung zusammenfällt.

Wie bei Isotropie hängt die Energiefreisetzungsrate mit den Spannungsintensitätsfaktoren zusammen. Für den Fall, dass Modus I und Modus II entkoppelt sind (Rissrichtung = Orthotropierichtung), ergibt sie sich auf gleiche Weise wie bei Isotropie (siehe Abschnitt 4.6.2) unter Verwendung der Rissspitzenfelder (4.196) und (4.197) zu

$$\mathcal{G} = \frac{K_I^2 \sqrt{h_{11} h_{22}} + K_{II}^2 h_{11}}{\sqrt{2}} \left[\sqrt{\frac{h_{22}}{h_{11}}} + \frac{2h_{12} + h_{66}}{2h_{11}}\right]^{\frac{1}{2}}. \qquad \text{(4.198)}$$

Das J-Integral mit seinen Eigenschaften (Wegunabhängigkeit, Konfigurationskraft) sowie sein Zusammenhang mit der Energiefreisetzungsrate gelten unabhängig von der Orientierung des Risses in ungeänderter Weise:

$$J = \mathcal{G} = -\frac{\mathrm{d}\Pi}{\mathrm{d}a}. \qquad \text{(4.199)}$$

Im Bruchkriterium können alternativ alle genannten Kenngrößen eingesetzt werden; es lautet zum Beispiel bei der Verwendung der Energiefreisetzungsrate

$$\mathcal{G} = \mathcal{G}_c . \tag{4.200}$$

Dabei ist zu beachten, dass die Bruchzähigkeit beim orthotropen Material abhängig ist von der Rissrichtung ϑ in Bezug zu den Orthotropiachsen: $\mathcal{G}_c = \mathcal{G}_c(\vartheta)$. In der Regel sind die Orthotropierichtungen gleichzeitig ausgezeichnete Richtungen für die Bruchzähigkeit, weshalb Risse auch meist in eine der beiden Orthotropierichtungen orientiert sind.

4.14 Piezoelektrische Materialien

4.14.1 Grundlagen

Piezoelektrika zeichnen sich dadurch aus, dass Deformationen nicht nur infolge mechanische Kräfte sondern auch infolge angelegter elektrischer Felder auftreten. Man bezeichnet dieses Phänomen als *Elektrostriktion*. Umgekehrt rufen Deformationen bei diesen Materialien auch elektrische Felder hervor, was *piezoelektrischer Effekt* genannt wird. Aufgrund ihrer Verwendung als Stellglieder oder als Sensoren haben unter diesen Werkstoffen insbesondere die ferroelektrischen Keramiken eine große technische Bedeutung erlangt. Bei ihnen tritt ein makroskopischer piezoelektrischer Effekt erst nach einer Polarisierung mittels eines hinreichend starken elektrisches Feldes auf. Infolgedessen verhalten sich diese Werkstoffe dann transversal isotrop, d.h. es existiert eine Vorzugsrichtung, die mit der Polarisationsrichtung übereinstimmt. Ohne in die Details zu gehen, wollen wir im folgenden die wichtigsten Grundgleichungen zur Behandlung bruchmechanischer Fragestellungen zusammenstellen. Hierbei beschränken wir uns auf quasistatische Probleme und auf den sogenannten *Kleinsignalbereich*, der in guter Näherung durch ein lineares Stoffverhalten mit unveränderlicher Polarisierung gekennzeichnet ist. In diesem Fall sind alle wesenlichen Beziehungen ganz analog zu denen, die wir bei den üblichen, rein elastischen Materialien schon kennengelernt haben. Allerdings treten jetzt wegen der Kopplung des mechanischen und des elektrischen Problems Zusatzterme auf. Daneben führt das anisotrope Materialverhalten zu einer gewissen Aufblähung der Gleichungen.

Das lineare, gekoppelte elektromechanische Materialverhalten von Piezoelektrika kann beschrieben werden durch (vgl. auch (1.35a))

$$\sigma_{ij} = C_{ijkl}\,\varepsilon_{kl} - e_{kij}\,E_k \,, \qquad D_i = e_{ikl}\,\varepsilon_{kl} + \epsilon_{ik}\,E_k \,. \tag{4.201}$$

Darin sind D_k die dielektrische Verschiebung, E_i die elektrische Feldstärke und e_{kij} sowie ϵ_{ij} die Tensoren der piezoelektrischen und der dielektrischen Materialkonstanten (man verwechsle die Verzerrungen ε_{ij} nicht mit den Materialkonstanten ϵ_{ik} und e_{ijk} nicht mit dem Permutationssymbol!). Im Fall von transversal isotropen Ferroelektrika, bei denen die Polarisationsrichtung mit der x_3-Richtung zusammenfällt, kann das Stoffgesetz auch in der Matrizenform

$$\begin{bmatrix} \sigma_{11} \\ \sigma_{22} \\ \sigma_{33} \\ \sigma_{23} \\ \sigma_{31} \\ \sigma_{12} \end{bmatrix} = \begin{bmatrix} c_{11} & c_{12} & c_{13} & 0 & 0 & 0 \\ c_{12} & c_{11} & c_{13} & 0 & 0 & 0 \\ c_{13} & c_{13} & c_{33} & 0 & 0 & 0 \\ 0 & 0 & 0 & c_{44} & 0 & 0 \\ 0 & 0 & 0 & 0 & c_{44} & 0 \\ 0 & 0 & 0 & 0 & 0 & c_{66} \end{bmatrix} \begin{bmatrix} \varepsilon_{11} \\ \varepsilon_{22} \\ \varepsilon_{33} \\ 2\varepsilon_{23} \\ 2\varepsilon_{31} \\ 2\varepsilon_{12} \end{bmatrix} - \begin{bmatrix} 0 & 0 & e_{31} \\ 0 & 0 & e_{31} \\ 0 & 0 & e_{33} \\ 0 & e_{15} & 0 \\ e_{15} & 0 & 0 \\ 0 & 0 & 0 \end{bmatrix} \begin{bmatrix} E_1 \\ E_2 \\ E_3 \end{bmatrix}$$

$$(4.202)$$

$$\begin{bmatrix} D_1 \\ D_2 \\ D_3 \end{bmatrix} = \begin{bmatrix} 0 & 0 & 0 & 0 & e_{15} & 0 \\ 0 & 0 & 0 & e_{15} & 0 & 0 \\ e_{31} & e_{31} & e_{33} & 0 & 0 & 0 \end{bmatrix} \begin{bmatrix} \varepsilon_{11} \\ \varepsilon_{22} \\ \varepsilon_{33} \\ 2\varepsilon_{23} \\ 2\varepsilon_{31} \\ 2\varepsilon_{12} \end{bmatrix} + \begin{bmatrix} \epsilon_{11} & 0 & 0 \\ 0 & \epsilon_{11} & 0 \\ 0 & 0 & \epsilon_{33} \end{bmatrix} \begin{bmatrix} E_1 \\ E_2 \\ E_3 \end{bmatrix}$$

geschrieben werden, wobei $c_{66} = (c_{11} - c_{12})/2$.

Die Verzerrungen ε_{ij} hängen nach (1.25) mit den mechanischen Verschiebungen u_i zusammen. Daneben lässt sich die Feldstärke E_i sich aus dem elektrischen Potential ϕ herleiten. Die entsprechenden Gleichungen lauten

$$\varepsilon_{ij} = \frac{1}{2}(u_{i,j} + u_{j,i}), \qquad E_i = -\phi_{,i}. \qquad (4.203)$$

Hinzu kommen die Gleichgewichtsbedingungen

$$\sigma_{ij,j} = 0, \qquad D_{i,i} = 0, \qquad (4.204)$$

wobei wir angenommen haben, dass keine Volumenkräfte und Raumladungen vorhanden sind. Zur vollständigen Beschreibung eines Problems gehören schließlich noch die mechanischen und die elektrischen Randbedingungen. Letztere machen eine Aussage über das Potential ϕ oder die Normalkomponente D_n der dielektrischen Verschiebung am Rand.

In Erweiterung der Formänderungsenergiedichte (vgl. Abschnitt 1.3.1.2) kann man das spezifische elektromechanische Potential (elektrische Enthalpiedichte)

$$W = \frac{1}{2} C_{ijkl}\, \varepsilon_{ij}\varepsilon_{kl} - e_{kij}\, E_k\, \varepsilon_{ij} - \frac{1}{2}\, \epsilon_{ij}\, E_i E_j \qquad (4.205)$$

einführen. Es existiert dann das Oberflächenintegral

$$J_k = \int\limits_{\partial V} (W\delta_{jk} - \sigma_{ij} u_{i,k} + D_j E_k) n_j \mathrm{d}A \qquad (4.206)$$

mit sinngemäß den gleichen Eigenschaften wie der J-Integralvektor (4.116). Schließt ∂V einen Defekt ein, so charakterisiert J_k eine Konfigurationskraft, die bei einer Verschiebung des Defektes um $\mathrm{d}s_k$ eine Änderung der Gesamtenergie Π des piezoelektrischen Systems bewirkt: $\mathrm{d}\Pi = -J_k\,\mathrm{d}s_k$.

Die Grundgleichungen der transversal isotropen Piezoelektrizität lassen sich in vielen Fällen vereinfachen. Ein ebener Verzerrungszustand (EVZ) liegt bei einer Polarisierung in x_3-Richtung vor, wenn die mechanischen und elektrischen Felder unabhängig z.B. von x_2 sind. Mit $u_2 = 0$, $\varepsilon_{22} = \varepsilon_{32} = \varepsilon_{12} = 0$, $E_2 = 0$ reduziert sich das Stoffgesetz (4.202) dann auf

$$
\begin{bmatrix} \sigma_{11} \\ \sigma_{33} \\ \sigma_{31} \\ D_1 \\ D_3 \end{bmatrix} = \begin{bmatrix} c_{11} & c_{13} & 0 & 0 & -e_{31} \\ c_{13} & c_{33} & 0 & 0 & -e_{33} \\ 0 & 0 & c_{44} & -e_{15} & 0 \\ 0 & 0 & e_{15} & \epsilon_{11} & 0 \\ e_{31} & e_{33} & 0 & 0 & \epsilon_{33} \end{bmatrix} \begin{bmatrix} \varepsilon_{11} \\ \varepsilon_{33} \\ 2\varepsilon_{31} \\ E_1 \\ E_3 \end{bmatrix} , \qquad (4.207)
$$

und die Feldgleichungen lassen sich mit $\varepsilon_{ij} = (u_{i,j} + u_{j,i})/2$ folgendermaßen zusammenfassen:

$$c_{11}u_{1,11} + (c_{13} + c_{44})u_{3,13} + c_{44}u_{1,33} + (e_{31} + e_{15})\phi_{,13} = 0 \,,$$

$$c_{44}u_{3,11} + (c_{13} + c_{44})u_{1,31} + c_{33}u_{3,33} + e_{15}\phi_{,11} + e_{33}\phi_{,33} = 0 \,, \qquad (4.208)$$

$$e_{15}u_{3,11} + (e_{15} + e_{31})u_{1,13} + e_{33}u_{3,33} - \epsilon_{11}\phi_{,11} - \epsilon_{33}\phi_{,33} = 0 \,.$$

Besonders einfach gestaltet sich der longitudinale (nichtebene) Schubspannungszustand, für den $u_1 = u_3 = 0$, $E_3 = 0$ gilt. Bei einer Polarisierung wieder in x_3-Richtung vereinfacht sich das Stoffgesetz zu

$$
\begin{bmatrix} \sigma_{23} \\ \sigma_{12} \\ D_1 \\ D_2 \end{bmatrix} = \begin{bmatrix} c_{44} & 0 & 0 & -e_{15} \\ 0 & c_{44} & -e_{15} & 0 \\ 0 & e_{15} & \epsilon_{11} & 0 \\ e_{15} & 0 & 0 & \epsilon_{11} \end{bmatrix} \begin{bmatrix} 2\varepsilon_{23} \\ 2\varepsilon_{12} \\ E_1 \\ E_2 \end{bmatrix} , \qquad (4.209)
$$

und es folgen die Feldgleichungen

$$c_{44}\Delta u_3 + e_{15}\Delta\phi = 0 \,, \qquad e_{15}\Delta u_3 - \epsilon_{11}\Delta\phi = 0 \,, \qquad (4.210)$$

mit $\Delta(.) = \partial^2(.)/\partial x_1^2 + \partial^2(.)/\partial x_3^2$.

4.14.2 Der Riss im ferroelektrischen Material

Wir betrachten im weiteren einen Riss im ferroelektrischen Material mit zunächst noch beliebiger Polarisationsrichtung (Abb. 4.59). Ohne auf die Herleitung einzugehen ergibt sich unter der Annahme, dass die dielektrische Verschiebung entlang der Rissflanken verschwindet (impermeable Ränder: $D_2^- = D_2^+ = 0$) für das Rissspitzenfeld ($r \to 0$) ein Verhalten, das vom gleichen Typ ist wie beim rein elastischen Material:

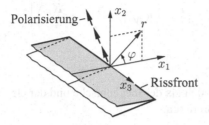

Abb. 4.59 Riss im ferroelektrischen Material

$$\sigma_{ij} \sim r^{-1/2}\,, \qquad u_i \sim r^{1/2}\,, \qquad D_i \sim r^{-1/2}\,, \qquad \phi \sim r^{1/2}\,. \qquad (4.211)$$

Danach hat die dielektrische Verschiebung genau wie die Spannungen an der Rissfront (Rissspitze) eine Singularität vom Typ $r^{-1/2}$. Das Feld lässt sich vollständig mittels der nunmehr insgesamt vier "Spannungsintensitätsfaktoren" K_I, K_{II}, K_{III} und K_{IV} beschreiben. Der Einfachheit halber seien hier nur die Größen vor der Rissspitze ($\varphi = 0$) angegeben, wobei wir uns auf das Koordinatensystem in Abb. 4.59 beziehen:

$$\sigma_{22} = \frac{K_I}{\sqrt{2\pi r}}\,, \qquad \sigma_{12} = \frac{K_{II}}{\sqrt{2\pi r}}\,, \qquad \sigma_{13} = \frac{K_{III}}{\sqrt{2\pi r}}\,, \qquad D_2 = \frac{K_{IV}}{\sqrt{2\pi r}}\,. \qquad (4.212)$$

Dementsprechend beschreibt K_{IV} die Stärke der singulären dielektrischen Verschiebung. Für die Energiefreisetzungsrate (Rissausbreitungskraft) beim geraden Rissfortschritt ergibt sich damit die Darstellung

$$\mathcal{G} = J = -\frac{\mathrm{d}\Pi}{\mathrm{d}a} = C_{MN}K_M K_N \qquad (M, N = I, II, III, IV)\,, \qquad (4.213)$$

wobei über M und N zu summieren ist. Darin ist $J = J_1$ die x_1-Komponente der Konfigurationskraft J_k nach (4.206), und die C_{MN} sind Materialkonstanten, die von der Polarisationsrichtung abhängen.

Ein technisch wichtiger Sonderfall liegt bei einer Polarisierung senkrecht zur Rissflanke vor, wie sie in Abb. 4.60a dargestellt ist. Man beachte, dass hier abweichend von den bisherigen Darstellungen die x_3-Achse senkrecht zur Rissflanke steht. Im Fall des EVZ, wenn die Felder unabhängig von x_2 sind und außerdem noch symmetrische Verhältnisse bezüglich der x_1-Achse vorliegen, verschwinden K_{II} und K_{III}. Es liegt dann eine Modus I Rissöffnung vor, und für $r \to 0$ ergeben sich hinter der Rissspitze ($\varphi = \pm\pi$)

$$u_3^{\pm} = \pm 4\sqrt{\frac{r}{2\pi}}\left(\frac{K_I}{c_T} + \frac{K_{IV}}{e}\right)\,, \qquad \phi^{\pm} = \pm 4\sqrt{\frac{r}{2\pi}}\left(-\frac{K_{IV}}{\epsilon} + \frac{K_I}{e}\right)\,. \qquad (4.214)$$

Darin kennzeichnen c_T, ϵ und e zusammengefasste elastische, dielektrische und piezoelektrische Materialeigenschaften, die sich durch die Materialkonstanten in (4.207) ausdrücken lassen. Die Energiefreisetzungsrate folgt damit zu

$$\mathcal{G} = \mathcal{G}_m + \mathcal{G}_e = \left[K_I \left(\frac{K_I}{c_T} + \frac{K_{IV}}{e} \right) \right] + \left[K_{IV} \left(-\frac{K_{IV}}{\epsilon} + \frac{K_I}{e} \right) \right]$$

$$= \frac{K_I^2}{c_T} - \frac{K_{IV}^2}{\epsilon} + 2 \frac{K_I K_{IV}}{e} \, . \tag{4.215}$$

Die beiden Anteile $\mathcal{G}_m$ und $\mathcal{G}_e$ lassen sich als der mechanische und der elektrische Teil der Energiefreisetzungsrate interpretieren.

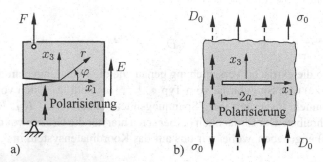

Abb. 4.60 Elektromechanische Rissbelastung

Aufgrund der elektromechanischen Kopplung treten bei einer rein mechanischen oder rein elektrischen Belastung im allgemeinen beide Spannungsintensitätsfaktoren K_I und K_{IV} auf. Bestimmte Belastungen können im Sonderfall aber auch nur einen einzigen K-Faktor zur Folge haben. Ein Beispiel hierfür ist der impermeable endliche Riss im unbeschränkten Gebiet nach Abb. 4.60b. Infolge einer Belastung durch σ_0 bzw. durch D_0 ergeben sich hier

$$K_I = \sigma_0 \sqrt{\pi a} \, , \qquad K_{IV} = D_0 \sqrt{\pi a} \, . \tag{4.216}$$

Der Rissspitzenzustand ist bei symmetrischer Rissbelastung eindeutig durch K_I und K_{IV} charakterisiert. Dementsprechend lässt sich ein Bruchkriterium für diesen Fall formal in der Form

$$f(K_I, K_{IV}) = 0 \tag{4.217}$$

angeben. Konkret vorgeschlagen wurden unter anderen die Kriterien

$$(A) \qquad \mathcal{G} = \mathcal{G}_c \, ,$$

$$(B) \qquad \mathcal{G}_m = \mathcal{G}_{mc} \, , \tag{4.218}$$

$$(C) \qquad K_I = K_{Ic} \, ,$$

wobei das Kriterium (A) häufig vorgezogen wird. Unabhängig vom gewählten Kriterium ist allerdings die Bestimmung sowohl der Beanspruchungsgrößen als auch der materialspezifischen kritischen Größen mit Unsicherheiten behaftet. Der Grund hierfür ist, dass die elektrischen Randbedingungen entlang des Risses bei realen Materialien oft nicht eindeutig festgelegt werden können.

4.15 Übungsaufgaben

Aufgabe 4.1 Für ein Rissspitzenfeld seien die folgenden Spannungsfunktionen gegeben:

$$\Phi(z) = A\sqrt{z}\,, \qquad \Psi(z) = -(\frac{1}{2}A - \overline{A})\sqrt{z}\,, \qquad \text{A rein imaginär.}$$

a) Man bestimme die Spannungen $\sigma_x, \sigma_y, \tau_{xy}$.

b) Um welchen Belastungsmodus handelt es sich und in welchem Zusammenhang steht die Konstante A mit dem K-Faktor?

Lösung: Reiner Modus II mit $K_I = 0$ und $K_{II} = -\sqrt{2\pi}\,\mathrm{Im}A$.

Aufgabe 4.2 Ein Riss in einer unendlichen Scheibe ist durch die linear veränderliche Spannung $\sigma_y^\infty = \sigma_0(b/a - x/a)$ belastet.

a) Man bestimme die K-Faktoren durch Integration der Grundlösung für den Riss unter Einzelkräften.

b) Unter welcher Voraussetzung gilt $K_I^+ = 0$, und was bedeutet dies anschaulich ?

Lösung: a) $K_I^\pm = \sigma_0\sqrt{\pi a}\left(\dfrac{b}{a} \mp \dfrac{1}{2}\right)$

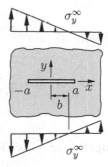

Abb. 4.61

b) Für $b = a/2$ ist $K_I^+ = 0$, d.h. an der rechten Rissspitze liegt dann keine Spannungssingularität vor.

Aufgabe 4.3 In dem skizzierten Stab aus einem Schichtwerkstoff breitet sich ein Riss in Richtung der Stabachse aus.

a) Bestimmen Sie die Energiefreisetzungsrate unter Verwendung der Stabtheorie.

b) Wie groß ist der Spannungsintensitätsfaktor im Fall $E_1 = E_2$, wenn angenommen wird, dass ein reiner Modus II vorliegt ?

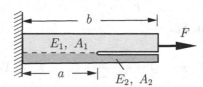

Abb. 4.62

Lösung: a) $\mathcal{G} = \dfrac{F^2 A_2 E_2}{2BA_1E_1(A_1E_1 + A_2E_2)}$,   b) $K_{II} = \sqrt{\dfrac{F^2 A_2}{2BA_1(A_1 + A_2)}}$

Aufgabe 4.4 Man bestimme für die skizzierten Proben die Energiefreisetzungsraten und die Spannungsintensitätsfaktoren näherungsweise mit der Energiemethode.

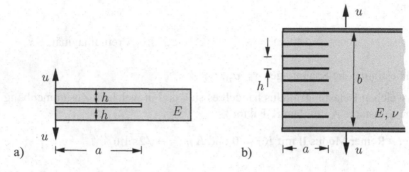

a)   b)

Abb. 4.63

Lösung: a) $\mathcal{G} = \dfrac{3\,u E h^3}{4\,a^4}$, $K_I = \dfrac{\sqrt{3}\,u\,E h^{3/2}}{2\,a^2}$

b) $\mathcal{G} = \dfrac{2\,u^2 E}{b(1 - \nu^2)}$, $K_I = uE\sqrt{\dfrac{2h}{b(b - h)(1 - \nu^2)}}$

Aufgabe 4.5 Die Konfiguration in Abb. 4.64 enthält einen Interfaceriss zwischen der dünnen elastischen Schicht und dem Substrat (Wärmedehnungskoeffizienten k_E and k_S). Das anfangs spannungsfreie System erfährt eine Temperaturänderung ΔT.

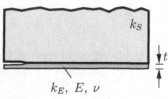

Abb. 4.64

Man bestimme die Energiefreisetzungsrate unter den Annahmen eines EVZ und dass die dünne Schicht die Temperaturdehnung des Substrats nicht beeinflusst.

Lösung: $\mathcal{G} = \dfrac{E\,t}{2(1 - \nu)}\,(k_S - k_E)^2\,\Delta T^2$.

Aufgabe 4.6 Wie groß sind die Rissablenkungswinkel φ für die beiden Konfigurationen in Abb. 4.65? Man verwende das Kriterium der maximalen Umfangsspannung und nehme $\tau_0 = \sigma_0/2$ an.

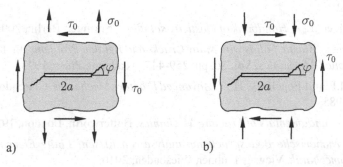

a)   b)

Abb. 4.65

Lösung: a) $\varphi = 40.2°$ b) $\varphi = -70.6°$.

4.16 Literatur

Aliabadi, M.H. and Rooke, D.P., *Numerical Fracture Mechanics*. Kluwer Acad. Publ., 1991

Anderson, T.L., *Fracture Mechanics; Fundamentals and Application*. CRC Press, Boca Raton, 2004

Bazant, Z.P. and Planas, J., *Fracture and Size Effects in Concrete and Other Quasibrittle Materials*. CRC Press, Boca Raton, 1997

Blumenauer, H., Pusch, G., *Technische Bruchmechanik*. DVG, Leipzig, 1993

Broberg, K.B., *Cracks and Fracture*. Academic Press, London, 1999

Broek, D., *Elementary Engineering Fracture Mechanics*. Nijhoff, The Hague, 1982

Broek, D., *The Practical Use of Fracture Mechanics*. Kluwer, Dordrecht, 1988

Cherepanov, G.P., *Mechanics of Brittle Fracture*. McGraw-Hill, New York, 1979

Cotterell, B. and Mai, Y.-W., *Fracture Mechanics of Cementitious Materials*. Blackie Academic & Professional, 1996

Cruse, T.A., *Boundary Element Analysis in Computational Fracture Mechanics*. Kluwer Acad. Publ., 1998

Edel, K.O., Einführung in die bruchmechanische Schadensbeurteilung. Springer, Berlin, 2015

Gdoutos, E.E., *Fracture Mechanics – An Introduction*. Kluwer, Dordrecht, 1993

Hahn, H.G., *Bruchmechanik*. Teubner, Stuttgart, 1976

Hellan, K., *Introduction to Fracture Mechanics*. McGraw-Hill, New York, 1985

Janssen, M., Zuidema, J. and Wanhill, R.J.H., Fracture Mechanics. DUP Blue Print, Delft 2002

Kachanov, M. et al., *Handbook of elasticity solutions*. Springer, Berlin, 2003

Kachanov, M., *Elastic Solids with Many Cracks and Related Problems*. In *Advances in Applied Mechanics*, Vol. 30, pp. 259-445, Academic Press, 1993

Kanninen, M.F. and Popelar, C.H., *Advanced Fracture Mechanics*. Clarendon Press, Oxford, 1985

Knott, J.F., *Fundamentals of Fracture Mechanics*. Butterworth, London, 1973

Kuna, M., *Numerische Beanspruchungsanalyse von Rissen: Finite Elemente in der Bruchmechanik*, Vieweg Teubner, Wiesbaden, 2010

Lawn, B., *Fracture of Brittle Solids*. Cambridge University Press, 1993

Lekhnitzkii, S.G., *Anisotropic Plates*, (Übersetzung der 2. russ. Aufl.), Gordon and Breach, New York, 1968

Liebowitz, H. (ed.), *Fracture – A Treatise*, Vol. 2, Chapter 1-3. Academic Press, London, 1973

Miannay, D.P., *Fracture Mechanics*. Springer, New York, 1998

Murakami, Y., *Stress Intensity Factors Handbook*. Pergamon Press, New York, 1987

Pikley, W.D., *Peterson's Stress Concentration Factors*. John Wiley, New York, 1997

Qin, Q.-H., *Fracture Mechanics in Piezoelectric Materials*. WIT Press, Southampton, 2001

Savin, G.N., Spannungserhöhung am Rande von Löchern. Verlag Technik, Berlin, 1956

Sih, G.C. (ed.), *Mechanics of Fracture*, Vol. 2, Noordhoff, Leyden, 1975

Sih, G.C., Paris, P.C., Irwin, G.R., On cracks in rectilinearly anisotropic bodies. Int. J. Fracture, **1**, 189-203, 1965

Suresh, S., *Fatigue of Materials*. Cambridge University Press, Cambridge, 1998

Tada, H., Paris, P. and Irwin, G., *The Stress Analysis of Cracks Handbook*. Del. Research Corp., St. Louis, 1985

Schwalbe, K.H., *Bruchmechanik metallischer Werkstoffe*. Hanser, München, 1980

Weertmann, J., *Dislocation Based Fracture Mechanics*. World Scientific, Singapore, 1998

Zehnder, A.T., *Fracture Mechanics*. Springer, Berlin, 2012

Zhang, Ch. and Gross, D., *On Wave Propagation in Elastic Solids with Cracks*. WIT Press, Southampton, 1997

Kapitel 5
Elastisch-plastische Bruchmechanik

5.1 Allgemeines

Belastet man ein Bauteil aus duktilem Material, das einen Riss enthält, so kommt es zunächst in der Umgebung der Rissspitze zur Plastizierung. Dies hat zur Folge, dass mit zunehmender Belastung die Spitze mehr und mehr abstumpft: der Riss öffnet sich. Gleichzeitig wächst der plastische Bereich an, was je nach Werkstoff und Bauteilgeometrie zur völligen Durchplastizierung führen kann. Bei einer bestimmten kritischen Belastung kommt es schließlich zur Initiierung des Risswachstums. In einem solchen Fall, wenn also kein Kleinbereichsfließen stattfindet, sondern größere plastische Zonen auftreten, kann die lineare Bruchmechanik nicht mehr angewendet werden. Die Bruchparameter und Bruchkonzepte, die wie das K–Konzept auf dem (außerhalb der Prozesszone) linear elastischen Materialverhalten basieren, haben dann ihre Bedeutung verloren. Man muss in diesem Fall vielmehr Parameter und Konzepte heranziehen, die dem nunmehr in größerem Bereich auftretenden plastischen Materialverhalten Rechnung tragen.

In der elastisch-plastischen Bruchmechanik haben sich zwei alternative Parameter zur Charakterisierung des Rissspitzenzustandes durchgesetzt. Der eine ist das von J. RICE (1968) vorgeschlagene *J–Integral*, welches in der Bedeutung eines Spannungs- bzw. Verformungsintensitätsfaktors und nicht etwa einer Energiefreisetzungsrate gebraucht wird. Beim zweiten handelt es sich um die *Rissspitzenöffnung* δ_t oder *CTOD* (= crack tip opening displacement), die ein Maß für den Deformationszustand an der Rissspitze sein soll. Dieser Vorschlag geht auf A.H. COTTRELL und A.A. WELLS (1963) zurück. Während J im wesentlichen durch die Deformationstheorie der Plastizität begründet wird, ist die Verwendung von δ_t eher experimentell und anschaulich motiviert. Wir werden allerdings zeigen, dass beide Größen meist direkt ineinander überführbar sind.

Bei der Behandlung von elastisch–plastischen Rissproblemen werden wir uns auf einfache Materialmodelle der zeitunabhängigen Plastizität, wie zum Beispiel auf das idealplastische Material oder auf die Deformationstheorie beschränken. Außerdem setzen wir voraus, dass die äußere Belastung monoton zunimmt; eine globale Entlastung oder gar eine Wechselbelastung sei ausgeschlossen. Nur dann ist es in wenigen Sonderfällen möglich, zu Lösungen in analytischer Form zu gelangen, die eine Basis für Bruchkonzepte bilden. Bei aufwendigen Materialmodellen oder bei der elastisch–plastischen Analyse von realen Bauteilen ist man dagegen auf numerische Methoden angewiesen. Wie schon in der linearen Bruchmechanik werden wir uns auch hier auf ebene Probleme mit geraden Rissen unter Modus I Belastung konzentrieren.

5.2 Dugdale Modell

In dünnen Platten aus duktilem Material beobachtet man häufig zungenförmige plastische Zonen vor der Rissspitze (Abb. 5.1a). Diese kommen im wesentlichen durch Gleiten in Schnitten unter $45°$ zur Plattenebene zustande, wodurch ihre Ausdehnung in y-Richtung auf die Größenordnung der Plattendicke beschränkt ist (vgl. Abschnitt 4.7.2).

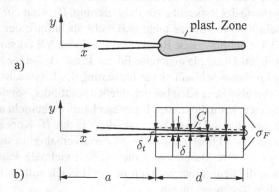

Abb. 5.1 Dugdale Modell

Eine einfache Modellierung des entsprechenden elastisch-plastischen Modus I–Problems geht auf D.S. DUGDALE (1960) zurück. Hierbei wird das Material als elastisch-idealplastisch angenommen und vorausgesetzt, dass die Ausdehnung der plastischen Zone in y-Richtung klein ist im Vergleich zu ihrer Länge d. Dann kann die plastische Zone als eine Linie (Streifen) angesehen werden, entlang welcher im ESZ nach der Trescaschen Fließbedingung die Fließspannung σ_F wirkt. Damit ist die Aufgabe auf das rein elastische Problem eines Risses zurückgeführt, der fiktiv um die Strecke d verlängert ist und dessen Rissflanken dort durch σ_F belastet sind (Abb. 5.1b). Die noch unbekannte Länge d folgt aus der Bedingung, dass die Spannungen nirgends die Fließspannung überschreiten dürfen. Danach darf an der Spitze des fiktiven Risses (= Ende der plastischen Zone) auch keine Spannungssingularität auftreten, d.h. der K–Faktor muss verschwinden. Ausdrücklich sei betont, dass die Länge der plastischen Zone in diesem Modell keinen Einschränkungen unterliegt; sie kann hier durchaus von der Größenordnung der Risslänge oder einer anderen charakteristischen Länge sein.

Entlang der fiktiven Rissverlängerung tritt eine Relativverschiebung der Rissufer um $\delta = v^+ - v^-$ auf. Diese nimmt an der Rissspitze den Wert δ_t (= Rissspitzenöffnung) an und ist am Ende der plastischen Zone Null. Interpretiert man δ als Resultat der plastischen Deformation, dann ist δ_t ein mögliches Maß für den Verformungs-zustand an der Rissspitze. Damit lässt sich ein elastisch–plastisches Bruchkriterium für die Initiierung des Rissfortschrittes in der Form

$$\boxed{\delta_t = \delta_{tc}} \tag{5.1}$$

postulieren. Darin ist die kritische Rissöffnung δ_{tc} ein Werkstoffkennwert.

Wir wollen nun noch das J–Integral bestimmen. Hierzu wählen wir zweckmäßig eine Kontur C, die entlang der unteren und der oberen Flanke des Fließstreifens verläuft (Abb. 5.1b). Nach (4.128) erhält man dann mit $dy = 0$ und $\tau_{xy} = 0$ für J den Ausdruck

$$J = -\sigma_F \int_a^{a+d} \frac{\partial}{\partial x} \left[v^+ - v^- \right] dx = -\sigma_F \left[\, \delta \, \right]_a^{a+d} \, .$$

Hieraus folgt wegen $\delta(a+d) = 0$ und $\delta(a) = \delta_t$ der einfache Zusammenhang

$$J = \sigma_F \, \delta_t \, . \tag{5.2}$$

Im Rahmen des Dugdale Modells ist danach ein Bruchkriterium

$$\boxed{J = J_c} \tag{5.3}$$

äquivalent zum δ_t–Kriterium (5.1). Darin ist $J_c = \sigma_F \, \delta_{tc}$ ein Materialkennwert, der angibt, wann Risswachstum einsetzt.

Wendet man das Dugdale Modell auf einen Riss der Länge $2a$ im unendlichen Gebiet unter einachsigem Zug an, so ergibt sich die in Abb. 5.2 dargestellte Kon-figuration. Dabei ist es zweckmäßig, die Lösung durch Superposition der beiden Lastfälle (1) „einachsiger Zug" und (2) „Rissflankenbelastung" zu gewinnen. Mit den Bezeichnungen nach Abb. 5.2 gilt für die entsprechenden K–Faktoren (vgl. Abschnitt 4.4.1)

$$K_I^{(1)} = \sigma \sqrt{\pi b} \, , \qquad K_I^{(2)} = -\frac{2}{\pi} \sigma_F \sqrt{\pi b} \, \arccos \frac{a}{b}$$

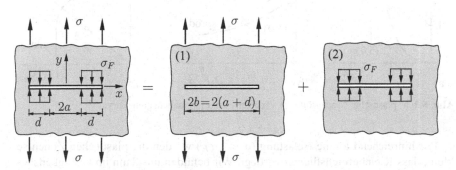

Abb. 5.2 Dugdale Modell beim Riss unter einachsigem Zug

und für die Verschiebungen in y-Richtung an der physikalischen Rissspitze ($x = a$)

$$v^{(1)}(a) = \frac{2\sigma}{E'} \sqrt{b^2 - a^2} \,,$$

$$v^{(2)}(a) = \frac{4\sigma_F}{\pi E'} \left[-\sqrt{b^2 - a^2} \arccos \frac{a}{b} + a \ln \frac{b}{a} \right] \,.$$

Aus der Bedingung $K_I^{(1)} + K_I^{(2)} = 0$ ergibt sich die Größe der plastischen Zone zu

$$d = b - a = a \left[\left(\cos \frac{\pi\sigma}{2\sigma_F} \right)^{-1} - 1 \right] \,. \tag{5.4}$$

Hiermit erhält man für die Rissspitzenöffnung (aus Symmetriegründen ist $v^- = -v^+$)

$$\delta_t = 2 \left[v^{(1)}(a) + v^{(2)}(a) \right] = \frac{8\,\sigma_F}{\pi E'} \, a \ln \left(\cos \frac{\pi\sigma}{2\,\sigma_F} \right)^{-1} \tag{5.5}$$

und für das J–Integral

$$J = \sigma_F \delta_t = \frac{8\,\sigma_F^2}{\pi E'} \, a \ln \left(\cos \frac{\pi\sigma}{2\,\sigma_F} \right)^{-1} \,. \tag{5.6}$$

In Abb. 5.3a ist die Größe der plastischen Zone nach (5.4) dargestellt. Dieses Ergebnis steht für $\sigma \tilde{<} 0,9\ \sigma_F$ in guter Übereinstimmung mit experimentellen Resultaten. Für $\sigma \to \sigma_F$ ergibt sich $d \to \infty$, was einer völligen Durchplastizierung entspricht. Dann ist die *Grenzlast* (limit load) erreicht, und Versagen tritt durch *plastischen Kollaps* auf.

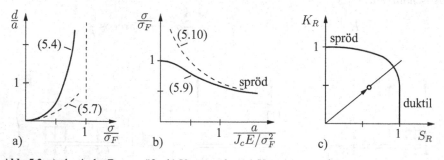

Abb. 5.3 a) plastische Zonengröße, b) Versagenslast, c) Versagensgrenzkurve

Für hinreichend kleine Belastung ($\sigma \ll \sigma_F$) werden die plastischen Zonen so klein, dass Kleinbereichsfließen vorliegt. Wir befinden uns dann im Gültigkeitsbereich der linearen Bruchmechanik. In diesem Fall erhält man mit

$$\left(\cos\frac{\pi\sigma}{2\sigma_F}\right)^{-1} \approx 1 + \frac{1}{2}\left(\frac{\pi\sigma}{2\sigma_F}\right)^2 \quad \text{und} \quad \sigma\sqrt{\pi a} = K_I$$

aus (5.4) die plastische Zonengröße

$$d = 2r_p^D = \frac{a}{2}\left(\frac{\pi\sigma}{2\sigma_F}\right)^2 = \frac{\pi}{8}\left(\frac{K_I}{\sigma_F}\right)^2 . \tag{5.7}$$

Dabei deutet der Buchstabe D an, dass sie mit dem Dugdale Modell bestimmt wurde. Analog ergibt sich für δ_t und für J in diesem Grenzfall

$$\delta_t = \frac{K_I^2}{E'\sigma_F}, \qquad J = \frac{K_I^2}{E'} . \tag{5.8}$$

Dies bedeutet, dass die Bruchkriterien (5.1) und (5.3) der elastisch–plastischen Bruchmechanik im Fall des Kleinbereichsfließens in die Bruchkriterien der linearen Bruchmechanik (K–Konzept) übergehen. Die Ausdehnung der plastischen Zone nach (5.7) stimmt größenordnungsmäßig gut mit der Irwinschen Abschätzung (4.135) für den ESZ überein.

Setzt man (5.6) in das Bruchkriterium (5.3) ein, so erhält man für den allgemeinen elastisch-plastischen Fall mit beliebig großen plastischen Zonen

$$\frac{8}{\pi}\ln\left(\cos\frac{\pi\sigma}{2\sigma_F}\right)^{-1} = \frac{J_c E}{\sigma_F^2}\frac{1}{a} . \tag{5.9}$$

Hieraus folgt im Spezialfall der linearen Bruchmechanik ($\sigma \ll \sigma_F$)

$$\pi\left(\frac{\sigma_{\text{lin}}}{\sigma_F}\right)^2 = \frac{J_c E}{\sigma_F^2}\frac{1}{a} . \tag{5.10}$$

Diese Beziehungen beschreiben bei gegebenen Materialparametern J_c, E, σ_F die Abhängigkeit der Versagenslast σ von der Risslänge a im allgemeinen elastisch-plastischen Fall bzw. im linearen Fall. Abb. 5.3b zeigt, dass für kleine a duktiles Versagen vorherrscht; die Versagenslast liegt hier in der Nähe der plastischen Grenzlast. Für große a befindet man sich dagegen im Bereich der linearen Bruchmechanik; Versagen wird dann spröd erfolgen.

Eine von der Risslänge unabhängige Darstellung der Versagensbedingung lässt sich gewinnen, wenn man (5.9) in (5.10) einsetzt. Mit den Bezeichnungen $\sigma/\sigma_{\text{lin}} = K_I/K_{Ic} = K_R$ und $\sigma/\sigma_F = S_R$ ergibt sich auf diese Weise die *Versagensgrenzkurve* (failure assessment curve)

$$K_R = S_R\left[\frac{8}{\pi^2}\ln\left(\cos\frac{\pi}{2}S_R\right)^{-1}\right]^{-1/2} . \tag{5.11}$$

Man kann sie als Versagensbedingung im elastisch-plastischen Bereich zwischen den beiden Grenzfällen des Sprödbruchs ($K_R = 1$) und des plastischen Kollapses ($S_R = 1$) interpretieren (Abb. 5.3c). Wegen der direkten Proportionalität von K_I

und σ ist ein Belastungsvorgang im Diagramm durch die Bewegung eines Punktes auf einem radialen Strahl nach außen gekennzeichnet. Der Abstand des Punktes zur Grenzkurve kann als ein Maß für die Sicherheit gegenüber Versagen angesehen werden.

Obwohl (5.11) genaugenommen nur für das Beispiel nach Abb. 5.2 gilt, wird diese Beziehung wegen ihrer Einfachheit in den technischen Anwendungen häufig auch auf andere Risskonfigurationen bzw. Bauteile angewendet. Dabei ersetzt man σ durch die Bauteilbelastung P und σ_F durch die entsprechende plastische Grenzlast P_G und sieht (5.11) als universell gültig an.

Das Dugdale Modell ist trotz seiner Einfachheit in der Lage, die wesentlichen Phänomene beim elastisch-plastischen Bruch zu beschreiben. Obwohl ursprünglich nur für dünne Platten im ESZ gedacht, wird es vielfach auch im EVZ oder in modifizierter Form bei dreidimensionalen Problemen (z.B. beim kreisförmigen Riss) angewendet und führt dort zu technisch befriedigenden Resultaten. Seine Grundidee der Modellierung plastischer Bereiche durch Fließstreifen lässt sich vielfältig variieren. So kann man zum Beispiel von mehreren gegeneinander geneigten Fließstreifen ausgehen oder die Verfestigung durch eine geänderte Spannungsverteilung entlang des Fließstreifens berücksichtigen.

5.3 Kohäsivzonenmodelle

Beim Dugdale Modell ist die plastische Zone auf einen Streifen reduziert, entlang dem die beiden Rissflanken mit der Spannung σ_F aufeinander einwirken. Die Grundidee der Kraftwechselwikung der beiden Rissflanken lässt sich auf auf viele andere Bruchvorgänge übertragen, bei denen der Bruchprozess in einer schmalen Zone – der sogenannten *Kohäsivzone* – lokalisiert ist. Die entsprechenden Modelle werden als *Kohäsivzonenmodelle* bezeichnet. Sie haben in den vergangenen Jahren eine weite Verbreitung gefunden und lassen eine sachgerechte Beschreibung vieler Bruchvorgänge mit streifenförmiger Prozesszone zu. Zu den Anwendungsgebieten gehören unter anderen duktile Metalle, faserverstärkte Materialien, Keramiken, Beton und Bruchvorgänge in der Grenzfläche zwischen zwei Materialien.

Das erste Kohäsivmodell wurde von 1959 G.I. BARENBLATT zur Beschreibung des perfekten Sprödbruchs eines linear elastischen Körpers vorgeschlagen. Obwohl das Modell im Vergleich zum K-Konzept keine Vorteile bietet, sei es hier wegen der typischen Vorgehensweise kurz vorgestellt. Beim Barenblatt Modell wird die Prozesszone vor der physikalischen Rissspitze als Kohäsivzone der Länge d aufgefasst, in der es zur Separation der um d verlängerten Rissflanken kommt (Abb. 5.4a). Über die Länge d wirken intermolekulare *Kohäsionsspannungen* σ^{coh}, die von der Separation δ abhängig sind und die qualitativ den in Abb. 5.4b dargestellten Verlauf haben (vgl. auch Abb. 3.1). Im weiteren werden die folgenden drei Annahmen gemacht: 1. die Kohäsionszone ist klein im Vergleich zu allen anderen Abmessungen, d.h. $d \ll a$, 2. der Verlauf der Separation δ bzw. der Kohäsionsspannung σ^{coh} in der Kohäsionszone ist für ein gegebenes Material immer gleich und unabhängig

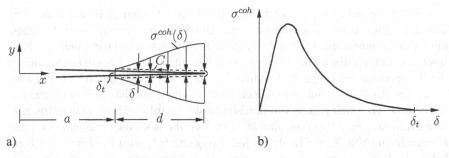

Abb. 5.4 Barenblatt Modell: a) Kohäsionszone, b) Kohäsionsspannung

von der äußeren Belastung, 3. die gegenüberliegenden Rissflanken schmiegen sich am Ende der Kohäsionszone glatt aneinander an. Letzteres ist gleichbedeutend mit der Forderung, dass der Spannungsintensitätsfaktor an der fiktiven Rissspitze verschwindet, d.h. dass die Spannungen immer beschränkt bleiben. Diese Bedingung lässt sich durch $K_I + K_I^{coh} = 0$ ausdrücken, wobei K_I und K_I^{coh} die K-Faktoren infolge alleine der äußeren Belastung und infolge alleine der Kohäsionsspannungen sind. Für K_I^{coh} erhält man unter Verwendung von Lastfall 4 aus Tabelle 4.1 das Ergebnis

$$K_I^{coh} = -\frac{\sqrt{2}}{\sqrt{\pi}} T \quad \text{mit} \quad T = \int_a^{a+d} \frac{\sigma^{coh}(x)}{\sqrt{x}} \mathrm{d}x \,, \tag{5.12}$$

wobei T der von Barenblatt eingeführte *Kohäsionsmodul* ist. Man kann ihn als ein Maß für den Zustand in der Prozesszone betrachten. Wegen $d \ll a$ gilt für den K-Faktor infolge der äußeren Belastung $K_I(a) = K_I(a+d)$, was wegen $K_I + K_I^{coh} = 0$ den einfachen Zusammenhang

$$T = \frac{\sqrt{2}}{\sqrt{\pi}} K_I \tag{5.13}$$

liefert. Dementsprechend sind das Versagenskonzept auf der Basis des Barenblattschen Kohäsionsmoduls ($T = T_c$) und das K-Konzept ($K_I = K_{Ic}$) völlig gleichwertig. Die Gleichwertigkeit mit dem Griffithschen Konzept der Energiefreisetzungsrate lässt sich ebenfalls einfach zeigen. Zu diesem Zweck bestimmen wir zweckmäßig das J-Integral wobei wir die Kontur C wie beim Dugdale Modell entlang der Rissflanken in der Kohäsionszone wählen. Dann erhält man aus (4.128)

$$J = -\int\limits_a^{a+d} \sigma^{coh}(x)\frac{\mathrm{d}}{\mathrm{d}x}[v^+ - v^-]\mathrm{d}x = -\int\limits_a^{a+d} \sigma^{coh}(x)\frac{\mathrm{d}\delta}{\mathrm{d}x}\mathrm{d}x = \int\limits_0^{\delta_t} \sigma^{coh}(\delta)\mathrm{d}\delta \,. \tag{5.14}$$

Wegen $J = \mathcal{G}$ ist die Energiefreisetzungsrate also eindeutig durch die Fläche unter der $\sigma^{coh}(\delta)$-Kurve gegeben.

Im Unterschied zum Barenblatt Modell für den Sprödbruch ist die Länge der kohäsiven Prozesszone bei vielen anderen Bruchvorgängen nicht klein. Daneben muss das Grundmaterial nicht unbedingt elastisch sein sondern kann sich zum Beispiel elastisch-plastisch oder viskoelastisch verhalten. Abb. 5.5 zeigt schematisch die Prozesszone für einige Materialien. Sie ist in der Regel durch *Brücken* zwischen den Rissflanken gekennzeichnet, über welche die Kohäsivkräfte übertragen werden. Deren Abhängigkeit von der Separation δ wird durch ein materialspezifisches Kohäsivgesetz $t(\delta)$ ausgedrückt, wobei wir die Kohäsionsspannung jetzt mit t bezeichnen (Abb. 5.5f). Durch das Kohäsivgesetz $t(\delta)$ wird das lokale Stoffverhalten der Kohäsivzone in Form eines Spannungs-Separationsgesetzes beschrieben. Dieses Stoffgesetz unterscheidet sich aufgrund der dort stattfindenden Bruchprozesse deutlich von dem des umgebenden Materials. Durch das Kohäsivgesetz ist die spezifische Separationsarbeit

$$\mathcal{G}_c = \int_0^{\delta_c} t(\delta)\,\mathrm{d}\delta \qquad (5.15)$$

eindeutig festgelegt (vgl. Abb. 5.5f). Sie entspricht der Energiefreisetzungsrate und dem J-Integral, wenn sich das umgebende Material elastisch verhält (vgl. auch (5.14)ff).

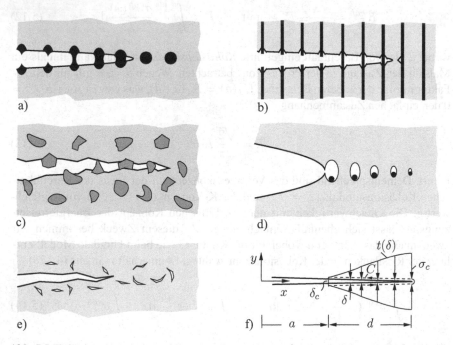

Abb. 5.5 Kohäsivzone (schematisch): a) metallpartikelverstärkte Keramik; b) Faserverbundwerkstoff; c) heterogene Keramik, Beton; d) duktiler Werkstoff mit Hohlraumbildung; e) spröder Werkstoff mit Mikrorissen; f) Kohäsivzonenmodell

Je nach Material und charakteristischen Bruchprozess werden für das Kohäsiv-gesetz unterschiedliche Ansätze verwendet. So wurde für spröde Metalle oder Partikel-Matrix Komposite in Anlehnung an den Trennvorgang von Atomebenen nach Abb. 3.1 ein Exponentialgesetz der Form

$$t = e\,\sigma_c\,\frac{\delta}{\delta_0}\,e^{-\delta/\delta_0} \quad \text{mit} \quad e \approx 2,72 \tag{5.16}$$

vorgeschlagen (Abb. 5.6a). Darin sind σ_c die Maximalspannung und δ_0 die zu-gehörige Separation. Die spezifische Bruchflächenarbeit nach (5.15) ist für diesen Ansatz durch $\mathcal{G}_c = e\,\sigma_c\,\delta_0$ gegeben. Ein gewisser Nachteil des Exponentialgeset-zes ist, dass die Kohäsivspannung genau genommen erst für $\delta \to \infty$ verschwin-det. Andere Kohäsivgesetze sind zum Beispiel durch den trapezförmigen oder die bilinearen Verläufe in den Bildern 5.6b-d gegeben. Sie wurden vorgeschlagen für die Modellierung des Rissfortschrittes in elastisch-plastischen Materialien oder in der Zwischenschicht von Klebeverbindungen (Abb. 5.6b), der Delamination von geschichteten Materialien (Abb. 5.6c) und des Versagens von Beton oder zementar-tigen Werkstoffen (Abb. 5.6d).

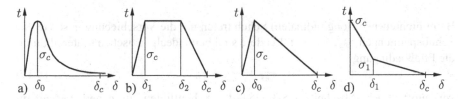

Abb. 5.6 Kohäsivgesetze

Das Kohäsivgesetz ist durch einige Parameter eindeutig bestimmt, deren Zahl sich im günstigsten Fall (z.B. beim Exponentialgesetz (5.16)) auf zwei reduzieren lässt. In letzteren Fall lassen sie sich aus den beiden charakterischen Materialpara-metern a) der Bruchspannung (Bruchfestigkeit) σ_c und b) der spezifischen Separa-tionsarbeit $\mathcal{G}_c$ experimentell relativ einfach bestimmen.

Bei einer allgemeinen Belastung kommt es nicht nur zu einer Modus I-Separation δ_n normal zur Trennfläche sondern die einander gegenüberliegenden Punkte erfah-ren wie beim Modus II bzw. Modus III auch eine Relativverschiebung δ_t tangential zur Trennfläche. In diesem Fall bietet es sich an, das Kohäsivgesetz vektoriell zu formulieren: $t = f(\delta)$ mit $t = t_n e_n + t_t e_t$ und $\delta = \delta_n e_n + \delta_t e_t$. Hierauf sei hier jedoch nicht näher eingegangen.

Kohäsivzonenmodelle eignen sich sehr gut zur numerischen Behandlung von Bruchvorgängen im Rahmen der Finite-Elemente-Methode. Die Kohäsivzone wird dabei mit Hilfe sogenannter Kohäsivelemente diskretisiert, die sich durch eine ver-schwindende Ausgangsdicke auszeichnen und deren Verhalten durch das Spannungs-Separationsgesetz gegeben ist.

Zum Schluss sei noch auf die Möglichkeit hingewiesen, Kohäsivgesetze aus mikromechanischen Schädigungsmodellen abzuleiten, wie sie in den Abschnitten 9.3 und 9.4 diskutiert werden.

5.4 Rissspitzenfeld

Wie in der linearen Bruchmechanik spielt das Feld in der Umgebung der Rissspitze auch in der elastisch plastischen Bruchmechanik eine fundamentale Rolle. Im folgenden werden wir die Rissspitzenfelder für einige Materialmodelle behandeln. Der Einfachheit halber beschränken wir uns hierbei teilweise auf den Modellfall des Modus III.

5.4.1 Idealplastisches Material

5.4.1.1 Longitudinaler Schub, Modus III

Beim nichtebenen (longitudinalen) Schub treten nur die Verschiebung w sowie die Schubspannungen τ_{xz}, τ_{yz} auf. Letztere sind beim idealplastischen Material durch die Fließbedingung

$$\tau_{xz}^2 + \tau_{yz}^2 = \tau_F^2 \tag{5.17}$$

verknüpft. Nach Abschnitt 1.5.3 sind die Schnittlinien, in denen τ_F auftritt (= α–Linien), immer Geraden; in Schnitten senkrecht dazu ist die Schubspannung Null. Für die Umgebung einer Rissspitze mit belastungsfreien Rissflanken erfüllt dementsprechend ein Liniensystem nach Abb. 5.7 die Randbedingungen. Führt man Polarkoordinaten r, φ ein (φ fällt hier mit dem Winkel ϕ nach Abschnitt 1.5.2 zusammen), dann gilt für die Spannungen im Bereich des Fächers ($|\varphi| \leq \pi/2$)

$$\tau_{\varphi z} = \tau_F \,, \qquad \tau_{rz} = 0 \,. \tag{5.18}$$

Entlang einer α–Linie ist der Verschiebungszuwachs $\mathrm{d}w$ konstant, d.h. im Bereich des Fächers gilt $\mathrm{d}w = \mathrm{d}w(\varphi)$ und folglich $\mathrm{d}\gamma_{rz} = \partial(\mathrm{d}w)/\partial r = 0$. Das

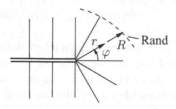

Abb. 5.7 α-Linien im Modus III

Verzerrunginkrement $d\gamma_{\varphi z} = \partial(dw)/r\partial\varphi$ lässt sich ermitteln, wenn wir annehmen, dass uns $d\gamma_{\varphi z}(R)$ entlang des Randes $R(\varphi)$ der plastischen Zone bekannt ist:

$$d\gamma_{\varphi z}(r, \varphi) = \frac{R(\varphi)}{r}\, d\gamma_{\varphi z}(R)\,. \qquad (5.19)$$

Setzen wir einen undeformierten Ausgangszustand voraus, so erhält man daraus durch Integration

$$\gamma_{\varphi z} = \frac{1}{r}\frac{\partial w}{\partial\varphi} = \frac{R(\varphi)}{r}\,\gamma_{\varphi z}(R)\,, \qquad w = \int\limits_0^\varphi R(\varphi)\gamma_{\varphi z}[R(\varphi)]d\varphi\,; \qquad (5.20)$$

dabei wurde $w(\varphi = 0) = 0$ gesetzt. Die Beziehungen (5.17) bis (5.20) gelten im Bereich des Fächers allgemein, d.h. auch für beliebig große plastische Zonen. Sie zeigen, dass die Spannungen durch die Fließspannung beschränkt sind, während die Verzerrungen an der Rissspitze eine $1/r$–Singularität besitzen.

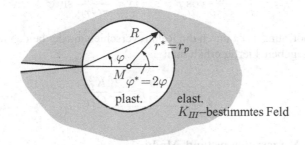

Abb. 5.8 Plastische Zone im elastischen Rissspitzenfeld

Die Spannungen (5.18) lassen sich auch in anderer Form darstellen. So lauten die kartesischen Komponenten $\tau_{xz} = -\tau_F \sin\varphi$ und $\tau_{yz} = \tau_F \cos\varphi$. Entlang eines Kreises dessen Mittelpunkt M im Abstand r^* vor der Rissspitze liegt (Abb. 5.8) folgt daraus mit dem Winkel φ^* die Darstellung

$$\tau_{xz} = -\tau_F \sin\frac{\varphi^*}{2}\,, \qquad \tau_{yz} = \tau_F \cos\frac{\varphi^*}{2}\,. \qquad (5.21)$$

Dies entspricht bis auf einen Faktor genau den Spannungen, die sich nach der elastischen Nahfeldlösung (4.6) auf einem Kreis um eine Rissspitze bei M ergeben (dabei sind in (4.6) der Abstand r und der Winkel φ durch die hier benutzten Größen r^* und φ^* zu ersetzen). Man kann diese Tatsache ausnutzen, um eine exakte Lösung für den Fall des Kleinbereichsfließen zu konstruieren. Hierbei ist der plastische Bereich von einem elastischen Bereich umgeben, in welchem die elastische Nahfeldlösung gilt. An der Grenze zwischen beiden Bereichen müssen die Übergangsbedingungen erfüllt sein, das heißt, die Spannungen aus der Lösung im plastischen Bereich und aus der Lösung im elastischen Bereich müssen übereinstimmen. Dies ist in unserem Fall offenbar zu erreichen, wenn man (5.21) mit (4.6) unter Beachtung der unterschiedlichen Notation gleichsetzt: $\tau_F = K_{III}/\sqrt{2\pi r^*}$. Die plastische Zone ist also ein Kreis vor der Rissspitze mit dem Radius

$$r_p = r^* = \frac{1}{2\pi}\left(\frac{K_{III}}{\tau_F}\right)^2 . \tag{5.22}$$

Das gleiche Ergebnis für r_p erhält man übrigens, wenn man die plastische Zone nach Irwin aus der elastischen Nahfeldlösung abschätzt (vgl. auch Abschnitt 4.7.1). Mit (5.22) gilt für den Rand $R(\varphi)$ der plastischen Zone und für die dort auftretende Verzerrung $\gamma_{\varphi z}(R)$

$$R(\varphi) = 2r_p\cos\varphi = \frac{1}{\pi}\left(\frac{K_{III}}{\tau_F}\right)^2\cos\varphi , \qquad \gamma_{\varphi z}(R) = \frac{\tau_F}{G} . \tag{5.23}$$

Aus (5.19) und (5.20) folgen damit im plastischen Bereich

$$\gamma_{\varphi z} = \frac{1}{r}\frac{K_{III}^2}{\pi G\tau_F}\cos\varphi , \qquad w = \frac{K_{III}^2}{\pi G\tau_F}\sin\varphi . \tag{5.24}$$

Die Rissspitzenöffnung δ_t ist durch die Relativverschiebung der beiden Rissufer an der Rissspitze gegeben; hierfür erhält man

$$\delta_t = w(\frac{\pi}{2}) - w(-\frac{\pi}{2}) = \frac{2}{\pi}\frac{K_{III}^2}{G\tau_F} . \tag{5.25}$$

5.4.1.2 Ebener Verzerrungszustand, Modus I

Das Feld in der Umgebung der Rissspitze lässt sich auch in diesem Fall mittels der Gleitlinientheorie nach Abschnitt 1.5.3 ermitteln. Aus Symmetriegründen können wir uns dabei auf die obere Halbebene ($y \geq 0$) beschränken (Abb. 5.9a). Entlang der belastungsfreien Rissufer und der x-Achse vor der Rissspitze (=Symmetrielinie) ist $\tau_{xy} = 0$. Die Gleitlinien müssen dort also unter 45° einmünden. Die Verbindung zwischen den auf diese Weise gebildeten Bereichen A und C wird durch den Viertelkreisfächer B hergestellt. Ein entsprechendes Gleitlinienfeld wird nach L. PRANDTL auch *Prandtl–Feld* genannt. Mit den im Bild gewählten Bezeichnungen erhält man damit am Rissufer ($\phi = 3\pi/4$, $\sigma_y = 0$, $\tau_{xy} = 0$) aus (1.130) den „Startwert" $\sigma_m = k$. Läuft man von da aus entlang einer β-Linie durch A , B und C ($\phi^A = 3\pi/4$, $\phi^B = \varphi$, $\phi^C = \pi/4$), so liefern die Henckyschen Gleichungen (1.131)

$$\sigma_m^A = k , \qquad \sigma_m^B = k(1 + 3\pi/2 - 2\varphi) , \qquad \sigma_m^C = k(1 + \pi) . \tag{5.26}$$

Hieraus ergibt sich nach (1.130) für die Spannungen in den einzelnen Bereichen

$$\begin{pmatrix} \sigma_x \\ \sigma_y \\ \tau_{xy} \end{pmatrix} = \frac{\sigma_F}{\sqrt{3}} \begin{pmatrix} \overset{\text{Bereich A}}{2} & \left|\overset{\text{Bereich B}}{1 + 3\pi/2 - 2\varphi - \sin 2\varphi}\right. & \overset{\text{Bereich C}}{\pi} \\ 0 & \left.1 + 3\pi/2 - 2\varphi + \sin 2\varphi\right| & 2 + \pi \\ 0 & \cos 2\varphi & 0 \end{pmatrix} , \tag{5.27}$$

wobei für k nach von Mises der Wert $k = \sigma_F/\sqrt{3}$ eingesetzt wurde. Rechnet man dies noch in die Komponenten in Polarkoordinaten um, so folgen die in Abb. 5.9b dargestellten Verläufe.

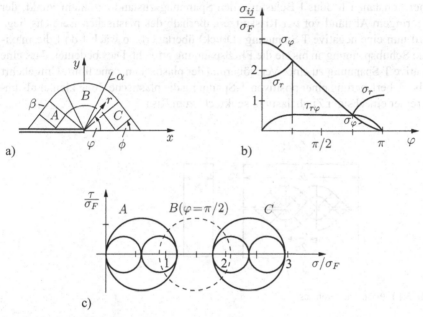

a)

b)

c)

Abb. 5.9 Rissspitzenfeld für idealplastisches Material

Durch (5.27) und (5.26) ist wegen $\sigma_z = \sigma_m$ der Spannungszustand im Rissspitzenbereich vollständig festgelegt. Abb. 5.9c zeigt die zugehörigen Mohrschen Kreise in den drei Bereichen. Man erkennt, dass vor der Rissspitze (Bereich C) der hydrostatische Anteil am Spannungszustand relativ hoch ist. Man kann dies als einen Hinweis dafür ansehen, dass dort ein mikroskopisches Porenwachstum begünstigt wird.

Entlang der Gleitlinien sind die Gleitungsänderungen maximal und die Dehnungsänderungen (in Gleitlinienrichtung) Null. Es lässt sich zeigen, dass dies für die Verzerrungen im Fächerbereich B ein Verhalten der Art

$$\varepsilon_{ij} = \frac{1}{r} \widetilde{\varepsilon}_{ij}(\varphi) \tag{5.28}$$

zur Folge hat. Wie im Modus III tritt eine $1/r$–Verzerrungssingularität auf. Die Bestimmung der Größe von ε_{ij} im gesamten plastischen Bereich und damit auch der
Rissöffnung setzt die Kenntnis von ε_{ij} entlang einer Berandung voraus (d.h. zum
Beispiel an der Grenze zwischen plastischem und elastischem Bereich). Deren Ermittlung ist allerdings bislang mit analytischen Methoden nicht gelungen.

Das Risssitzefeld (5.27) beschreibt zunächst nur den Zustand an einer Rissspitze
unter reiner Modus I Zugbelastung senkrecht zum Riss. Die Lösung bleibt jedoch
auch gültig, wenn zusätzlich eine Rissparallele T-Spannung überlagert wird. In diesem Fall ändert sich lediglich die Größe ihres Gültigkeitsbereichs, d.h. die Größe der
plastischen Zone. Um dies qualitativ zu veranschaulichen, betrachten wir bei gegebener konstanter Modus I Belastung den Spannungszustand an einem Punkt, der
in geringem Abstand vor der Rissspitze außerhalb des plastischen Bereichs liegt.
Wird nun eine negative T-Spannung (Druck) überlagert, so wächst dort die maximale Schubspannung an bis sie die Fließspannung erreicht. Dies bedeutet, dass eine
negative T-Spannung zu einer Vergrößerung der plastischen Zone führt. Umgekehrt
ist bei Überlagerung einer positiven T-Spannung die plastische Zone kleiner als unter reiner einachsiger Zugbelastung senkrecht zum Riss.

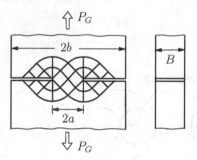

Abb. 5.10 Plastische Grenzlast

Die Lösung (5.27) gibt die Möglichkeit, die plastische Grenzlast P_G für die Risskonfiguration nach Abb. 5.10 unmittelbar zu berechnen. Entsprechend dem dargestellten Gleitlinienfeld, welches für $b \gg a$ gültig ist, tritt zwischen den beiden Rissspitzen die Spannung $\sigma_y = \sigma_F(2 + \pi)/\sqrt{3}$ auf. Damit wird die Grenzlast

$$P_G = \sigma_y 2aB = \frac{2(2 + \pi)}{\sqrt{3}}\, aB\sigma_F\,. \tag{5.29}$$

Wir wollen hier noch kurz eine weitere wichtige Lösung für ein Rissspitzenfeld in ideal-plastischem Material diskutieren. Es wurde bereits erwähnt, dass der
hohe hydrostatische Spannungsanteil vor einer Risssitze in duktilen Materialien zu
Porenwachstum führt. Dieser Effekt tritt noch deutlicher zutage, wenn die etwas
realistischere Situation an einer abgerundeten Rissspitze nach Abb. 5.11 betrachtet
wird. Die Spannungsverteilung kann auch in diesem Fall mit Hilfe der Gleitlinientheorie berechnet werden. Für $y = 0$ lautet sie in kartesischen Koordinaten

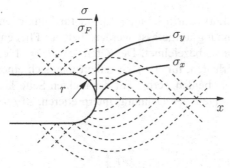

Abb. 5.11 Abgerundete Rissspitze in idealplastischem Material

$$\sigma_y = \frac{2\sigma_F}{\sqrt{3}} \left[1 + \ln \left(1 + \frac{x}{r} \right) \right] , \qquad \sigma_x = \frac{2\sigma_F}{\sqrt{3}} \ln \left(1 + \frac{x}{r} \right) . \tag{5.30}$$

Die Gleitlinien sind nun logarithmische Spiralen, die vom spannungsfreien Rand unter Winkeln von $45°$ ausgehen. Im Gegensatz zur entsprechenden rein elastischen Lösung nimmt die vertikale Spannung σ_y hier mit zunehmendem Abstand von der Rissspitze zu. Die maximale hydrostatische Spannung in der (von außen durch das elastische Feld begrenzten) plastischen Zone tritt somit ein einem gewissen Abstand vor der Rissspitze auf. Dies bedeutet, dass Porenwachstum im Innern des Materials vor der Rissspitze zu erwarten ist. Die Ausdehnung der plastischen Zone und die genaue Lage der maximalen hydrostatischen Spannung können nicht im Rahmen der Gleitlinientheorie allein (starr-idealplastisches Material) ermittelt werden; hierzu ist eine elastisch-plastische Analyse notwendig.

Die Approximation des plastischen Materialverhaltens durch ein idealplastisches Material kann nicht vollständig befriedigen. Zwar liefert die Analyse eine Aussage über den singulären Charakter des Verzerrungsfeldes an der Rissspitze, sie legt direkt aber keinen Parameter nahe, der in einem Bruchkriterium Verwendung finden sollte. Daneben ist dieses Materialmodell nicht in der Lage, eine Verfestigung zu beschreiben, die bei vielen Werkstoffen zu beobachten ist. Eine Modellierung, bei der diese Nachteile nicht auftreten, wird im nächsten Abschnitt beschrieben.

5.4.2 Deformationstheorie, HRR−Feld

Im Rahmen der Deformationstheorie (vgl. Abschnitt 1.3.3.3) betrachten wir ein verfestigendes Material, dessen einachsige Spannungs–Dehnungs–Kurve durch das *Ramberg–Osgood–Gesetz*

$$\frac{\varepsilon}{\varepsilon_0} = \frac{\sigma}{\sigma_0} + \alpha \left(\frac{\sigma}{\sigma_0} \right)^n \tag{5.31}$$

approximiert wird (Abb. 5.12a). Darin können ε_0, σ_0 für hinreichend kleines α als die Dehnung bzw. Spannung aufgefasst werden, bei der Fließen einsetzt; n wird als *Verfestigungsexponent* bezeichnet. Der Grenzfall $n = 1$ entspricht einem vollständig linearen Verhalten, für $n \to \infty$ nähert man sich einem elastisch-idealplastischen Material. Die beiden Terme auf der rechten Seite lassen sich als elastischer und plastischer Anteil der Dehnung interpretieren: $\varepsilon^e/\varepsilon_0 = \sigma/\sigma_0$, $\varepsilon^p/\varepsilon_0 = \alpha(\sigma/\sigma_0)^n$.

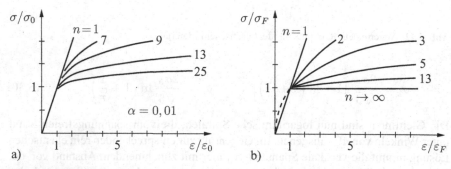

Abb. 5.12 Potenzgesetz

In der Umgebung der Rissspitze befinden wir uns im Fließbereich ($\varepsilon/\varepsilon_0 \gg 1$). Wegen der an der Spitze zu erwartenden Verzerrungssingularität werden dort die elastischen Verzerrungen vernachlässigbar im Vergleich zu den plastischen Verzerrungen sein: $\varepsilon_{ij} = \varepsilon_{ij}^p$. Damit vereinfacht sich (5.31) zu

$$\frac{\varepsilon}{\varepsilon_0} = \alpha \left(\frac{\sigma}{\sigma_0}\right)^n, \tag{5.32}$$

und das allgemeine Stoffgesetz der Deformationstheorie (1.86) lautet

$$\varepsilon_{kk} = 0, \qquad e_{ij} = \frac{3}{2}\frac{\varepsilon_e}{\sigma_e} s_{ij}. \tag{5.33}$$

Einsetzen von (5.32) für die Vergleichsgrößen in (5.33) liefert

$$\varepsilon_{ij} = e_{ij} = \frac{3}{2}\alpha\varepsilon_0 \left(\frac{\sigma_e}{\sigma_0}\right)^n \frac{s_{ij}}{\sigma_e}, \tag{5.34}$$

wobei für die Vergleichsspannung und die Vergleichsdehnung die Beziehungen $\sigma_e = (\frac{3}{2}s_{ij}s_{ij})^{1/2}$ und $\varepsilon_e = (\frac{2}{3}\varepsilon_{ij}\varepsilon_{ij})^{1/2}$ gelten.

Das Stoffgesetz (5.34) kann man auch erhalten, wenn man von der Spannungs–Dehnungs–Beziehung

$$\frac{\varepsilon}{\varepsilon_F} = \begin{cases} \sigma/\sigma_F & \text{für} \quad \sigma \leq \sigma_F \\[2mm] (\sigma/\sigma_F)^n & \text{für} \quad \sigma \geq \sigma_F \end{cases} \tag{5.35}$$

ausgeht (Abb. 5.12b). Im Fließbereich gilt hier das Potenzgesetz $\varepsilon/\varepsilon_F = (\sigma/\sigma_F)^n$. Unter Voraussetzung eines inkompressiblen Materials ergibt sich hieraus gerade die dreidimensionale Verallgemeinerung (5.34), wenn $\varepsilon_F/\sigma_F^n = \alpha\varepsilon_0/\sigma_0^n$ gesetzt wird.

In der Deformationstheorie wird das plastische Materialverhalten wie ein nichtlinear elastisches Verhalten beschrieben, welches in unserem Fall noch dazu inkompressibel ist. Man kann sich hiervon überzeugen, indem man (5.31–5.34) mit (1.55 ff.) vergleicht. Danach treffen alle Beziehungen der nichtlinearen Elastizität auch auf die Deformationstheorie zu. So erhält man zum Beispiel nach (1.58) für die Formänderungsenergiedichte im Rissspitzenbereich

$$U = \frac{n}{n+1} s_{ij} e_{ij} = \frac{n}{n+1} \frac{\sigma_0}{(\alpha\varepsilon_0)^{1/n}} \left(\frac{2}{3}\varepsilon_{ij}\varepsilon_{ij}\right)^{\frac{1+n}{2n}}$$
$$= \frac{n}{n+1} \alpha\varepsilon_0\sigma_0 \left(\frac{\sigma_e}{\sigma_0}\right)^{1+n} . \tag{5.36}$$

Die Äquivalenz von Deformationstheorie und Elastizitätstheorie hat zur Folge, dass das J–Integral (4.128) um eine Rissspitze mit geraden, unbelasteten Rissufern wegunabhängig ist (vgl. Abschnitt 4.6.6.3). Diese Eigenschaft erlaubt es, das asymptotische Verhalten der Feldgrößen bei Annäherung an die Rissspitze auf einfache Weise zu bestimmen. Zu diesem Zweck wählen wir nach Abb. 5.13 eine kreisförmige Integrationskontur C im Rissspitzenbereich ($r \to 0$). Mit $dc = r\,d\varphi$ lässt sich J damit in der Form

$$J = \int_{-\pi}^{+\pi} [U n_1 - \sigma_{i\beta} u_{i,1} n_\beta]\, r\,d\varphi \tag{5.37}$$

schreiben. Wegunabhängigkeit, d.h. Unabhängigkeit von r ist nur dann gesichert, wenn der Klammerausdruck ein $1/r$–Verhalten für $r \to 0$ aufweist. Da beide Terme in der Klammer vom Typ $\sigma_{ij}\varepsilon_{ij}$ sind, muss demnach

$$\sigma_{ij}\varepsilon_{ij} \sim \frac{\hat{f}(\varphi)}{r} = \frac{J}{r}\,\tilde{f}(\varphi)\,, \qquad U \sim \frac{\hat{U}(\varphi)}{r} = \frac{J}{r}\,\tilde{U}(\varphi)$$

gelten. Mit (5.34) und (5.36) erhält man damit zum Beispiel für die Spannungen

$$\sigma_{ij} = C \left(\frac{J}{r}\right)^{\frac{1}{n+1}} \tilde{\sigma}_{ij}(\varphi)\,, \tag{5.38}$$

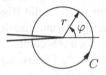

Abb. 5.13 Integrationskontur für J–Integral

wobei C eine Konstante ist. Es ist zweckmäßig diese durch eine neue, dimensionslose Konstante I zu ersetzen. Wir wählen sie so, dass sowohl $\tilde{\sigma}_{ij}(\varphi)$ als auch der Klammerausdruck, welcher J/r enthält, dimensionslos werden: $C = \sigma_0/(I\alpha\varepsilon_0\sigma_0)^{1/(n+1)}$. Die Feldgrößen lassen sich dann für $r \to 0$ in der folgenden Weise darstellen

$$\sigma_{ij} = \sigma_0 \left(\frac{J}{I\alpha\varepsilon_0\sigma_0 r} \right)^{\frac{1}{n+1}} \tilde{\sigma}_{ij}(\varphi)\,,$$

$$\varepsilon_{ij} = \alpha\varepsilon_0 \left(\frac{J}{I\alpha\varepsilon_0\sigma_0 r} \right)^{\frac{n}{n+1}} \tilde{\varepsilon}_{ij}(\varphi)\,, \qquad (5.39)$$

$$u_i - u_{i0} = \alpha\varepsilon_0 r \left(\frac{J}{I\alpha\varepsilon_0\sigma_0 r} \right)^{\frac{n}{n+1}} \tilde{u}_i(\varphi)\,,$$

wobei u_{i0} eine Starrkörperbewegung beschreibt. Einsetzen in (5.37) liefert mit $\tilde{\sigma} = (\frac{3}{2}\tilde{\sigma}_{ij}\tilde{\sigma}_{ij})^{1/2}$ noch den Zusammenhang

$$I = \int\limits_{-\pi}^{+\pi} \left\{ \left[\frac{n}{n+1}\,\tilde{\sigma}^{1+n} - \frac{1}{1+n}\left(\tilde{\sigma}_r\tilde{u}_r + \tilde{\tau}_{r\varphi}\tilde{u}_\varphi + \tilde{\tau}_{rz}\tilde{u}_z\right) \right] \cos\varphi \right.$$
$$\left. + \left[\tilde{\sigma}_r(\tilde{u}'_r - \tilde{u}_\varphi) + \tilde{\tau}_{r\varphi}(\tilde{u}'_\varphi + \tilde{u}_r) + \tilde{\tau}_{rz}\tilde{u}'_z \right] \sin\varphi \right\} \mathrm{d}\varphi\,. \qquad (5.40)$$

Darin kennzeichnen Striche die Ableitung nach φ.

Nach (5.39) weist das an der Rissspitze dominierende Feld Spannungs- und Verzerrungssingularitäten auf, deren Art vom Verfestigungsparameter n abhängt. Für $n = 1$ tritt die bekannte $1/\sqrt{r}$–Singularität der linearen Theorie auf, während sich für $n \to \infty$ nichtsinguläre Spannungen, aber singuläre Verzerrungen vom Typ $1/r$ ergeben. Die in (5.39) auftretenden Winkelfunktionen $\tilde{\sigma}_{ij}$, $\tilde{\varepsilon}_{ij}$, $\tilde{u}_i$ lassen sich mittels dieser einfachen Betrachtung nicht bestimmen. Man erhält sie vielmehr (wie im linearen Fall) aus der Lösung des nunmehr nichtlinearen Randwertproblems. Mit ihnen liegt dann das dominante Rissspitzenfeld bis auf J eindeutig fest. Durch den Parameter J wird die Stärke oder "Intensität" dieses Feldes charakterisiert. Unter Verwendung der Anfangsbuchstaben von J.W. Hutchinson, J.R. Rice und G.F. Rosengren, welche dieses Feld zum ersten Mal untersucht haben, wird es kurz als *HRR–Feld* bezeichnet.

An dieser Stelle sei darauf hingewiesen, dass wir das HRR-Feld (5.39) zwar unter Zuhilfenahme der Deformationstheorie hergeleitet haben, dieses aber auch nach der inkrementellen Theorie gültig ist. Grund hierfür ist, dass die Rissspitzenbelastung durch den alleinigen Lastparameter J festgelegt ist und damit das Potenzgesetz (5.32) zu einer Proportionalbelastung führt. Nach Abschnitt 1.3.3.3 sind in diesem Fall die Deformationstheorie und die inkrementelle Theorie äquivalent.

In Abb. 5.14a ist die r–Abhängigkeit der Spannungen für verschiedene n dargestellt. Man erkennt, dass der Bereich hoher Spannungen, d.h. der Bereich in

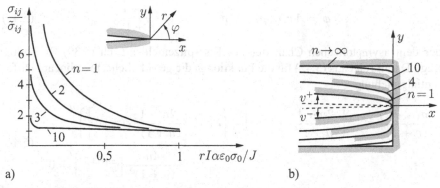

Abb. 5.14 HRR–Feld: a) Spannungsverteilung, b) Rissspitzenprofil

dem das HRR–Feld tatsächlich dominiert, mit zunehmenden n immer kleiner wird. Die Deformation der Rissspitze ist ebenfalls vom Verfestigungsparameter abhängig (Abb. 5.14b); mit wachsendem n "stumpft" das Rissspitzenprofil mehr und mehr ab.

Im folgenden sei für den EVZ noch angedeutet, wie man die komplette Nahfeldlösung erhalten kann. Hierzu formulieren wir das Problem in den Spannungen. Setzt man das Stoffgesetz (5.34) in die Kompatibilitätsbedingung

$$\frac{1}{r}\frac{\partial^2}{\partial r^2}(r\varepsilon_\varphi) + \frac{1}{r^2}\frac{\partial^2 \varepsilon_r}{\partial \varphi^2} - \frac{1}{r}\frac{\partial \varepsilon_r}{\partial r} - \frac{2}{r^2}\frac{\partial}{\partial r}\left(r\frac{\partial \varepsilon_{r\varphi}}{\partial \varphi}\right) = 0 \qquad (5.41)$$

ein, so erhält man

$$-\frac{1}{r}\frac{\partial^2}{\partial r^2}\left[r\sigma^{n-1}(\sigma_r - \sigma_\varphi)\right] + \frac{1}{r^2}\frac{\partial^2}{\partial \varphi^2}\left[\sigma^{n-1}(\sigma_r - \sigma_\varphi)\right]$$
$$-\frac{1}{r}\frac{\partial}{\partial r}\left[\sigma^{n-1}(\sigma_r - \sigma_\varphi)\right] - \frac{4}{r^2}\frac{\partial}{\partial r}\left[r\frac{\partial}{\partial \varphi}(\sigma^{n-1}\tau_{r\varphi})\right] = 0 , \qquad (5.42)$$

mit

$$\sigma = \left[\frac{3}{4}(\sigma_r - \sigma_\varphi)^2 + 3\tau_{r\varphi}^2\right]^{1/2} . \qquad (5.43)$$

Im weiteren ist es zweckmäßig, die *Airysche Spannungsfunktion* $\phi(r,\varphi)$ einzuführen, aus der sich die Spannungen folgendermaßen herleiten:

$$\sigma_r = \frac{1}{r}\frac{\partial \phi}{\partial r} + \frac{1}{r^2}\frac{\partial^2 \phi}{\partial \varphi^2} , \qquad \sigma_\varphi = \frac{\partial^2 \phi}{\partial r^2} , \qquad \tau_{r\varphi} = -\frac{\partial}{\partial r}\left(\frac{1}{r}\frac{\partial \phi}{\partial \varphi}\right) . \qquad (5.44)$$

Hiermit werden die Gleichgewichtsbedingungen identisch erfüllt. Wir wählen nun für ϕ den Separationsansatz

$$\phi = A r^s \tilde{\phi}(\varphi) \qquad \text{mit} \qquad s = \frac{2n+1}{n+1}, \qquad (5.45)$$

der dem asymptotischen Charakter des Rissspitzenfeldes nach (5.39) Rechnung trägt. Damit folgt aus (5.42) für die Funktion $\tilde{\phi}$ die gewöhnliche, nichtlineare Differentialgleichung

$$\frac{n(n+2)}{(n+1)^2} \tilde{\sigma}^{n-1} \left[\frac{2n+1}{(n+1)^2} \tilde{\phi} + \tilde{\phi}'' \right] + \left\{ \tilde{\sigma}^{n-1} \left[\frac{2n+1}{(n+1)^2} \tilde{\phi} + \tilde{\phi}'' \right] \right\}''$$

$$+ \frac{4n}{(n+1)^2} \left[\tilde{\sigma}^{n-1} \tilde{\phi}' \right]' = 0, \qquad (5.46)$$

wobei

$$\tilde{\sigma} = \left\{ \frac{3}{4} \left[\frac{2n+1}{(n+1)^2} \tilde{\phi} + \tilde{\phi}'' \right]^2 + 3 \left[\frac{n}{n+1} \tilde{\phi}' \right]^2 \right\}^{1/2}. \qquad (5.47)$$

Das Rissspitzenfeld ist im Modus I symmetrisch bezüglich $\varphi = 0$: $\tau_{r\varphi}(0) = 0$, $\partial\sigma_\varphi/\partial\varphi|_{\varphi=0} = 0$, $\partial\sigma_r/\partial\varphi|_{\varphi=0} = 0$. Außerdem sind die Rissufer belastungsfrei: $\sigma_\varphi(\pi) = 0$, $\tau_{r\varphi}(\pi) = 0$. Dies führt für $\tilde{\phi}$ auf die Randbedingungen

$$\tilde{\phi}'(0) = 0, \qquad \tilde{\phi}'''(0) = 0, \qquad \tilde{\phi}(\pi) = 0, \qquad \tilde{\phi}'(\pi) = 0. \qquad (5.48)$$

Eine Lösung von (5.46)–(5.48) in geschlossener analytischer Form ist nicht bekannt. Sie kann jedoch mit hoher Genauigkeit mittels numerischer Integration gewonnen werden. In Abb. 5.15 ist die Winkelabhängigkeit der Spannungen für zwei verschiedene n–Werte dargestellt. Ein Vergleich mit den Abbildungen 4.6b und 5.9b zeigt, dass das Feld für $n = 2$ noch dem des linear elastischen Materials nahe kommt, während für $n = 10$ schon eine starke Ähnlichkeit mit dem des ideal-plastischen Materials festzustellen ist. Unter Verwendung der nunmehr bekannten Funktionen $\tilde{\sigma}_{ij}$, $\tilde{u}_i$ kann schließlich noch der Faktor I nach (5.40) bestimmt wer-

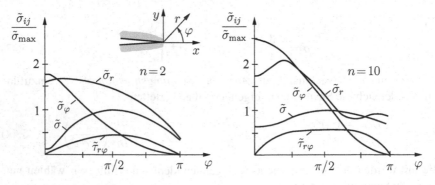

Abb. 5.15 HRR–Feld: Winkelverteilung der Spannungen

den; einige Werte sind in Tabelle 5.1 zusammengestellt. Es sei angemerkt, dass sich analoge Untersuchungen auch für den Modus II bzw. den ESZ durchführen lassen.

n	2	3	5	10	∞
I	5.94	5.51	5.02	4.54	3.72
D	1.72	1.33	1.08	0.93	0.79

Tabelle 5.1 Werte $I(n)$ und $D(n)$ für den EVZ

5.5 Bruchkriterium

Bei der Formulierung eines Bruchkriteriums der elastisch–plastischen Bruchmechanik kann die gleiche Grundidee angewendet werden, wie beim K–Konzept (vgl. Abschnitt 4.3). Nach (5.39) beschreibt der Parameter J die Intensität des ansonsten vollständig festgelegten Rissspitzenfeldes. Dieses dominiert innerhalb eines Bereiches, dessen Begrenzung nach außen in Abb. 5.16a schematisch durch den Radius R gekennzeichnet ist. Seine Gültigkeit ist nach innen begrenzt durch ein Gebiet vom Radius r_N, das nicht durch die Deformationstheorie beschrieben werden kann. In ihm treten zum Beispiel große Verzerrungen oder lokale Entlastungsvorgänge auf. Daneben enthält es die Prozesszone (Radius ρ), in der sich der Bruchprozess mit seinen materialspezifischen mikromechanischen Phänomenen (zum Beispiel Porenwachstum) abspielt. Abb. 5.16b zeigt eine schematische Zuordnung der einzelnen Gebiete zu entsprechenden Abschnitten im σ-ε–Diagramm. Ist nun der J–bestimmte Bereich II groß im Vergleich zu dem von ihm eingeschlossenen Gebiet III ($R \gg r_N$, ρ), so wird der Zustand in der Prozesszone durch das umgebende Feld, das heißt durch J festgelegt sein. Danach können wir J auch als ein

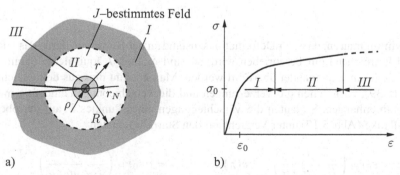

a)   b)

Abb. 5.16 Rissspitzenumgebung und Deformationsregime

Maß für die "Belastung" des Rissspitzenbereiches ansehen. Erreicht diese Belastung eine materialspezifische kritische Größe J_c, so kommt es zum Einsetzen des Rissfortschrittes:

$$\boxed{J = J_c}\,. \tag{5.49}$$

Basis für das Bruchkriterium (5.49) sind die Deformationstheorie sowie die Annahme der Existenz eines dominanten Rissspitzenfeldes. Dies hat Konsequenzen, auf die hier deutlich hingewiesen werden soll. Die Deformationstheorie stimmt mit der inkrementellen Theorie der Plastizität nur überein, wenn eine monoton zunehmende Proportionalbelastung vorliegt (vgl. Abschnitt 1.3.3.3); Entlastungsvorgänge können mit ihr nicht modelliert werden. Numerische Simulationen haben ergeben, dass entsprechende Verhältnisse in der Umgebung der Rissspitze bei vielen duktilen Materialien in sehr guter Näherung tatsächlich vorliegen, sofern der Riss stationär ist. Ein Rissfortschritt ist dagegen immer mit Entlastungsvorgängen verbunden. Die Bedingung (5.49) gilt daher zunächst nur für die Initiierung des Bruchvorganges. Unter welchen Umständen sie auch beim Rissfortschritt Verwendung finden kann, wird in Abschnitt 5.8 gezeigt.

Die Dominanz des Rissspitzenfeldes ist nur gewährleistet, wenn eine hinreichend große Verfestigung vorliegt (vgl. Abb. 5.14a). Mit abnehmender Verfestigung wird der Dominanzbereich immer kleiner, und er verschwindet für ein idealplastisches Material. Dann kann J nicht mehr als Parameter angesehen werden, der den Rissspitzenzustand kontrolliert.

Die Verwendung von J als Bruchparameter ist nicht unmittelbar an das HRR–Feld geknüpft. So kann man das elastisch-plastische Materialverhalten im Rahmen der Deformationstheorie anstelle durch ein Potenzgesetz auch durch einen bilinearen Spannungs–Dehnungs–Verlauf approximieren. Als Ergebnis erhält man in diesem Fall ein dominantes singuläres Rissspitzenfeld, das vom HRR–Feld abweicht, dessen Intensität aber wieder durch J bestimmt wird.

Wie schon erwähnt, findet neben J verschiedentlich auch die Rissspitzenöffnung δ_t als Bruchparameter Verwendung. Man geht dabei von der Vorstellung aus, dass δ_t ein Maß für die plastischen Verzerrungen an der Rissspitze ist, durch welche wiederum der Bruchvorgang kontrolliert wird. Erreicht die Rissspitzenöffnung einen kritischen Wert δ_{tc}, so tritt Rissfortschritt ein:

$$\boxed{\delta_t = \delta_{tc}}\,. \tag{5.50}$$

Nimmt man an, dass der Deformationszustand an der Rissspitze durch das HRR–Feld hinreichend gut beschrieben wird, so sind δ_t und J äquivalente Parameter, und sie können ineinander überführt werden. Man erkennt dies aus den Gleichungen (5.39), nach denen die Verzerrungen und die Verschiebungen eindeutig mit J zusammenhängen. So lauten die Verschiebungen eines Punktes P auf der oberen Rissflanke (Abb. 5.17) unter Verzicht auf den Starrkörperanteil

$$v_P = \alpha\varepsilon_0 r_P \left(\frac{J}{I\alpha\varepsilon_0\sigma_0 r_P}\right)^{\frac{n}{n+1}} \tilde{v}(\pi)\,, \qquad u_P = \alpha\varepsilon_0 r_P \left(\frac{J}{I\alpha\varepsilon_0\sigma_0 r_P}\right)^{\frac{n}{n+1}} \tilde{u}(\pi)\,.$$

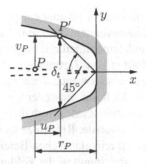

Abb. 5.17 Rissspitzenöffnung δ_t

Definiert man δ_t durch die Schnittpunkte zweier unter $45°$ zur x–Achse geneigten Geraden mit der Risskontur, so gilt

$$v_P = \frac{\delta_t}{2} = r_P - u_P \, .$$

Aus diesen drei Gleichungen erhält man durch Eliminieren von r_P die Beziehung

$$\delta_t = (\alpha\varepsilon_0)^{1/n} D \, \frac{J}{\sigma_0} \, , \qquad (5.51)$$

wobei

$$D = \frac{2}{I} \left[\tilde{v}(\pi) + \tilde{u}(\pi) \right]^{1/n} \tilde{v}(\pi) \, . \qquad (5.52)$$

Einige Werte für D sind in der Tabelle 5.1 angegeben. Speziell für das idealplastische Material ($n \to \infty$) ergibt sich daraus formal $\delta_t = 0,79 \, J/\sigma_0$; dies kommt der aus dem Dugdale Modell hergeleiteten Gleichung (5.2) recht nahe. Dabei ist allerdings zu beachten, dass letztere für den ESZ hergeleitet wurde. Außerdem ist (5.51) für diesen Fall genau genommen nicht mehr gültig. Diese Beziehung setzt nämlich die Dominanz des HRR–Feldes zumindest für $r < r_P$ bzw. für $r \lesssim \delta_t$ voraus, die für das idealplastische Material nicht mehr gegeben ist.

Obwohl J und δ_t äquivalente Parameter sind, bietet die Anwendung von J und damit des Bruchkriterium (5.49) verschiedene Vorteile. So lässt sich die Rissbeanspruchung J mit geringerem Aufwand berechnen als δ_t. Daneben ist die experimentelle Bestimmung des Materialkennwertes δ_{tc} im Gegensatz zu J_c mit Schwierigkeiten verbunden. dass die Definition der Rissspitzenöffnung einer gewissen Willkür unterliegt, ist ebenfalls von Nachteil. Wir werden uns daher im weiteren nur mit J befassen.

5.6 Bestimmung von J

Die Berechnung von J für ein rissbehaftetes Bauteil bei großen plastischen Zonen bzw. im vollplastischem Zustand kann in der Regel nur mit Hilfe numerischer

Methoden erfolgen. Als Verfahren zur Lösung entsprechender elastisch–plastischer Randwertprobleme werden insbesondere die Finite Elemente Methode (FEM) und in neuerer Zeit auch die Randelementmethode angewendet. Dabei macht man sich die verschiedenen Eigenschaften von J zunutze (vgl. Abschnitt 4.6.6.3). Danach lässt sich J zum Beispiel aus einem wegunabhängigen Integral ermitteln, solange die Kontur durch Bereiche verläuft, die entweder rein elastisch sind oder sich plastisch entsprechend der Deformationstheorie verhalten (keine lokalen Entlastungen). Es ist dann oft zweckmäßig eine von der Rissspitze weit entfernte Kontur zu wählen, die möglicherweise durch einen rein elastischen Bereich verläuft. Damit kann man eine aufwendige und genaue Bestimmung der Feldgrößen in der Rissspitzennähe umgehen, welche beim Verfahren der Finiten Elemente eine feine Netzteilung erfordert.

Eine weitere Möglichkeit besteht darin, auf die Bedeutung von J als einer Energiefreisetzungsrate zurückzugreifen. Diese kann man mit der FEM bestimmen indem man einen Rissfortschritt durch Lösen eines Knotens simuliert und die dabei von der Knotenkraft geleistete Arbeit ermittelt. Hierbei muss das Material selbstverständlich als nichtlinear elastisch angesehen werden. Hinsichtlich weiterer Details sei der Leser auf die umfangreiche Spezialliteratur verwiesen.

Neben den rein numerischen Lösungen für J ist es in bestimmten Fällen möglich, Näherungslösungen auf analytischem Weg herzuleiten bzw. J experimentell zu ermitteln. Letzteres wird im nächsten Abschnitt diskutiert. Hinsichtlich Näherungslösungen sei insbesondere auf das *Ductile Fracture Handbook* (siehe Literaturliste) hingewiesen.

5.7 Bestimmung von J_c

Die Bestimmung von J_c erfolgt in genormten Experimenten. In ihnen werden Proben einer bestimmten Risslänge a (z.B. CT–Proben nach Abb. 4.25) bis zur Rissinitiierung und meist noch darüber hinaus belastet und die Last–Verschiebungs Kurven registriert (Abb. 5.18a). Die Fläche unter der Kurve $F(u_F, a)$ ist dann die von der Kraft F geleistete Arbeit W^a, wobei der Parameter a andeutet, dass F auch von der gewählten Risslänge abhängt. Die Arbeit W^a entspricht der Formänderungsenergie Π^i, wenn wir davon ausgehen, dass bei einsinniger Belastung (keine Entlastungsvorgänge) das elastisch–plastische Material wie ein nichtlinear elastisches Material beschrieben werden kann:

$$\Pi^i(u_F, a) = W^a = \int\limits_0^{u_F} F(\bar{u}_F, a)\,\mathrm{d}\bar{u}_F \;. \tag{5.53}$$

Dann kann aber auch J definiert werden als $J = -\mathrm{d}\Pi/\mathrm{d}a$, mit $\Pi = \Pi^i + \Pi^a$. Ist nun speziell die Endverschiebung u_F bei einer Änderung der Risslänge um $\mathrm{d}a$ konstant, so sind $\mathrm{d}\Pi^a = 0$, $\mathrm{d}\Pi = \mathrm{d}\Pi^i$, und man erhält

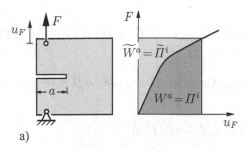 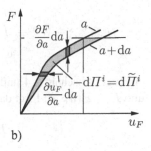

a) b)

Abb. 5.18 Zur Bestimmung und Definition von J

$$J = -\left.\frac{\mathrm{d}\Pi^i}{\mathrm{d}a}\right|_{u_F} = -\left.\frac{\partial\Pi^i}{\partial a}\right. = -\int_0^{u_F}\left.\frac{\partial F}{\partial a}\right|_{\bar{u}_F}\mathrm{d}\bar{u}_F . \tag{5.54}$$

Der tiefgestellte Index soll dabei verdeutlichen, welche Größe bei der Ableitung festgehalten wird. Nach (5.54) lässt sich J entsprechend Abb. 5.18b formal aus den Last–Verschiebungs–Kurven für zwei Proben mit den Risslängen a bzw. $a + \mathrm{d}a$ ermitteln.

Eine Methode zur J_c–Bestimmung, die auf diesem Ergebnis basiert, wurde von J.A. BEGLEY und J.D. LANDES vorgeschlagen. Hierbei werden für eine Reihe von Proben unterschiedlicher Risslänge a_1, a_2, a_3, ... die Last–Verschiebungs–Kurven $F(u_F, a_i)$ gemessen (Abb. 5.19a). Aus ihnen lassen sich schrittweise Näherungen für $\Pi^i(a, u_F)$ und für $J(u_F, a_j) \approx -\Delta\Pi^i/\Delta a$ gewinnen (Abb. 5.19b,c). Mit dem bekannten Rissinitiierungswert u_{Fc} für eine bestimmte Risslänge (zum Beispiel für a_2) folgt daraus J_c. Nachteile dieser *Mehrprobenmethode* sind ihr großer experimenteller Aufwand sowie ihre Ungenauigkeit.

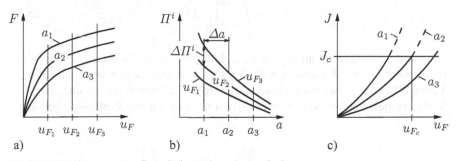

a) b) c)

Abb. 5.19 Bestimmung von J_c nach der Mehrprobenmethode

Ein alternatives Verfahren, das mit der Messung an einer einzigen Probe auskommt, geht auf J.R. RICE zurück. Zu seiner Herleitung führen wir zunächst die Komplementärenergie

$$\widetilde{\Pi}^i(F,a) = \widetilde{W}^a = \int\limits_0^F u_F(\bar{F},a)\, d\bar{F} \qquad \text{mit} \qquad \Pi^i + \widetilde{\Pi}^i = u_F F \qquad (5.55)$$

ein (vgl. Abschnitt 1.4 und Abb. 5.18a). Unter Beachtung von $(\partial\,\widetilde{\Pi}^i/\partial F)_a = u_F$ und $F = F(u_F, a)$ folgt dann aus

$$\Pi^i(u_F, a) = u_F F - \widetilde{\Pi}^i(F,a)$$

durch Ableitung

$$\left.\frac{\partial\Pi^i}{\partial a}\right|_{u_F} = u_F \left.\frac{\partial F}{\partial a}\right|_{u_F} - \left.\frac{\partial\widetilde{\Pi}^i}{\partial F}\right|_a \cdot \left.\frac{\partial F}{\partial a}\right|_{u_F} - \left.\frac{\partial\widetilde{\Pi}^i}{\partial a}\right|_F = - \left.\frac{\partial\widetilde{\Pi}^i}{\partial a}\right|_F , \qquad (5.56)$$

womit man aus (5.54) die Darstellung

$$J = + \left.\frac{\partial\widetilde{\Pi}^i}{\partial a}\right|_F = + \int\limits_0^F \left.\frac{\partial u_F}{\partial a}\right|_{\bar{F}}\, d\bar{F} \qquad (5.57)$$

erhält. Man kann sich diese Beziehung auch an Hand der in Abb. 5.18b dargestellten Flächenelemente veranschaulichen. Sie trifft selbstverständlich nicht nur für die Belastung einer Probe oder eines Bauteiles durch eine Einzelkraft zu, sondern sie gilt sinngemäß auch für die Belastung durch ein Moment.

Im weiteren betrachten wir eine Probe nach Abb. 5.20a, deren Enden unter der Belastung durch ein Moment M eine gegenseitige Verdrehung um den Winkel θ erfahren. Hierfür gilt nach (5.57)

$$J = \int\limits_0^M \left.\frac{\partial\theta}{\partial a}\right|_{\bar{M}}\, d\bar{M} . \qquad (5.58)$$

Der Verdrehwinkel θ ist im allgemeinen abhängig von der Belastung M, den Geometrieparametern a, b, l und vom Stoffgesetz. Charakterisieren wir letzteres unter Vernachlässigung eines linear elastischen Bereiches alleine durch σ_F und einen Verfestigungsparameter n (vgl. Abb. 5.12) und machen wir alle Einflussgrößen durch

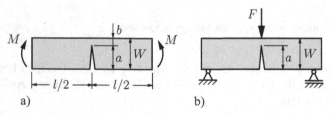

Abb. 5.20 Bestimmung von J_c mit einer Probe

Bezugsgrößen dimensionslos, so gilt

$$\theta = \theta \left(\frac{M}{M_0}, n, \frac{a}{b}, \frac{l}{b} \right) \quad \text{mit} \quad M_0 = \frac{\sigma_F b^2}{4} . \tag{5.59}$$

Darin entspricht das Bezugsmoment M_0 dem Grenzmoment für ein idealplastisches Material. Sind $a \gg b$, $l \gg b$ und liegt mit $n \gg 1$ eine nicht zu starke Verfestigung vor, so wird θ von den letzten drei Parametern in erster Näherung nicht abhängen:

$$\theta \approx \theta \left(\frac{M}{M_0} \right) . \tag{5.60}$$

Mit $a = W - b$ bzw. $\mathrm{d}a = -\mathrm{d}b$ erhält man hieraus

$$\left. \frac{\partial \theta}{\partial a} \right|_M = - \left. \frac{\partial \theta}{\partial b} \right|_M = - \frac{\mathrm{d}\theta}{\mathrm{d}(\frac{M}{M_0})} \cdot \frac{4M}{\sigma_F} \left(-\frac{2}{b^3} \right)$$

$$\left. \frac{\partial \theta}{\partial M} \right|_a = \left. \frac{\partial \theta}{\partial M} \right|_b = - \frac{\mathrm{d}\theta}{\mathrm{d}(\frac{M}{M_0})} \cdot \frac{4M}{\sigma_F b^2}$$

und nach Eliminieren von $\mathrm{d}\theta / \mathrm{d}(\frac{M}{M_0})$

$$\left. \frac{\partial \theta}{\partial a} \right|_M = \frac{2M}{b} \cdot \left. \frac{\partial \theta}{\partial M} \right|_a .$$

Einsetzen in (5.58) liefert schließlich

$$J = \frac{2}{b} \int_0^\theta M(\bar{\theta}) \mathrm{d}\bar{\theta} = \frac{2}{b} W^a . \tag{5.61}$$

Danach ist die aktuelle Rissbeanspruchung J bis auf den Faktor $2/b$ durch die Arbeit W^a des Momentes gegeben. Erzeugt man die Biegebeanspruchung einer Probe der Dicke B nicht durch ein Moment M sondern nach Abb. 5.20b durch eine Kraft F, so folgt aus (5.61) unter Berücksichtigung, dass dort J auf die Einheitsdicke bezogen war

$$J = \frac{2}{B(W - a)} \int_0^{u_F} F(\bar{u}_F) \mathrm{d}\bar{u}_F . \tag{5.62}$$

Mit dem bekannten Initiierungswert u_{Fc} kann damit J_c auf sehr einfache Weise aus der Fläche unter der Last–Verschiebungs–Kurve bestimmt werden.

Die Näherung (5.62) gilt wie schon erwähnt nur für tief angerissene Proben unter Biegung ($a \gg b$). Die Vernachlässigung des elastischen Anteiles im Werkstoffgesetz macht es daneben erforderlich, dass für den größten Teil des Restquerschnittes die plastischen Verzerrungen groß im Vergleich zu elastischen Verzerrungen sind;

der Restquerschnitt muss also bei der Rissinitiierung hinreichend weit durchplastiziert sein.

Damit aus Messungen geometrieunabhängige J_c–Werte gewonnen werden können, müssen ähnlich wie in der linearen Bruchmechanik noch bestimmte Größenbedingungen eingehalten werden. Für CT–Proben und für 3–Punkt Biegeproben verlangt man

$$W - a,\ B > 25\ \frac{J_c}{\sigma_F}\ .\tag{5.63}$$

Wegen der direkten Proportionalität von J_c/σ_F und δ_{tc} (vgl. (5.2), (5.51)) bedeutet dies, dass alle relevanten Abmessungen groß im Vergleich zur Rissspitzenöffnung bei der Rissinitiierung sein müssen. Neben (5.63) muss das Material noch die Forderung einer hinreichend großen Verfestigung erfüllen. Andernfalls ist die Dominanz eines J–bestimmten Rissspitzenfeldes nicht gesichert (siehe Abschnitt 5.5).

5.8 Risswachstum

5.8.1 J–kontrolliertes Risswachstum

Die Belastung eines Risses kann im allgemeinen auch bei großen plastischen Zonen auf ein mehrfaches des Initiierungswertes gesteigert werden, womit eine Rissverlängerung um einige Millimeter einhergeht (vgl. auch Abschnitt 4.8). Mit dem Risswachstum sind insbesondere in den Teilen der plastischen Zone hinter der Rissspitze Entlastungsvorgänge verbunden, welche mit der Deformationstheorie nicht richtig beschrieben werden können. Folglich sind auch die Voraussetzungen für die Anwendung von J nicht erfüllt. Bei geringem Risswachstum kann J unter bestimmten Bedingungen aber trotzdem noch einen sinnvollen Rissbeanspruchungsparameter darstellen. In solch einem Fall gilt im Verlauf der Rissausbreitung die Bruchbedingung

$$J = J_R(\Delta a)\ ,\tag{5.64}$$

wobei J_R der von der Rissverlängerung Δa abhängige Risswiderstand ist. Man nennt $J_R(\Delta a)$ auch die J–Widerstandskurve eines Materials; ihr prinzipieller Verlauf ist in Abb. 5.21a dargestellt. Der anfängliche steile Anstieg für $J < J_c$ ist alleine auf die Abrundung der Rissspitze durch plastische Deformation zurückzuführen. Dieser Teil wird als *blunting line* bezeichnet. Nimmt man an, dass die Risserweiterung infolge der Abrundung ungefähr der halben Rissöffnung entspricht ($\Delta a \approx \delta_t/2$), so erhält man unter Verwendung von $J = \sigma_F \delta_t$ (vgl. (5.2) und (5.51)) für die blunting line die grobe Abschätzung

$$J \approx 2\sigma_F \Delta a\ .\tag{5.65}$$

An die blunting line schließt sich für $J \geq J_c$ die eigentliche J_R–Kurve an, bei der ein Rissfortschritt durch Materialtrennung zustande kommt.

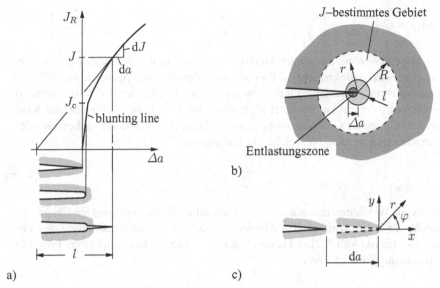

Abb. 5.21 J–kontrolliertes Risswachstum

Abb. 5.21b zeigt schematisch die Verhältnisse an der Rissspitze bei einem Riss-fortschritt um Δa. Ein J–kontrollierter Zustand kann offenbar nur dann vorliegen, wenn das Rissspitzenfeld des stationären Risses in seinem prinzipiellen Charakter durch den Rissfortschritt nur geringfügig geändert wird. Hierfür ist erforderlich, dass die charakteristische Länge der Entlastungsbereiche, d.h. der Rissfortschritt selbst, klein ist im Vergleich zur Abmessung des J-bestimmten Gebietes: $\Delta a \ll R$. Weitergehende Aussagen kann man erhalten, wenn wir die Änderung des Rissspit-zenfeldes mit Hilfe des HRR–Feldes abschätzen. Hierzu nehmen wir an, dass sich das Spannungsfeld nach (5.38)

$$\sigma_{ij}(J,r,\varphi) = C \left(\frac{J}{r} \right)^{\frac{1}{n+1}} \tilde{\sigma}_{ij}(\varphi)$$

mit der fortschreitenden Rissspitze mitbewegt (Abb. 5.21c). Aufgrund einer Steige-rung der Belastung um $\mathrm{d}J$ und einer Rissspitzenverschiebung um $\mathrm{d}a$ erfährt dann ein materieller Punkt die Spannungsänderung

$$\mathrm{d}\sigma_{ij} = \frac{\partial \sigma_{ij}}{\partial J} \, \mathrm{d}J - \frac{\partial \sigma_{ij}}{\partial x} \, \mathrm{d}a \; .$$

Diese kann mit

$$\frac{\partial}{\partial x} = \cos\varphi \, \frac{\partial}{\partial r} - \sin\varphi \, \frac{\partial}{r\partial\varphi}$$

auch in der Form

$$
\mathrm{d}\sigma_{ij} = C \left(\frac{J}{r}\right)^{\frac{1}{n+1}} \left\{ \frac{\mathrm{d}J}{J} \left[\frac{\tilde{\sigma}_{ij}(\varphi)}{n+1}\right] + \frac{\mathrm{d}a}{r} \left[\frac{\tilde{\sigma}_{ij}(\varphi)}{n+1}\cos\varphi + \frac{\partial\tilde{\sigma}_{ij}}{\partial\varphi}\sin\varphi\right] \right\} \quad (5.66)
$$

geschrieben werden. Darin charakterisiert der erste Term in der geschweiften Klammer eine zum Lastinkrement $\mathrm{d}J$ proportionale Zunahme der Spannungen (= Proportionalbelastung). Dies trifft für den zweiten Term, welcher durch den Rissfortschritt verursacht ist, nicht zu. Beachtet man, dass die Ausdrücke in den eckigen Klammern von gleicher Größenordnung sind, so kann der zweite Term aber für alle r vernachlässigt werden, für welche die Bedingung

$$
\frac{\mathrm{d}a}{r} \ll \frac{\mathrm{d}J}{J} \tag{5.67}
$$

erfüllt ist. Wir führen nun mit $J/l = \mathrm{d}J/\mathrm{d}a$ eine belastungsabhängige Länge l ein, welche für hinreichend großen Anstieg $\mathrm{d}J/\mathrm{d}a$ von der Größenordnung des Rissfortschrittes ist (Abb. 5.21a). Damit ist der J–bestimmte Bereich, in dem Proportionalbelastung vorliegt, durch

$$
l \ll r < R \tag{5.68}
$$

festgelegt (Abb. 5.21b). Solange $l \ll R$ ist, kann also ein J–kontrolliertes Risswachstum erwartet werden. Da die Abmessung R des dominanten Rissspitzenfeldes klein im Vergleich zu jeder relevanten geometrischen Abmessung b eines Bauteiles sein muss (z.B. Restquerschnitt in Abb. 5.20) und beim Rissfortschritt (5.64) gilt, kann diese Bedingung auch durch

$$
l \ll b \qquad \text{bzw.} \qquad \frac{b}{J_R}\frac{\mathrm{d}J_R}{\mathrm{d}a} \gg 1 \tag{5.69}
$$

ausgedrückt werden.

5.8.2 Stabiles Risswachstum

Die Überlegungen zur Stabilität des J–kontrollierten Risswachstums bei großen plastischen Zonen sind analog zu denen in Abschnitt 4.8. Nach (5.64) ist die Größe des Rissfortschrittes durch die "Gleichgewichtsbedingung"

$$
J(F, a) = J_R(\Delta a)
$$

festgelegt. Der Gleichgewichtszustand ist stabil, wenn die Bedingung

$$
\frac{\partial J}{\partial a} < \frac{\mathrm{d}J_R}{\mathrm{d}a} \tag{5.70}
$$

erfüllt ist. Mit wachsender Risslänge steigt dann der Risswiderstand stärker an als die Rissausbreitungskraft. Um den Riss weiter voran zu treiben, muss in einem solchen Fall J gesteigert werden (Abb. 5.22a). In der Regel erfordert dies eine Steigerung der äußeren Belastung F. Bei vorgegebener Last ist die Grenze des stabilen Risswachstums für

$$\left.\frac{\mathrm{d}J}{\mathrm{d}a}\right|_F = \frac{\mathrm{d}J_R}{\mathrm{d}a} \tag{5.71}$$

erreicht.

Führt man nach P.C. PARIS mit

$$T = \frac{E}{\sigma_F^2}\frac{\mathrm{d}J}{\mathrm{d}a} \tag{5.72}$$

den dimensionslosen *Reißmodul* (tearing modulus) ein, so kann die Stabilitätsbedingung (5.70) auch in der Form

$$T < T_R \tag{5.73}$$

geschrieben werden. Deutlich sei an dieser Stelle darauf hingewiesen, dass die Stabilität des Risswachstums genau wie in der linearen Bruchmechanik sowohl von der Belastungsart (kraftkontrolliert oder verschiebungskontrolliert) und der Geometrie des Körpers einschließlich Riss als auch vom Materialverhalten (Risswiderstandskurve) abhängt.

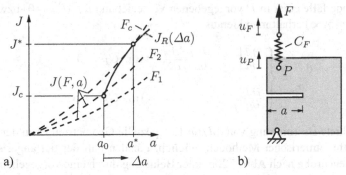

Abb. 5.22 Stabiles Risswachstum

Wir wollen nun $\mathrm{d}J/\mathrm{d}a$ für die Konfiguration nach Abb. 5.22b bestimmen, bei der die Belastung des Körpers über eine lineare Feder mit vorgegebener Verschiebung u_F erfolgt. Im Unterschied zum entsprechenden Fall in Abschnitt 4.8 kann der Körper hier allerdings nicht als linear elastisch angesehen werden. Wir gehen zweckmäßig von (5.57) aus. Mit

$$u_F(F,a) = C_F F + u_P(F,a) \qquad \text{bzw.} \qquad \frac{\partial u_F}{\partial a} = \frac{\partial u_P}{\partial a}$$

gilt danach

$$J(F,a) = \int_0^F \left.\frac{\partial u_P}{\partial a}\right|_{\bar{F}} \mathrm{d}\bar{F} . \tag{5.74}$$

Durch Ableitung erhält man daraus zunächst

$$\frac{\mathrm{d}J}{\mathrm{d}a} = \frac{\partial J}{\partial F}\frac{\mathrm{d}F}{\mathrm{d}a} + \frac{\partial J}{\partial a}\,. \tag{5.75}$$

Setzt man die Bedingung (festgehaltene Verschiebung u_F)

$$\frac{\mathrm{d}u_F}{\mathrm{d}a} = \frac{\partial u_F}{\partial F}\frac{\mathrm{d}F}{\mathrm{d}a} + \frac{\partial u_F}{\partial a} = 0 \quad \rightsquigarrow \quad \frac{\mathrm{d}F}{\mathrm{d}a} = -\frac{\partial u_F/\partial a}{\partial u_F/\partial F} = -\frac{\partial u_P/\partial a}{C_F + \partial u_P/\partial F}$$

und die aus (5.74) folgende Beziehung

$$\frac{\partial J}{\partial F} = \frac{\partial u_P}{\partial a}$$

ein, so ergibt sich schließlich

$$\left.\frac{\mathrm{d}J}{\mathrm{d}a}\right|_{u_F} = \left.\frac{\partial J}{\partial a}\right|_F - \frac{\left(\frac{\partial u_P}{\partial a}\right)^2}{C_F + \frac{\partial u_P}{\partial F}}\,. \tag{5.76}$$

Für die Sonderfälle einer in P vorgegebenen Verschiebung u_F ($C_F = 0$) bzw. einer Totlast ($C_F \to \infty$) erhält man hieraus

$$\frac{\mathrm{d}J}{\mathrm{d}a} = \begin{cases} \left.\dfrac{\partial J}{\partial a}\right|_F - \dfrac{\partial u_P/\partial a}{\partial u_P/\partial F} & \text{für } C_F = 0\,, \\[3mm] \left.\dfrac{\partial J}{\partial a}\right|_F & \text{für } C_F \to \infty\,. \end{cases} \tag{5.77}$$

Die konkrete Bestimmung von $\mathrm{d}J/\mathrm{d}a$ für spezielle Geometrien ist in der Regel nur mit Hilfe numerischer Methoden möglich. Für den Fall der tief angerissenen 3–Punkt Biegeprobe nach Abb. 5.20b unter Belastung durch eine vorgegebene Verschiebung u_F lässt sich aber eine einfache Beziehung angeben. Ausgangspunkt ist dabei die Näherung (5.62)

$$J(u_F, a) = \frac{2}{W - a}\int_0^{u_F} F(\bar{u}_F, a)\mathrm{d}\bar{u}_F\,,$$

wobei J hier auf die Einheitsdicke bezogen ist. Unter Verwendung von (5.54) folgt hieraus

$$\left.\frac{\mathrm{d}J}{\mathrm{d}a}\right|_{u_F} = \frac{2}{(W-a)^2}\int_0^{u_F} F(\bar{u}_F, a)\mathrm{d}\bar{u}_F + \frac{2}{W-a}\int_0^{u_F}\frac{\partial F}{\partial a}\mathrm{d}\bar{u}_F = -\frac{J}{W-a}\,. \tag{5.78}$$

Wegen $\mathrm{d}J/\mathrm{d}a < 0$ ist das Risswachstum unter dieser Bedingung immer stabil.

5.8.3 Stationäres Risswachstum

5.8.3.1 Rissöffnungswinkel

Eine Verlängerung eines Risses mit großen plastischen Zonen ist häufig weit über die Grenzen des J–kontrollierten Wachstums hinaus möglich. Nach hinreichend großem Rissfortschritt können sich dabei sogar stationäre Verhältnisse in der Umgebung des bewegten Risses ausbilden. Sowohl im Übergangsbereich (zwischen J-kontrolliertem Wachstum und stationärem Wachstum) als auch im stationären Bereich kann die Beanspruchung an der Rissspitze nicht mehr durch J charakterisiert werden. Vielmehr müssen in diesem Fall andere Kontrollparameter für den Rissspitzenzustand verwendet werden, von denen angenommen wird, dass sie beim Risswachstum konstant bleiben. Unter Bezug auf experimentelle Ergebnisse ist vorgeschlagen worden, hierfür den Rissöffnungswinkel zu verwenden. Diese Deformationsgröße kann auf zwei unterschiedliche Arten eingeführt werden:

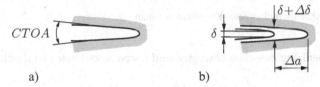

a)   b)

Abb. 5.23 Rissöffnungswinkel

1) Der *Rissspitzen-Öffnungswinkel CTOA* (crack tip opening angle) ist der aktuelle Öffnungswinkel der Rissflanken in der Nähe der Rissspitze (Abb. 5.23a). Diese Definition hat den Vorteil, dass $CTOA$ äquivalent zu J ist, solange ein J-kontrollierter Zustand vorliegt. Dann sind nämlich die Verschiebungen und folglich auch der Winkel eindeutig durch J festgelegt. Nachteil von $CTOA$ ist, dass diese Größe schwierig zu messen ist.

2) Der *Rissöffnungswinkel COA* (crack opening angle) ist nach Abb. 5.23b die auf eine Rissverlängerung Δa bezogene Öffnungsänderung $\Delta\delta$ an der ursprünglichen Rissspitze:

$$COA = \frac{\Delta\delta}{\Delta a} \,. \tag{5.79}$$

Dieser Parameter ist zwar einfach zu messen, doch ist seine physikalische Signifikanz umstritten.

5.8.3.2 Rissspitzenfeld

Es ist bisher nicht in befriedigendem Maße gelungen das elastisch–plastische Rissspitzenfeld in seiner Entwicklung ausgehend vom Zustand des ruhenden Risses über den Übergangsbereich bis hin zum stationären Zustand allgemein zu beschreiben.

Für den stationären Zustand können dagegen bei einfachen Stoffgesetzen Lösungen angegeben werden.

Als Beispiel wollen wir das Rissspitzenfeld eines mit konstanter Geschwindigkeit $\dot{a}$ wachsenden Risses im idealplastischen Material betrachten. Der Einfachheit halber beschränken wir uns auf den Modus III und nehmen an, dass die Bewegung der Rissspitze so langsam (quasistatisch) erfolgt, dass Trägheitskräfte vernachlässigt werden können. Die entsprechenden Grundgleichungen bezüglich eines festen x, y–Koordinatensystems sind in Abschnitt 1.5.3 zusammengestellt. Es ist zweckmäßig diese auf ein x', y'-Koordinatensystem zu transformieren, das sich mit der Rissspitze mitbewegt (Abb. 5.24).

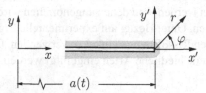

Abb. 5.24 Risswachstum: mitbewegtes Koordinatensystem

Der Zusammenhang zwischen bewegten und festen Koordinaten ist durch

$$x' = x - a(t) , \qquad y' = y \tag{5.80}$$

gegeben, wobei $a(t)$ die von der Zeit t abhängige Risslänge ist. Für eine beliebige Feldgröße $F(x, y, t) = F(x'[x, a(t)], y'[y], t)$ gilt damit allgemein

$$\frac{\partial F}{\partial x} = \frac{\partial F}{\partial x'} , \quad \frac{\partial F}{\partial y} = \frac{\partial F}{\partial y'} , \quad \dot{F} = \frac{\partial F}{\partial t}\bigg|_{x,y} = \frac{\partial F}{\partial t}\bigg|_{x',y'} - \dot{a}\,\frac{\partial F}{\partial x'} . \tag{5.81}$$

Setzen wir stationäre Verhältnisse voraus, so verschwindet die Zeitableitung im mitbewegten System, und es wird

$$\dot{F} = -\dot{a}\,\frac{\partial F}{\partial x'} . \tag{5.82}$$

Da nach (5.81) die Ortsableitungen in beiden Systemen gleich sind, behalten die Fließbedingung und die Gleichgewichtsbedingung (1.132) ihre Form im bewegten System bei; es sind nur x durch x' und y durch y' zu ersetzen. Dies hat zur Folge, dass die Gleitlinien und die Spannungsverteilung unverändert vom entsprechenden Randwertproblem für den unbewegten Riss aus Abschnitt 5.4.1.1 übernommen werden können. Danach gilt auch beim bewegten Riss im Bereich des Fächers (vgl. Abb. 5.7)

$$\tau_{\varphi z} = \tau_F , \qquad \tau_{rz} = 0 . \tag{5.83}$$

Die zugehörigen Verzerrungsänderungen (vgl. (5.19)) können wir ebenfalls übernehmen, wobei wir diese hier auf das Zeitinkrement $\mathrm{d}t$ beziehen:

$$\dot{\gamma}_{\varphi z}(\varphi, r) = \frac{\mathrm{d}\gamma_{\varphi z}}{\mathrm{d}t} = \frac{R(\varphi)}{r}\, \dot{\gamma}_{\varphi z}(R)\,, \qquad \dot{\gamma}_{rz} = 0\,. \tag{5.84}$$

Darin ist $\dot{\gamma}_{\varphi z}(R)$ entlang $R(\varphi)$ vorgegeben. Die Integration von (5.84) erfolgt unter Verwendung von (5.82). Um sie einfach zu gestalten, wollen wir dabei $R(\varphi) = R_0$ und $\dot{\gamma}_{\varphi z}(R_0) = C\dot{a}/R_0$ annehmen. Die kartesischen Komponenten der Verzerrungsgeschwindigkeit lauten dann zunächst

$$\dot{\gamma}_{xz} = -\frac{C\dot{a}}{r}\sin\varphi\,, \qquad \dot{\gamma}_{yz} = +\frac{C\dot{a}}{r}\cos\varphi\,.$$

Mit
$$\sin\varphi = y'/r\,, \qquad \cos\varphi = x'/r\,, \qquad r^2 = x'^2 + y'^2$$

und (5.82) ergibt sich daraus

$$\frac{\partial\gamma_{xz}}{\partial x'} = \frac{Cy'}{x'^2 + y'^2}\,, \qquad \frac{\partial\gamma_{yz}}{\partial x'} = -\frac{Cx'}{x'^2 + y'^2}\,.$$

sowie nach Integration

$$\gamma_{xz} = C(\pi/2 - \varphi) + f_1(y')\,, \qquad \gamma_{yz} = -C\ln\frac{r}{r_0} + f_2(y')\,, \tag{5.85}$$

wobei f_1, f_2, r_0 unbestimmt bleiben. Für $r \to 0$ dominiert der logarithmische Term in γ_{yz}. Beschränken wir uns auf ihn, so lassen sich die Verzerrungen für $r \to 0$ auch in der Form

$$\gamma_{rz} = -C\ln r\sin\varphi\,, \qquad \gamma_{\varphi z} = -C\ln r\cos\varphi \tag{5.86}$$

darstellen. Sie haben danach an der bewegten Rissspitze eine logarithmische Singularität. Diese ist schwächer als die $1/r$–Verzerrungssingularität eines ruhenden Risses.

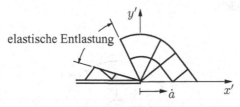

Abb. 5.25 Modus I – Rissfortpflanzung im idealplastischen Material

Eine entsprechende Analyse für den bewegten Riss im Modus I ist wesentlich aufwendiger; sie führt wie im Modus III auf eine logarithmische Verzerrungssingularität und auf beschränkte Spannungen. Dabei zeigt sich, dass in diesem Fall das Prandtl–Feld aus Abschnitt 5.4.1.2 nicht im gesamten Rissspitzenbereich gültig ist. Vielmehr tritt im Gegensatz zum ruhenden Riss ein keilförmiger Entlastungsbereich

auf, in dem sich das Material elastisch verhält (Abb. 5.25). Ähnliche Entlastungsbereiche erhält man, wenn das Stoffverhalten durch ein modifiziertes Ramberg-
Osgood-Gesetz mit elastischer Entlastung modelliert wird. Dann haben allerdings
nicht nur die Verzerrungen sondern auch die Spannungen eine vom Verfestigungs-
exponenten abhängige logarithmische Singularität an der Rissspitze.

5.8.3.3 Energiefluss und J–Integral

Vernachlässigt man Trägheitskräfte und beschränken wir uns nur auf mechanische
Energieformen, so gilt nach (4.99)–(4.101) für den Energiefluss $-P^*$ über die Grenze A_P in die Prozesszone

$$-P^* = -\frac{\mathrm{d}W_\sigma}{\mathrm{d}t} = P - \dot{E} \quad \text{mit} \quad P = \int_{\partial V} t_i \dot{u}_i \, \mathrm{d}A \,, \quad E = \int_V U^* \mathrm{d}V. \quad (5.87)$$

Darin ist ∂V die Oberfläche des materiellen Volumen V mit Ausnahme der Fläche
A_P, welche die Grenze zur Prozesszone bildet. Durch

$$U^* = \int_0^{\varepsilon_{kl}} \sigma_{ij} \, \mathrm{d}\varepsilon_{ij} = \int_0^t \sigma_{ij} \frac{\partial \varepsilon_{ij}}{\partial \tau} \, \mathrm{d}\tau = \int_0^t \sigma_{ij} \, \dot{u}_{i,j} \, \mathrm{d}\tau \quad (5.88)$$

wird die spezifische Formänderungsarbeit beschrieben. Diese ist nur beim elastischen Material unabhängig vom Deformationsweg und entspricht auch nur dann
der Formänderungsenergiedichte U (vgl. Abschnitt 1.3.1.2).

Im weiteren betrachten wir das ebene Modus I Problem der Fortpflanzung eines
geraden Risses mit lastfreien Rissufern und einer punktförmigen Prozesszone an
der Rissspitze (Abb. 5.26). Führen wir mit $\mathrm{d}W_\sigma/\mathrm{d}t = \dot{a}\, \mathrm{d}W_\sigma/\mathrm{d}a = -\dot{a}\,\mathcal{G}^*$ die
Energietransportrate $\mathcal{G}^*$ ein und nehmen wir die Umbezeichnungen $A_P \rightarrow C_P$,
$A \rightarrow C + C^+ + C^-$, $V \rightarrow A$ vor, so erhält man aus (5.87) für den Energiefluss
über die Grenze C_P zunächst

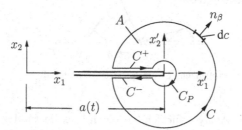

Abb. 5.26 Energiefluss in die Rissspitze: Integrationskontur

$$\dot{a}\,\mathcal{G}^* = \int\limits_C t_i\,\dot{u}_i\,\mathrm{d}c - \frac{\mathrm{d}}{\mathrm{d}t}\int\limits_A U^*\mathrm{d}A\,. \tag{5.89}$$

Dabei wurde berücksichtigt, dass die Rissufer $C^{\pm}$ belastungsfrei sind. Die Kontur C_P fassen wir im Grenzfall als verschwindend klein auf ($\rho \to 0$). Der Stern an der Energietransportrate soll daneben andeuten, dass im Unterschied zur Energiefreisetzungsrate $\mathcal{G}$ der Energietransport nun nicht notwendigerweise mit einer Potentialänderung eines elastischen Systems verbunden ist, sondern dass das Materialverhalten beliebig (also auch inelastisch) sein kann.

Da sich die Kontur C_P mit der Rissspitze bewegt (C ist dagegen fest), ist die Fläche A zeitlich veränderlich. Bei der Zeitableitung der Formänderungsarbeit muss dementsprechend der Fluss über C_P berücksichtigt werden (Reynoldsches Transporttheorem):

$$\frac{\mathrm{d}}{\mathrm{d}t}\int\limits_A U^*\mathrm{d}A = \int\limits_A \frac{\mathrm{d}U^*}{\mathrm{d}t}\,\mathrm{d}A + \dot{a}\int\limits_{C_P} U^*n_1\,\mathrm{d}c\,. \tag{5.90}$$

Mit der Umformung $\mathrm{d}U^*/\mathrm{d}t = \sigma_{ij}\,\dot{u}_{i,j} = (\sigma_{ij}\,\dot{u}_i)_{,j} - \sigma_{ij,j}\,\dot{u}_i$, der Gleichgewichtsbedingung $\sigma_{ij,j} = 0$ und nach Anwendung des Gaußschen Satzes (die Rissufer $C^{\pm}$ liefern wegen $t_i = 0$ keinen Beitrag) lässt sich dies auch folgendermaßen schreiben:

$$\begin{aligned}
\frac{\mathrm{d}}{\mathrm{d}t}\int\limits_A U^*\mathrm{d}A &= \int\limits_A (\sigma_{ij}\,\dot{u}_i)_{,j}\,\mathrm{d}A + \dot{a}\int\limits_{C_P} U^*n_1\,\mathrm{d}c \\
&= \int\limits_C \sigma_{ij}\,\dot{u}_i\,n_j\,\mathrm{d}c + \int\limits_{C_P} \sigma_{ij}\,\dot{u}_i\,n_j\,\mathrm{d}c + \dot{a}\int\limits_{C_P} U^*n_1\,\mathrm{d}c\,.
\end{aligned}$$

Einsetzen in (5.89) liefert

$$\dot{a}\,\mathcal{G}^* = -\int\limits_{C_P} (\dot{a}\,U^*n_1 + t_i\,\dot{u}_i)\,\mathrm{d}c\,. \tag{5.91}$$

Um zu einer zweckmäßigeren Darstellung zu kommen, gehen wir auf das mit der Rissspitze mitbewegte x_1', x_2'-Koordinatensystem über und sehen ab jetzt die Kontur C und die Fläche A als mitbewegt an. Die Geschwindigkeit $\dot{u}_i$ in (5.91) muss dann nach (5.81) gebildet werden. Hierbei können wir voraussetzen, dass die Verschiebung $u_i(r, \varphi, t)$ an der Rissspitze ($r \to 0$) regulär und ihre Ortsableitungen (Verzerrungen) singulär sind. Dementsprechend dominiert lokal immer das zweite Glied, und es wird wie im stationären Fall $\dot{u}_i = -\dot{a}\,u_{i,1}$ (lokale Stationarität). Für die Energiefreisetzungsrate erhält man damit

$$\mathcal{G}^* = -\int\limits_{C_P} (U^*n_1 - t_i\,u_{i,1})\,\mathrm{d}c\,. \tag{5.92}$$

Wenden wir nun noch den Gaußschen Satz auf die Fläche A mit dem Rand $C +$ $C_P + C^+ + C^-$ an ($C^{\pm}$ liefert wieder keinen Beitrag) und führen wir mit

$$J^* = \int\limits_C (U^* n_1 - t_i u_{i,1}) \, \mathrm{d}c = \int\limits_C (U^* \delta_{1\beta} - \sigma_{i\beta} u_{i,1}) \, n_\beta \, \mathrm{d}c \qquad (5.93)$$

modifizierte J–Integral ein, so folgt schließlich

$$\mathcal{G}^* = J^* - \int\limits_A (U^*_{,1} - \sigma_{ij} u_{i,j1}) \, \mathrm{d}A \,. \qquad (5.94)$$

Danach ist die Energietransportrate im allgemeinen Fall *nicht* durch ein wegunabhängiges Konturintegral J^* darstellbar; vielmehr muss das zusätzliche Flächenintegral berücksichtigt werden. Zieht man die Kontur C jedoch auf die Rissspitze zusammen, dann verschwindet das Flächenintegral, und es wird

$$\mathcal{G}^* = \lim_{\rho \to 0} \int\limits_C (U^* n_1 - t_i u_{i,1}) \, \mathrm{d}c \,. \qquad (5.95)$$

Dies stimmt mit (5.92) überein; der Vorzeichenunterschied ist durch den entgegengesetzten Umlaufsinn bedingt.

Im Sonderfall stationärer Verhältnisse verschwindet in (5.94) das Flächenintegral dagegen immer. Nach (5.82) und (5.88) wird dann nämlich $U^*_{,1} = -\dot{U}^*/\dot{a} = -\sigma_{ij} \dot{u}_{i,j}/\dot{a} = \sigma_{ij} u_{i,j1}$. In diesem Fall gilt also

$$\mathcal{G}^* = J^* \,. \qquad (5.96)$$

Unabhängig vom Stoffverhalten kann dann die Energietransportrate durch das J^*–Integral (5.93) ausgedrückt werden, wobei die Kontur C beliebig ist (Wegunabhängigkeit). Dieses Integral unterscheidet sich vom J–Integral (4.128) dadurch, dass bei J^* anstelle der Formänderungsenergiedichte U die spezifische Formänderungsarbeit U^* auftritt.

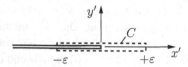

Abb. 5.27 Bestimmung von $\mathcal{G}^*$

Als Beispiel betrachten wir das Risswachstum im idealplastischen Material. Hierfür sind nach Abschnitt 5.8.3.2 die Spannungen in der Umgebung der Rissspitze ($r \to 0$) beschränkt, während die Verzerrungen logarithmisch singulär sind: $\sigma_{i\beta} \propto \sigma_F$, $u_{i,1} \propto \ln r$. Wählen wir die Kontur C entsprechend Abb. 5.27, so erhält man aus (5.95) das Ergebnis

$$\mathcal{G}^* \propto \lim_{\varepsilon \to 0} 2\sigma_F \int\limits_{-\varepsilon}^{+\varepsilon} \ln |x'| \mathrm{d}x' = \lim_{\varepsilon \to 0} 2\sigma_F \left[x'(\ln x' - 1) \right]_{-\varepsilon}^{+\varepsilon} = 0 \,. \qquad (5.97)$$

Beim idealplastischen Material findet danach *kein* Energietransport in die Rissspitze statt. Für einen speziellen, energieverzehrenden Trennprozess in der Prozesszone steht also keine Energie zur Verfügung. Ursache für dieses "Paradoxon" ist offenbar die zu stark vereinfachende Annahme einer punktförmigen Prozesszone in Kombination mit einem idealplastischen Materialverhalten.

5.9 Konzept der wesentlichen Brucharbeit

In Fall ausgedehnter plastischer Zonen ("Großbereichsfließen") sind Größenbedingungen wie (5.63), die zur Charakterisierung der Bruchzähigkeit durch J_c notwendig sind, oft nur schwer zu erfüllen. Dies gilt insbesondere, wenn (z.B. aus praktischen Gründen) Versuche an dünnen scheibenartigen Proben durchgeführt werden und es sich um sehr duktile Materialien mit nur geringer Verfestigung handelt. Die Definition und auch die Messung von Rissspitzenöffnungsverschiebung (Abschnitt 5.5) oder Rissspitzenöffnungswinkel (Abschnitt 5.8.3.1) hingegen sind mit einer gewissen Willkür behaftet. Als Alternative zu diesen lokalen Größen basiert das Konzept der *wesentlichen Brucharbeit* (essential work of fracture, EWF) auf globalen energetischen Betrachtungen. Es wurde von K.B. BROBERG, B. COTTERELL, J.K. REDDELL und Y.-W. MAI entwickelt und wird vorwiegend als pragmatischer Zugang zur Bruchzähigkeitscharakterisierung dünner metallischer Proben (Bleche) oder duktiler Polymere eingesetzt. Zur Definition und Ermittlung der Bruchzähigkeit wird dabei nicht die Rissinitiierung (und evtl. eine kurze anschließende Phase) betrachtet sondern der vollständige Bruch einer Probe.

Die Arbeit, die bis zum vollständigen Bruch einer Probe geleistet wird, wird als totale Brucharbeit W_f bezeichnet und ist durch die Fläche unter der dabei gemessenen Kraft-Verschiebungs-Kurve gegeben (Abb. 5.28a). Sie hängt von der Probengeometrie (z.B. Ligamentlänge l) ab und ist daher natürlich nicht als Maß für die materialspezifische Bruchzähigkeit geeignet. Das Konzept der wesentlichen Brucharbeit basiert auf der Annahme, dass W_f in zwei Anteile aufgespalten werden kann, die unterschiedlich mit der Ligamentlänge l skalieren, d.h. von l mit unterschiedlicher Potenz abhängen. Dies setzt voraus, dass vor Einsetzen des Bruchs im gesamten Ligament plastisches Fließen vorherrscht und dass die plastische Zone (hellgrau in Abb. 5.28b) die Prozesszone (dunkles Grau) vollständig umschließt. Die totale Brucharbeit für eine Probe der Dicke B kann dann als

$$W_f = w_e B \, l + w_p B \beta \, l^2 \qquad (5.98)$$

geschrieben werden, wobei der erste Term auf der rechten Seite die in der Prozesszone dissipierte Arbeit darstellt ($B \, l$ = Bruchfläche). Der zweite Term beschreibt die nicht unmittelbar für den Bruchprozess benötigte jedoch in der umgebenden plasti-

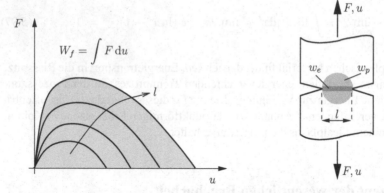

Abb. 5.28 a) Selbstähnliche Kraft-Verschiebungs-Kurven bei duktilem Bruch, b) plastische Zone und Bruchprozesszone im Ligament einer "double-edge notch tension" (DENT) Probe

schen Zone dissipierte Arbeit. Die Größe der plastischen Zone in der Probenebene ist proportional zu l^2 mit dem dimensionslosen Geometriefaktor β. In (5.98) bezeichnet w_p die spezifische plastische Arbeit (pro Volumen), während durch w_e die spezifische *wesentliche Brucharbeit* definiert ist, die direkt im Bruchprozess (pro Bruchfläche) verbraucht wird.

In dünnen Proben aus duktilen Materialien erfolgen plastisches Fließen sowie auch Bruch näherungsweise im ebenen Spannungszustand, wobei typischerweise die in Abb. 5.28b skizzierte Situation vorliegt. Die Breite der Prozesszone in der Probenebene ist dann von der Größenordnung der Probendicke B, da der Bruchvorgang Gleitvorgänge und Probeneinschnürung gemäß Abb. 4.42b beinhaltet. Dies bedeutet, dass w_e von der Probendicke abhängt. Bei fester Dicke jedoch ist die spezifische wesentliche Brucharbeit w_e näherungsweise konstant und unabhängig von der Probengeometrie. Zu ihrer Bestimmung werden mehrere *geometrisch ähnliche* Proben unterschiedlicher Größe und damit unterschiedlicher Ligamentlänge l je-

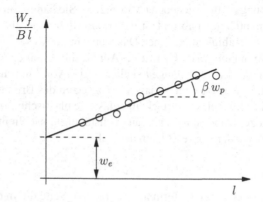

Abb. 5.29 Bestimmung der spezifischen wesentlichen Brucharbeit w_e aus Messdaten ($\circ$)

doch gleicher Dicke B geprüft, was zu selbstähnlichen Kraft-Verschiebungs-Kurven führt (Abb. 5.28a). Werden die resultierenden Werte der totalen Brucharbeit durch die Bruchfläche Bl dividiert und über der Ligamentlänge l aufgetragen (Abb. 5.29), so erhält man gemäß (5.98) näherungsweise die lineare Beziehung

$$\frac{W_f}{B\,l} = w_e + \beta\,w_p\,l\,.\tag{5.99}$$

Die spezifische wesentliche Brucharbeit w_e als Maß für die Bruchzähigkeit ist dabei durch den Ordinatenschnittpunkt für $l \to 0$ gegeben (Abb. 5.29).

5.10 Übungsaufgaben

Aufgabe 5.1 Die Spannungen für den dargestellten Dugdale-Riss lassen sich aus der Westergaard-Spannungsfunktion

$$Z(z) = \frac{2\tau_F}{\pi} \arctan \sqrt{\frac{(c/a)^2 - 1}{1 - (c/z)^2}}$$

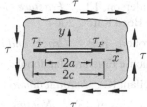

Abb. 5.30

ermitteln.

Man bestimme die Spannungsverteilung längs der x-Achse und zeige, dass für $x = \pm c$ keine Spannungssingularitäten vorhanden sind.

Lösung: $\tau_{xy}(x,0) = \dfrac{2\tau_F}{\pi} \arctan \sqrt{\dfrac{(c/a)^2 - 1}{1 - (c/x)^2}}$

Aufgabe 5.2 Werten Sie das Dugdale-Modell (Fließspannung σ_F) für den Fall eines halbunendlichen Risses aus. Die Belastung des Risses *ohne* Fließstreifen sei durch K_I^{app} gegeben (Abb. 5.31a).

Gesucht sind: a) die Länge d des Fließstreifens,
                   b) die Rissspitzenöffnung (CTOD) δ_t,
                   c) das J-Integral.

Hinweis: Zur Berechnung der Rissspitzenöffnung verwende man die Westergaardsche Spannungsfunktion für einen halbunendlichen Riss unter konstanter Streifenbelastung entsprechend Abb. 5.31b:

$$Z(z) = \frac{2\sigma}{\pi}\left[\sqrt{\frac{d}{z}} - \arctan\sqrt{\frac{d}{z}}\right], \quad \bar{Z} = \frac{2\sigma}{\pi}\,d\left[\sqrt{\frac{z}{d}} - (1 + z/d)\arctan\sqrt{\frac{d}{z}}\right].$$

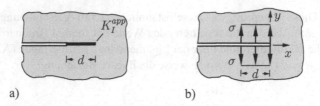

a)   b)

Abb. 5.31

Lösung: $d = \dfrac{\pi}{8}\left(\dfrac{K_I^{app}}{\sigma_F}\right)^2$, $\delta_t = \dfrac{(K_I^{app})^2}{E'\sigma_F}$, $J = \dfrac{(K_I^{app})^2}{E'}$.

5.11 Literatur

Anderson, T.L.   *Fracture Mechanics – Fundamentals and Application.* CRC Press, Boca Raton, 2004

Broberg, K.B.   *Cracks and Fracture.* Academic Press, London, 1999

Ductile Fracture Handbook.   Electric Power Research Institute, Palo Alto, 1989

Hellan, K.   *Introduction to Fracture Mechanics.* McGraw-Hill, New York, 1985

Hutchinson, J.W.   *Nonlinear Fracture Mechanics.* Department of Solid Mechanics, Technical University of Denmark, 1979

Kanninen, M.F. and Popelar, C.H.   *Advanced Fracture Mechanics.* Clarendon Press, Oxford, 1985

Knott, J.F.   *Fundamentals of Fracture Mechanics.* Butterworth, London, 1973

Kuna, M.,   *Numerische Beanspruchungsanalyse von Rissen: Finite Elemente in der Bruchmechanik,* Vieweg Teubner, Wiesbaden, 2010

Miannay, D.P.   *Fracture Mechanics.* Springer, New York, 1998

Rice, J.R.   *Mathematical Analysis in the Mechanics of Fracture.* In *Fracture – A Treatise,* Vol. 2, ed. H. Liebowitz, pp. 191-311. Academic Press, London, 1968

Zehnder, A.T.,   *Fracture Mechanics.* Springer, Berlin, 2012

Kapitel 6
Kriechbruchmechanik

6.1 Allgemeines

Verschiedene Werkstoffe zeigen ein zeitabhängiges Materialverhalten, das sich in Kriech- bzw. Relaxationserscheinungen äußert. Diese finden in der Regel *quasistatisch* statt, d.h. sie erfolgen so "langsam", dass Trägheitskräfte keine Rolle spielen. Belastet man ein Rissbehaftetes Bauteil aus einem solchen Material, so kommt es insbesondere in der Umgebung der Rissspitze aufgrund der dort sehr hohen Spannungen zu zeitabhängigen Deformationen. Folge davon kann sein, dass der Bruch oder Rissfortschritt erst zeitverzögert, nach Erreichen einer kritischen Rissspitzendeformation, einsetzt. Es kann aber auch sein, dass mit dem Kriechen an der Rissspitze unmittelbar ein *Kriechrisswachstum* verbunden ist.

Typische Beispiele für Werkstoffe, bei denen ein entsprechendes Verhalten beobachtet werden kann, sind Polymere (bei Raumtemperatur) oder Stähle (bei Temperaturen ab ca. 30% der Schmelztemperatur). Trotz ähnlicher makroskopischer Phänomene unterscheiden sich die Mikromechanismen, die beim Bruch dieser Werkstoffe eine Rolle spielen, deutlich voneinander. Thermisch induziertes Kriechen von Metallen ist mit einem Porenwachstum an den Korngrenzen verbunden. Dieses führt in der Umgebung der Rissspitze zur Bildung von Mikrorissen, zu ihrer Vereinigung und schließlich auf diese Weise zum Rissfortschritt. Bei glasartigen Polymeren (z.B. Plexiglas) geht dem eigentlichen Bruchvorgang dagegen meist die Bildung einer zungenförmigen *Craze–Zone* vor der Rissspitze voraus. Dabei handelt es sich um eine dünne poröse Schicht von etwa $10^{-3}mm$ Dicke und einigen Millimetern Länge, in der die Makromoleküle bündelförmig im wesentlichen in Richtung der größten Zugspannung (senkrecht zur Craze–Zone) ausgerichtet sind (s. Abb. 3.3). Der Trennvorgang findet dann dort bei hinreichend großer Beanspruchung statt, indem die Makromoleküle aus der Matrix "herausgezogen" werden bzw. indem sie zerreißen. Das makroskopische Stoffverhalten von Polymeren kann außerhalb der Prozesszone in vielen Fällen als linear viskoelastisch beschrieben werden; eine sachgerechte Modellierung des Kriechens von Metallen muss außerhalb der Prozesszone dagegen im allgemeinen durch nichtlineare Stoffgesetze erfolgen. Wir werden uns dabei, ähnlich wie in der Plastizität, auf möglichst einfache Beschreibungen beschränken (vgl. Abschnitt 1.3.2.1).

Wie schon erwähnt, ist das Kriechen an der Rissspitze besonders ausgeprägt. In manchen Fällen ist das zeitabhängige inelastische Verhalten sogar auf die unmittelbare Umgebung der Rissspitze beschränkt, während das Material ansonsten als linear elastisch angesehen werden kann. Ist diese *Kriechzone* hinreichend klein, so spricht man von *Kleinbereichskriechen*. Zur Charakterisierung des Rissspitzenzustandes lassen sich dann die Parameter der linearen Bruchmechanik (z.B. K_I oder die Rissspitzenöffnung) heranziehen, die nun allerdings zeitabhängig sein können. Parameter der linearen Bruchmechanik lassen sich auch für große Kriechbereiche (z.B. Kriechen des ganzen Bauteiles) verwenden, falls der Werkstoff linear viskoelastisch beschrieben werden kann. Bei nichtlinearem Materialverhalten haben sich als Kontrollparameter integrale Größen als zweckmäßig erwiesen. Häufig angewendet werden hier das C– bzw. das C^*–Integral, welche enge Bezüge zum J–Integral der elastisch-plastischen Bruchmechanik haben.

6.2 Bruch von linear viskoelastischen Materialien

6.2.1 Rissspitzenfeld, elastisch-viskoelastische Analogie

Wir wollen uns hier zunächst auf die Betrachtung von stationären Rissen in linear viskoelastischen Körpern beschränken. Die Lösung entsprechender Randwertprobleme lässt sich oft direkt aus den Lösungen der zugeordneten elastischen Probleme gewinnen. So erhält man die Laplace-transformierte Lösung eines viskoelastischen Randwertproblems aus der elastischen Lösung, indem man die elastischen Konstanten geeignet durch die transformierte Kriech- bzw. Relaxationsfunktion ersetzt (vgl. Abschnitt 1.3.2.1). Tauchen in der Lösung des elastischen Problems keine Elastizitätskonstanten auf, so können die Kriech- bzw. die Relaxationsfunktion auch keinen Einfluss auf die viskoelastische Lösung haben; letztere stimmt dann vollständig mit der elastischen Lösung überein.

Ein Beispiel hierfür ist das Spannungsfeld in der Umgebung der Spitze eines stationären Risses. Dieses ist im viskoelastischem Fall genau wie in der linear elastischen Bruchmechanik durch die entsprechenden Gleichungen in (4.6), (4.13), (4.14) und (4.15) gegeben; allerdings können die K–Faktoren je nach äußerer Belastung nun von der Zeit abhängen. In die Verschiebungen an der Rissspitze gehen dagegen im elastischen Fall die Elastizitätskonstanten ein. Sie können daher zunächst noch nicht ohne weiteres auf den viskoelastischen Fall übertragen werden. Ein anderes Beispiel sind Körper, deren Belastung entlang des gesamten Randes vorgegeben ist. Auch in diesem Fall sind die viskoelastische Spannungsverteilung und die elastische Spannungsverteilung gleich. Bei mehrfach zusammenhängenden Gebieten (z.B. bei Innenrissen) muss nur gefordert werden, dass etwaige Belastungen von inneren Rändern jeweils Gleichgewichtsgruppen bilden. Die K–Faktoren Rissbehafteter viskoelastischer Körper, deren Belastung vorgegeben ist, können also unmittelbar vom elastischen Fall übernommen werden.

Eine besonders einfache Bestimmung der viskoelastischen Spannungen und Deformationen ist möglich, wenn vorausgesetzt wird, dass die Querkontraktionszahl ν

wie im elastischen Fall konstant ist (dies trifft näherungsweise auf viele Polymere zu). Wir unterscheiden dabei zwei wichtige Fälle.

1. Fall: Wird ein Körper durch vorgegebene Kräfte der Art $F_i = \hat{F}_i\, f(t)$ belastet (d.h. alle Kräfte haben das gleiche Zeitverhalten), so sind die viskoelastischen und die elastischen Spannungen gleich: $\sigma_{ij} = \hat{\sigma}_{ij}\, f(t)$. Dies trifft damit auch auf die Spannungsintensitätsfaktoren zu. Die viskoelastischen Deformationen erhält man aus den entsprechenden elastischen Größen, indem der Schubmodul folgendermaßen ersetzt wird:

$$\frac{1}{G} \to \int\limits_{-\infty}^{t} J_d(t - \tau)\frac{\mathrm{d}f(\tau)}{\mathrm{d}\tau}\, \mathrm{d}\tau\ . \tag{6.1}$$

(Zur Beachtung: in diesem Abschnitt werden mit $J_d(t)$ bzw. mit $J(t)$ Kriechfunktionen bezeichnet; man verwechsle dies nicht mit dem J-Integral!)

2. Fall: Wird ein Körper an einem Teil des Randes durch vorgegebene Verschiebungen der Art $u_i^R = \hat{u}_i^R\, u(t)$ belastet und ist der Rest des Randes belastungsfrei, so sind die viskoelastischen und die elastischen Deformationen gleich: $u_i = \hat{u}_i\, u(t)$. Die viskoelastischen Spannungen und Spannungsintensitätsfaktoren ergeben sich aus den elastischen Größen, indem man den Schubmodul wie folgt ersetzt:

$$G \to \int\limits_{-\infty}^{t} G(t - \tau)\frac{\mathrm{d}u(\tau)}{\mathrm{d}\tau}\, \mathrm{d}\tau\ . \tag{6.2}$$

Wendet man (6.1) auf das Rissspitzenfeld an (vgl. (4.6), (4.13), (4.14), (4.15)), so erkennt man, dass sich die viskoelastischen Verschiebungen von den entsprechenden elastischen Verschiebungen nur durch ihr zeitliches Verhalten unterscheiden; die örtliche Verteilung bleibt gleich.

Wird im Sonderfall die Belastung (Kräfte oder Verschiebungen) zum Zeitpunkt $t = 0$ aufgebracht und dann konstant gehalten, so folgen aus (6.1) bzw. (6.2)

$$1/G \to J_d(t)\ , \qquad G \to G(t)\ . \tag{6.3}$$

Dabei durchläuft zum Beispiel die Relaxationsfunktion $G(t)$ die Werte zwischen dem *instantanen Modul* $G(0) = G_g$ und dem *Gleichgewichtsmodul* $G(\infty) = G_e$ (vgl. Abb. 1.6). Entsprechendes trifft auf die Kriechfunktion $J_d(t)$ zu. Damit können die oberen und unteren Grenzen der Deformationen bzw. der Spannungen sofort angegeben werden.

Als Beispiel betrachten wir die Konfiguration nach Abb. 6.1a (vgl. auch DCB–Probe, Abschnitt 4.6.3), deren viskoelastisches Stoffverhalten durch den *linearen Standardkörper* approximiert wird. Dieser lässt sich durch das Feder-Dämpfer-Modell in Abb. 6.1b veranschaulichen. Unter Annahme von $J_e = 3J_g$ und $G_e = G_g/3$ mit $J_g = 1/G_g$ lauten hierfür die Kriech- und die Relaxationsfunktion

$$J(t) = J_g(3 - 2\mathrm{e}^{-t/\tau_J})\ , \qquad G(t) = \frac{G_g}{3}(1 + 2\mathrm{e}^{-t/\tau_G})\ . \tag{6.4}$$

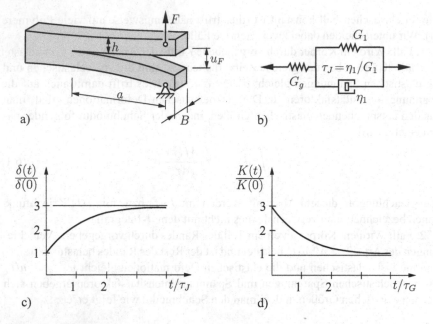

Abb. 6.1 a) DCB–Probe,   b) Standardkörper,   c) $F = const$,   d) $u_F = const$

Darin sind τ_G die Relaxationszeit und $\tau_J = \tau_G G_g / G_e = 3\tau_G$ die Retardationszeit des Materials. Die elastische Lösung dieses Problems liefert unter Annahme eines ESZ für den Spannungsintensitätsfaktor K und die Öffnung $\delta = v^+ - v^-$ an der Rissspitze die Ergebnisse

$$K_I = 2\sqrt{3}\,\frac{Fa}{Bh^{3/2}} = \frac{\sqrt{3}}{2}\,\frac{u_F G(1+\nu)h^{3/2}}{a^2} \,, \qquad \delta = \frac{4K_I}{G(1+\nu)}\sqrt{\frac{r}{2\pi}} \,. \qquad (6.5)$$

Als Belastung des viskoelastischen Körpers betrachten wir zunächst eine zur Zeit $t = 0$ aufgebrachte konstante Kraft F. Der K–Faktor ist dann zeitlich unveränderlich; den Verlauf der Rissspitzenöffnung erhalten wir aus (6.5), indem wir $1/G$ durch $J(t)$ ersetzen:

$$K_I = 2\sqrt{3}\,\frac{Fa}{Bh^{3/2}} \,, \qquad \frac{\delta(t)}{\delta(0)} = \frac{J(t)}{J(0)} = 3 - 2\mathrm{e}^{-t/\tau_J} \,. \qquad (6.6)$$

Danach wächst δ mit der Zeit an und erreicht für $t \to \infty$ das dreifache des instantanen Wertes (Abb. 6.1c).

Erfolgt dagegen die Belastung durch eine zur Zeit $t = 0$ aufgebrachte konstante Verschiebung u_F, so bleibt die Rissspitzenöffnung konstant und K ändert sich mit der Zeit. Man erhält seinen Zeitverlauf, indem im K–Faktor nach Gleichung (6.5) G durch $G(t)$ ersetzt wird:

$$\delta = 2\sqrt{3}\,\frac{u_F h^{3/2}}{a^2}\sqrt{\frac{r}{2\pi}}\;,\qquad \frac{K(t)}{K(0)} = \frac{G(t)}{G(0)} = 1 + 2\mathrm{e}^{-t/\tau_G}\;. \qquad (6.7)$$

Der Spannungsintensitätsfaktor klingt in diesem Fall mit zunehmender Zeit ab, und er erreicht für $t \to \infty$ ein Drittel des instantanen Wertes (Abb. 6.1d).

6.2.2 Bruchkonzept

Das Spannungs- und das Verschiebungsfeld an der Rissspitze haben im viskoelastischen Fall zwar die gleiche Struktur wie bei linear elastischem Materialverhalten, ihr zeitliches Verhalten ist aber im allgemeinen unterschiedlich. Während die Spannungen durch $K(t)$ eindeutig festgelegt sind, werden die Verschiebungen durch $\delta(t)$ bestimmt. So nehmen im Beispiel des vorhergehenden Abschnittes die Deformationen und damit $\delta(t)$ bei festen Spannungen ($K =const$) mit der Zeit zu. Umgekehrt klingen die Spannungen, d.h. auch $K(t)$, bei festen Deformationen ($\delta =const$) zeitlich ab. Das Rissspitzenfeld und damit die aktuelle Belastung der Rissspitze wird also nicht alleine durch den Spannungsintensitätsfaktor sondern durch die aktuelle Größe von K und von δ festgelegt.

Daneben kann man aufgrund des zeitabhängigen Materialverhaltens nicht erwarten, dass der Zustand in der Prozesszone alleine durch das aktuelle Rissspitzenfeld bestimmt ist. Vielmehr wird dieser von der Geschichte der Rissspitzenbelastung abhängen. Dies wird durch experimentelle Untersuchungen bestätigt. Sie zeigen zum Beipiel für viele viskoelastische Werkstoffe eine deutliche Abhängigkeit der Bruchlast von der Belastungsgeschwindigkeit. Letztere bezeichnen wir als groß, wenn bei einer Laststeigerung die Zeit T bis zum Erreichen der Bruchlast klein ist im Vergleich zur charakteristischen Relaxationszeit: $T \ll \tau_G$. In diesem Fall spielen Kriech- und Relaxationserscheinungen keine Rolle; das Werkstoffverhalten entspricht dann dem eines Körpers mit instantaner Elastizität. Ein Schädigungsprozess an der Rissspitze zum Beispiel durch Hohlraumbildung findct nur cingeschränkt statt; der Bruchvorgang erfolgt spröd. Bei kleiner Belastungsgeschwindigkeit ($T \gg \tau_G$) relaxiert bzw. kriecht dagegen das Material in der Prozesszone so, dass es sich immer im Zustand der Gleichgewichtselastizität befindet. Der SchädigungsProzess an der Rissspitze kann nun so ablaufen, als wäre er zeitlich unbeschränkt.

Wann und ob der kritische Zustand in der Prozesszone erreicht wird, hängt demnach genaugenommen vom zeitlichen Verlauf der Rissspitzenbelastung ab. Die Bruchbedingung lässt sich damit formal als

$$\mathcal{F}[K(t), \delta(t)] = 0 \qquad (6.8)$$

schreiben, wobei das Symbol $\mathcal{F}$ die Abhängigkeit von der Belastungsgeschichte ausdrückt. Da über diese Abhängigkeit meist nicht ausreichend experimentelle Daten vorliegen, verzichtet man häufig auf deren Beschreibung. Vereinfachend nimmt man dann an, dass der Zustand der Prozesszone alleine durch die aktuellen Deformationen an der Rissspitze, d.h. durch δ charakterisiert wird. Gestützt wird diese Hypothese durch die Beobachtung, dass bei viskoelastischen Materialien die Deformation in vielen Fällen auch ein gutes Maß für den Schädigungszustand des Werkstoffes darstellt. Anstelle von δ, das ja im allgemeinen vom Rissspitzenabstand r abhängt (vgl. (6.5)), ist es meist zweckmäßig eine geeignet definierte Rissspitzenöffnung δ_t zu verwenden (z.B. $45°$-Schnitte mit der Risskontur, vgl. Abb. 5.17). Das vereinfachte Bruchkriterium lautet damit

$$\boxed{\delta_t = \delta_{tc}} \; . \tag{6.9}$$

Erreicht danach $\delta_t(t)$ den materialspezifischen kritischen Wert δ_{tc}, so kommt es zum Rissfortschritt.

Mit dem Bruchkriterium (6.9) lässt sich die *Bruchzeit, Inkubationszeit* oder *Initiierungszeit* t_i (time of failure) bestimmen, zu der nach einer Belastung Rissfortschritt einsetzt. Als Beispiel hierzu betrachten wir nochmals die DCB–Probe mit dem Stoffgesetz des linearen Standardkörpers unter konstanter Last nach Abb. 6.1a,c. Der zeitliche Verlauf von δ_t wird hierfür durch (6.6) beschrieben. Einsetzen in (6.9) und Auflösen nach der Zeit liefert

$$t_i = -\tau_J \ln \frac{3\delta_t(0) - \delta_{tc}}{2\delta_t(0)} \; . \tag{6.10}$$

Die Verwendung der Parameter $\delta_t(t)$ bzw. $K(t)$ im Bruchkonzept setzt voraus, dass die Größenbedingung erfüllt ist. Danach muss der Bereich, in dem das durch diese Parameter bestimmte Rissspitzenfeld dominiert, groß sein im Vergleich zur Prozesszone (vgl. Abschnitt 4.3). Vereinfacht modelliert man die Prozesszone häufig als eine *plastische Zone,* in der ein Fließvorgang stattfindet und in der die Spannungen beschränkt sind. Man spricht dann auch im viskoelastischen Fall wie in der linear elastischen Bruchmechanik von *Kleinbereichsfließen.*

6.2.3 Risswachstum

Bei viskoelastischen Materialien muss die Rissinitiierung nicht unmittelbar zum Versagen eines Bauteiles führen. Ursache hierfür ist, dass der Riss sich zunächst nur kriechend fortpflanzt. In einem Bauteil unter festgehaltener äußerer Belastung nimmt dabei mit zunehmender Risslänge auch die Risswachstumsrate zu. Erst beim Erreichen einer kritischen Risslänge wird der Riss dann "instabil", d.h. seine Rissgeschwindigkeit wächst unbeschränkt an.

Wir wollen diesen Vorgang am Beispiel eines Risses im ESZ untersuchen, bei dem die Prozesszone genau wie beim Dugdale-Modell durch einen Streifen modelliert wird, in welchem die Fließspannung σ_0 herrscht (Abb. 6.2). Da Klein- bereichsfließen vorliegen soll, muss die Streifenlänge d klein im Vergleich zu allen anderen Längen sein, d.h. die Risslänge kann im Vergleich zu d als unendlich groß angesehen werden. Bei elastischem Materialverhalten gelten dann für die Streifenlänge d, für die Rissöffnung δ im Streifen und für die Rissspitzenöffnung δ_t die Beziehungen (vgl. (5.7), (5.8))

$$d = \frac{\pi}{8} \left(\frac{K_I}{\sigma_0} \right)^2 , \qquad (6.11)$$

$$\delta(r) = \frac{4\sigma_0 d}{\pi(1+\nu)G} \left[\sqrt{\frac{r}{d}} + \left(1 - \frac{r}{d}\right) \text{artanh}\sqrt{\frac{r}{d}} \right] , \qquad (6.12)$$

$$\delta_t = \delta(d) = \frac{K_I^2}{2(1+\nu)G\sigma_0} . \qquad (6.13)$$

Ist die Rissbelastung durch K_I vorgegeben, so liegen diese Größen damit eindeutig fest.

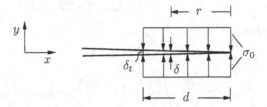

Abb. 6.2 Riss im Kleinbereichsfließen

Aus (6.11) bis (6.13) lässt sich unmittelbar die entsprechende viskoelastische Lösung für einen stationären (nicht kriechenden) Riss ermitteln, der zur Zeit $t = 0$ eine Belastung K_I erfährt, welche anschließend konstant gehalten wird. Nach (6.3) muss man hierzu nur $1/G$ durch die Kriechfunktion $J_d(t)$ ersetzen. Für die Streifenlänge d führt dies zu keiner Änderung. Die Rissöffnungen im Streifen und an der Spitze werden nun dagegen zeitabhängig:

$$\delta(r,t) = \frac{4\sigma_0 d}{\pi(1+\nu)} J_d(t) \left[\sqrt{\frac{r}{d}} + \left(1 - \frac{r}{d}\right) \text{artanh}\sqrt{\frac{r}{d}} \right] , \qquad (6.14)$$

$$\delta_t(t) = \frac{K_I^2}{2(1+\nu)\sigma_0} J_d(t) . \qquad (6.15)$$

Erreicht δ_t nach der Initiierungszeit t_i den kritischen Wert δ_{tc}, so beginnt der Riss zu wachsen.

Im weiteren betrachten wir den quasistatisch wachsenden Riss nach Abb. 6.3. Bei ihm bewegt sich der Fließstreifen in der Zeit t_1 über einen materiellen Punkt x hinweg. Da Kleinbereichsfließen vorliegt, können in diesem Zeitintervall die Streifenlänge d und die Risswachstumsrate $\dot{a}$ als konstant angesehen werden, d.h. es gilt $d = \dot{a}\,t_1$. Die Rissöffnung $\delta(x,t)$ im Streifen bestimmen wir unter Zuhilfenahme von (6.14), indem wir die Bewegung des Fließstreifens im Zeitbereich $0 \leq \tau \leq t$ als eine zeitliche Aufeinanderfolge infinitesimal gegeneinander verschobener Konfigurationen auffassen:

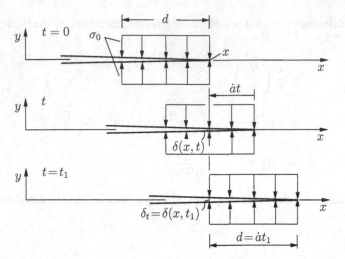

Abb. 6.3 Rissfortpflanzung

$$\delta(x,t) = \frac{4\sigma_0 d}{\pi(1+\nu)} \int\limits_0^t J_d(t-\tau) \frac{\partial}{\partial \tau} \left[\sqrt{\frac{\dot{a}\tau}{d}} + \left(1 - \frac{\dot{a}\tau}{d}\right) \text{artanh}\sqrt{\frac{\dot{a}\tau}{d}} \right] d\tau \ . \quad (6.16)$$

Für die Rissspitzenöffnung ergibt sich daraus mit $\delta_t = \delta(x,t_1)$ und der neuen Variablen $\xi = 1 - \dot{a}\tau/d$ die Darstellung

$$\delta_t = \frac{4\sigma_0 d}{\pi(1+\nu)} \int\limits_0^1 J_d\left(\frac{\xi d}{\dot{a}}\right) \left[\frac{1}{\sqrt{1-\xi}} - \text{artanh}\sqrt{1-\xi} \right] d\xi \ . \quad (6.17)$$

Aus dieser Beziehung lässt sich in Verbindung mit der Bruchbedingung (6.9), die ja beim Risswachstum erfüllt sein muss, die Risswachstumsrate $\dot{a}$ ermitteln. In vielen Fällen ist es dabei hinreichend, die Kriechfunktion durch das Potenzgesetz

$$J_d(t) = J_g + J_n t^n \quad (6.18)$$

zu approximieren. Darin sind J_g die instantane Nachgiebigkeit und J_n bzw. n Konstanten. Einsetzen in (6.17) liefert mit (6.9) zunächst

$$\frac{\pi \delta_{tc}(1+\nu)}{4\sigma_0 d} = J_g + J_n P_n \left(\frac{d}{\dot{a}}\right)^n , \quad (6.19)$$

wobei

$$P_n = \int_0^1 \xi^n \left[\frac{1}{\sqrt{1-\xi}} - \text{artanh}\sqrt{1-\xi} \right] d\xi \tag{6.20}$$

eine Konstante ist. Durch Auflösen von (6.19) nach $\dot{a}$ erhält man mit (6.11) und der Bezeichnung

$$K_{Ig}^2 = \frac{2(1+\nu)}{J_g} \delta_{tc}\sigma_0 \tag{6.21}$$

schließlich

$$\dot{a} = \frac{\pi}{8} \left(\frac{J_n P_n}{J_g} \right)^{1/n} \frac{K_{Ig}^2}{\sigma_0^2} \frac{\left[\frac{K_L}{K_{Ig}} \right]^{2(n+1)/n}}{\left[1 - \left(\frac{K_L}{K_{Ig}} \right)^2 \right]^{1/n}} . \tag{6.22}$$

Für eine gegebene Rissbelastung K_I liegt damit bei bekannten Materialkennwerten die Risswachstumsrate $\dot{a}$ fest. Aus (6.22) erkennt man, dass die Risswachstumsrate unbeschränkt anwächst ($\dot{a} \to \infty$), wenn K_I gegen den Grenzwert K_{Ig} geht. Letzteren kann man als "instantane Bruchzähigkeit" interpretieren; in ihn geht nach (6.21) nur die instantane Nachgiebigkeit J_g ein und nicht etwa die gesamte Kriechfunktion (6.18). In Abb. 6.4 ist $\dot{a}$ als Funktion von K_I für den Fall $n = 1/2$ dargestellt.

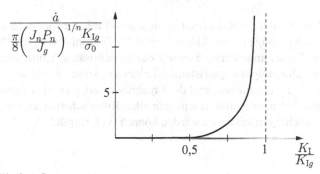

Abb. 6.4 Rissfortpflanzung

Die Gleichung (6.22) ermöglicht es, die Kriechzeit t_c zu bestimmen, die ein Riss benötigt, um von einer AnfangsRisslänge a_0 die kritische Risslänge a_g zu erreichen, bei welcher $\dot{a} \to \infty$ geht. Als einfachstes Beispiel hierzu betrachten wir die unendliche Scheibe mit einem Riss unter einer Zugspannung σ nach Abb. 6.5. Hierfür gelten $K_I = \sigma\sqrt{\pi a}$ bzw. $K_{Ig} = \sigma\sqrt{\pi a_g}$. Die kritische Risslänge ist danach durch

$$a_g = \frac{K_{Ig}^2}{\pi \sigma^2} \tag{6.23}$$

gegeben. Damit wird aus (6.22)

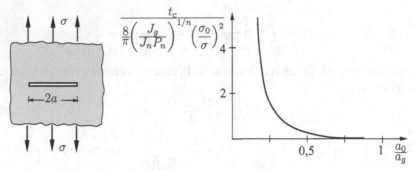

Abb. 6.5 Kriechzeit (n=1/2)

$$\dot{a} = \frac{\pi}{8} \left(\frac{J_n P_n}{J_g} \right)^{1/n} \frac{K_{Ig}^2}{\sigma_0^2} \frac{[a/a_g]^{(n+1)/n}}{[1 - a/a_g]^{1/n}} , \qquad (6.24)$$

und man erhält durch Trennung der Veränderlichen und Integration von der AusgangsRisslänge a_0 bis zur kritischen Risslänge a_g

$$t_c = \frac{8}{\pi^2} \left(\frac{J_g}{J_n P_n} \right)^{1/n} \left(\frac{\sigma_0}{\sigma} \right)^2 \int\limits_{a_0/a_g}^{1} \frac{[1 - a/a_g]^{1/n}}{[a/a_g]^{(n+1)/n}} \, \mathrm{d}(a/a_g) . \qquad (6.25)$$

Dementsprechend nimmt die Kriechzeit in diesem Fall mit zunehmender Belastung σ und Ausgangs-Risslänge a_0 ab. Abb. 6.5 zeigt das Ergebnis für $n = 1/2$.

An dieser Stelle sei angemerkt, dass wir das Kriechrisswachstum aufgrund der geringen Rissgeschwindigkeit quasistatisch behandeln konnten. Für $\dot{a} \to \infty$ wird der Kriechbereich aber verlassen, und die Ergebnisse verlieren für zu große $\dot{a}$ ihre Gültigkeit. Dann hat man es mit einem schnellen Risswachstum zu tun, bei dem Trägheitskräfte nicht vernachlässigt werden können (vgl. Kapitel 7).

6.3 Kriechbruch von nichtlinearen Materialien

6.3.1 Sekundäres Kriechen, Stoffgesetz

Das Kriechen von metallischen Werkstoffen unter konstanter äußerer Belastung wird in drei Stadien unterteilt (vgl. Abschnitt 1.3.2.2). Unmittelbar mit der Lastaufbringung setzt das primäre Kriechen ein, welches durch eine vom Startwert abnehmende Verzerrungsrate gekennzeichnet ist. Daran schließt sich das sekundäre Kriechen an, bei dem stationäre Verhältnisse mit zeitlich konstanten Kriechraten herrschen. Beim tertiären Kriechen nimmt die Kriechrate dann aufgrund einer fort-schreitenden Materialschädigung unbeschränkt zu, und der Werkstoff versagt.

Wir werden uns in diesem Abschnitt auf die Untersuchung der Initiierung und des Wachstums von Rissen in Körpern beschränken, bei denen in der Kriechregion sekundäres Kriechen herrscht. Die Kriechregion kann dabei je nach vorliegenden Verhältnissen entweder auf die unmittelbare Umgebung der Rissspitze beschränkt sein (= Kleinbereichskriechen) oder den gesamten Körper umfassen.

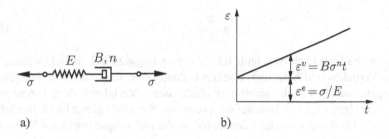

a) b)

Abb. 6.6 Materialverhalten beim Kriechen

Das Materialverhalten approximieren wir durch einen nichtlinearen *Maxwell-Körper*, dessen Stoffgesetz im einachsigen Fall durch

$$\dot{\varepsilon} = \frac{\dot{\sigma}}{E} + B\sigma^n \tag{6.26}$$

gegeben ist; er lässt sich durch das Feder-Dämpfer-Modell in Abb. 6.6a veranschaulichen. Danach setzt sich die Dehnungsrate aus dem elastischen Anteil $\dot{\varepsilon}^e = \dot{\sigma}/E$ und dem nichtlinear viskosen Anteil (Kriechrate) $\dot{\varepsilon}^v = B\sigma^n$ zusammen, wobei B und $n > 1$ Materialkonstanten sind. Die zugehörige Kriechkurve für eine zur Zeit $t = 0$ aufgebrachte konstante Spannung σ ist in Abb. 6.6b dargestellt. In diesem Fall liegen mit $\dot{\sigma} = 0$ bzw. $\dot{\varepsilon}^e = 0$ stationäre Verhältnisse vor und (6.26) reduziert sich auf das Nortonsche Kriechgesetz

$$\dot{\varepsilon} = \dot{\varepsilon}^v = B\sigma^n \tag{6.27}$$

(vgl. (1.65)). Das instantane Verhalten ($t \to 0$) ist rein elastisch. Anschließend nimmt die Kriechdehnung linear mit t zu. Zur Zeit $t = 1/(EB\sigma^{n-1})$ sind die elastische Dehnung und die Kriechdehnung gleich ($\varepsilon^v = \varepsilon^e$), und nach einer hinreichend großen Zeit gilt $\varepsilon^v \gg \varepsilon^e$; die elastische Dehnung kann dann vernachlässigt werden. Die hierfür erforderliche Zeit ist umso kleiner je größer die Spannung σ ist. Das Stoffgesetz (6.26) reduziert sich auch für zeitlich veränderliche Spannungen auf (6.27) sofern nur $B\sigma^n \gg \dot{\sigma}/E$ gilt. Dies ist der Fall, wenn die Spannung σ sehr groß wird (z.B. in Rissspitzenumgebung) und die zeitliche Spannungsänderung nicht zu schnell erfolgt.

Die dreidimensionale Verallgemeinerung von (6.26) lautet unter Verwendung von (1.38) und (1.71)

$$\dot{\varepsilon}_{ij} = \dot{\varepsilon}_{ij}^e + \dot{\varepsilon}_{ij}^v = -\frac{\nu}{E}\dot{\sigma}_{kk}\delta_{ij} + \frac{1+\nu}{E}\dot{\sigma}_{ij} + \frac{3}{2}B\,\sigma_{\mathrm{e}}^{n-1}s_{ij} \qquad (6.28)$$

mit $\sigma_{\mathrm{e}} = (\frac{3}{2}s_{ij}s_{ij})^{1/2}$. Dabei wurde angenommen, dass die Kriechdehnungen aus einem Fließpotential herleitbar sind und inkompressibel erfolgen ($\dot{\varepsilon}_{kk}^{\,v} = 0$). Ist der elastische Anteil vernachlässigbar, so vereinfacht sich (6.28) zu

$$\dot{\varepsilon}_{ij} = \frac{3}{2}B\,\sigma_{\mathrm{e}}^{n-1}s_{ij}\;. \qquad (6.29)$$

In diesem Fall gilt nach Abschnitt 1.3.2.2 die Analogie zwischen nichtlinear elastischem Verhalten und Kriechen. Konkret bedeutet dies, dass alle Beziehungen und Lösungen, welche für ein nichtlinear elastisches Material mit dem Potenzgesetz nach (1.57) bzw. (5.34) gelten, auf entsprechende Kriechvorgänge mit dem Stoffgesetz (6.29) übertragen werden können, indem die Dehnungen durch die Dehnungsraten ersetzt werden.

An dieser Stelle sei noch darauf hingewiesen, dass ein nichtlinear viskoelastisches Stoffverhalten vom Typ (6.26) bzw. (6.28) in der Literatur häufig als *viskoplastisches* Materialverhalten bezeichnet wird.

6.3.2 Stationärer Riss, Rissspitzenfeld, Belastungsparameter

Wir betrachten einen stationären Riss in einem Bauteil mit dem Stoffverhalten nach (6.28). Die Belastung sei zunächst beliebig, d.h. entweder zeitabhängig oder konstant. An der Rissspitze ($r \to 0$) erwarten wir ein singuläres Spannungsfeld der Art $\sigma_{ij}(r,\varphi,t) = r^{\lambda}\tilde{\sigma}_{ij}(\varphi,t)$, wobei der Exponent $\lambda < 0$ zunächst noch unbestimmt ist. Durch Einsetzen in (6.28) erkennt man, dass der elastische Anteil im Vergleich zum Kriechanteil vernachlässigbar ist. In der Umgebung der Rissspitze wird das Stoffverhalten also durch (6.29) beschrieben, und die Lösung für das Rissspitzenfeld ist demzufolge analog zur entsprechenden elastischen Lösung. Letztere ist durch das HRR-Feld gegeben, welches in Abschnitt 5.3.2 diskutiert wurde. Mit den Umbenennungen $\alpha\varepsilon_0\sigma_0^n \to B$, $\varepsilon_{ij} \to \dot{\varepsilon}_{ij}$, $u_i \to \dot{u}_i$, $J \to C(t)$ erhält man damit aus (5.39)

$$\sigma_{ij} = \left(\frac{C(t)}{IBr}\right)^{\frac{1}{n+1}}\tilde{\sigma}_{ij}(\varphi)\;,$$

$$\dot{\varepsilon}_{ij} = B\left(\frac{C(t)}{IBr}\right)^{\frac{n}{n+1}}\tilde{\varepsilon}_{ij}(\varphi)\;, \qquad (6.30)$$

$$\dot{u}_i - \dot{u}_{i0} = Br\left(\frac{C(t)}{IBr}\right)^{\frac{n}{n+1}}\tilde{u}_i(\varphi)\;.$$

Darin sind $I(n)$ und die Winkelfunktionen $\tilde{\sigma}_{ij}(\varphi)$ etc. durch die entsprechenden Größen in Abschnitt 5.3.2 gegeben. Das Feld entspricht damit vom Typ genau dem HRR-Feld. Der zeitabhängige Belastungsparameter ist hier $C(t)$; er kann in Analogie zu (5.37) durch das Konturintegral

$$C(t) = \lim_{r \to 0} \int_{-\pi}^{+\pi} [D\, n_1 - \sigma_{i\beta}\, \dot{u}_{i,1}\, n_\beta]\, r\mathrm{d}\varphi \qquad (6.31)$$

ausgedrückt werden (Abb. 5.13), wobei die spezifische Formänderungsenergierate D durch (1.72) gegeben ist. Die Integrationskontur muss dabei im Rissspitzenfeld liegen, da das Stoffgesetz (6.29) ja nur dort gilt. Das $C(t)$-Integral ist also im allgemeinen nicht wegunabhängig. Um $C(t)$ für eine konkrete Risskonfiguration und eine vorgegebene Belastung zu bestimmen, muss das vollständige zeitabhängige Randwertproblem mit dem Stoffgesetz (6.28) gelöst werden. Dies ist in der Regel nur mit Hilfe numerischer Methoden möglich. Die Feldgrößen in Rissspitzennähe erlauben dann mit (6.31) die Ermittlung des Belastungsparameters.

Im weiteren nehmen wir an, dass die Belastung des Bauteiles zeitlich konstant bleibt. Dies hat zur Folge, dass sich nach hinreichend großer Zeit im Bauteil ein stationärer Kriechzustand einstellt ($\dot{\sigma}_{ij} = 0$ für $t \to \infty$), bei dem die elastischen Dehnungen vernachlässigbar sind. Dann gelten (6.29) und die Analogie zum elastischen Fall nicht nur in der Umgebung der Rissspitze, sondern im gesamten Körper. Das Rissspitzenfeld ist damit wieder durch (6.30) gegeben, wobei der Belastungsparameter nun allerdings zeitunabhängig ist:

$$C^* = C(t \to \infty) \,. \qquad (6.32)$$

Er kann durch das Konturintegral

$$C^* = \int_C [D\, n_1 - \sigma_{i\beta}\, \dot{u}_{i,1}\, n_\beta]\, \mathrm{d}c \qquad (6.33)$$

ausgedrückt werden, welches jetzt im Unterschied zu (6.31) wegunabhängig ist (vgl. J-Integral). Vom elastischen Problem lassen sich eine Reihe weiterer Beziehungen übertragen. So ergibt sich zum Beispiel aus der Darstellung (5.54) für J die analoge Darstellung für C^*

$$C^* = -\left.\frac{\mathrm{d}\dot{\Pi}^i}{\mathrm{d}a}\right|_{\dot{u}_F} \qquad (6.34)$$

mit

$$\dot{\Pi}^i = \int_0^{\dot{u}_F} F\mathrm{d}\dot{u}_F \,. \qquad (6.35)$$

Daneben können natürlich auch alle Lösungen für spezielle Rissprobleme übernommen werden (siehe Abschnitte 5.5 und 5.6).

Wir betrachten nun die Entwicklung des Rissspitzenfeldes in einem Bauteil, das einer zur Zeit $t = 0$ aufgebrachten konstanten Belastung unterliegt. Das instantane Verhalten ist rein elastisch. An der Rissspitze liegt damit anfangs ein K-bestimmtes Feld vor, dessen Dominanzbereich in Abb. 6.7a durch R_K gekennzeichnet ist. Für $t > 0$ entwickelt sich innerhalb des elastischen Rissspitzenfeldes eine Kriechzone mit einem charakteristischen Radius ρ und einem $C(t)$-bestimmten Feld, dessen Dominanzradius R_C ist (Abb. 6.7b). Sowohl ρ als auch R_C wachsen mit der Zeit an. Außerhalb der Kriechzone sind die Kriechdehnungen noch so klein, dass sie im Vergleich zu den elastischen Dehnungen vernachlässigt werden können. Der Fall des Kleinbereichskriechen liegt vor, solange $\rho \ll R_K$ ist. Dies ist bis zu einer bestimmten Zeit t_1 der Fall. Die Rissspitzenbelastung kann in diesem sogenannten *Kurzzeitbereich* durch den konstanten K-Faktor beschrieben werden. Mit weiter zunehmender Zeit breitet sich die Kriechzone zum Großbereichskriechen aus. Dann kontrolliert das $C(t)$-bestimmte Feld den Rissspitzenzustand (Abb. 6.7c). Für

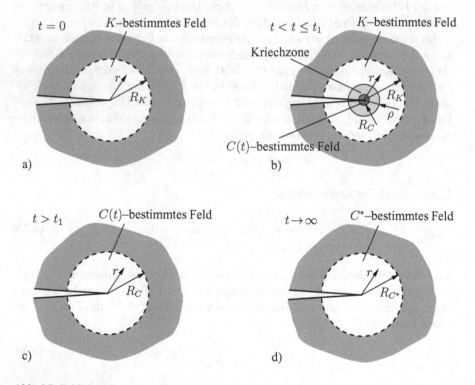

Abb. 6.7 Zeitliche Entwicklung des Rissspitzenfeldes

$t \to \infty$ stellt sich schließlich im Körper ein stationärer Kriechzustand ein, bei dem die Rissspitzenbelastung durch C^* gegeben ist (Abb. 6.7d).

Die Entwicklung der Kriechzone im Kurzzeitbereich (Kleinbereichskriechen) lässt sich einfach abschätzen. Hierzu nehmen wir an, dass die Grenze ρ der Kriechzone näherungsweise durch die Bedingung $\varepsilon_e^v = \varepsilon_e^e$ für die Vergleichsdehnungen auf dem Ligament festgelegt ist und dass außerhalb der Kriechzone die zeitlich konstante Spannungsverteilung des K-bestimmten Feldes gilt. Für eine konstante Vergleichsspannung σ_e ergibt sich damit aus dem Stoffgesetz zunächst die charakteristische Zeit (vgl. Abschnitt 6.3.1)

$$t = \frac{1}{EB\,\sigma_e^{n-1}} \, . \tag{6.36}$$

Bei ihr erreicht die Kriechzone gerade einen materiellen Punkt, in dem bis zu dieser Zeit die Spannung σ_e des K-bestimmten Feldes herrschte. Im weiteren vernachlässigen wir außerdem in Abb. 6.7b den Übergangsbereich zwischen dem K- und dem C-bestimmten Feld, d.h. wir setzen $R_C = \rho$. Die Spannungen werden dann außerhalb der Kriechzone durch (4.19), innerhalb der Kriechzone durch (6.30) beschrieben:

$$\sigma_e(r) \sim \begin{cases} \dfrac{K}{\sqrt{r}} & r \geq \rho \\[3mm] \left(\dfrac{C(t)}{Br}\right)^{\frac{1}{n+1}} & r \leq \rho \, . \end{cases} \tag{6.37}$$

An der Grenze $r = \rho$ zwischen beiden Bereichen müssen die Spannungen die gleiche Größenordnung haben:

$$\frac{K}{\sqrt{\rho}} \sim \left(\frac{C(t)}{B\rho}\right)^{\frac{1}{n+1}} \, . \tag{6.38}$$

Unter Verwendung von (6.36) und (6.37) ergeben sich damit für die Größe $\rho(t)$ der Kriechzone und für $C(t)$ die zeitlichen Abhängigkeiten

$$\rho(t) = \alpha_1 K^2 (EBt)^{\frac{2}{n-1}} \, , \qquad C(t) = \alpha_2 \frac{K^2}{Et} \, , \tag{6.39}$$

wobei die α_i dimensionslose Konstanten von der Größenordnung 1 sind. Eine grobe Abschätzung für die Zeit t_1, bis zur der Kleinbereichskriechen herrscht, können wir hieraus noch erhalten, indem wir $C(t_1) \approx C^*$ setzen:

$$t_1 = \alpha_2 \frac{K^2}{EC^*} \, . \tag{6.40}$$

Zum Abschluss wollen wir noch untersuchen, wann es zur Rissinitiierung kommt. Hierzu verwenden wir das einfache Bruchkriterium (6.9) $\delta_t = \delta_{tc}$, wobei δ_t die Rissöffnung in einem bestimmten Abstand r_c von der Rissspitze sei. Bei hinreichend großer Belastung kommt es noch im Kurzzeitbereich zur Initiierung. Dann gilt mit (6.30) und (6.39)

$$\dot{\delta}_t = 2Br_c\tilde{u}_2(\pi) \left(\frac{\alpha_2 K^2}{EIBr_c t} \right)^{\frac{n}{n+1}} . \tag{6.41}$$

Durch Zeitintegration und anschließendes Einsetzen in das Bruchkriterium erhält man für diesen Fall die Inkubations- oder Initiierungszeit

$$t_i = \left(\frac{\delta_{tc}}{2Br_c\tilde{u}_2(\pi)} \right)^{n+1} \left(\frac{EIBr_c}{\alpha_2 K^2} \right)^{n} . \tag{6.42}$$

Sie ist danach umgekehrt proportional zu K^{2n}. Bei ausreichend kleiner Belastung setzt der Rissfortschritt dagegen erst ein, wenn im Bauteil ein stationärer Kriechzustand mit dem Belastungsparameter C^* herrscht. In diesem Fall folgt aus (6.30)

$$\dot{\delta}_t = 2Br_c\tilde{u}_2(\pi) \left(\frac{C^*}{IBr_c} \right)^{\frac{n}{n+1}} , \tag{6.43}$$

woraus sich durch Zeitintegration und mit dem Bruchkriterium die Initiierungszeit

$$t_i = \frac{\delta_{tc}}{2Br_c\tilde{u}_2(\pi)} \left(\frac{IBr_c}{C^*} \right)^{\frac{n}{n+1}} \tag{6.44}$$

ergibt. Sie ist nun umgekehrt proportional zu $C^{*\frac{n}{n+1}}$.

6.3.3 Kriechrisswachstum

6.3.3.1 Hui-Riedel-Feld

Nach der Initiierung wächst der Riss kriechend. Zur Beschreibung dieses Vorganges bestimmen wir zunächst das Rissspitzenfeld, wobei wir stationäre Verhältnisse und exemplarisch den ESZ voraussetzen wollen. Bei der Herleitung gehen wir ähnlich vor, wie in Abschnitt 5.3.2 beim HRR-Feld; zweckmäßig verwenden wir dabei das mitbewegte Koordinatensystem nach Abb. 5.24. Setzt man das Stoffgesetz (6.28) unter Beachtung von (5.82) in die Kompatibilitätsbedingung (5.41) ein, so ergibt sich

$$\frac{\dot{a}}{E} \frac{\partial}{\partial x_1'} \left[\Delta(\sigma_r + \sigma_\varphi) \right]$$

$$+ \frac{B}{4} \left\{ \frac{1}{r} \frac{\partial^2}{\partial r^2} \left[r\sigma^{n-1}(2\sigma_\varphi - \sigma_r) \right] + \frac{1}{r^2} \frac{\partial^2}{\partial \varphi^2} \left[\sigma^{n-1}(2\sigma_r - \sigma_\varphi) \right] \right. \tag{6.45}$$

$$\left. - \frac{1}{r} \frac{\partial}{\partial r} \left[\sigma^{n-1}(2\sigma_r - \sigma_\varphi) \right] - \frac{3}{r^2} \frac{\partial}{\partial r} \left[r \frac{\partial}{\partial \varphi} (\sigma^{n-1}\tau_{r\varphi}) \right] \right\} = 0$$

mit

$$\sigma = \left(\sigma_r^2 + \sigma_\varphi^2 - \sigma_r\sigma_\varphi + 3\tau_{r\varphi}^2\right)^{1/2} \tag{6.46}$$

und

$$\frac{\partial}{\partial x_1'} = \cos\varphi\,\frac{\partial}{\partial r} - \sin\varphi\,\frac{\partial}{r\partial\varphi}\,, \qquad \Delta = \frac{\partial^2}{\partial r^2} + \frac{1}{r^2}\,\frac{\partial^2}{\partial\varphi^2} + \frac{1}{r}\,\frac{\partial}{\partial r}\,. \tag{6.47}$$

Wir führen nun die Airysche Spannungsfunktion $\phi(r,\varphi)$ mit den Definitionen (5.44) ein, wodurch die Gleichgewichtsbedingungen identisch erfüllt werden. Für das Rissspitzenfeld wählen wir den Ansatz

$$\phi = A\,r^s\,\tilde\phi(\varphi)\,. \tag{6.48}$$

Damit folgt aus (6.45)

$$\frac{\dot a}{E}\,r^{s-3}D_1(\tilde\phi) + BA^{n-1}r^{n(s-2)}D_2(\tilde\phi) = 0\,, \tag{6.49}$$

wobei

$$D_1 = [(s-4)\cos\varphi - \sin\varphi\,\frac{\partial}{\partial\varphi}]\left[(s-2)^2(s^2\tilde\phi + \tilde\phi'') + (s^2\tilde\phi + \tilde\phi'')''\right]\,,$$

$$\begin{aligned}
D_2 = \Big\{&n(s-2)[1 + n(s-2)]\tilde\sigma^{n-1}[s(2s-3)\tilde\phi - \tilde\phi''] \\
&+[\tilde\sigma^{n-1}(s(1-s)\tilde\phi + 2\tilde\phi'')]'' - n(s-2)\tilde\sigma^{n-1}[s(1-s)\tilde\phi + 2\tilde\phi''] \\
&+3[1 + n(s-2)](s-1)(\tilde\sigma^{n-1}\tilde\phi')'\Big\}\,,
\end{aligned} \tag{6.50}$$

$$\tilde\sigma = \left[s^2(3 - 3s + s^2)\tilde\phi^2 + s(3 - s)\tilde\phi\tilde\phi' + \tilde\phi''^2 + (s-1)^2\tilde\phi'^2\right]^{1/2}\,.$$

Der erste Term auf der linken Seite von (6.49) beschreibt den elastischen Anteil, der zweite Term den Kriechanteil des Rissspitzenfeldes. Um den noch unbekannten Exponenten s zu bestimmen, gehen wir zuerst von der Hypothese aus, dass der erste Term, d.h. der elastische Verzerrungsanteil, vernachlässigbar ist. Dies führt auf genau dieselben Beziehungen wie beim stehenden Riss. Das zugehörige Rissspitzenfeld ist nach (6.30) vom HRR-Typ mit $\sigma_{ij} \sim r^{-1/(n+1)}$ bzw. $\phi \sim r^{(2n+1)/(n+1)}$; der Exponent s hat in diesem Fall den Wert $s = \frac{2n+1}{n+1}$. Zur Überprüfung der Richtigkeit der Hypothese setzen wir dies in (6.49) ein. Der erste Term ist dann vom Typ $r^{-(n+2)/(n+1)}$ und der zweite vom Typ $r^{-n/(n+1)}$. Für $r \to 0$ dominiert danach der erste Term, was einen Widerspruch zur ursprünglichen Hypothese darstellt. Anders als beim stehenden Riss kann der elastische Verzerrungsanteil beim wachsenden Riss also nicht vernachlässigt werden.

Wir nehmen nun umgekehrt an, dass in (6.49) der Kriechanteil im Vergleich zum elastischen Anteil vernachlässigt werden kann. Dann erhält man ein elastisches Rissspitzenfeld mit $\sigma_{ij} \sim r^{-1/2}$ bzw. $\phi \sim r^{3/2}$, und es gilt $s = 3/2$. Setzen wir dies zur Überprüfung der Annahme wieder in (6.49) ein, so ist der erste Term vom

Typ $r^{-3/2}$ und der zweite vom Typ $r^{-n/2}$. In Übereinstimmung mit der Annahme dominiert danach für $n < 3$ der erste Term tatsächlich an der Rissspitze ($r \to 0$). In diesem Fall stellt sich also das elastische Rissspitzenfeld ein, welches im Modus I durch (4.13) gegeben ist (vgl. auch Abschnitt 4.2.2). Dagegen ergibt sich für $n \geq 3$ ein Widerspruch zur Annahme, da dann die Terme von gleicher Größenordnung sind ($n = 3$) bzw. der zweite Term dominiert ($n > 3$).

Aus den vorhergehenden Überlegungen folgt, dass für $n > 3$ beide Terme in (6.49) das gleiche asymptotische Verhalten für $r \to 0$ haben müssen. Somit gilt $s - 3 = n(s - 2)$, und es ergibt sich $s = \frac{2n-3}{n-1}$. Die Amplitude A können wir nun noch ohne Beschränkung der Allgemeinheit durch $A = (\dot{a}/EB)^{1/(n-1)}$ festlegen. Damit reduziert sich (6.49) auf die gewöhnliche nichtlineare Differentialgleichung 5. Ordnung

$$D_1(\tilde{\phi}) + D_2(\tilde{\phi}) = 0 \qquad (6.51)$$

für die noch unbekannte Funktion $\tilde{\phi}(\varphi)$. Vier der zugehörigen Randbedingungen für den Modus I sind durch (5.48) gegeben; hinzu kommt die Bedingung, dass die Lösung an der Stelle $\varphi = 0$ regulär sein muss. Die Lösung von (6.51) unter Beachtung der Randbedingungen kann durch numerische Integration gewonnen werden. Hiermit liegen die Spannungsfunktion und folglich die Spannungen und Verzerrungen im Rissspitzenbereich ($r \to 0$) eindeutig fest. Sie haben die allgemeine Form

$$\sigma_{ij} = \left(\frac{\dot{a}}{EBr} \right)^{\frac{1}{n-1}} \tilde{\sigma}_{ij}(\varphi) \, ,$$

$$\varepsilon_{ij} = \frac{1}{E} \left(\frac{\dot{a}}{EBr} \right)^{\frac{1}{n-1}} \tilde{\varepsilon}_{ij}(\varphi) \, . \qquad (6.52)$$

Nach C.Y. HUI und H. RIEDEL, die das Kriechrisswachstum intensiv untersuchten, wird dieses Feld als *Hui-Riedel-Feld* bezeichnet. Im Unterschied zum stehenden Riss (HRR-Feld) haben die Spannungen und die Verzerrungen des Hui-Riedel-Feldes das gleiche asymptotische Verhalten.

In Abb. 6.8 ist die Winkelabhängigkeit der Spannungen und Verzerrungen für den Fall $n = 5$ dargestellt. Darin sind $\tilde{\sigma}$ und $\tilde{\varepsilon}$ die entsprechend (6.52) normierte Vergleichsspannung und Vergleichsdehnung. Man beachte, dass mit Annäherung an die Rissflanken ($\varphi \to \pm\pi$) die Größen $\tilde{\sigma}, \tilde{\varepsilon}, \tilde{\varepsilon}_\varphi$ unbeschränkt anwachsen. Es ist dies als Resultat der Verzerrungsgeschichte zu verstehen, die ein materielles Partikel in der Umgebung der x-Achse erfährt, wenn sich die Rissspitze an ihm vorbeibewegt. Eine weitere bemerkenswerte Eigenschaft des Feldes (6.52) besteht darin, dass seine Amplitude alleine durch die Rissgeschwindigkeit $\dot{a}$ und die Materialparameter EB festgelegt ist. Anders als beim HRR-Feld besteht hier keine explizite Abhängigkeit der Amplitude von der äußeren Belastung oder von der Geometrie des Bauteiles.

Bei der Herleitung des Rissspitzenfeldes haben wir stationäre Verhältnisse ($\dot{a} = const$) vorausgesetzt. Dies ist nicht unbedingt erforderlich; vielmehr gelten die Ergebnisse auch für den instationären Fall ($\dot{a} \neq const$). Man erkennt dies aus der Zeitableitung von (6.48) für den allgemeinen (instationären) Fall, die nach (5.81)

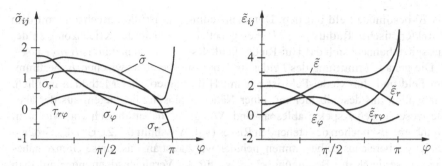

Abb. 6.8 Hui-Riedel-Feld, Winkelverteilung der Feldgrößen (ESZ, $n = 5$)

durch $\dot{\phi} = (\partial \phi / \partial t) - \dot{a}(\partial \phi / \partial x'_1)$ gegeben ist. Unter Beachtung von (6.47) ist der erste Term vom Typ r^s und der zweite vom Typ r^{s-1}. Dementsprechend wird das asymptotische Verhalten von $\dot{\phi}$ für $r \to 0$ im instationären genau wie im stationären Fall allein durch den zweiten Term, d.h. durch die von uns benutzte Beziehung (5.82), beschrieben.

Analoge Untersuchungen können natürlich auch für den EVZ und den Modus II durchgeführt werden. Die Struktur des Rissspitzenfeldes (6.52) ändert sich in diesen Fällen aber nicht.

6.3.3.2 Kleinbereichskriechen

Im weiteren setzen wir voraus, dass das Risswachstum unter Bedingungen des Kleinbereichskriechens stattfindet. Daneben wollen wir $n > 3$ und wie im vorhergehenden Abschnitt einen ESZ annehmen. Die dann in der Umgebung einer Rissspitze herrschenden Verhältnisse sind schematisch in Abb. 6.9 dargestellt. In

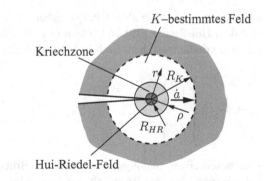

Abb. 6.9 Risswachstum bei Kleinbereichskriechen, $n > 3$

das K-bestimmte Feld mit dem Dominanzradius R_K ist die Kriechzone mit dem charakteristischen Radius $\rho \ll R_K$ eingebettet. Innerhalb der Kriechzone, an der Rissspitze befindet sich das Hui-Riedel-Feld, dessen Dominanzradius R_{HR} ist.

Die genaue Ermittlung des Feldes im Übergangsbereich zwischen K-bestimmtem Feld und Hui-Riedel-Feld ist nur mit Hilfe numerischer Methoden möglich. Wir wollen uns deshalb hier mit einer Näherungslösung begnügen, aus der aber alle wesentlichen Aspekte ablesbar sind. Wir gehen dabei ähnlich vor, wie beim Kleinbereichskriechen des stehenden Risses (vgl. Abschnitt 6.3.2). Um die Größe ρ des Kriechbereiches zu bestimmen, nehmen wir zuerst an, dass diese Grenze näherungsweise durch die Bedingung $\varepsilon_e^v = \varepsilon_e^e$ für die Vergleichsdehnungen auf dem Ligament festgelegt ist und dass bis zu dieser Grenze die Spannungsverteilung des K-bestimmten Feldes gilt. Letztere ist für die Vergleichsspannung auf dem Ligament im ESZ durch $\sigma_e = K/\sqrt{2\pi r}$ gegeben. Damit folgt nach (6.26) unter Beachtung von $(.)^{\cdot} = -\dot{a}\,\partial(.)/\partial r$ (auf dem Ligament ist $x_1 = r$)

$$\varepsilon_e^e = \frac{\sigma_e}{E} = \frac{K}{E\sqrt{2\pi r}},$$

$$-\dot{a}\frac{\partial \varepsilon_e^v}{\partial r} = B\,\sigma_e^n = \frac{BK^n}{(2\pi r)^{n/2}} \;\rightarrow\; \varepsilon_e^v = \frac{2BK^n}{(2\pi)^{n/2}(n-2)\dot{a}r^{(n-2)/2}}.$$

$$(6.53)$$

Die Integration bei ε_e^v erfolgte dabei in den Grenzen von $R_K \to \infty$ bis r. Gleichsetzen der beiden Dehnungen bei $r = \rho$ liefert

$$\rho = \left[\frac{2}{(2\pi)^{(n-1)/2}(n-2)}\,\frac{EBK^{n-1}}{\dot{a}}\right]^{\frac{2}{n-3}},$$

$$(6.54)$$

womit sich

$$\varepsilon_e^v(\rho) = \varepsilon_e^e(\rho) = \frac{1}{E}\left[\pi(n-2)\frac{\dot{a}}{EBK^2}\right]^{\frac{1}{n-3}}$$

$$(6.55)$$

ergibt. Im weiteren vernachlässigen wir wieder den Übergangsbereich zwischen dem K-bestimmten Feld und dem Hui-Riedel-Feld und setzen in erster Näherung $\rho = R_{HR}$. Für die Kriechdehnung erhalten wir dann nach (6.53) und (6.52)

$$\varepsilon_e^v(r) = \varepsilon_e^v(\rho)\begin{cases} \left(\dfrac{\rho}{r}\right)^{\frac{n-2}{2}} & r \geq \rho \\[2mm] \left(\dfrac{\rho}{r}\right)^{\frac{1}{n-1}} & r \leq \rho. \end{cases}$$

$$(6.56)$$

Um das Risswachstum zu beschreiben, benötigen wir noch ein Bruchkriterium. Zu diesem Zweck nehmen wir an, dass das Risswachstum so erfolgt, dass die Kriechdehnung ε_e^v in einem bestimmten Abstand r_c vor der Rissspitze gerade den kritischen Wert ε_c annimmt: $\varepsilon_e^v(r_c) = \varepsilon_c$. Man beachte, dass in diesem Kriterium nur die Kriechdehnung und nicht etwa die Gesamtdehnung auftritt. Physikalisch kann man dies dadurch begründen, dass die Vergleichs-Kriechdehnung ein Maß für das entstandene Porenvolumen ist, welches seinerseits wieder den Schädigungszustand des Materials beschreibt. Setzen wir (6.56) mit (6.54), (6.55) in dieses Bruchkriterium ein, so erhält man

$$\frac{1}{\bar{K}} = \begin{cases} \left(\dfrac{\rho}{r_c}\right)^{\frac{n-3}{2}} & r_c \geq \rho \\[2ex] \left(\dfrac{\rho}{r_c}\right)^{-\frac{n-3}{2(n-1)}} & r_c \leq \rho \end{cases} \tag{6.57}$$

bzw.

$$\dot{\bar{a}} = \begin{cases} \bar{K}^n & r_c \geq \rho \\[1ex] 1 & r_c \leq \rho \,, \end{cases} \tag{6.58}$$

wobei

$$\dot{\bar{a}} = \frac{n-2}{2} \frac{\dot{a}}{E^n B \, r_c \, \varepsilon_c^{n-1}} \,, \qquad \bar{K} = \frac{K}{E \varepsilon_c \sqrt{2\pi r_c}} \tag{6.59}$$

die dimensionslose Rissgeschwindigkeit bzw. der dimensionslose K-Faktor sind.

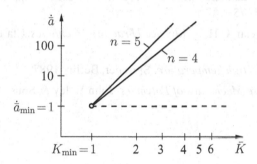

Abb. 6.10 Rissgeschwindigkeit

Durch (6.58) werden zwei Lösungen für die Rissgeschwindigkeit beschrieben; sie sind in Abb. 6.10 dargestellt. Aus (6.57) kann man daneben entnehmen, dass die Bedingungen $r_c \geq \rho$ bzw. $r_c \leq \rho$ in jedem Fall $\bar{K} \geq 1$ zur Folge haben. Der minimale K-Faktor, für den eine Rissausbreitung möglich ist, ist danach durch $\bar{K} = 1$ bzw. durch

$$K_{\min} = E \varepsilon_c \sqrt{2\pi r_c} \tag{6.60}$$

gegeben. Ihm zugeordnet ist eine minimale Geschwindigkeit $\dot{\bar{a}} = 1$ bzw.

$$\dot{a}_{\min} = \frac{2}{n-2} E^n B \, r_c \, \varepsilon_c^{n-1} \,. \tag{6.61}$$

Wir betrachten nun den Lösungsast $\dot{\bar{a}} = 1$ und denken uns die Rissgeschwindigkeit $\dot{a}$ bei konstantem K durch eine Störung etwas erhöht. Dann führt dies nach (6.54) zu einer Verkleinerung der Kriechzone, was zur Folge haben kann, dass $r_c > \rho$ ist. Dann gilt aber der andere Lösungsast, und die Geschwindigkeit "springt" auf den zugehörigen höheren Wert. In diesem Sinn bezeichnen wir den unteren Lösungsast als *instabil*. Die physikalisch interessante Lösung ist dementsprechend durch den oberen Lösungsast $\dot{\bar{a}} = \bar{K}^n$, d.h. durch die Beziehung

$$\dot{a} = \frac{2}{n-2} \frac{B r_c}{\varepsilon_c} \left(\frac{K}{\sqrt{2\pi r_c}} \right)^n \tag{6.62}$$

gegeben. Danach wächst die Rissgeschwindigkeit mit K^n.

6.4 Literatur

Bazant, Z.P. and Planas, J.   *Fracture and Size Effects in Concrete and Other Quasibrittle Materials*. CRC Press, Boca Raton, 1997

Bernasconi, G. and Piatti, G.   *Creep of Engineering Materials and Structures*. Applied Science Publishers, London, 1978

Gittus, J.   *Creep, Viscoelasticity and Creep Fracture in Solids*. Applied Science Publishers, London, 1975

Kanninen, M.F. and Popelar, C.H.   *Advanced Fracture Mechanics*. Clarendon Press, Oxford, 1985

Riedel, H.   *Fracture at High Temperature*. Springer, Berlin, 1987

Williams, J.G.   *Fracture Mechanics of Polymers*. John Wiley & Sons, New York, 1987

Kapitel 7
Dynamische Probleme der Bruchmechanik

7.1 Allgemeines

Bis jetzt haben wir bei der Untersuchung der Rissinitiierung und der Rissfortpflanzung immer quasistatische Verhältnisse vorausgesetzt. Dies ist nicht mehr möglich, wenn die Trägheitskräfte oder hohe Verzerrungsraten das Bruchverhalten wesentlich beeinflussen. So ist es eine bekannte Tatsache, dass ein Material unter schlagartiger dynamischer Belastung eher versagt, als unter einer langsam aufgebrachten Last. Eine Ursache hierfür besteht in der Änderung des Materialverhaltens. Plastisches oder viskoses Fließen findet mit steigenden Belastungsraten in immer geringerem Maße statt: das Material verhält sich im dynamischen Fall häufig "spröder" als im statischen Fall. Dies sowie möglicherweise geänderte Versagensmechanismen in der Prozesszone führen daneben meist zur Änderung der Bruchzähigkeit. Eine andere Ursache liegt darin, dass es bei einer dynamischen Belastung infolge der Trägheitskräfte zu höheren Spannungen in der Umgebung einer Rissspitze kommen kann als im entsprechenden quasistatischen Fall.

Läuft ein Riss durch das Material, so erreicht er nach einer kurzen Beschleunigungsphase häufig eine sehr hohe Geschwindigkeit. Diese kann zum Beispiel über $1000\,m/s$ betragen. Bei dieser schnellen Rissausbreitung spielen die Trägheitskräfte und die hohen Verzerrungsraten eine wichtige Rolle und bestimmen das Bruchverhalten wesentlich mit. Letzteres ist aus Schadensfällen und aus gezielten Experimenten zum Teil gut bekannt. So überschreitet ein schneller Riss eine bestimmte Grenzgeschwindigkeit nur in Ausnahmefällen. Unter bestimmten Umständen verzweigt er sich ein- oder mehrfach, oder er wird hinsichtlich seiner Ausbreitungsrichtung instabil. Dies äußert sich darin, dass er selbst unter symmetrischen Verhältnissen versucht, von der geraden Bahn abzuweichen. Ein weiterer (oft erwünschter) dynamischer Vorgang ist der *Rissarrest,* d.h. das Verzögern und schließliche Stoppen eines Risses.

Ein Verständnis der genannten Phänomene und ihre sachgerechte quantitative Beschreibung ist nur mit einer dynamischen Bruchtheorie möglich. Einige Grundzüge werden wir in den folgenden Abschnitten behandeln. Hierbei wollen wir uns im Sinne der linearen Bruchmechanik auf die Behandlung des Bruchs spröder Körper beschränken, deren Verhalten mit Hilfe der linearen Elastizitätstheorie beschrieben werden kann. Zwei typische Probleme stehen im Vordergrund der Betrachtung: a) der stationäre (stehende) Riss unter einer dynamischen Belastung und b) der instationäre (schnell laufende) Riss. Hinsichtlich des Bruchkonzeptes werden wir auf die schon bekannten Größen wie K-Faktoren oder Energiefreisetzungsraten zurückgreifen.

7.2 Einige Grundlagen der Elastodynamik

Die Grundgleichungen der linearen Elastodynamik sind durch die Bewegungsgleichungen (1.20), die kinematischen Beziehungen (1.25) und das Elastizitätsgesetz (1.37) gegeben. Setzt man sie ineinander ein, so erhält man im Fall verschwindender Volumenkräfte ($f_i = 0$) die *Navier-Lamé-Gleichungen*

$$(\lambda + \mu)u_{j,ji} + \mu u_{i,jj} = \rho \ddot{u}_i \ . \tag{7.1}$$

Führt man ein Skalarpotential ϕ und ein Vektorpotential ψ_k so ein, dass

$$u_1 = \phi_{,1} + \psi_{3,2} - \psi_{2,3} \ , \quad u_2 = \phi_{,2} + \psi_{1,3} - \psi_{3,1} \ , \quad u_3 = \phi_{,3} + \psi_{2,1} - \psi_{1,2} \ , \tag{7.2}$$

so folgen aus (7.1) die *Helmholtzschen Wellengleichungen*

$$c_1^2 \phi_{,ii} = \ddot{\phi} \ , \qquad c_2^2 \psi_{k,ii} = \ddot{\psi}_k \tag{7.3}$$

mit

$$c_1^2 = \frac{\lambda + 2\mu}{\rho} \ , \qquad c_2^2 = \frac{\mu}{\rho} \ . \tag{7.4}$$

Darin beschreiben das Skalarpotential ϕ eine Volumenänderung (Dilatation) und das Vektorpotential ψ_k eine reine Gestaltänderung bei konstantem Volumen (Distorsion). Entsprechend ist c_1 die Ausbreitungsgeschwindigkeit der *Dilatationswellen* (*Longitudinalwellen*) und c_2 die Ausbreitungsgeschwindigkeit der *Distorsionswellen* oder *Scherwellen* (*Transversalwellen*). Ihre Größe ist für einige Materialien in Tabelle 7.1 angegeben. Mit diesen Geschwindigkeiten breiten sich Störungen (Dilatation bzw. Gestaltänderung) in einem Körper aus, solange sie auf keine Berandungen treffen.

Material	c_1 [m/s]	c_2 [m/s]	c_R [m/s]
Stahl	6000	3200	2940
Aluminium	6300	3100	2850
Glas	5800	3300	3033
PMMA	2400	1000	920

Tabelle 7.1 Wellengeschwindigkeiten

Für ebene Probleme vereinfacht sich die Darstellung. So reduziert sich (7.3) im EVZ mit $u_3 = 0$ bzw. mit $\psi_1 = \psi_2 = 0$ und der Bezeichnung $\psi = \psi_3$ auf die beiden Wellengleichungen

$$c_1^2\,\phi_{,ii} = \ddot\phi\,, \qquad c_2^2\,\psi_{,ii} = \ddot\psi\,. \tag{7.5}$$

Der ESZ wird durch die gleichen Beziehungen beschrieben; es müssen dann nur die elastischen Konstanten in den Wellenfortpflanzungsgeschwindigkeiten geändert werden (vgl. Abschnitt 1.5.1).

Neben den Transversal- und den Longitudinalwellen spielen die *Rayleigh-Wellen* oder *Oberflächenwellen* eine wichtige Rolle bei dynamischen Rissproblemen. Es handelt sich dabei um Wellen, die sich entlang einer freien Oberfläche ausbreiten und die ins Innere hinein schnell (exponentiell) abklingen. Zu ihrer Beschreibung betrachten wir einen Körper im EVZ, der die obere Halbebene mit dem Rand $x_2 = 0$ einnimmt und machen den Ansatz

$$\phi = A\exp^{-\alpha x_2}\cos k(x_1 - c_R t)\,, \qquad \psi = B\exp^{-\beta x_2}\cos k(x_1 - c_R t)\,. \tag{7.6}$$

Darin sind c_R die noch unbekannte Geschwindigkeit der Rayleigh-Wellen und k die Wellenzahl. Einsetzen in (7.5) liefert α bzw. β, und aus den Randbedingungen $\sigma_{22}(x_1,0) = 0, \sigma_{12}(x_1,0) = 0$ ergeben sich das Verhältnis A/B sowie die folgende Beziehung für c_R:

$$R(c_R) = 4\sqrt{1 - \left(\frac{c_R}{c_1}\right)^2}\sqrt{1 - \left(\frac{c_R}{c_2}\right)^2} - \left[2 - \left(\frac{c_R}{c_2}\right)^2\right]^2 = 0\,. \tag{7.7}$$

Man bezeichnet $R(c_R)$ als *Rayleigh-Funktion*. Gleichung (7.7) kann auch in der Form

$$\left(\frac{c_R}{c_2}\right)^6 - 8\left(\frac{c_R}{c_2}\right)^4 + \frac{8(2 - \nu)}{1 - \nu}\left(\frac{c_R}{c_2}\right)^2 - \frac{8}{1 - \nu} = 0 \tag{7.8}$$

geschrieben werden. Die Geschwindigkeit der Rayleigh-Wellen c_R hängt danach wie c_1 und c_2 nur von den Materialkonstanten und nicht etwa von der Wellenzahl bzw. der Wellenlänge ab. Für $0 \leq \nu \leq 1/2$ folgt $0.864 \leq c_R/c_2 \leq 0.955$. Insbesondere erhält man für $\nu = 1/4$ die Geschwindigkeit $c_R = 0.919 c_2$; dieser Wert wurde in Tabelle 7.1 zugrunde gelegt.

Besonders einfach ist der nichtebene (longitudinale) Schubspannungszustand. Bei ihm gehen wir zweckmäßig direkt von (7.1) aus. Mit $u_1 = u_2 = 0$ und der Bezeichnung $w = u_3$ erhält man

$$c_2^2\,w_{,ii} = \ddot w\,. \tag{7.9}$$

Die Bewegung wird in diesem Fall durch eine einzige Wellengleichung mit der charakteristischen Wellenfortpflanzungsgeschwindigkeit c_2 beschrieben; Rayleighwellen treten hier nicht auf.

7.3 Dynamische Belastung des stationären Risses

7.3.1 Rissspitzenfeld, K-Konzept

Das Rissspitzenfeld eines dynamisch belasteten stationären Risses unterscheidet sich nicht von dem des statischen Falles. Man kann dies direkt aus den Feldgleichungen (7.1) erkennen. Dabei gehen wir davon aus, dass die Verschiebungen an der Rissspitze ($r \to 0$) nichtsingulär und die Spannungen singulär sind, d.h. es gilt $u_i = r^\lambda \hat{u}_i(\varphi, t)$ mit $0 < \lambda < 1$. Die Glieder auf der linken Seite von (7.1) sind dann aufgrund der zweifachen Ortsableitung vom Typ $r^{\lambda-2}$, während die rechte Seite vom Typ r^λ ist. Die Trägheitskräfte sind damit für $r \to 0$ von höherer Ordnung klein und brauchen nicht berücksichtigt zu werden. Das Rissspitzenfeld leitet sich folglich im dynamischen Fall aus denselben Gleichungen her wie im statischen Fall und stimmt dementsprechend mit dem statischen Rissspitzenfeld nach Abschnitt 4.2 überein. Der einzige Unterschied zur Statik besteht darin, dass die Spannungsintensitätsfaktoren nunmehr von der Zeit abhängen: $K_I = K_I(t)$ etc.. Letztere können in der Regel nicht aus der Statik übernommen werden, sondern ergeben sich aus der Lösung des dynamischen Randwertproblems (Anfangs-Randwertproblem). Hierbei müssen die Trägheitskräfte dann sehr wohl berücksichtigt werden.

Da das Rissspitzenfeld durch die K-Faktoren eindeutig bestimmt ist, liegt es nahe, das K-Konzept auch bei der dynamischen Belastung eines Risses zu verwenden. Danach findet im Modus I die Initiierung des Risswachstums statt, wenn die Bedingung

$$K_I(t) = K_{Ic} \tag{7.10}$$

erfüllt ist. Die Anwendung dieser Beziehung wird allerdings durch zwei Fakten erschwert. Wie schon erwähnt, ist die Bruchzähigkeit K_{Ic} von der Belastungsrate $\dot{K}_I$ bzw. von einer charakteristischen Belastungszeit τ abhängig: $K_{Ic} = K_{Ic}(\tau)$. Ihre Bestimmung setzt insbesondere bei impulsartigen Belastungen einen großen experimentellen Aufwand voraus, der nur von gut ausgestatteten Labors erbracht werden kann. Infolgedessen steht heute nur eine recht beschränkte Zahl zuverlässiger Materialdaten zur Verfügung. Zum anderen ist (7.10) nur gültig, wenn der Dominanzbereich des K-bestimmten Feldes hinreichend groß im Vergleich zu allen anderen charakteristischen Längen ist. Dieser kann in der Dynamik von der Zeit abhängen und unter Umständen kleiner sein als in der Statik. So ist zum Beispiel aufgrund der beschränkten Wellenausbreitungsgeschwindigkeiten bei einer stoßartigen Rissbelastung eine gewisse Zeit erforderlich, um ein hinreichend großes dominantes Rissspitzenfeld "aufzubauen".

7.3.2 Energiefreisetzungsrate, energetisches Bruchkonzept

Die Energiefreisetzungsrate ist definiert als Abnahme der Gesamtenergie eines Körpers beim Rissfortschritt. Da im dynamischen Fall die kinetische Energie K

berücksichtigt werden muss, gilt allgemein

$$\mathcal{G} = -\frac{\mathrm{d}(\Pi + K)}{\mathrm{d}a} \, . \tag{7.11}$$

Im vorliegenden Fall des stationären Risses ($\dot{a} = 0$) ist der Rissfortschritt dabei als "quasistatisch" (bzw. als gedacht) aufzufassen.

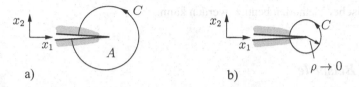

a)   b) $\rho \to 0$

Abb. 7.1 Zur Energiefreisetzungsrate

Wegen der in (7.11) zusätzlich auftretenden kinetischen Energie können wir für $\mathcal{G}$ die Beziehungen der Statik (vgl. Abschnitte 4.6.2–4.6.5) nicht unbesehen übernehmen. Wir werden hier aber auf eine Herleitung verzichten, sondern bedienen uns des Ergebnisses für den allgemeineren Fall des laufenden Risses in Abschnitt 7.4.3. Danach ergibt sich aus Gleichung (7.34) für die Energiefreisetzungsrate beim ebenen Problem eines geraden stationären Risses (Rissgeschwindigkeit = Null) mit belastungsfreien Rissufern

$$\mathcal{G} = \int_C (U\delta_{1\beta} - \sigma_{i\beta} \, u_{i,1}) n_\beta \, \mathrm{d}c + \int_A \sigma_{ij,j} \, u_{i,1} \, \mathrm{d}A \, . \tag{7.12}$$

Darin ist A die von einer beliebigen Kontur C eingeschlossene Fläche, welche die Rissspitze von einem Rissufer zum anderen Rissufer umläuft (Abb. 7.1a). Im Unterschied zum statischen Fall ist die Energiefreisetzungsrate nun nicht mehr durch das wegunabhängige J-Integral gegeben, sondern es taucht in (7.12) ein zusätzliches Flächenintegral auf (vgl. auch Abschnitt 4.6.5.3). Dieses verschwindet nur dann, wenn man die Kontur auf die Rissspitze zusammenzieht (Abb. 7.1b):

$$\mathcal{G} = \lim_{C \to 0} \int_C (U\delta_{1\beta} - \sigma_{i\beta} \, u_{i,1}) n_\beta \, \mathrm{d}c \, . \tag{7.13}$$

Die angegebenen Beziehungen sind auch im allgemeinen, nichtlinear elastischen Fall gültig, da kein spezielles Elastizitätsgesetz vorausgesetzt wurde. Liegt linear elastisches Materialverhalten vor, so stimmen beim stationären Riss wie schon erwähnt die Rissspitzenfelder des dynamischen und des statischen Falls überein. Aus (7.13) folgt damit unmittelbar, dass der aus der Statik bekannte Zusammenhang

$$\mathcal{G} = \frac{1}{E'} (K_I^2 + K_{II}^2) + \frac{1}{2G} K_{III}^2 \tag{7.14}$$

auch im dynamischen Fall gilt. Dementsprechend sind zum Beispiel im reinen Modus I wegen $\mathcal{G} = K_I^2/E'$ das K-Konzept und das energetische Konzept

$$\mathcal{G} = \mathcal{G}_c \qquad (7.15)$$

genau wie in der Statik äquivalent. Hierin ist $\mathcal{G}_c(\tau)$ die für den Rissfortschritt benötigte Energie; sie kann von der Belastungsrate bzw. von der charakteristischen Belastungszeit τ abhängen. Angemerkt sei an dieser Stelle noch, dass (7.12) in Verbindung mit (7.14) vorteilhaft bei der Bestimmung dynamischer K-Faktoren mittels numerischer Methoden benutzt werden kann.

7.3.3 Beispiele

Die Bestimmung dynamischer Spannungsintensitätsfaktoren ist mit Hilfe verschiedener Methoden möglich. Zu ihnen zählen insbesondere die experimentellen und die numerischen Methoden; analytische Verfahren sind nur in wenigen Sonderfällen anwendbar. Experimentelle Methoden erlauben die Ermittlung sowohl des Zeitverlaufes $K_I(t)$ der Rissspitzenbelastung als auch des Initiierungswertes $K_{Ic}(\tau)$. Als besonders geeignet hat sich dabei das sogenannte *Kaustikenverfahren* erwiesen. Mit numerischen Methoden kann die Rissspitzenbelastung $K_I(t)$ bestimmt werden. Erfolgreich eingesetzt werden hierbei die Randelementmethode (BEM), das Verfahren der Finiten Elemente (FEM) und das Differenzenverfahren. Im folgenden werden die Ergebnisse von drei Beispielen diskutiert, die mit diesen Verfahren gewonnen wurden.

Als erstes Beispiel betrachten wir den rotationssymmetrischen Fall eines kreisförmigen Risses (penny shaped crack) im unendlichen Gebiet, der durch eine senkrecht auftreffende Spannungswelle mit der charakteristischen Belastungszeit τ und der Amplitude σ_0 stoßartig belastet wird (Abb. 7.2). Trifft die Welle zur Zeit $t = 0$ auf den Riss, so wächst $K(t)$ zunächst an, erreicht einen Spitzenwert und nähert sich

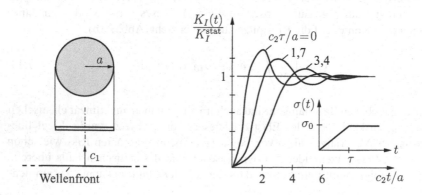

Abb. 7.2 Stoßbelastung eines kreisförmigen Risses im unendlichen Gebiet

dann oszillierend dem entsprechenden statischen Wert $K_I^{\text{stat}} = 2\sigma_0\sqrt{\pi a}/\pi$. Das Abklingen kann dadurch erklärt werden, dass mit den am Riss reflektierten bzw. gestreuten Wellen laufend Energie ins Unendliche abgestrahlt wird. Diese Wellen tragen nicht mehr zur Rissbelastung bei. Für $\tau = 0$ liegt der Spitzenwert um zirka 25 Prozent über K_I^{stat}. Er wird etwa zur Zeit $t_R = 2a/c_R$ erreicht, welche die Rayleighwellen benötigen, um den Rissdurchmesser $2a$ zu durchlaufen. Mit zunehmender Belastungszeit τ verringert sich der Spitzenwert. Eine merkliche dynamische Überhöhung tritt nur für Belastungszeiten auf, die in der Größenordnung von $\tau c_2/a \lesssim 1$ liegen. Dies ist zum Beipiel bei einem Riss von $2a = 20\,mm$ Länge in einer Stahlplatte für $\tau \approx 6 \cdot 10^{-6}s$ der Fall. Solch kurze Belastungszeiten treten nur in seltenen Situationen auf.

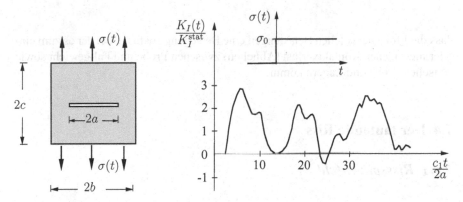

Abb. 7.3 Stoßbelastung eines Risses im Rechteckgebiet (ESZ, $\nu = 0.25$; $a:b:c = 9.5:100:60$)

In einem zweiten Beispiel befinde sich ein gerader Riss in einem endlichen Rechteckgebiet, welches von beiden Seiten einen idealen Stoß $\sigma_0 H(t)$ erfährt (Abb. 7.3). Darin ist $H(t)$ die Heaviside-Funktion. Das auf den Riss treffende Wellenprofil wird in diesem Fall durch die Ränder des Gebietes mitbestimmt. Im Unterschied zum vorhergehenden Beispiel findet hier außerdem keine laufende Energieabstrahlung statt. Der $K(t)$-Verlauf ist qualitativ eine Schwingung, deren "Schwingungsdauer" im wesentlichen durch die Laufzeit einer Welle über die Länge $2c$ bestimmt ist. Dieser Schwingung sind lokale Spitzen überlagert, die ebenfalls durch Wellenlaufzeiten mit unterschiedlichen Geschwindigkeiten (c_1, c_2, c_R) erklärt werden können. Aufgrund der fehlenden Dämpfung klingt die Oszillation von $K(t)$ nicht ab.

Als letztes Beispiel sei eine stoßbelastete 3-Punkt-Biegprobe untersucht, wie sie zur Bestimmung dynamischer K_{Ic}-Werte verwendet werden kann (Abb. 7.4). Für eine vorgegebene Auftreffgeschwindigkeit des Fallgewichtes wurde dabei der Belastungsverlauf $F(t)$ gemessen, aus dem dann der dargestellte $K_I(t)$-Verlauf resultiert. Man erkennt, dass die Zeitverläufe von $F(t)$ und $K_I(t)$ insbesondere bei kleinen Zeiten völlig verschieden sind, d.h. aus der momentanen Größe von F kann nicht auf die momentane Größe von K_I geschlossen werden. Angemerkt sei noch,

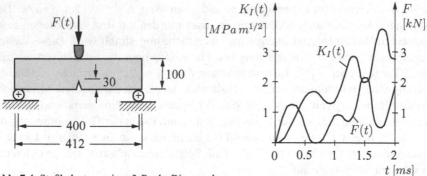

Abb. 7.4 Stoßbelastung einer 3-Punkt-Biegeprobe

dass die Probe bei solchen Belastungen eine Bewegung ausführt, bei der es zum ein- oder mehrfachen Kontaktverlust (Abheben) zwischen Probe und Fallgewicht sowie zwischen Probe und Lagern kommt.

7.4 Der laufende Riss

7.4.1 Rissspitzenfeld

Wir betrachten einen Riss, der sich mit der Geschwindigkeit $\dot{a}$ und der Beschleunigung $\ddot{a}$ ausbreitet (Abb. 7.5). Als einfachsten Fall untersuchen wir zunächst das dynamische Rissspitzenfeld für den Modus III (longitudinaler Schub). Das entsprechende Problem wird durch die Bewegungsgleichung (7.9) beschrieben, die wir zweckmäßig auf die mitbewegten Koordinaten x', y' transformieren (vgl. Abschnitt 5.8.3.2). Mit $x' = x - a(t)$, $y' = y$ gilt dann für eine beliebige Feldgröße (hier die Verschiebung w)

$$\frac{\partial^2 w}{\partial x^2} = \frac{\partial^2 w}{\partial x'^2}, \quad \frac{\partial^2 w}{\partial y^2} = \frac{\partial^2 w}{\partial y'^2}, \quad \ddot{w} = \frac{\partial^2 w}{\partial t^2} - 2\dot{a}\frac{\partial^2 w}{\partial x'\partial t} - \ddot{a}\frac{\partial w}{\partial x'} + \dot{a}^2\frac{\partial^2 w}{\partial x'^2}. \quad (7.16)$$

An der Rissspitze ($r \to 0$) erwarten wir ein nichtsinguläres Verschiebungsfeld vom Typ $w(r, \varphi, t) = r^\lambda \tilde{w}(\varphi, t)$ und ein singuläres Spannungsfeld ($0 \leq \lambda < 1$). Unter Beachtung von

$$\frac{\partial}{\partial x'} = \cos\varphi \frac{\partial}{\partial r} - \sin\varphi \frac{\partial}{r\partial\varphi} \quad , \quad \frac{\partial}{\partial y'} = \sin\varphi \frac{\partial}{\partial r} + \cos\varphi \frac{\partial}{r\partial\varphi}$$

dominiert für $r \to 0$ dementsprechend bei $\ddot{w}$ das letzte Glied über die ersten drei, und es wird $\ddot{w} = \dot{a}^2 \partial^2 w/\partial x'^2$. Damit lautet die Bewegungsgleichung für das Riss-

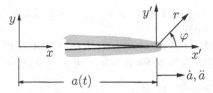

Abb. 7.5 Laufender Riss

spitzenfeld

$$\frac{\partial^2 w}{\partial x'^2} + \frac{1}{\alpha_2^2} \frac{\partial^2 w}{\partial y'^2} = 0 \quad \text{mit} \quad \alpha_2^2 = 1 - \frac{\dot{a}^2}{c_2^2} . \tag{7.17}$$

Führen wir noch die neuen Koordinaten

$$x_2 = r_2 \cos\varphi_2 = x' = r\cos\varphi \quad , \quad y_2 = r_2 \sin\varphi_2 = \alpha_2 y' = \alpha_2 r \sin\varphi \tag{7.18}$$

ein (Stauchung der y-Koordinate), so ergibt sich daraus die Potentialgleichung

$$\frac{\partial^2 w}{\partial x_2^2} + \frac{\partial^2 w}{\partial y_2^2} = 0 . \tag{7.19}$$

Ihre Lösung erfolgt am einfachsten unter Verwendung der komplexen Methode (vgl. Abschnitte 1.5.2 und 4.2.1). Danach gilt

$$Gw = \text{Re}\,\Omega(z_2) \quad ,$$
$$\tau_{xz} - \text{i}\frac{\tau_{yz}}{\alpha_2} = \Omega'(z_2) , \tag{7.20}$$

wobei $z_2 = x_2 + \text{i}\,y_2 = r_2 \text{e}^{\text{i}\varphi_2}$. Im weiteren kann man genauso vorgehen wie im statischen Fall. Als dominante Lösung, welche die Randbedingungen erfüllt, erhält man $\Omega = A z_2^{1/2}$. Definieren wir den Spannungsintensitätsfaktor wie in der Statik durch

$$K_{III} = \lim_{r \to 0} \sqrt{2\pi r}\,\tau_{yz}(\varphi = 0) , \tag{7.21}$$

so ergibt sich schließlich das Rissspitzenfeld

$$\begin{Bmatrix} \tau_{xz} \\ \\ \tau_{yz} \end{Bmatrix} = \frac{K_{III}}{\sqrt{2\pi r_2}} \begin{Bmatrix} -\frac{1}{\alpha_2}\sin\frac{\varphi_2}{2} \\ \\ \cos\frac{\varphi_2}{2} \end{Bmatrix} , \qquad w = \frac{2K_{III}}{G\alpha_2}\sqrt{\frac{r_2}{2\pi}}\sin\frac{\varphi_2}{2} . \tag{7.22}$$

Seine Struktur ist ähnlich wie im statischen Fall. Die Spannungen haben an der Rissspitze eine Singularität vom Typ $r^{-1/2}$. Die Winkelverteilung der Feldgrößen ist allerdings von α_2, d.h. von der Rissgeschwindigkeit $\dot{a}$ abhängig. Steht der Riss

($\dot{a} = 0$), dann ergibt sich mit $\alpha_2 = 1$ und $r_2 = r$, $\varphi_2 = \varphi$ genau das gleiche Feld wie im statischen Fall (vgl. (4.6)).

Die Vorgehensweise im Modus I ist analog zu der im Modus III. Die Transformation von (7.5) auf das mitbewegte System liefert für $r \to 0$ zunächst

$$\frac{\partial^2 \phi}{\partial x'^2} + \frac{1}{\alpha_1^2} \frac{\partial^2 \phi}{\partial y'^2} = 0 \,, \quad \frac{\partial^2 \psi}{\partial x'^2} + \frac{1}{\alpha_2^2} \frac{\partial^2 \psi}{\partial y'^2} = 0 \quad \text{mit} \quad \alpha_i^2 = 1 - \frac{\dot{a}^2}{c_i^2} \,. \quad (7.23)$$

Führen wir in die erste Gleichung die Koordinaten

$$x_1 = r_1 \cos \varphi_1 = x' = r \cos \varphi \quad , \quad y_1 = r_1 \sin \varphi_1 = \alpha_1 y' = \alpha_1 r \sin \varphi \quad (7.24)$$

und in die zweite Gleichung die Koordinaten (7.18) ein, so ergeben sich daraus die beiden Potentialgleichungen

$$\frac{\partial^2 \phi}{\partial x_1^2} + \frac{\partial^2 \phi}{\partial y_1^2} = 0 \quad , \quad \frac{\partial^2 \psi}{\partial x_2^2} + \frac{\partial^2 \psi}{\partial y_2^2} = 0 \quad . \quad (7.25)$$

Ihre Lösung für das dominante symmetrische Rissspitzenfeld (Modus I) kann man in der Form $\phi = A \operatorname{Re} z_1^{3/2}$, $\psi = B \operatorname{Im} z_2^{3/2}$ angeben, wobei $z_1 = x_1 + iy_1 = r_1 e^{i\varphi_1}$, $z_2 = x_2 + iy_2 = r_2 e^{i\varphi_2}$; die reellen Konstanten A, B folgen aus den Randbedingungen (belastungsfreie Rissufer). Mit der Definition für den Spannungsintensitätsfaktor

$$K_I = \lim_{r \to 0} \sqrt{2\pi r} \, \sigma_y(\varphi = 0) \quad (7.26)$$

erhält man auf diese Weise

$$\left\{ \begin{array}{c} \sigma_x \\[2ex] \sigma_y \\[2ex] \tau_{xy} \end{array} \right\} = \frac{K_I f}{\sqrt{2\pi}} \left\{ \begin{array}{c} (1 + 2\alpha_1^2 - \alpha_2^2) \dfrac{\cos(\varphi_1/2)}{\sqrt{r_1}} - \dfrac{4\alpha_1\alpha_2}{1 + \alpha_2^2} \dfrac{\cos(\varphi_2/2)}{\sqrt{r_2}} \\[2ex] -(1 + \alpha_2^2) \dfrac{\cos(\varphi_1/2)}{\sqrt{r_1}} + \dfrac{4\alpha_1\alpha_2}{1 + \alpha_2^2} \dfrac{\cos(\varphi_2/2)}{\sqrt{r_2}} \\[2ex] 2\alpha_1 \dfrac{\sin(\varphi_1/2)}{\sqrt{r_1}} - 2\alpha_1 \dfrac{\sin(\varphi_2/2)}{\sqrt{r_2}} \end{array} \right\} \quad (7.27a)$$

$$\left\{ \begin{array}{c} u \\[2ex] v \end{array} \right\} = \frac{K_I 2 f}{G\sqrt{2\pi}} \left\{ \begin{array}{c} \sqrt{r_1} \, \cos \dfrac{\varphi_1}{2} - \sqrt{r_2} \, \dfrac{2\alpha_1\alpha_2}{1 + \alpha_2^2} \cos \dfrac{\varphi_2}{2} \\[2ex] -\alpha_1 \sqrt{r_1} \, \sin \dfrac{\varphi_1}{2} + \sqrt{r_2} \, \dfrac{2\alpha_1}{1 + \alpha_2^2} \sin \dfrac{\varphi_2}{2} \end{array} \right\} \quad (7.27b)$$

mit

$$f = \frac{1 + \alpha_2^2}{R(\dot{a})} = \frac{1 + \alpha_2^2}{4\alpha_1\alpha_2 - (1 + \alpha_2^2)^2} \,. \quad (7.28)$$

Darin ist $R(\dot{a})$ die in (7.7) definierte Rayleigh-Funktion. Die Spannungen und Verschiebungen haben danach prinzipiell das gleiche r-Verhalten, wie in der Statik. Ihre Größe und ihre Winkelverteilung hängen aber von der Rissgeschwindigkeit ab;

die Rissbeschleunigung hat keinen Einfluss. Das Rissspitzenfeld ist eindeutig fest-gelegt, wenn der K-Faktor sowie die Geschwindigkeit bekannt sind. Man kann dies auch an den speziellen Ergebnissen für die Spannung σ_y vor der Rissspitze ($\varphi = 0$) und für die Rissöffnung $\delta = v(\pi) - v(-\pi)$ erkennen:

$$\sigma_y = \frac{K_I}{\sqrt{2\pi r}} \quad , \qquad \delta = \frac{K_I}{G} \sqrt{\frac{r}{2\pi}} \frac{4\alpha_1(1 - \alpha_2^2)}{R(\dot{a})} . \tag{7.29}$$

Während σ_y durch K_I eindeutig bestimmt ist, wächst δ bei festem K_I mit der Riss-geschwindigkeit an und geht formal für $\dot{a} \to c_R$ gegen Unendlich. Dabei ist jedoch zu beachten, dass für eine konkrete Risskonfiguration der dynamische Spannungs-intensitätsfaktor selbst eine (abnehmende!) Funktion der Rissgeschwindigkeit ist (siehe hierzu die Anmerkungen am Ende von Abschnitt 7.4.2).

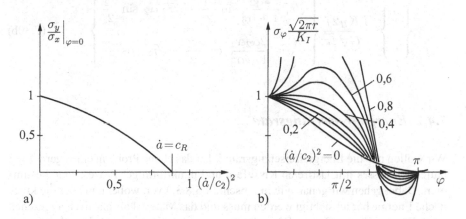

Abb. 7.6 Einfluss der Rissgeschwindigkeit auf die Spannungen ($\nu = 1/4$)

Aus dem Rissspitzenfeld lassen sich einige Schlüsse auf das Verhalten eines schnell laufenden Risses ziehen. Abb. 7.6a zeigt, dass das Spannungsverhältnis σ_y/σ_x vor der Rissspitze ($\varphi = 0$) mit wachsender Rissgeschwindigkeit abnimmt. Dementsprechend nimmt die Tendenz zur Materialtrennung in Ebenen senkrecht zur ursprünglichen Ausbreitungsrichtung immer mehr zu. Erreicht der Riss die Ray-leighwellengeschwindigkeit, so wird das Spannungsverhältnis Null: eine Rissaus-breitung in Richtung von $\varphi = 0$ wird dann unmöglich. Die Rayleighwellenge-schwindigkeit kann also als eine obere Schranke für die Rissgeschwindigkeit an-gesehen werden.

In Abb. 7.6b ist die Winkelverteilung der Umfangsspannung σ_φ in Abhängigkeit von der Rissgeschwindigkeit dargestellt. Während sich das Spannungsmaximum für hinreichend kleine Geschwindigkeiten bei $\varphi = 0$ befindet, liegt es für $\dot{a} \gtrsim 0.6\, c_2$ bei $\varphi \gtrsim \pi/3$. Geht man davon aus, dass die Rissausbreitung in Richtung der maxi-malen Umfangsspannung stattfindet, so bedeutet dies, dass der Riss bei $\dot{a} \gtrsim 0.6\, c_2$ instabil hinsichtlich seiner Ausbreitungsrichtung wird. Hierauf hat zum ersten Mal

E.H. YOFFE (1951) hingewiesen. Man kann diese Stabilitätsgrenze als eine andere obere Schranke für die Rissgeschwindigkeit auffassen.

Völlig analog zum Modus I lässt sich auch das Modus II Rissspitzenfeld herleiten; es lautet

$$
\left\{\begin{array}{c} \sigma_x \\[2mm] \sigma_y \\[2mm] \tau_{xy} \end{array}\right\} = \frac{K_{II} f}{\sqrt{2\pi}} \left\{\begin{array}{c} -2\alpha_2 \dfrac{1+2\alpha_1^2-\alpha_2^2}{1+\alpha_2^2} \dfrac{\sin(\varphi_1/2)}{\sqrt{r_1}} + 2\alpha_2 \dfrac{\sin(\varphi_2/2)}{\sqrt{r_2}} \\[4mm] 2\alpha_2 \dfrac{\sin(\varphi_1/2)}{\sqrt{r_1}} - 2\alpha_2 \dfrac{\sin(\varphi_2/2)}{\sqrt{r_2}} \\[4mm] \dfrac{4\alpha_1\alpha_2}{1+\alpha_2^2} \dfrac{\cos(\varphi_1/2)}{\sqrt{r_1}} - (1+\alpha_2^2) \dfrac{\cos(\varphi_2/2)}{\sqrt{r_2}} \end{array}\right\} \tag{7.30a}
$$

$$
\left\{\begin{array}{c} u \\[2mm] v \end{array}\right\} = \frac{K_{II} 2f}{G\sqrt{2\pi}} \left\{\begin{array}{c} \sqrt{r_1}\, \dfrac{2\alpha_2}{1+\alpha_2^2} \sin\dfrac{\varphi_1}{2} - \sqrt{r_2}\,\alpha_2 \sin\dfrac{\varphi_2}{2} \\[4mm] -\sqrt{r_1}\, \dfrac{2\alpha_2\alpha_2}{1+\alpha_2^2} \cos\dfrac{\varphi_1}{2} + \sqrt{r_2}\, \cos\dfrac{\varphi_2}{2} \end{array}\right\} . \tag{7.30b}
$$

7.4.2 Energiefreisetzungsrate

Wir wollen nun die Energiefreisetzugsrate $\mathcal{G}$ für das ebene Problem eines geradlinig laufenden Risses mit lastfreien Rissufern und punktförmiger Prozesszone bestimmen. Dabei gehen wir genau wie in Abschnitt 5.8.3.3 vor, wobei nun aber die kinetische Energie berücksichtigt werden muss und das Material als elastisch angesehen wird. Für den Energiefluss $-P^*$ in die Prozesszone gilt dann zunächst allgemein

$$
-P^* = P - \dot{E} - \dot{K} , \tag{7.31}
$$

wobei E die Formänderungsenergie und K die kinetische Energie sind. Angewendet auf die Situation in Abb. 7.7 erhält man daraus für den Energiefluss $-P^* = \dot{a}\mathcal{G}$ über die Kontur C_P (vgl. (5.89))

$$
\dot{a}\mathcal{G} = \int_C t_i \dot{u}_i \mathrm{d}c - \frac{\mathrm{d}}{\mathrm{d}t} \int_A U \mathrm{d}A - \frac{\mathrm{d}}{\mathrm{d}t} \int_A \frac{1}{2} \rho \dot{u}_i \dot{u}_i \mathrm{d}A . \tag{7.32}
$$

Hierin sind U die Formänderungsenergiedichte und $\rho \dot{u}_i \dot{u}_i/2$ die spezifische kinetische Energie; die Kontur C_P wird als verschwindend klein angesehen ($C_P \to 0$). Analog zum Vorgehen in Abschnitt 5.8.3.3 ergibt sich daraus nach einigen Schritten mit dem Reynoldschen Transporttheorem, der Umformung $\mathrm{d}U/\mathrm{d}t = \sigma_{ij}\dot{u}_{i,j} = (\sigma_{ij}\dot{u}_i)_{,j} - \sigma_{ij,j}\dot{u}_i$, der Bewegungsgleichung $\sigma_{ij,j} = \rho\ddot{u}_i$ und dem Gaußschen Satz

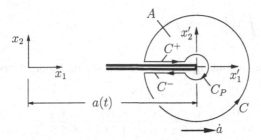

Abb. 7.7 Zur Energiefreisetzungsrate

$$\dot{a}\mathcal{G} = -\int\limits_{C_P} \left[\dot{a}\left(U + \frac{1}{2}\rho\dot{u}_i\dot{u}_i\right)n_1 + t_i\dot{u}_i\right]\mathrm{d}c \;. \tag{7.33}$$

Wir gehen nun auf das mitbewegte Koordinatensystem x'_1, x'_2 über und fassen auch A und C als mitbewegt auf. Da wir voraussetzen können, dass u_i an der Rissspitze regulär, $u_{i,1}$ dagegen singulär ist (vgl. (7.27)), gilt nach (5.81) dann an der Rissspitze $\dot{u}_i = -\dot{a}u_{i,1}$. Aus (7.32) erhält man damit

$$\mathcal{G} = -\int\limits_{C_P} \left[\left(U + \frac{1}{2}\dot{a}^2\rho\, u_{i,1}u_{i,1}\right)n_1 - t_i u_{i,1}\right]\mathrm{d}c \;. \tag{7.34}$$

Wenden wir unter Beachtung von $t_i = \sigma_{ij}n_j$ noch den Gaußschen Satz auf die Fläche A mit dem Rand $C + C_P + C^+ + C^-$ an (C^+, C^- liefern keinen Beitrag), so folgt für die Energiefreisetzungsrate schließlich

$$\boxed{\mathcal{G} = \int\limits_{C} \left[(U + \frac{1}{2}\dot{a}^2\rho u_{i,1}u_{i,1})n_1 - t_i u_{i,1}\right]\mathrm{d}c + \int\limits_{A}(\sigma_{ij,j}u_{i,1} - \dot{a}^2\rho u_{i,11}u_{i,1})\mathrm{d}A} \;. \tag{7.35}$$

Die Beziehung (7.35) vereinfacht sich in verschiedenen Spezialfällen. Für ein Risswachstum mit der konstanten Geschwindigkeit $\dot{a}$ unter stationären Verhältnissen verschwindet das Flächenintegral wegen $\sigma_{ij,j} = \rho\ddot{u}_i$ und $\ddot{u}_i = \dot{a}^2 u_{i,11}$ (vgl. auch (7.16)). Dann gilt

$$\mathcal{G} = \int\limits_{C} \left[\left(U + \frac{1}{2}\dot{a}^2\rho u_{i,1}u_{i,1}\right)n_1 - t_i u_{i,1}\right]\mathrm{d}c \;. \tag{7.36}$$

Im Sonderfall $\dot{a} = 0$ vereinfacht sich (7.35) auf (7.12). Liegen zusätzlich noch statische Verhältnisse vor ($\sigma_{ij,j} = 0$), so reduziert sich $\mathcal{G}$ auf das J-Integral (4.128).

Die Kontur C kann in (7.35) beliebig gewählt werden. Ziehen wir sie auf die Rissspitze zusammen, dann verschwindet das Flächenintegral, und es wird

$$\mathcal{G} = \lim_{C \to 0} \int_C \left[\left(U + \frac{1}{2}\dot{a}^2 \rho u_{i,1} u_{i,1} \right) n_1 - t_i u_{i,1} \right] dc \ . \tag{7.37}$$

Hieraus lässt sich der Zusammenhang zwischen $\mathcal{G}$ und K_I im Modus I bestimmen, indem man (7.27) einsetzt:

$$\mathcal{G} = \frac{\alpha_1(1 - \alpha_2^2)}{2GR(\dot{a})} K_I^2 = \frac{\alpha_1(1 - \alpha_2^2)}{4\alpha_1\alpha_2 - (1 + \alpha_2^2)^2} \frac{K_I^2}{2G} \ . \tag{7.38}$$

Danach ist die Energiefreisetzungsrate durch den Spannungsintensitätsfaktor und die Rissgeschwindigkeit eindeutig festgelegt. Nach (7.7) verschwindet die Funktion R für die Rayleighwellengeschwindigkeit. Für $K_I \neq 0$ wächst dementsprechend $\mathcal{G}$ unbeschränkt an, wenn die Rissgeschwindigkeit gegen die Rayleighwellengeschwindigkeit geht. Umgekehrt geht bei beschränktem $\mathcal{G}$ der Spannungsintensitätsfaktor für $\dot{a} \to c_R$ gegen Null.

Der dynamische Spannungsintensitätsfaktor K_I ist selbst eine Funktion der Rissgeschwindigkeit. Vergleicht man für eine gegebene Risskonfiguration (gleiche Geometrie und Belastung) die Spannungsintensitätsfaktoren für einen ruhenden (stationären) und einen mit der Geschwindigkeit $\dot{a}$ laufenden Riss, so ergibt sich

$$K_I^{\text{dyn}} = k(\dot{a}) K_I^{\text{stat}} \ . \tag{7.39}$$

Darin ist

$$k(\dot{a}) \approx \frac{1 - \dot{a}/c_R}{\sqrt{1 - \dot{a}/c_1}} \tag{7.40}$$

eine universelle Funktion, die für $\dot{a} = 0$ gleich 1 ist und für $\dot{a} \to c_R$ gegen Null geht. Einsetzen in (7.38) führt auf den Ausdruck

$$\mathcal{G}^{\text{dyn}} = g(\dot{a}) \mathcal{G}^{\text{stat}} \ , \tag{7.41}$$

für die Energiefreisetzungsrate, wobei $g(\dot{a})$ monoton von $g(\dot{a} = 0) = 1$ auf $g(\dot{a} = c_R) = 0$ abfällt. D.h. mit wachsender Rissgeschwindigkeit wird die Energiefreisetzungsrate (und damit der Energiefluss in die Risspitze) verglichen mit dem statischen Wert immer geringer und verschwindet für $\dot{a} \to c_R$. Die Rayleighwellengeschwindigkeit c_R stellt somit eine obere Schranke für die dynamische Rissausbreitung unter Modus I dar.

Im Fall eines laufenden Risses unter einer gemischten Rissspitzenbelastung durch K_I, K_{II} und K_{III} ergibt sich die allgemeine Beziehung

$$\mathcal{G} = \frac{1}{2G} \left[\frac{(1 - \alpha_2^2)(\alpha_1 K_I^2 + \alpha_2 K_{II}^2)}{4\alpha_1\alpha_2 - (1 + \alpha_2^2)^2} + \frac{K_{III}^2}{\alpha_2} \right] \ . \tag{7.42}$$

Sie geht für $\dot{a} = 0$ in (7.14) über.

7.4.3 Bruchkonzept, Rissgeschwindigkeit, Rissverzweigung, Rissarrest

Im Rahmen der linearen Bruchmechanik kann das K-Konzept auch beim schnellen Risswachstum angewendet werden. Danach muss während des Rissfortschrittes im Modus I zu jeder Zeit die Bruchbedingung

$$K_I(t) = K_{Id} \tag{7.43}$$

erfüllt sein. Hierin ist die *dynamische Bruchzähigkeit* K_{Id} ein Materialparameter, welcher in erster Näherung nur von der Rissgeschwindigkeit abhängt: $K_{Id} = K_{Id}(\dot{a})$. Sein qualitativer Verlauf ist in Abb. 7.8 dargestellt. Ausgehend vom Initiierungswert K_{Ic} wächst die Bruchzähigkeit meist zunächst nur schwach, dann aber stark mit der Rissgeschwindigkeit an. Als eine Ursache für dieses Verhalten

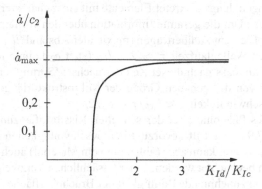

Abb. 7.8 Abhängigkeit der Bruchzähigkeit von der Rissgeschwindigkeit

kann man die mögliche Änderung der Trennmechanismen in der Prozesszone ansehen. Ein bekanntes Indiz hierfür ist, dass die Rauhigkeit der Bruchoberflächen mit der Geschwindigkeit stark zunimmt. Eine weitere Ursache liegt in der Tatsache, dass (anders als in der Statik) K_I alleine das Rissspitzenfeld bzw. den Zustand in der Prozesszone nicht mehr eindeutig charakterisiert. Nach Abschnitt 7.4.1 hängen nämlich die Spannungen und Deformationen noch von der Rissgeschwindigkeit ab. Während des Risswachstums muss auch die energetische Bruchbedingung

$$\mathcal{G}(t) = \mathcal{G}_d(\dot{a}) \tag{7.44}$$

erfüllt sein. Darin ist $\mathcal{G}_d(\dot{a})$ der materialspezifische und geschwindigkeitsabhängige Risswiderstand. Aufgrund des Zusammenhanges (7.38) zwischen $\mathcal{G}$ und K_I sind die Bruchbedingungen (7.43) und (7.44) äquivalent.

Aus Messungen ist bekannt, dass Risse auch in sehr spröden Materialien eine Maximalgeschwindigkeit von $\dot{a}_{max} \approx 0.5\,c_2$ nicht überschreiten (Ausnahmen sind

Rissspitzen, denen durch besondere Maßnahmen von außen, z.B. über einen Laser, Energie zugeführt wird). Hierfür lassen sich einige Gründe anführen; trotzdem steht eine allseits befriedigende Begründung für diese Tatsache zur Zeit noch aus. So wird zum Beispiel als eine Erklärung für die Maximalgeschwindigkeit die Instabilität der geraden Rissfortpflanzung für Geschwindigkeiten $\dot{a} \gtrsim 0.6c_2$ herangezogen (vgl. Abschnitt 7.4.1). Hierfür spricht die mit der Rissgeschwindigkeit zunehmende Rauhigkeit (Welligkeit) der Bruchoberfläche sowie die zunehmende Tendenz zur Bildung von Sekundärrissen. Hierbei handelt es sich um Nebenrisse geringer Länge, die in der Umgebung des Hauptrisses liegen oder von diesem abzweigen. Mit der Welligkeit und mit einer hohen Zahl von Sekundärrissen lässt sich auch die Zunahme der dynamischen Bruchzähigkeit bzw. des Risswiderstandes qualitativ begründen. So ist insbesondere die Sekundärrissbildung ein Mechanismus, der stark zu einer Energiedissipation beitragen kann. Gegen die 'Instabilitätshypothese' spricht allerdings, dass die gemessenen Maximalgeschwindigkeiten oft deutlich unter der Instabilitätsgeschwindigkeit liegen. Ein anderer, rein qualitativer Erklärungsversuch geht von der diskreten Natur der Bindungslösung aus. Nach dieser Vorstellung breitet sich ein Riss in 'Sprüngen' längs diskreter Elemente mit einer charakteristischen Mikrostrukturlänge l_M aus. Um die gesamte Information über den vorhergehenden 'Sprung' auf das nächste Element zu übertragen (maximaler Abstand $2l_M$), bedarf es einer charakteristischen Wellenlaufzeit $\tau \approx 2l_M/c_2$ (statt c_2 könnte man auch c_R wählen). Nimmt man an, dass nach dieser Zeit der nächste 'Sprung' erfolgt, so gelangt man unabhängig von der genauen Größe der Mikrostrukturlänge auf die durchschnittliche Rissgeschwindigkeit $\dot{a} \approx l_M/\tau \approx c_2/2$.

Ein häufig auftretendes Phänomen bei der schnellen Rissfortpflanzung ist die Rissverzweigung (Abb. 7.9a). Sie tritt bevorzugt bei Geschwindigkeiten nahe der Grenzgeschwindigkeit $\dot{a}_{max}$ auf, kann aber (abhängig vom Material) auch bei kleineren Geschwindigkeiten beobachtet werden. Einer tatsächlichen Verzweigung gehen dabei in der Regel eine zunehmende Rauhigkeit der Bruchoberfläche sowie die Bildung von Sekundärrissen voraus, die man als 'Versuche' von Verzweigungen interpretieren kann. Ähnlich wie für die Rissgeschwindigkeit gibt es auch für die Riss-

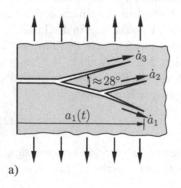

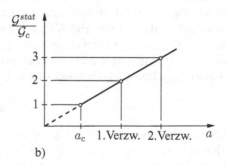

a)   b)

Abb. 7.9 Rissverzweigung

verzweigung zur Zeit noch keine allgemein akzeptierte Begründung bzw. ein gesichertes Verzweigungskriterium. Die meisten Erklärungsversuche basieren auf der Analyse des Rissspitzenfeldes eines einzelnen laufenden Risses bzw. eines sich gerade verzweigenden Risses. So wurde zum Beispiel auch das Verzweigungsphänomen in Zusammenhang mit der Richtungsinstabilität gebracht, die bei einer Rissgeschwindigkeit von $\dot{a} \approx 0.6\,c_2$ auftritt. Hierdurch können aber nicht Verzweigungen bei kleineren Geschwindigkeiten sowie der beobachtete Verzweigungswinkel von $\alpha \approx 28°$ erklärt werden. Eine Begründung für letzteren ergibt sich allerdings aus der plausiblen Annahme, dass beide Rissspitzen sich nach der Verzweigung jeweils unter lokalen Modus I Bedingungen fortpflanzen. Auf der Basis einer solchen Hypothese liefert schon eine quasistatische Analyse Resultate, die mit der Beobachtung sehr gut übereinstimmen.

Eine notwendige Bedingung für die Rissverzweigung ist ein hinreichender Energiefluss in die Prozesszone, d.h. eine hinreichend große Energiefreisetzungsrate $\mathcal{G}$, welche die Bildung zweier Risse und deren anschließende Fortpflanzung ermöglicht. Die Bestimmung von $\mathcal{G}$ ist in der Regel aufwendig, da diese Größe im allgemeinen von der Geometrie des Bauteiles, von der Zeit bzw. der aktuellen Risslänge und von der Rissgeschwindigkeit abhängt. Eine einfache, grobe Abschätzung für $\mathcal{G}$ kann man aber unter Vernachlässigung der Trägheitskräfte aus dem entsprechenden statischen Problem gewinnen. Auf diese Weise ergibt sich zum Beispiel für einen Seitenriss unter einachsigem Zug (vgl. Tabelle 4.1, Nr.5) $\mathcal{G} \approx \mathcal{G}^{stat} = (K_I^{stat})^2/E' = 1.26\,\pi\sigma^2 a$. Nimmt man nun vereinfachend noch an, dass Verzweigungen gerade dann erfolgen, wenn $\mathcal{G}$ jeweils ein ganzzahliges Vielfaches der zur Initiierung eines Risses erforderlichen Rate $\mathcal{G}_c$ erreicht, so ergibt sich das in Abb. 7.9b dargestellte Ergebnis. Dieses hat allerdings nur qualitativen Charakter.

Von großer praktischer Bedeutung - weil in Bauteilen meist erwünscht - ist der *Rissarrest* oder Rissstopp. Er tritt auf, wenn beim laufenden Riss der Spannungsintensitätsfaktor soweit abfällt, dass die Bruchbedingung (7.43) nicht mehr erfüllt ist; der Riss kommt dann zum Stillstand. Die Arrestbedingung kann man in der Form

$$K_I(t) = K_{Ia} \tag{7.45}$$

schreiben, wobei $K_{Ia} = \min[K_{Id}(\dot{a})]$ als *Arrestzähigkeit* bezeichnet wird. Da der Rissarrest in einem Bauteil ein dynamischer Vorgang ist, bedarf es zu seiner Behandlung im allgemeinen einer vollständigen dynamischen Analyse der Struktur (unter Berücksichtigung der Trägheitskräfte und Wellenphänomene). Es hat sich jedoch gezeigt, dass in vielen praktischen Fällen eine quasistatische Untersuchung zu hinreichend guten Ergebnissen führt.

Wie bereits am Ende von Abschnitt 7.4.2 diskutiert können sich Modus-I-Risse aus energetischen Gesichtspunkten nicht schneller als mit der Rayleighwellengeschwindigkeit ausbreiten, da die Energiefreisetzungsrate für $\dot{a} \geq c_R$ verschwindet. Bei Modus-II-Rissen ist dies nicht der Fall. Zwar geht auch hier die Energiefreisetzungsrate für $\dot{a} \to c_R$ gegen Null, sie nimmt jedoch für $\dot{a} = \sqrt{2}c_2$ wieder einen positiven Wert an. Im Bereich $c_R < \dot{a} < \sqrt{2}c_2$ hängt die Rissspitzensingularität von der Rissgeschwindigkeit ab und und ist schwächer als $r^{-1/2}$, so dass die Energiefreisetzungsrate gleich Null ist. Dies bedeutet, dass sich Modus-II-Scherrisse mit sogenannter *intersonischer* Geschwindigkeit, d.h. größer als c_R und c_2 aber kleiner als c_1, ausbreiten können. Neuere experimentelle Untersuchungen sowie auch seismische Messungen bei Erdbeben belegen die Existenz solcher intersonischer Rissausbreitungsvorgänge.

7.4.4 Beispiele

Die Untersuchung des schnellen Risswachstums ist in der Regel recht aufwendig - unabhängig davon, ob experimentelle, numerische oder analytische Methoden zur Anwendung gelangen. Sie vereinfacht sich jedoch erheblich, wenn angenommen werden kann, dass das Risswachstum mit konstanter Geschwindigkeit $\dot{a}$ unter stationären Verhältnissen erfolgt. Die Transformation der Wellengleichungen (7.5) für den EVZ auf das mit der Geschwindigkeit $\dot{a}$ mitbewegte System x', y' führt dann nämlich mit $\partial(\cdot)/\partial t = 0$ und $\ddot{a} = 0$ auf genau die Potentialgleichungen (7.25), welche wir schon in Abschnitt 7.4.1 kennengelernt haben. Ihre Lösung lässt sich allgemein in der Form $\phi = \mathrm{Re}\, \Phi(z_1)$, $\psi = \mathrm{Re}\, \Psi(z_2)$ angeben.

Als Beispiel hierzu wollen wir das klassische *Problem von Yoffe* betrachten. Hierbei handelt es sich um die Bewegung eines Risses konstanter Länge in einem unendlichen Gebiet unter einachsigem Zug σ (Abb. 7.10a). Dieser Riss öffnet sich also vorne und schließt sich (physikalisch unrealistisch) hinten wieder. Das entsprechende statische Problem wurde in Abschnitt 4.4.1 untersucht. Als Ansätze für Φ und Ψ wählen wir

$$\Phi'(z_1) = A_1\sqrt{z_1^2 - a^2} + A_2 z_1 \quad , \quad \Psi'(z_2) = \mathrm{i}\, B_1\sqrt{z_2^2 - a^2} + \mathrm{i}\, B_2 z_2 \; , \quad (7.46)$$

aus denen sich die Verschiebungen und Spannungen mit Hilfe von (7.2) und dem Elastizitätsgesetz ermitteln lassen. Die Randbedingungen $\sigma_y = 0$, $\tau_{xy} = 0$ für $|x'| < a$ (lastfreie Rissflanken) und $\sigma_y = \sigma$, $\sigma_x = 0$ für $z_i \to \infty$ liefern für die Konstanten

$$A_1 = \frac{\sigma}{G}\frac{1 + \alpha_2^2}{R(\dot{a})} \; , \qquad A_2 = \frac{\sigma}{G}\left[\frac{2(\alpha_1^2 - \alpha_2^2)}{R(\dot{a})} - \frac{1}{1 + \alpha_2^2}\right] ,$$

$$ (7.47)$$

$$B_1 = \frac{\sigma}{2}\frac{2\alpha_1}{R(\dot{a})} \; , \qquad B_2 = \frac{\sigma}{2}\left[\frac{(\alpha_1^2 - \alpha_2^2)(1 + \alpha_2^2)}{\alpha_2 R(\dot{a})} - \frac{1}{2\alpha_2}\right] ;$$

die Symmetriebedingungen $v = 0$, $\tau_{xy} = 0$ für $|x'| > a$ sind automatisch erfüllt. Damit liegen die Spannungen und Verschiebungen im gesamten Gebiet eindeutig fest. Insbesondere erhält man für die Spannung σ_y vor der Rissspitze und für die Verschiebung v der oberen bzw. unteren Rissflanke

$$\sigma_y = \sigma\frac{x'}{\sqrt{x'^2 - a^2}} \quad , \qquad v^{\pm} = \pm\frac{\sigma}{G}\frac{\alpha_1(1 - \alpha_2^2)}{R(\dot{a})}\sqrt{a^2 - x'^2} \; . \qquad (7.48)$$

Während σ_y unabhängig von $\dot{a}$ ist (d.h. genau wie im statischen Fall verteilt ist), nimmt die Rissöffnung mit der Geschwindigkeit immer mehr zu und geht für $\dot{a} \to c_R$ gegen unendlich. Dementsprechend ergibt sich für den K-Faktor der gleiche Wert wie in der Statik: $K_I = \sigma\sqrt{\pi a}$. Die Energiefreisetzungsrate wächst nach (7.38) dagegen mit der Rissgeschwindigkeit unbeschränkt an (Abb. 7.10b).

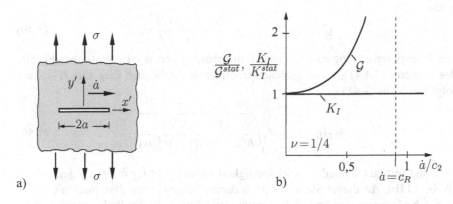

Abb. 7.10 Problem von Yoffe

Als zweites Beispiel behandeln wir die stationäre Ausbreitung eines halbunendlichen Risses im unendlichen Scheibenstreifen, dessen Ränder nach Abb. 7.11a um den konstanten Betrag 2δ gegeneinander verschoben sind. In diesem Fall kann man die Energiefreisetzungsrate recht einfach aus (7.36) ermitteln. Hierzu wählen wir die Kontur C so, dass ihr rechter bzw. linker vertikaler Teil weit von der Rissspitze entfernt im ungestörten Bereich liegen (Abb. 7.11a). Dort gilt im EVZ vor bzw. hinter der Rissspitze

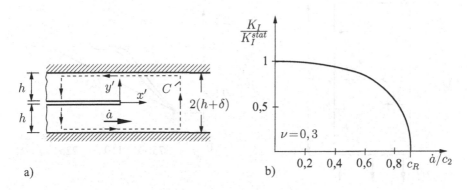

Abb. 7.11 Stationäres Risswachstum im Scheibenstreifen

$$x_1' \gg h: \quad \varepsilon_{22} = \frac{\delta}{h}, \quad \sigma_{22} = \frac{2G\delta(1-\nu)}{h(1-2\nu)}, \quad u_{i,1} = 0$$

$$x_1' \ll -h: \quad \varepsilon_{22} = \sigma_{22} = u_{i,1} = 0 .$$

Mit $U = \frac{1}{2}\sigma_{22}\,\varepsilon_{22}$ liefert damit alleine der vertikale Teil von C vor der Rissspitze einen Beitrag (die Beiträge der horizontalen Teile von C heben sich auf), und man erhält

$$\mathcal{G} = 2h\,U|_{x_1' \gg h} = \frac{2(1-\nu)}{1-2\nu}\,\frac{G\delta^2}{h} . \tag{7.49}$$

Die Energiefreisetzungsrate ist danach unabhängig von der Rissgeschwindigkeit; das Ergebnis (7.4.4) gilt also gleichermaßen für den stehenden Riss. Der K-Faktor folgt damit aus (7.41) zu

$$K_I(\dot a) = 2G\delta\sqrt{\frac{(1-\nu)R(\dot a)}{h(1-2\nu)(1-\alpha_2^2)\alpha_1}} . \tag{7.50}$$

Er klingt mit zunehmender Geschwindigkeit ab und geht für $\dot a \to c_R$ gegen Null (Abb. 7.11b). An dieser Stelle sei noch darauf hingewiesen, dass man mit ähnlichen Überlegungen zur Energiefreisetzungsrate auch das schnelle Risswachstum in langen Rohren behandeln kann. Dies stellt in der Praxis einen wichtigen Anwendungsfall dar.

In einem weiteren Beispiel sei das instationäre Wachstum eines Randrisses in einer Rechteckscheibe aus Araldit untersucht, die durch einen idealen Stoß $\sigma H(t)$ belastet ist. Abbildung 7.12 zeigt die Ergebnisse einer numerischen Analyse im ESZ für drei verschiedene Bruchkriterien. Im Fall (a) wurde das K-Kriterium (7.43)

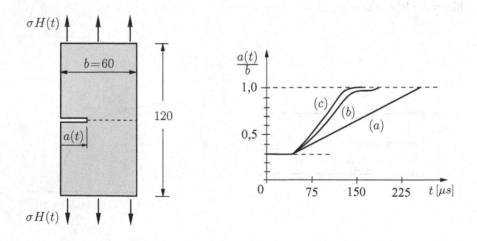

Abb. 7.12 Schnelles Wachstum eines Randrisses; a(0)=29.5 mm

zugrunde gelegt, wobei $K_{Id}(\dot{a})$ in Anlehnung an experimentelle Daten durch

$$K_{Id}^{(a)} = K_{Ic}[1 + 2,5(\dot{a}/c_2)^2 + 3,9 \cdot 10^4(\dot{a}/c_2)^{10}] \qquad (7.51)$$

mit $K_{Ic} = 0.69\,\text{MPa}\sqrt{\text{m}}$ approximiert wurde. Im Fall (b) wurde ebenfalls das K-Kriterium herangezogen, die Bruchzähigkeit vereinfacht aber als geschwindigkeitsunabhängig angesehen: $K_{Id}^{(b)} = K_{Ic}$. Im Fall (c) schließlich wurde die energetische Bruchbedingung (7.44) angewendet, wobei $\mathcal{G}_d$ ebenfalls vereinfacht als unabhängig von der Geschwindigkeit betrachtet wurde: $\mathcal{G}_d^{(c)} = \mathcal{G}_c = K_{Ic}^2/E$. Unter Verwendung von (7.41) lässt sich das energetische Kriterium in das K-Kriterium überführen; die Bruchzähigkeit ist in diesem Fall durch

$$K_{Id}^{(c)} = K_{Ic}\sqrt{\frac{R(\dot{a})}{(1-\nu)\alpha_1(1-\alpha_2^2)}} \qquad (7.52)$$

gegeben. Die drei Fälle unterscheiden sich damit nur durch unterschiedliche $K_{Id}(\dot{a})$-Verläufe, wobei im gesamten Geschwindigkeitsbereich $K_{Id}^{(c)} \leq K_{Id}^{(b)} \leq K_{Id}^{(a)}$ ist. Dementsprechend bewegt sich der Riss für (c) am schnellsten und für (a) am langsamsten durch die Scheibe. Die erreichten Maximalgeschwindigkeiten betragen $\dot{a}^{(c)} \approx \dot{a}^{(b)} = 0.74\,c_2$ bzw. $\dot{a}^{(a)} = 0.37\,c_2$. Erstere ist unrealistisch hoch, während die zweite im Bereich experimenteller Beobachtungen liegt. Es ist bemerkenswert, dass sich die Rissgeschwindigkeit im realitätsnahen Fall (a) trotz des zeitlich stark veränderlichen Spannungsfeldes über die Lauflänge kaum ändert.

Wie bereits angesprochen, können Spannungswellen, die sich infolge einer stoßartigen Belastung in einem Rissbehafteten Bauteil ausbreiten, aufgrund von Reflexionen wiederholt mit dem Riss wechselwirken. Dies führt zu einem komplexen zeitlichen K-Verlauf (vgl. Abb. 7.3), wobei im allgemeinen eine gemischte (unsymmetrische) Rissspitzenbelastung nach Abschnitt 4.9 vorliegt. Ein Riss durchläuft dann eine krummlinige Bahn, die durch die Charakteristik der dynamischen Belastung bzw. durch die an jeder Stelle auftretende momentane Rissspitzenbelastung bestimmt wird. Dies sei an Hand eines Beispiels illustriert, bei dem die Rissausbreitung (inklusive der Richtung) "frei" erfolgt, d.h. nur durch ein Bruchkriterium gemäß Abschnitt 4.9 kontrolliert wird. Wir betrachten dazu nach Abb. 7.13 eine Rechteckscheibe, deren Symmetrie durch die Lage des Anfangsrandrisses leicht gestört ist. Die Belastung erfolgt durch einen idealen Stoß $\sigma H(t)$ auf den vertikalen Rändern sowie nach unterschiedlichen Zeitfunktionen $\sigma_a(t)$ und $\sigma_b(t)$ auf den horizontalen Rändern. In Abb. 7.13 sind die aus numerischen Simulationen für unterschiedliche Belastungsgeschwindigkeiten ($\dot{\sigma}_a(t) \ll \dot{\sigma}_b(t)$) gewonnenen Rissverläufe dargestellt. Zu ihrer inkrementellen Ermittlung wurde das Bruchkriterium der maximalen Umfangsspannung (Abschnitt 4.9) und für die Bruchzähigkeit die Beziehung (7.51) verwendet. Bei der Auswertung des Bruchkriteriums gelten jetzt jedoch nicht mehr die Beziehungen (4.152). Vielmehr ist für den schnell laufenden Riss vom dynamischen Rissspitzenfeld $\sigma_\varphi(K_I, K_{II}, \dot{a}, \varphi)$ auszugehen (vgl. (7.27)).

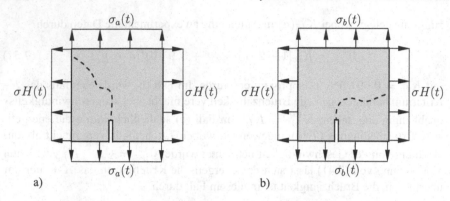

Abb. 7.13 Rissverläufe infolge Wellenbelastung; $\dot{\sigma}_a \ll \dot{\sigma}_b$

Die beiden völlig unterschiedlichen Rissverläufe in Abb. 7.13 können durch Überlagerungseffekte der von den Scheibenrändern ausgehenden Spannungswellen erklärt werden. Bei diesen Überlagerungen kommt es zu bestimmten Zeiten zu starken Änderungen des Spannungszustandes an der Rissspitze. Welcher Spannungszustand sich genau ergibt und welche Rissfortschrittsrichtung daraus resultiert hängt somit auf komplizierte Weise von der das Wellenprofil bestimmenden Randbelastung $\sigma_a(t)$ bzw. $\sigma_b(t)$ ab.

7.5 Fragmentierung

Ohne das Vorliegen eines makroskopischen Anfangsrisses kommt es bei hinreichend starker dynamischer Belastung häufig zum Zerbrechen eines Festkörpers in eine Vielzahl von Bruchstücken (*Fragmente*). Dieser in sehr kurzer Zeit stattfindende Vorgang wird als *Fragmentierung* bezeichnet. Er kann qualitativ durch den Austausch von kinetischer Energie und Bruchflächenenergie erklärt werden. Bei solchen Bruchprozessen stellt die durchschnittliche Größe und Anzahl der entstehenden Fragmente mitunter eine wichtige Frage dar, die genaugenommen nur unter Berücksichtigung statistischer Aspekte wie z.B. der Verteilung anfänglicher Defekte im Material (z.B. Mikrorisse) analysiert werden kann. Dennoch gestattet bereits eine rein deterministische energetische Behandlung (GRADY, 1982) interessante Einblicke. Sie soll im folgenden anhand eines einfachen Beispiels erläutert werden.

Wir betrachten dazu das rotationssymmetrische Problem eines dünnwandigen Rings (bzw. Zylinders), der durch einen hinreichend hohen Innendruck belastet ist, so dass sich sein Material mit einer Geschwindigkeit v_0 in radialer Richtung nach außen bewegt. Bei einem momentanen Radius r beträgt die Dehnrate in Umfangsrichtung $\dot{\varepsilon}_0 = v_0/r$. Wir nehmen im weiteren an, dass der Ring in n gleiche Teile der Länge l zerspringt ($nl = 2\pi r$). Daneben wird (gestützt auf experimentelle Be-

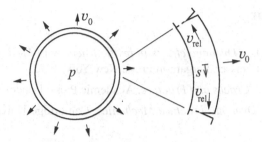

Abb. 7.14 Fragmentation eines Rings unter Innendruck

obachtungen) davon ausgegangen, dass zum Zeitpunkt des Bruchs die kinetische Energie des Rings sehr viel größer ist als seine elastische Energie und dass sich die radiale Geschwindigkeit v_0 beim Bruch kaum ändert. Als Quelle zur Speisung der Bruchenergie wird die kinetische Energie der (Tangential-) Bewegung des Materials in jedem Fragment relativ zu dessen Massenmittelpunkt angesehen. Mit der Umfangsdehnrate $\dot{\varepsilon}_0$ und der vom (Massen-) Mittelpunkt des Fragments aus gezählten Umfangskoordinate s lautet diese Relativgeschwindigkeit $v_{\text{rel}} = \dot{\varepsilon}_0 s$. Der entsprechende Anteil T^* an kinetischer Energie pro Fragment ist damit

$$T^* = \frac{1}{2}\varrho A \dot{\varepsilon}_0^2 \int_{-l/2}^{l/2} s^2 \, \mathrm{d}s = \frac{1}{24}\varrho A \dot{\varepsilon}_0^2 l^3 \tag{7.53}$$

wobei ϱ die Massendichte und A die Querschnittsfläche des Rings bezeichnet. Mit der spezifischen Bruchflächenenergie γ ist die Bruchenergie pro Fragment $\Gamma = A\gamma$. Gleichsetzen des kinetischen Energieanteils T^* und der Bruchenergie Γ liefert die folgende Beziehung für die Länge l eines Fragments in Abhängigkeit von spezifischer Bruchflächenenergie, Massendichte und Umfangsdehnrate:

$$l = \left(\frac{24\gamma}{\varrho\dot{\varepsilon}_0^2}\right)^{1/3}. \tag{7.54}$$

Dementsprechend ist die Fragmentgröße l direkt proportional zu $\gamma^{1/3}$ und umgekehrt proportional zu $\dot{\varepsilon}_0^{2/3}$. Trotz der einschränkenden Annahmen entspricht diese Skalierung der Fragmentgröße recht gut experimentellen Ergebnissen. Ähnliche Überlegungen lassen sich auch für andere Körper anstellen.

7.6 Literatur

Achenbach, J.D.   *Dynamic effects in brittle fracture*. In *Mechanics Today* Vol. 1, ed. S. Nemat-Nasser, Pergamon Press, New York, 1972

Broberg, K.B.   *Cracks and Fracture*. Academic Press, London, 1999

Freund, L.B.   *Dynamic Fracture Mechanics*. Cambridge University Press, Cambridge, 1993

Gdoutos, E.E.   *Fracture Mechanics – An Introduction*. Kluwer, Dordrecht. 1993

Kanninen, M.F. and Popelar, C.H.   *Advanced Fracture Mechanics*. Clarendon Press, Oxford, 1985

Klepaczko, J.R. (ed.)   *Crack Dynamics in Metallic Materials*. CISM courses and lectures no. 310, Springer, Wien, 1990

Liebowitz, H. (ed.)   *Fracture – A Treatise*, Vol. 2, Chap. 5. Academic Press, London, 1968

Ravi-Chandar, K.   *Dynamic Fracture*. Elsevier Science, Amsterdam, 2004

Sih, G.C. (ed.)   *Dynamic Crack Propagation*. Noordhoff, Leyden, 1973

Sih, G.C. (ed.)   *Mechanics of Fracture*, Vol. 4, Noordhoff, Leyden, 1977

Weertmann, J.   *Dislocation Based Fracture Mechanics*. World Scientific, Singapore, 1998

Zhang, Ch. and Gross, D.   *On Wave Propagation in Elastic Solids with Cracks*. WIT Press, Southampton, 1997

Kapitel 8
Mikromechanik und Homogenisierung

8.1 Allgemeines

Reale Materialien weisen bei genauem Hinsehen, z.B. durch ein Mikroskop, eine Vielzahl von Heterogenitäten auf, auch wenn sie makroskopisch homogen erscheinen mögen. Solche Abweichungen von der Homogenität können zum Beispiel durch Risse, Hohlräume, Bereiche aus einem Fremdmaterial, durch einzelne Schichten oder Fasern eines Laminates, durch Korngrenzen oder auch durch Unregelmäßigkeiten in einem Kristallgitteraufbau gegeben sein. Wir wollen sie im Weiteren als *Defekte* in einem verallgemeinerten Sinne bezeichnen. Gegenstand mikromechanischer Untersuchungen ist das Verhalten solcher Inhomogenitäten oder Defekte sowie ihre Wirkung auf die globalen Eigenschaften eines Materials. So können Heterogenitäten jeder Art aufgrund ihrer lokalen Wirkung als Spannungskonzentratoren beispielsweise zur Bildung und Vereinigung von Mikrorissen oder Mikroporen führen und damit den Ausgangspunkt einer fortschreitenden Materialschädigung bilden (vgl. Abschnitt 3.1.2 sowie Kapitel 9).

Defekte liegen auf unterschiedlichen Längenskalen vor, die für ein konkretes Material und den jeweiligen Defekttyp charakteristisch sind (Abb. 8.1). Eine wichtige Aufgabe der Mikromechanik ist folglich die Verknüpfung mechanischer Zusammenhänge auf unterschiedlichen *Skalen*. Ausgehend von einer *makroskopischen* Betrachtungsebene bilden dabei die auf einer feineren Skala – der jeweiligen *Mikroebene* – vorliegenden Heterogenitäten und ihre räumliche Verteilung die sogenannte *Mikrostruktur* eines Materials. Was in einem konkreten Fall als Makroebene und Mikroebene anzusehen ist, hängt von der Problemstellung ab und ist eine Frage der Modellbildung. Wie in Abb. 8.1 angedeutet, kann man zum Beispiel in einem technischen Bauteil eine Mikrostruktur in Form zahlreicher Risse im Millimeterbereich identifizieren. Das bei dieser Betrachtung scheinbar homogene Material zwischen den einzelnen Rissen kann bei einem metallischen Werkstoff jedoch selbst wieder als Makroebene bezüglich einer polykristallinen Mikrostruktur mit charakteristischen Längen (Korngröße) im Mikrometerbereich angesehen werden. Und das einzelne Korn wiederum kann die Rolle der Makroebene übernehmen gegenüber der durch diskrete Versetzungen geprägten noch feineren Mikrostruktur des Kristallgitters. Ein wesentlicher Vorteil dieser Betrachtungsweise besteht darin, dass ein makroskopisch komplexes und rein phänomenologisch nur schwer zu beschreibendes Materialverhalten auf elementare Vorgänge auf der Mikroebene zurückgeführt wird. Die Behandlung mikromechanischer Probleme kann nach wie vor im Rahmen der Kontinuumsmechanik erfolgen. Einem materiellen Punkt der Makroebene wird dabei durch die zusätzliche Berücksichtigung einer feineren Skala – der Mikroebene – eine räumliche Defektverteilung als Mikrostruktur zugeordnet.

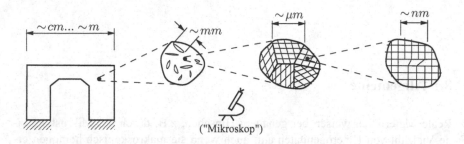

Abb. 8.1 Makro- und Mikroebenen, charakteristische Skalen

Die Untersuchung von Defekten lässt sich nach zwei wesentlichen Fragestellungen gliedern. Gegenstand des Interesses kann zum einen das Verhalten eines Defektes auf seiner *eigenen* charakteristischen Skala sein, wozu auch die Wechselwirkung mit weiteren dort vorliegenden Defekten zählt. Andererseits kann die Frage nach der Auswirkung vieler Defekte auf das *makroskopischen* Stoffverhalten auf einer größeren Skala im Vordergrund stehen. Im letzteren Fall wird das gesamte Verhalten der Mikrostruktur als mechanischer Zustand eines materiellen Punktes der Makroebene interpretiert. Dieser Mikro-Makro-Übergang erfolgt formal durch geeignete Mittelungsprozesse und wird als *Homogenisierung* bezeichnet. Veränderungen der Mikrostruktur drücken sich dabei in einer Änderung der makroskopischen oder *effektiven* Eigenschaften eines Materials aus. Eine mikrostrukturelle Entwicklung wie das Wachstum von Mikrorissen oder -poren, die zu einer Reduktion makroskopischer Festigkeitseigenschaften führt, wird als Materialschädigung bezeichnet und wegen ihrer Bedeutung für die Bruch- und Versagensmechanik gesondert in Kapitel 9 behandelt.

Das vorliegende Kapitel dient der Einführung in grundlegende Konzepte und Methoden der Mikromechanik. Neben der Charakterisierung typischer Defekte und ihrer lokalen Wirkung werden wir uns mit der Frage des Übergangs von der Mikro- zur Makroebene befassen sowie mit der Ableitung effektiver Materialeigenschaften aus einer gegebenen Mikrostruktur. Dabei wird im wesentlichen linear elastisches Materialverhalten vorausgesetzt, jedoch auch ein kurzer Einblick in die Behandlung elastisch-plastischer und thermoelastischer Materialien gegeben.

Erste theoretische Untersuchungen zum Verhalten von Materialien mit Mikrostruktur gehen auf J.C. MAXWELL (1831-1879), LORD RAYLEIGH (1842-1919) und A. EINSTEIN (1879-1955) zurück. Während sich die ersten beiden mit der Bestimmung effektiver elektrischer Leitfähigkeiten eines heterogenen Materials befassten, untersuchte letzterer die effektive Viskosität eines Fluids, das kugelförmige Partikel enthält. In der Festkörpermechanik stand zunächst die Frage nach der Bestimmung der elastischen Konstanten eines Vielkristalls aus denen eines Einkristalls im Vordergrund. Die ersten Ansätzen hierzu kamen von W. VOIGT (1850-1919) und A. REUSS (1900-1968); wesentliche Beiträge lieferten in der zweiten Hälfte des vergangenen Jahrhunderts dann unter anderen E. KRÖNER (1919-2000) und R. HILL (1921-2011). Die dabei entwickelten analytischen Näherungsmethoden und Modelle, die sich auch auf moderne Kompositmaterialien anwenden lassen, wurden in jüngerer Zeit auf inelastisches Materialverhalten verallgemeinert. Sie dienen darüber hinaus als Grundlage zur Behandlung des "inversen Problems", d.h. der Entwicklung (Design) neuer Kompositmaterialien mit einer hinsichtlich des makroskopischen Verhaltens optimierten Mikrostruktur.

8.2 Ausgewählte Defekte und Grundlösungen

In einem elastischen Material sind mit Defekten immer inhomogene Spannungs- und Verzerrungsfelder verbunden, durch welche die Defekte charakterisiert werden können. Wir unterscheiden dabei zwischen Defekten, die selbst Quelle eines sogenannten *Eigendehnungs-* oder *Eigenspannungsfeldes* sind (Versetzungen, Einschlüsse) und solchen, die erst unter der Wirkung einer äußeren Belastung eine Störung des homogenen (räumlich konstanten) Feldes bewirken wie beispielsweise Partikel aus Fremdmaterial, Löcher oder Risse. Im letzteren Fall *materieller Inhomogenitäten* ist es möglich und zweckmäßig, das gesamte Verzerrungs- und Spannungsfeld in zwei Teile aufzuspalten: (1) in einen homogenen Anteil, wie er in einem defektfreien Material vorläge, sowie (2) in die durch den Defekt hervorgerufene Abweichung. Den zweiten Anteil bezeichnet man als die dem Defekt *äquivalente Eigendehnung* bzw. *Eigenspannung.* Diese Aufspaltung gestattet es, unabhängig von der physikalischen Ursache eine formale Äquivalenz herzustellen zwischen einem inhomogenen Material und einem homogenen Material, in welchem eine bestimmte Eigendehnungs- bzw. Eigenspannungsverteilung vorliegt.

Wir werden im folgenden einige typische Defekte anhand von Grundlösungen in einem unendlich ausgedehnten linear elastischen Medium diskutieren und dabei zunächst die Wirkung von Eigendehnungen in einem homogenen Material untersuchen.

8.2.1 Eigendehnungen

8.2.1.1 Dilatationszentrum

Als Dilatations- oder Dehnungszentrum bezeichnet man die Idealisierung eines "punktförmigen" Bereiches, der eine "unendlich" starke radiale Expansion (Eigendehnung) erfährt. Ein Dilatationszentrum ruft ein singuläres, in isotropem Material radialsymmetrisches Dehnungs- und Spannungsfeld mit Zug in Umfangsrichtung und Druck in radialer Richtung hervor. Aufgrund seiner Wirkung kann ein Dilatationszentrums auch als kugelförmiger Bereich vom Radius a interpretiert werden, in dem der Druck p herrscht (Abb. 8.2). Das Verschiebungs- und Spannungsfeld im umgebenden Material besitzt in Kugelkoordinaten (r, φ, ϑ) die Darstellung

$$u_r = p\,\frac{a^3}{4\mu r^2}\,, \quad u_\varphi = u_\vartheta = 0\,,$$

$$\sigma_{rr} = -p\,\frac{a^3}{r^3}\,, \quad \sigma_{\varphi\varphi} = \sigma_{\vartheta\vartheta} = p\,\frac{a^3}{2r^3}\,, \quad \sigma_{r\varphi} = \sigma_{r\vartheta} = \sigma_{\varphi\vartheta} = 0\,. \tag{8.1}$$

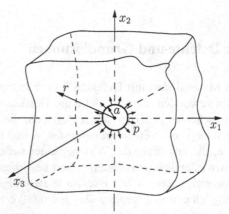

Abb. 8.2 Dilatationszentrum

Ein Dilatationszentrum kann unter anderem als einfaches Modell für die Wirkung eines Zwischengitteratomes (punktförmiger Defekt) in einem umgebenden Kristallgitter dienen.

8.2.1.2 Gerade Stufen- und Schraubenversetzung

Versetzungen sind linienförmige Defekte in kristallinen Festkörpern (vgl. Abschnitt 3.1.2). Ihre Wirkung kann kontinuumsmechanisch durch einen als *Burgers-Vektor* bezeichneten konstanten Sprung b beschrieben werden, den das Verschiebungsfeld bei einem Umlauf um die Versetzungslinie (x_3-Achse in Abb. 8.3) erfährt (vgl. Abb. 3.2).

Für eine gerade Stufenversetzung nach Abb. 8.3a mit dem Betrag b des Burgers-Vektors lässt sich das resultierende Verschiebungs- und Spannungsfeld in linear elastischem, isotropem Material wie folgt angeben:

$$u_1 = \frac{D}{2\mu}\left(2(1-\nu)\varphi + \frac{x_1 x_2}{r^2}\right)\,, \quad u_2 = \frac{D}{2\mu}\left(-(1-2\nu)\ln r + \frac{x_2^2}{r^2}\right)\,, \tag{8.2a}$$

$$\sigma_{11} = -Dx_2 \, \frac{3x_1^2 + x_2^2}{r^4} \, , \quad \sigma_{12} = Dx_1 \, \frac{x_1^2 - x_2^2}{r^4} \, , \quad \sigma_{22} = Dx_2 \, \frac{x_1^2 - x_2^2}{r^4} \, . \quad (8.2b)$$

Darin sind $D = b\mu/2\pi(1 - \nu)$ und $r^2 = x_1^2 + x_2^2$. Die entsprechenden Felder einer geraden Schraubenversetzung (Abb. 8.3b) haben die einfachere Darstellung

$$u_3 = \frac{b}{2\pi} \, \varphi \, , \quad \sigma_{13} = -\frac{b\mu}{2\pi} \, \frac{x_2}{r^2} \, , \quad \sigma_{23} = \frac{b\mu}{2\pi} \, \frac{x_1}{r^2} \, . \quad (8.3)$$

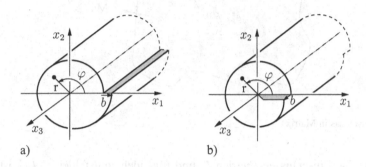

a)   b)

Abb. 8.3 a) Gerade Stufenversetzung, b) gerade Schraubenversetzung

8.2.1.3 Einschluss

Im Gegensatz zu den vorangegangenen Beispielen punkt- oder linienförmiger Defekte betrachten wir nun die der Situation einer räumlichen Eigendehnungsverteilung $\varepsilon_{ij}^t(\boldsymbol{x})$. Solche Verzerrungen resultieren beispielsweise aus Phasentransformationen in Festkörpern, bei denen sich die Atome in einem Gitter mit veränderter Geometrie neu anordnen. Da sie ursächlich nicht mit Spannungen verknüpft sind, nennt man sie auch *spannungsfreie Transformationsverzerrungen* (hochgestelltes t). Formal können alle Verzerrungsanteile, die in einem Material bei Abwesenheit von Spannungen auftreten als Eigendehnungen aufgefasst werden. In diesem Sinne sind auch thermische oder plastische Verzerrungen (vgl. Abschnitt 1.3.3) als Eigendehnungen interpretierbar. Die Gesamtverzerrung ε_{ij} setzt sich im Rahmen infinitesimaler Deformationen additiv zusammen aus den elastischen Verzerrungen $\varepsilon_{ij}^e = C_{ijkl}^{-1} \, \sigma_{kl}$ und den Eigendehnungen: $\varepsilon_{ij} = \varepsilon_{ij}^e + \varepsilon_{ij}^t$. Damit gilt

$$\sigma_{ij} = C_{ijkl} \left(\varepsilon_{kl} - \varepsilon_{kl}^t \right) . \quad (8.4)$$

Liegen nur in einem Teilbereich Ω des homogenen Materials von Null verschiedene Eigendehnungen vor, so bezeichnet man diesen Bereich als *Einschluss* und das umgebende eigendehnungsfreie Material als *Matrix* (Abb. 8.4). Ausdrücklich sei darauf hingewiesen, dass ein Einschluss die gleichen elastischen Eigenschaften besitzt wie die Matrix. Ist dies nicht der Fall, so spricht man von einer *Inhomogenität*.

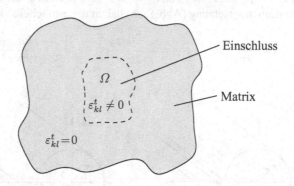

Abb. 8.4 Einschluss in Matrix

Für beliebige Einschlussgeometrien Ω und Eigendehnungsfelder $\varepsilon_{kl}^{t}(x)$ ist es nicht möglich, die Spannungsverteilung und das Gesamtverzerrungs- bzw. Verschiebungsfeld in einfacher geschlossener Form anzugeben. Einige Spezialfälle sind im folgenden Abschnitt diskutiert.

8.2.1.4 Eshelby-Lösung

Die wohl wichtigste analytische Grundlösung der Mikromechanik geht auf J. D. Es-HELBY (1916-1981) zurück. Betrachtet wird ein *ellipsoidförmiger* Einschluss Ω im unendlichen Gebiet mit den Hauptachsen a_i (Abb. 8.5):

$$(x_1/a_1)^2 + (x_2/a_2)^2 + (x_3/a_3)^2 \leq 1 \, .$$

Unterliegt der Einschluss einer *konstanten* Eigendehnung $\varepsilon_{kl}^{t} = const$, so ergibt sich hierfür die bemerkenswerte Lösung, dass die Gesamtverzerrungen ε_{kl} *innerhalb* des Einschlusses Ω ebenfalls *konstant* sind. Sie hängen über den vierstufigen *Eshelby-Tensor* S_{ijkl} linear von den Eigendehnungen ab:

$$\boxed{\varepsilon_{ij} = S_{ijkl}\, \varepsilon_{kl}^{t} = const \qquad \text{in} \quad \Omega} \, . \tag{8.5}$$

Mit (8.4) lassen sich die in Ω dann ebenfalls konstanten Spannungen wie folgt darstellen

$$\sigma_{ij} = C_{ijmn}\, (S_{mnkl} - I_{mnkl})\, \varepsilon_{kl}^{t} = const \qquad \text{in} \quad \Omega \, , \tag{8.6}$$

wobei

$$I_{mnkl} = \frac{1}{2}(\delta_{mk}\delta_{nl} + \delta_{ml}\delta_{nk}) \tag{8.7}$$

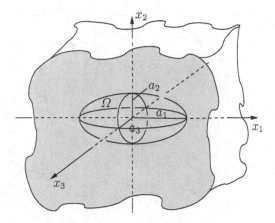

Abb. 8.5 Ellipsoid Ω im unendlichen Gebiet

der symmetrische Einheitstensor vierter Stufe ist. Der Eshelby-Tensor ist symmetrisch in den vorderen und hinteren beiden Indizes, im allgemeinen jedoch nicht bezüglich einer Vertauschung dieser Paare:

$$S_{ijkl} = S_{jikl} = S_{ijlk} , \qquad S_{ijkl} \neq S_{klij} . \tag{8.8}$$

Seine Komponenten hängen für isotropes Material nur von der Querkontraktionszahl ν, den Hauptachsen a_i und deren Orientierung bezüglich des x_1, x_2, x_3−Koordinatensystems ab. Wegen der Länge der entsprechenden Ausdrücke verzichten wir hier auf ihre Darstellung und verweisen auf die Spezialliteratur (z.B. T. MURA, 1982).

Außerhalb des Einschlusses Ω sind die Verzerrungs- und Spannungsfelder nicht konstant. Sie zeigen mit zunehmendem Abstand r vom Einschluss ein asymptotisches Abklingverhalten vom Typ ε_{ij}, $\sigma_{ij} \sim r^{-3}$ für $r \to \infty$, das dem eines Dilatationszentrums entspricht. Das Resultat von ESHELBY (1957) gilt allgemein für anisotropes Material, jedoch ist nur im Fall eines isotropen Materials eine geschlossene Darstellung des Tensors S_{ijkl} und der Felder außerhalb von Ω möglich. Die Eshelby-Lösung für ellipsoidförmige Einschlüsse ist von fundamentaler Bedeutung für analytische Homogenisierungsverfahren; wir werden in späteren Abschnitten intensiven Gebrauch von ihr machen.

Vom allgemeinen Ellipsoid ausgehend lassen sich diverse Spezialfälle ableiten. So ergibt sich beispielsweise die zweidimensionale Lösung für einen unendlich langen elliptischen Zylinder im ebenen Verzerrungszustand durch den Grenzübergang $a_3 \to \infty$ (Abb. 8.6). Das äußere Verzerrungs- und Spannungsfeld in der x_1, x_2-Ebene zeigt dann ein asymptotisches Verhalten von ε_{ij}, $\sigma_{ij} \sim r^{-2}$ für $r \to \infty$. Die nichtverschwindenden Komponenten des Eshelby-Tensors bei isotropem Material ergeben sich für die Hauptachsenorientierung nach Abb. 8.6 zu

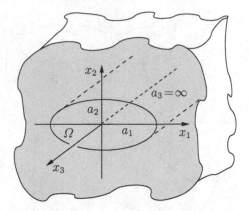

Abb. 8.6 Elliptischer Zylinder

$$S_{1111} = \frac{1}{2(1-\nu)} \left\{ \frac{a_2^2 + 2a_1 a_2}{(a_1 + a_2)^2} + (1 - 2\nu)\frac{a_2}{a_1 + a_2} \right\} ,$$

$$S_{2222} = \frac{1}{2(1-\nu)} \left\{ \frac{a_1^2 + 2a_1 a_2}{(a_1 + a_2)^2} + (1 - 2\nu)\frac{a_1}{a_1 + a_2} \right\} ,$$

$$S_{1122} = \frac{1}{2(1-\nu)} \left\{ \frac{a_2^2}{(a_1 + a_2)^2} - (1 - 2\nu)\frac{a_2}{a_1 + a_2} \right\} ,$$

$$S_{2211} = \frac{1}{2(1-\nu)} \left\{ \frac{a_1^2}{(a_1 + a_2)^2} - (1 - 2\nu)\frac{a_1}{a_1 + a_2} \right\} , \qquad (8.9)$$

$$S_{1212} = \frac{1}{2(1-\nu)} \left\{ \frac{a_1^2 + a_2^2}{2(a_1 + a_2)^2} + \frac{1 - 2\nu}{2} \right\} ,$$

$$S_{1133} = \frac{\nu}{2(1-\nu)} \frac{2a_2}{a_1 + a_2} , \qquad S_{2233} = \frac{\nu}{2(1-\nu)} \frac{2a_1}{a_1 + a_2} ,$$

$$S_{1313} = \frac{a_2}{2(a_1 + a_2)} , \qquad S_{2323} = \frac{a_1}{2(a_1 + a_2)} .$$

Für einen kugelförmigen Einschluss $(a_i = a)$ verschwindet bei isotropem Material die Abhängigkeit von den Hauptachsen und deren Orientierung (geometrische Isotropie), und der Eshelby-Tensor reduziert sich zu

$$S_{ijkl} = \alpha \frac{1}{3} \delta_{ij}\delta_{kl} + \beta \left(I_{ijkl} - \frac{1}{3} \delta_{ij}\delta_{kl} \right) , \qquad (8.10)$$

wobei

$$\alpha = \frac{1+\nu}{3(1-\nu)} = \frac{3K}{3K+4\mu} , \qquad \beta = \frac{2(4-5\nu)}{15(1-\nu)} = \frac{6(K+2\mu)}{5(3K+4\mu)} \qquad (8.11)$$

zwei skalare Parameter sind. Diese vollständige (elastische und geometrische) Isotropie des Problems gestattet eine Aufspaltung der Verzerrungen (8.5) in den kugelsymmetrischen und deviatorischen Anteil, wodurch die Bedeutung der Parameter α und β deutlich wird:

$$\varepsilon_{kk} = \alpha \varepsilon_{kk}^t , \qquad e_{ij} = \beta e_{ij}^t \qquad \text{in } \Omega . \qquad (8.12)$$

Als einfaches Beispiel betrachten wir die thermische Expansion infolge einer konstanten Temperaturerhöhung ΔT in einem kugelförmigen Bereich vom Radius a. Der Erwärmung zugeordnet ist eine Eigendehnung

$$\varepsilon_{ij}^t = \begin{cases} k\Delta T \, \delta_{ij} , & r \le a \\ 0 , & r > a \end{cases} \qquad (8.13)$$

mit dem thermischen Ausdehnungskoeffizienten k. Nach (8.12) ergibt sich im Einschluss ($r \le a$) für die Dehnungen $\varepsilon_{kk} = 3\alpha k \, \Delta T$, $e_{ij} = 0$ bzw. in Kugelkoordinaten (r, φ, ϑ)

$$\varepsilon_r = \varepsilon_\varphi = \varepsilon_\vartheta = \frac{1+\nu}{3(1-\nu)} \, k \, \Delta T . \qquad (8.14)$$

Die Lösung außerhalb des Einschlusses ($r > a$) lautet

$$\varepsilon_r = -2 \frac{1+\nu}{3(1-\nu)} \left(\frac{a}{r}\right)^3 k \, \Delta T , \qquad \varepsilon_\varphi = \varepsilon_\vartheta = \frac{1+\nu}{3(1-\nu)} \left(\frac{a}{r}\right)^3 k \, \Delta T . \qquad (8.15)$$

8.2.1.5 Defekt-Energien

Die auf der Mikroebene eines Materials vorliegenden Defekte wirken sich über die von ihnen hervorgerufenen Spannungs- und Verzerrungsfelder auf den Energiehaushalt des Materials aus. Mit einer Defektentwicklung (z.B. Verschiebung oder Vergrößerung) sind daher auch Energieänderungen verbunden, die wiederum durch die Wirkung *verallgemeinerter (materieller) Kräfte* (vgl. Abschnitt 4.6.5.2) erklärt werden können. Von Bedeutung dafür sind Energieanteile, in denen die Wechselwirkung äußerer Felder und defektinduzierter Felder zum Ausdruck kommt.

Im folgenden betrachten wir einen beliebigen Einschluss Ω in einem endlichen Gebiet V auf dessen Rand ∂V eine Last t_i^0 wirke (Abb. 8.7); Volumenkräfte seien vernachlässigbar. Aufgrund der Linearität des Problems können alle Felder additiv in einen Anteil infolge der äußeren Last (Index 0) und einen Anteil infolge der Eigendehnung $\varepsilon_{ij}^t(\boldsymbol{x})$ des Einschlusses (ohne Index) aufgespalten werden. Das Gesamtpotential lautet damit

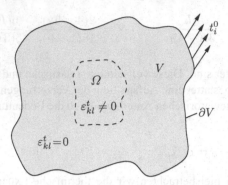

Abb. 8.7 Einschluss Ω in berandetem Gebiet unter äußerer Last

$$\Pi = \frac{1}{2}\int_V (\sigma_{ij}^0 + \sigma_{ij})(\varepsilon_{ij}^0 + \underbrace{\varepsilon_{ij} - \varepsilon_{ij}^t}_{\varepsilon_{ij}^e})\,\mathrm{d}V - \int_{\partial V} t_i^0(u_i^0 + u_i)\,\mathrm{d}A$$

$$= \underbrace{\frac{1}{2}\int_V \sigma_{ij}^0 \varepsilon_{ij}^0\,\mathrm{d}V - \int_{\partial V} t_i^0 u_i^0\,\mathrm{d}A}_{\Pi^0} + \underbrace{\frac{1}{2}\int_V \sigma_{ij}(\varepsilon_{ij} - \varepsilon_{ij}^t)\,\mathrm{d}V}_{\Pi^t} \qquad (8.16)$$

$$+ \underbrace{\frac{1}{2}\int_V (\sigma_{ij}^0(\varepsilon_{ij} - \varepsilon_{ij}^t) + \sigma_{ij}\varepsilon_{ij}^0)\,\mathrm{d}V}_{= 0 \quad (*)} - \underbrace{\int_{\partial V} t_i^0 u_i\,\mathrm{d}A}_{\Pi^W}\,.$$

Das Verschwinden des mit $(*)$ bezeichneten Terms kann wie folgt gezeigt werden. Durch Einsetzen des Elastizitätsgesetzes werden zunächst die Terme im Integranden zusammengefasst. Anwenden des Gaußschen Satzes liefert ein Randintegral sowie ein Volumenintegral, deren Integranden jeweils verschwinden, da Eigendehnungen alleine keine Spannungen auf ∂V hervorrufen $(t_i|_{\partial V} = 0)$ und die Gleichgewichtsbedingung $\sigma_{ij,j} = 0$ erfüllt ist:

$$(*) = \frac{1}{2}\int_V [\varepsilon_{kl}^0 \underbrace{C_{ijkl}(\varepsilon_{ij} - \varepsilon_{ij}^t)}_{\sigma_{kl}} + \sigma_{ij}\varepsilon_{ij}^0]\,\mathrm{d}V = \int_V \sigma_{ij}\varepsilon_{ij}^0\,\mathrm{d}V$$

$$= \int_{\partial V} t_i u_i^0\,\mathrm{d}A - \int_V \sigma_{ij,j} u_i^0\,\mathrm{d}V = 0\,.$$

Der Anteil Π^0 des Gesamtpotentials (8.16) ist die potentielle Energie infolge der äußeren Randlast allein und hier nicht weiter von Bedeutung. Die nur aus der Eigendehnung herrührende Energie Π^t wird auch als *Selbstenergie* des Defektes bezeichnet; sie lässt sich weiter umformen zu

$$\Pi^t = \frac{1}{2}\int_V \sigma_{ij}(\varepsilon_{ij} - \varepsilon_{ij}^t)\,\mathrm{d}V = \underbrace{\frac{1}{2}\int_V \sigma_{ij}\varepsilon_{ij}\,\mathrm{d}V}_{= 0,\ \text{vgl. }(*)} - \frac{1}{2}\int_V \sigma_{ij}\varepsilon_{ij}^t\,\mathrm{d}V = -\frac{1}{2}\int_\Omega \sigma_{ij}\varepsilon_{ij}^t\,\mathrm{d}V\;. \tag{8.17}$$

Speziell für einen ellipsoidförmigen Einschluss im unendlichen Gebiet und eine konstante Eigendehnung ist auch die Spannung σ_{ij} in Ω konstant. Dann vereinfacht sich Π^t mit (8.6) weiter zu

$$\Pi^t = -\frac{1}{2}\sigma_{ij}\varepsilon_{ij}^t V_\Omega = -\frac{1}{2}C_{ijmn}(S_{mnkl} - I_{mnkl})\varepsilon_{ij}^t\varepsilon_{kl}^t V_\Omega\;, \tag{8.18}$$

wobei V_Ω das Einschlussvolumen bezeichnet.

Die *Wechselwirkungsenergie* Π^W des Einschlusses ist definiert als $\Pi^W = \Pi - \Pi^0 - \Pi^t$ und somit gleich dem verbleibenden Term in (8.16). Dieser bringt die Arbeit der von den Eigendehnungen hervorgerufenen Verschiebungen an der äußeren Last zum Ausdruck; er lässt sich mit obigen Argumenten ebenfalls noch umformen:

$$\Pi^W = -\int_{\partial V} t_i^0 u_i\,\mathrm{d}A = -\int_V \sigma_{ij}^0\varepsilon_{ij}\,\mathrm{d}V = -\int_V \varepsilon_{ij}^0 C_{ijkl}\underbrace{(\varepsilon_{kl}^e + \varepsilon_{kl}^t)}_{\varepsilon_{kl}}\,\mathrm{d}V$$

$$= \underbrace{-\int_V \varepsilon_{ij}^0\sigma_{ij}\,\mathrm{d}V}_{= 0,\ \text{vgl. }(*)} - \int_V \sigma_{ij}^0\varepsilon_{ij}^t\,\mathrm{d}V = -\int_\Omega \sigma_{ij}^0\varepsilon_{ij}^t\,\mathrm{d}V\;. \tag{8.19}$$

Bei konstanter Eigendehnung und homogener äußerer Belastung ($\sigma_{ij}^0 = const$) vereinfacht sich dies zu

$$\Pi^W = -\sigma_{ij}^0\varepsilon_{ij}^t V_\Omega\;. \tag{8.20}$$

Den Zusammenhang zwischen der Wechselwirkungsenergie und der auf einen Defekt wirkenden verallgemeinerten Kraft illustrieren wir am Beispiel eines Dilatationszentrums nach Abschnitt 8.2.1.1 im unberandeten Gebiet. Die Eigendehnung eines sich am Ort $\boldsymbol{x} = \boldsymbol{\xi}$ befindenden Dilatationszentrums kann mit Hilfe der *Diracschen Deltafunktion* $\delta(.)$ auch als

$$\varepsilon_{ij}^t(\boldsymbol{x}) = q\,\delta(\boldsymbol{x} - \boldsymbol{\xi})\,\delta_{ij} \tag{8.21}$$

geschrieben werden, wobei q die *Intensität* des Dilatationszentrums bezeichnet. Einsetzen in (8.19) liefert die Abhängigkeit der Wechselwirkungsenergie vom Ort des Dilatationszentrums:

$$\Pi^W(\boldsymbol{\xi}) = -\int\limits_V \sigma_{ij}^0(\boldsymbol{x})\varepsilon_{ij}^t(\boldsymbol{x})\,\mathrm{d}V = -q\int\limits_V \sigma_{jj}^0(\boldsymbol{x})\delta(\boldsymbol{x}-\boldsymbol{\xi})\,\mathrm{d}V = -q\,\sigma_{jj}^0(\boldsymbol{\xi})\ . \qquad (8.22)$$

Sie hängt danach nur vom hydrostatischen Anteil σ_{jj}^0 des durch die äußeren Lasten hervorgerufenen Feldes ab. In Analogie zu Abschnitt 4.6.5.2 bestimmen wir die verallgemeinerte Kraft F auf das Dilatationszentrum über die bei seiner Verschiebung $\mathrm{d}\boldsymbol{\xi}$ freigesetzte Energie $\mathrm{d}\Pi = -F_k\mathrm{d}\xi_k$. Da sich im vorliegenden Fall eines unberandeten Gebietes bei einer Verschiebung des Dilatationszentrums nur die Wechselwirkungsenergie ändert, ergibt sich

$$F_k = -\frac{\partial \Pi^W}{\partial \xi_k} = q\,\frac{\partial \sigma_{jj}^0(\boldsymbol{\xi})}{\partial \xi_k}\ . \qquad (8.23)$$

Die verallgemeinerte Kraft auf ein Dilatationszentrum ist also proportional zum Gradienten des hydrostatischen Anteils des äußeren Spannungsfeldes (Abb. 8.8).

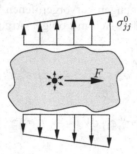

Abb. 8.8 Verallgemeinerte Kraft auf Dilatationszentrum

Man kann dieses Beispiel auch als Modell für die spannungsunterstützte Diffusion eines Zwischengitteratoms in einem Kristallgitter ansehen. Danach bewirkt die verallgemeinerte Kraft eine bevorzugte Wanderung des Zwischengitteratoms in Bereiche größerer hydrostatischen Zugspannung, d.h. größerer Abstände zwischen den Gitteratomen.

8.2.2 Inhomogenitäten

8.2.2.1 Konzept der äquivalenten Eigendehnung

Wir wenden uns nun der zweiten Defektklasse zu, die nicht durch Eigendehnungen in einem homogenen Material sondern durch inhomogene, d.h. ortsabhängige Materialeigenschaften ausgezeichnet ist. Das Ziel ist es, solche Defekte zunächst durch eine *äquivalente* Eigendehnung in einem homogenen Ersatz- oder *Vergleichs*material zu charakterisieren, um dann das Eshelby-Resultat auf inhomogene Materialien zu

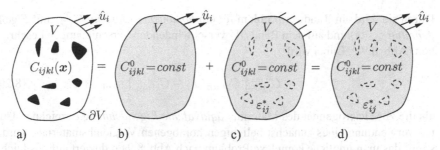

Abb. 8.9 a) Heterogenes Material, b) homogenes Vergleichsmaterial, c) äquivalente Eigendehnung, d) homogenisiertes Ausgangsproblem

übertragen. Dazu betrachten wir ein Gebiet V, dessen inhomogenes Stoffverhalten durch den ortsabhängigen Elastizitätstensor $C_{ijkl}(\boldsymbol{x})$ beschrieben sei und auf dessen Rand ∂V die Verschiebungen $\hat{u}_i$ vorgegeben sind (Abb. 8.9a). Unter Vernachlässigung von Volumenkräften wird dieses Randwertproblem beschrieben durch

$$\sigma_{ij,j} = 0 , \qquad \sigma_{ij} = C_{ijkl}(\boldsymbol{x})\,\varepsilon_{kl} , \qquad u_i|_{\partial V} = \hat{u}_i . \qquad (8.24)$$

Zusätzlich betrachten wir das geometrisch gleiche Gebiet V unter derselben Randbedingung jedoch nun für ein *homogenes Vergleichsmaterial* mit den konstanten elastischen Eigenschaften C^0_{ijkl} (Abb. 8.9b). Die bei diesem Problem vorliegenden Felder kennzeichnen wir mit dem Index 0:

$$\sigma^0_{ij,j} = 0 , \qquad \sigma^0_{ij} = C^0_{ijkl}\,\varepsilon^0_{kl} , \qquad u^0_i|_{\partial V} = \hat{u}_i . \qquad (8.25)$$

Bildet man die *Differenzfelder*

$$\tilde{u}_i = u_i - u^0_i , \qquad \tilde{\varepsilon}_{ij} = \varepsilon_{ij} - \varepsilon^0_{ij} , \qquad (8.26)$$

so folgt für die Differenzspannung

$$\tilde{\sigma}_{ij} = \sigma_{ij} - \sigma^0_{ij} = C_{ijkl}(\boldsymbol{x})\,\varepsilon_{kl} - C^0_{ijkl}\Big(\underbrace{\varepsilon_{kl} - \tilde{\varepsilon}_{kl}}_{\varepsilon^0_{ij}}\Big)$$

$$= C^0_{ijkl}\Big[\tilde{\varepsilon}_{kl} + \underbrace{C^{0\,-1}_{klmn}\,[C_{mnpq}(\boldsymbol{x}) - C^0_{mnpq}]\,\varepsilon_{pq}}_{-\varepsilon^*_{kl}}\Big] . \qquad (8.27)$$

Für die Differenzfelder gelten demnach die Gleichungen

$$\tilde{\sigma}_{ij,j} = 0 , \qquad \tilde{\sigma}_{ij} = C^0_{ijkl}\Big(\tilde{\varepsilon}_{kl} - \varepsilon^*_{kl}\Big) , \qquad \tilde{u}_i|_{\partial V} = 0 . \qquad (8.28)$$

Durch sie wird ein Randwertproblem für ein *homogenes Material* C^0_{ijkl} mit *Eigendehnung* $\varepsilon^*_{kl}(\boldsymbol{x})$ und auf dem Rand ∂V verschwindenden Verschiebungen beschrieben (Abb. 8.9c). Dabei wird

$$\varepsilon^*_{ij} = -\,C^{0\,-1}_{ijkl}\Big[\,C_{klmn}(\boldsymbol{x}) - C^0_{klmn}\,\Big]\,\varepsilon_{mn} \tag{8.29}$$

als die zur Heterogenität des Materials *äquivalente Eigendehnung* bezeichnet. Unter Verwendung eines zunächst beliebigen homogenen Vergleichsmaterials wurde somit das ursprüngliche komplexe Problem nach Abb. 8.9a reduziert auf das leichter zu behandelnde Problem nach Abb. 8.9d mit homogenem Material und einer Eigendehnungsverteilung. Diese hängt zwar immer noch vom Verzerrungsfeld des Originalproblems ab, jedoch nur über die Abweichung $C_{ijkl}(\boldsymbol{x}) - C^0_{ijkl}$ in den elastischen Eigenschaften. Diese Vorgehensweise, die man auch als eine *Filterung* bezeichnen kann, ist in mehrfacher Hinsicht von praktischer Bedeutung. So kennen wir schon Grundlösungen für Eigendehnungsprobleme in homogenem Material, wie zum Beispiel die Eshelby'sche Lösung, die nun formal auf materielle Inhomogenitäten übertragbar sind. Zum anderen bewirkt die Differenz $C_{ijkl}(\boldsymbol{x}) - C^0_{ijkl}$ in (8.29) bei geeigneter Wahl von C^0_{ijkl}, dass sich Fehler in der Approximation von $\varepsilon_{ij}(\boldsymbol{x})$ bei der Lösung des Randwertproblems (8.28) geringer auswirken als im Ausgangsproblem (8.24). Die in (8.29) auftretende, auch als *Spannungspolarisation* bezeichnete Größe

$$\tau_{ij}(\boldsymbol{x}) = \Big[\,C_{ijkl}(\boldsymbol{x}) - C^0_{ijkl}\,\Big]\,\varepsilon_{kl}(\boldsymbol{x}) \tag{8.30}$$

bringt diesen Zusammenhang zum Ausdruck. Sie beschreibt die Abweichung der "wahren" Spannung $\sigma_{ij} = C_{ijkl}\,\varepsilon_{kl}$ von der Spannung, welche die "wahre" Verzerrung ε_{kl} im homogenen Vergleichsmaterial hervorrufen würde. Die Spannungspolarisation τ_{ij} wird im Rahmen einer Variationsformulierung in Abschnitt 8.3.3.2 noch eine wichtige Rolle spielen.

Die Methode der Subtraktion eines Randwertproblems für homogenes (defektfreies) Material wurde im Prinzip schon in Abschnitt 4.4.1 bei der Aufspaltung in zwei Teilprobleme (Abb. 4.9) angewandt. Die im dortigen Teilproblem (2) auftretende fiktive Rissbelastung kann auch als Eigenspannung, der Verschiebungssprung – wie wir noch sehen werden – auch als Eigendehnung interpretiert werden.

Liegt zusätzlich zur Materialinhomogenität $C_{ijkl}(\boldsymbol{x})$ auch noch eine "echte" Eigendehnung $\varepsilon^t_{ij}(\boldsymbol{x})$ nach Abschnitt 8.2.1.3 vor, so führt die obige Vorgehensweise auf eine im homogenen Vergleichsmaterial wirksame äquivalente Eigendehnung von

$$\varepsilon^*_{ij} = -\,C^{0\,-1}_{ijkl}\Big[\Big(C_{klmn}(\boldsymbol{x}) - C^0_{klmn}\Big)\,\varepsilon_{mn} - C_{klmn}(\boldsymbol{x})\,\varepsilon^t_{mn}\Big]\,. \tag{8.31a}$$

Angesichts der häufig auftretenden tensoriellen Ausdrücke werden wir uns im folgenden der leichterer Lesbarkeit halber neben der Indexnotation auch der symbolischen Schreibweise bedienen: $\sigma_{ij},\,\varepsilon_{ij},\,C_{ijkl} \rightarrow \boldsymbol{\sigma},\,\boldsymbol{\varepsilon},\,\boldsymbol{C}$ (vgl. Kapitel 1). In dieser Schreibweise nimmt beispielsweise Gleichung (8.31a) die folgende Form an:

$$\varepsilon^* = -C^{0\,-1} : \left[\left(C(x) - C^0 \right) : \varepsilon - C(x) : \varepsilon^t \right]. \qquad (8.31b)$$

Zur Unterscheidung vom Einheitstensor zweiter Stufe I wird der Einheitstensor vierter Stufe (8.7) durch das Symbol $\mathbf{1}$ dargestellt. Die Vertauschung des ersten und zweiten Indexpaares eines vierstufigen Tensors wird durch ein hochgestelltes T (Transposition) gekennzeichnet: $A_{mnij}\,B_{mnkl} = (A^T : B)_{ijkl}$.

8.2.2.2 Ellipsoidförmige Inhomogenitäten

Als wichtigen Spezialfall, der es uns gestattet, das Eshelby-Resultat anzuwenden, betrachten wir nun eine ellipsoidförmige Materialinhomogenität Ω in einer unendlich ausgedehnten Matrix (Abb. 8.10a). Die jetzt stückweise konstanten Eigenschaften sind gegeben durch den Elastizitätstensor C_{I} in Ω (Inhomogenität) und C_{M} in der umgebenden Matrix. Im Unendlichen sei das homogene Verzerrungsfeld $\varepsilon^0 = const$ vorgegeben. Als Vergleichsmaterial wählen wir das der Matrix, also $C^0 = C_{\mathrm{M}}$. Unter Verwendung von (8.26) und (8.29) ergibt sich damit die äquivalente Eigendehnung in Ω zu

$$\varepsilon^*(x) = - C_{\mathrm{M}}^{-1} : \left(C_{\mathrm{I}} - C_{\mathrm{M}} \right) : \left(\tilde{\varepsilon}(x) + \varepsilon^0 \right). \qquad (8.32)$$

Außerhalb von Ω ist $\varepsilon^* = 0$, so dass zur Bestimmung der Differenzverzerrung $\tilde{\varepsilon}(x)$ in (8.28) das Eshelby-Resultat

$$\tilde{\varepsilon} = S : \varepsilon^* = const \qquad (8.33)$$

angewendet werden kann. Die hierfür vorausgesetzte Konstanz der Eigendehnungen wird durch Einsetzen von (8.33) in (8.32) bestätigt. Auflösen nach ε^* liefert die äquivalente Eigendehnung infolge einer im Unendlichen vorgegebenen konstanten Verzerrung ε^0 (Abb. 8.10b):

$$\varepsilon^* = - \left[S + (C_{\mathrm{I}} - C_{\mathrm{M}})^{-1} : C_{\mathrm{M}} \right]^{-1} : \varepsilon^0 \quad \text{in} \quad \Omega . \qquad (8.34)$$

Mit (8.33) und (8.34) kann die Gesamtverzerrung $\varepsilon = \varepsilon^0 + \tilde{\varepsilon}$ in der Inhomogenität Ω in Abhängigkeit von der äußeren Belastung ε^0 als

$$\varepsilon = \underbrace{\left[\mathbf{1} + S : C_{\mathrm{M}}^{-1} : (C_{\mathrm{I}} - C_{\mathrm{M}}) \right]^{-1}}_{A_{\mathrm{I}}^{\infty}} : \varepsilon^0 = const \qquad (8.35a)$$

geschrieben werden. Der Tensor vierter Stufe A_{I}^{∞}, welcher den Zusammenhang zwischen der Verzerrung ε in der Inhomogenität und der äußeren Belastung ε^0 herstellt, wird auch als *Einflusstensor* bezeichnet. Mit der Beziehung (8.35a) kann nun auch die in Ω ebenfalls konstante Spannung $\sigma = C_{\mathrm{I}} : \varepsilon$ angegeben werden, die aus einer konstanten Belastung $\sigma^0 = C_{\mathrm{M}} : \varepsilon^0$ im Unendlichen resultiert:

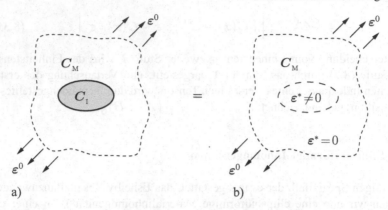

a)   b)

Abb. 8.10 a) Ellipsoidförmige Inhomogenität, b) homogenes Material mit Eigendehnung

$$\boldsymbol{\sigma} = \boldsymbol{C}_{\mathrm{I}} : \boldsymbol{A}_{\mathrm{I}}^{\infty} : \boldsymbol{C}_{\mathrm{M}}^{-1} : \boldsymbol{\sigma}^0 \ . \tag{8.35b}$$

Als konkretes Beispiel wollen wir $\boldsymbol{\sigma}$ für eine kugelförmige isotrope Inhomogenität bestimmen, die sich in einer isotropen Matrix befindet. Dabei beschränken wir uns auf den hydrostatischen Anteil. In (8.35b) bzw. in $\boldsymbol{A}_{\mathrm{I}}^{\infty}$ sind dann gemäß (8.11) nur $\boldsymbol{S}$ durch $\alpha(\nu_{\mathrm{M}})$ sowie $\boldsymbol{C}_{\mathrm{I}}$ und $\boldsymbol{C}_{\mathrm{M}}$ durch die Kompressionsmoduli $3K_{\mathrm{I}}$ bzw. $3K_{\mathrm{M}}$ zu ersetzen:

$$\sigma_{ii} = 3K_{\mathrm{I}} \left[1 + \alpha \, \frac{3K_{\mathrm{I}} - 3K_{\mathrm{M}}}{3K_{\mathrm{M}}} \right]^{-1} \frac{\sigma_{ii}^0}{3K_{\mathrm{M}}} \quad \text{in } \Omega \ . \tag{8.36}$$

Nach (8.11) ist $\alpha = 2/3$ für $\nu_{\mathrm{M}} = 1/3$. Mit diesen Werten folgt aus (8.36) für eine "harte" Inhomogenität ($K_{\mathrm{I}} \gg K_{\mathrm{M}}$) eine hydrostatische Spannung in Ω von $\sigma_{ii} \approx 1.5 \, \sigma_{ii}^0$. Für eine "weiche" Inhomogenität ($K_{\mathrm{I}} \ll K_{\mathrm{M}}$) ergibt sich dagegen $\sigma_{ii} \ll \sigma_{ii}^0$.

Außerhalb einer ellipsoidförmigen Inhomogenität sind die Spannungen und Verzerrungen nicht konstant. Die zum äquivalenten Eigendehnungsproblem (8.28) gehörenden Differenzfelder $\tilde{\boldsymbol{\sigma}}$, $\tilde{\boldsymbol{\varepsilon}}$, $\tilde{\boldsymbol{u}}$ zeigen dort das gleiche aymptotische Verhalten wie die in Abschnitt 8.2.1.4 diskutierte Lösung des Einschlussproblems.

8.2.2.3 Hohlräume und Risse

Einen Sonderfall materieller Inhomogenitäten stellen Hohlräume (Poren) und Risse in einem sonst homogenen Matrixmaterial dar. Man kann diese Bereiche formal als Materialien mit verschwindender Steifigkeit ansehen. Es ist dann möglich, durch Nullsetzen der Steifigkeit der Inhomogenität ($\boldsymbol{C}_{\mathrm{I}} = \boldsymbol{0}$) und geeignete Interpretation der dort vorliegenden Verzerrung (siehe auch Abschnitt 8.3.1.2) die für allgemeine Inhomogenitäten gewonnenen Ergebnisse auf ellipsoidförmige Poren sowie auf Risse als deren Grenzfall (eine verschwindende Halbachse) zu spezialisieren. Es ist jedoch anschaulicher, das Randwertproblem für solche Defekte in homogenem Matrixmaterial unter konstanter Belastung im Unendlichen direkt zu behandeln. Es sind dann Randbedingungen auf dem Hohlraumrand oder Riss zu berücksichtigen, wobei wir im folgenden annehmen wollen, dass diese Ränder belastungsfrei sind. In Hinblick auf die später benötigten Größen genügt uns die Kenntnis der Verschiebungen auf dem jeweiligen Defektrand. Sie seien nachfolgend für drei wichtige Fälle angegeben. Die gesamten Spannungs- und Deformationsfelder können bei Bedarf der Spezialliteratur entnommen werden (siehe z.B. H.G. HAHN, 1985).

a) Kreisloch (2D)
Für eine unendlich ausgedehnte isotrope Scheibe mit einem kreisförmigen Loch vom Radius a unter konstanter Fernfeldbelastung σ_{ij}^0 (Abb. 8.11a) lauten die Verschiebungen auf dem Lochrand ($r = a$) in Polarkoordinaten im ESZ

$$u_r(a, \varphi) = \frac{a}{E}\left[\sigma_{11}^0\left(3\cos^2\varphi - \sin^2\varphi\right) + \sigma_{22}^0\left(3\sin^2\varphi - \cos^2\varphi\right) + 4\sigma_{12}^0\sin 2\varphi\right]$$

(8.37)

$$u_\varphi(a, \varphi) = 2\frac{a}{E}\left[-\sigma_{11}^0\sin 2\varphi + \sigma_{22}^0\sin 2\varphi + 2\sigma_{12}^0\left(\cos^2\varphi - \sin^2\varphi\right)\right].$$

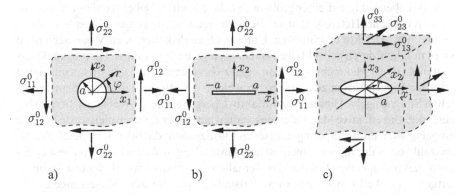

a)   b)   c)

Abb. 8.11 a) Kreisloch, b) gerader Riss, c) kreisförmiger Riss (3D)

b) Gerader Riss (2D)
Auf einem geraden Riss der Länge $2a$ in einer unendlich ausgedehnten isotropen Scheibe im ESZ unter konstanter Belastung σ_{ij}^0 im Unendlichen (Abb. 8.11b) erfährt das Verschiebungsfeld einen Sprung $\Delta \boldsymbol{u}$. Er kann im x_1, x_2-Koordinatensystem wie folgt dargestellt werden (vgl. Abschnitt 4.4.1)

$$\Delta u_i(x_1) = \frac{4\,\sigma_{i2}^0}{E}\sqrt{a^2 - x_1^2} \qquad (i, j = 1, 2).$$

(8.38)

c) Kreisförmiger ('penny shaped') Riss (3D)

Der Verschiebungssprung über einen kreisförmigen Riss vom Radius a, dessen Normale mit der lokalen x_3-Richtung zusammenfällt (Abb. 8.11c) lautet

$$\Delta u_i(r) = \frac{16(1 - \nu^2)}{\pi E(2 - \nu)} \sigma_{i3}^0 \sqrt{a^2 - r^2} \qquad (i = 1, 2) \,,$$

$$\Delta u_3(r) = \frac{8(1 - \nu^2)}{\pi E} \sigma_{33}^0 \sqrt{a^2 - r^2}$$

(8.39)

mit $r = \sqrt{x_1^2 + x_2^2}$.

8.3 Effektive elastische Materialeigenschaften

Wie bereits angesprochen besitzt ein makroskopisch scheinbar homogenes Material auf einer mikroskopischen Betrachtungsebene im allgemeinen eine heterogene Mikrostruktur. Wir wollen nun untersuchen, wie sich diese auf die übergeordnete Makroebene, d.h. auf einer gröberen Skala, auswirkt. Dabei werden wir uns zur Beschreibung der Heterogenität auf die zuvor betrachteten ausgewählten Inhomogenitäten bzw. Defekte beschränken. Unter noch zu diskutierenden Voraussetzungen ist es möglich, durch gedankliche *Verschmierung* der feinskaligen Heterogenität das Material auf der Makroebene als homogen zu beschreiben und ihm ortsunabhängige *effektive* Eigenschaften zuzuordnen, in welche die Mikrostruktur in einem gemittelten Sinne eingeht. Dieser Mikro-Makro-Übergang wird als *Homogenisierung* bezeichnet. Um effektive Materialeigenschaften handelt es sich beispielsweise bei dem an geeigneten Probekörpern gemessenen Elastizitätsmodul oder der Querkontraktionszahl von Stahl; in vielen technischen Anwendungen lässt sich durch diese einfachen makroskopischen Größen das Verhalten des mikroskopisch äußerst komplex aufgebauten Werkstoffs (anisotrope Kristallite, Korngrenzen, Versetzungen, etc.) hinreichend gut beschreiben. Natürlich ist die Messung von Materialeigenschaften nur sinnvoll, wenn das Ergebnis nicht vom konkreten Probekörper abhängt oder davon, ob der Versuch kraft- oder weggesteuert durchgeführt wird. Der Probekörper muss *repräsentativ* für das Material sein. Bei der theoretischen Bestimmung makroskopischer effektiver Materialeigenschaften aus einer gegebenen Mikrostruktur gelten analoge Anforderungen, auf die wir im folgenden genauer eingehen werden.

8.3.1 Grundlagen

8.3.1.1 Repräsentatives Volumenelement (RVE)

Im Rahmen eines deterministischen und kontinuumsmechanischen Zugangs kann der Vorgang der Homogenisierung und die Rolle der makroskopischen und mikroskopischen Betrachtungsebenen mit ihren typischen Skalen anhand von Abb. 8.12 veranschaulicht werden. An einem beliebigen Ort x^{makro} der Makroebene (z.B. eines Bauteils), auf der das Material als homogen, d.h. mittels ortsunabhängiger effektiver Eigenschaften beschrieben werden soll, wird durch Vergrößerung (Mikroskop) die räumlich ausgedehnte feinskalige Mikrostruktur sichtbar.

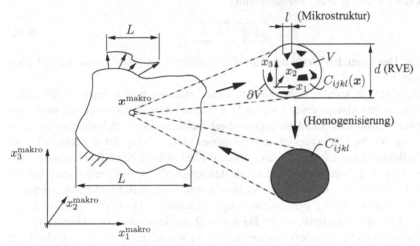

Abb. 8.12 Homogenisierung und charakteristische Längen

Wir nehmen an, dass das Materialverhalten auf der Mikroebene bekannt und linear elastisch ist. Führen wir dort ein zusätzliches Koordinatensystem ein, so kann die Mikrostruktur durch die Abhängigkeit des Elastizitätstensors $C_{ijkl}(x)$ von den Ortskoordinaten x_i der Mikroebene beschrieben werden. Genau wie bei der Messung makroskopischer Materialeigenschaften am repräsentativen Probekörper betrachten wir einen Volumenbereich V der Mikroebene, der *repräsentativ* für das gesamte Material sein soll. Anhand dieses Volumenbereichs werden dem Material über einen Homogenisierungsprozess Makroeigenschaften in Form des räumlich konstanten *effektiven Elastizitätstensors* C_{ijkl}^* zugewiesen. Damit dieses Ergebnis unabhängig von x^{makro} ist, muss die Gesamtheit der durch $C_{ijkl}(x)$ beschriebenen und zu C_{ijkl}^* beitragenden mikrostrukturellen Details ebenfalls unabhängig vom Ort auf der Makroebene sein. Man sagt auch, als Voraussetzung einer Homogenisierung müssen die Defekte (Heterogenitäten) *statistisch homogen* im Material verteilt sein. Außerdem darf C_{ijkl}^* nicht von der Größe oder Form des gewählten Volumenbereichs V abhängen. Bei einer regellosen Defektverteilung muss der Bereich V also eine hinreichend große Anzahl von Einzeldefekten enthalten und damit in seiner Abmessung d sehr viel größer sein als eine charakteristische Länge l der Mikrostruktur. Letztere ist zum Beispiel durch die typische Größe oder den Abstand von Einzeldefekten gegeben (Abb. 8.12). Wie die elastischen Eigenschaften $C_{ijkl}(\boldsymbol{x})$ mit dieser "Wellenlänge" l fluktuieren, so schwanken auch die Spannungs- und Verzerrungsfelder auf der Mikroebene. Andererseits muss der Volumenbereich V aber auch so klein sein, dass er auf der Makroebene näherungsweise als Punkt angesehen werden kann (Abb. 8.12). Eine charakteristische Länge L auf dieser Ebene ist gegeben durch die Geometrie, durch die räumliche Variation der Belastung oder durch die sich im makroskopisch homogenen Material einstellenden Spannungs- und Verzerrungsfelder ("Makrofelder"). Damit in einer konkreten Situation die Wahl eines zur Homogenisierung geeigneten Volumenbereichs möglich ist, müssen die charakteristischen Längen also die Voraussetzung

$$\boxed{l \ll d \ll L} \tag{8.40}$$

erfüllen. Der Bereich V wird dann als *Repräsentatives Volumenelement* (RVE) bezeichnet.

Offensichtlich kann die beidseitige Einschränkung von d nach (8.40) unter Umständen die Existenz eines RVE und damit eine sinnvolle Homogenisierung ausschließen. Eine solche Situation liegt beispielsweise an einer makroskopischen Rissspitze vor, wo die Verzerrungen im homogenen Material singulär werden, sich also über beliebig kleine Längen L stark ändern. Die Größe d eines RVE müsste nach (8.40) unendlich klein werden und würde den notwendigen skalenmäßigen Abstand zur Mikrostruktur (l) jedes realen Materials verletzen. Man nimmt üblicherweise an, dass dies erst in der Prozesszone (vgl. Abschnitt 4.1) erfolgt. Ähnliches gilt in der Mikrosystemtechnik, in der Bauteile oft so klein sind, dass klassische, anhand herkömmlicher (großer) Proben gemessene Materialeigenschaften nicht mehr zu ihrer Beschreibung verwendet werden können. Diese Beispiele betreffen beide den rechten Teil der Ungleichung (8.40), den wir wie auch die statistische Homogenität des Materials im folgenden als erfüllt ansehen wollen. Den linken Teil der Ungleichung, nämlich die Bedingung für die Mindestgröße d eines RVE werden wir in Abschnitt 8.3.1.3 anhand des konkreten Homogenisierungsprozesses diskutieren, der quantitative Aussagen gestattet. Als praktische Anhaltswerte können beispielsweise für Keramiken und polykristalline Metalle $d \approx 0.1\,\text{mm}$ und für Beton $d \approx 100\,\text{mm}$ angesehen werden (vgl. Abb. 8.1).

Besondere Vorsicht ist auch bei der Beschreibung sogenannter *Gradientenmaterialien* mit räumlich veränderlichen makroskopischen Eigenschaften geboten. Bei ihnen weist die Verteilung der mikrostrukturellen Details eine Ortsabhängigkeit auf, so dass die zur Definition effektiver Eigenschaften vorausgesetzte statistische Homogenität der Mikrostruktur streng genommen nicht gegeben ist. Die Verwendung solcher effektiver Eigenschaften stellt daher nur eine pragmatische Näherung dar.

Die Voraussetzung der statistischen Homogenität einer lokal unregelmäßigen Defektverteilung erübrigt sich im Sonderfall einer streng periodischen Defektanordnung. Dann ist bereits eine *Einheitszelle* dieser Anordnung repräsentativ für das gesamte heterogene Material (siehe Abschnitt 8.3.1.4).

8.3.1.2 Mittelungen

Über die Zweiskalenbetrachtung nach Abb. 8.12 wird einem materiellen Punkt der Makroebene ein Volumenbereich V der Mikroebene zugeordnet; dort liegen Spannungen und Verzerrungen als fluktuierende (Mikro-) Felder vor. Die den mechanischen Zustand des makroskopischen Punktes beschreibenden *Makrospannungen* und *-verzerrungen* definieren wir als die Volumenmittelwerte

$$\langle \sigma_{ij} \rangle = \frac{1}{V} \int_V \sigma_{ij}(\boldsymbol{x}) \, \mathrm{d}V \,, \qquad \langle \varepsilon_{ij} \rangle = \frac{1}{V} \int_V \varepsilon_{ij}(\boldsymbol{x}) \, \mathrm{d}V \qquad (8.41)$$

der mikroskopischen Felder und verwenden als Abkürzung dafür das Klammersymbol $\langle \cdot \rangle$. Mit Hilfe des Gaußschen Satzes können die Makrogrößen (8.41) auch durch Integrale über den Rand ∂V des Mittelungsbereichs ausgedrückt werden. Setzen wir voraus, dass keine Volumenkräfte auftreten, so gilt mit der Gleichgewichtsbedingung $\sigma_{ik,k} = 0$ und $x_{j,k} = \delta_{jk}$ für die Spannungen zunächst die Identität

$$(x_j \, \sigma_{ik})_{,k} = x_{j,k} \, \sigma_{ik} + x_j \, \sigma_{ik,k} = \sigma_{ij} \,.$$

Einsetzen in (8.41) liefert für die Makrospannungen die Darstellung

$$\langle \sigma_{ij} \rangle = \frac{1}{V} \int_V (x_j \, \sigma_{ik})_{,k} \, \mathrm{d}V = \frac{1}{V} \int_{\partial V} x_j \, \sigma_{ik} \, n_k \, \mathrm{d}A = \frac{1}{V} \int_{\partial V} t_i \, x_j \, \mathrm{d}A \,. \qquad (8.42)$$

Für die Makroverzerrungen ergibt sich

$$\langle \varepsilon_{ij} \rangle = \frac{1}{2V} \int_V (u_{i,j} + u_{j,i}) \, \mathrm{d}V = \frac{1}{2V} \int_{\partial V} (u_i \, n_j + u_j \, n_i) \, \mathrm{d}A \,. \qquad (8.43)$$

In (8.42) und (8.43) wurde stillschweigend die Differenzierbarkeit des Spannungs- und Verschiebungsfeldes und damit die Anwendbarkeit des Gaußschen Satzes in ganz V angenommen. Dies ist jedoch gerade im Fall heterogener Materialien mit sich sprunghaft ändernden Eigenschaften nicht gegeben. Trotzdem gelten die Darstellungen (8.42) und (8.43) der Makrogrößen durch Randintegrale ganz allgemein, d.h. unabhängig vom Stoffverhalten und auch für Mikrostrukturen, die Hohlräume oder Risse enthalten. Um dies zu zeigen, betrachten wir nach Abb. 8.13a eine innere Grenzfläche S, die im Volumenbereich V zwei Teilbereiche V_1 und V_2 mit unterschiedlichen Eigenschaften voneinander trennt und an der die Spannungen und Verschiebungen im allgemeinen nicht differenzierbar sind. Der Gaußsche Satz ist daher auf den Teilbereichen getrennt anzuwenden, wobei S einmal als Rand von V_2 (äußere Normale n_j) sowie als innerer Rand von V_1 (äußere Normale $-n_j$) auftritt.

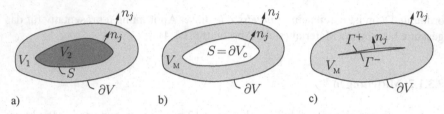

Abb. 8.13 Volumenbereich V mit a) innerer Grenzfläche S, b) Hohlraum, c) Riss $\Gamma = \Gamma^+ + \Gamma^-$

Für die Spannungen führt dies auf

$$\int\limits_V \sigma_{ij}\, \mathrm{d}V = \int\limits_{V_1} \sigma_{ij}\, \mathrm{d}V + \int\limits_{V_2} \sigma_{ij}\, \mathrm{d}V = \int\limits_{\partial V} t_i\, x_j\, \mathrm{d}A + \int\limits_S (\, t_i^{(2)} - t_i^{(1)}\,)\, x_j\, \mathrm{d}A$$

$$(8.44)$$

und für den Verschiebungsgradienten auf

$$\int\limits_V u_{i,j}\, \mathrm{d}V = \int\limits_{V_1} u_{i,j}\, \mathrm{d}V + \int\limits_{V_2} u_{i,j}\, \mathrm{d}V = \int\limits_{\partial V} u_i\, n_j\, \mathrm{d}A + \int\limits_S (\, u_i^{(2)} - u_i^{(1)}\,)\, n_j\, \mathrm{d}A \,.$$

$$(8.45)$$

Darin sind $t_i^{(1,2)}$ und $u_i^{(1,2)}$ der Randspannungs- und der Randverschiebungsvektor in V_1 und V_2 entlang der Fläche S. Wegen $t_i^{(1)} = t_i^{(2)}$ und $u_i^{(1)} = u_i^{(2)}$ an der Grenzfläche verschwinden in (8.44) und (8.45) die Integrale über S. Die Darstellungen der Makrogrößen

$$\boxed{\langle \sigma_{ij} \rangle = \frac{1}{V} \int\limits_{\partial V} t_i\, x_j\, \mathrm{d}A \,, \qquad \langle \varepsilon_{ij} \rangle = \frac{1}{2V} \int\limits_{\partial V} (\, u_i\, n_j + u_j\, n_i\,)\, \mathrm{d}A} \qquad (8.46)$$

gelten daher auch bei unstetigem Materialverhalten. Da dies unabhängig vom konkreten Material und der Geometrie des Teilbereichs V_2 gilt, umfasst dieses Ergebnis auch den Sonderfall von Hohlräumen, den man durch den Grenzübergang zu einer verschwindenden Steifigkeit des Materials in V_2 erhält (Abb. 8.13b). Durch einen weiteren Übergang $S \to \Gamma$ zu einem unendlich dünnem Bereich V_2 (Abb. 8.13c) wird auch die Situation von Rissen abgedeckt.

In vielen Fällen besteht der Volumenbereich V aus n Teilvolumnia V_α ($\alpha = 1, ..., n$) mit den Volumenanteilen $c_\alpha = V_\alpha / V$ und $\sum\limits_{\alpha=1}^{n} c_\alpha = 1$, in denen die elastischen Eigenschaften $\boldsymbol{C}_\alpha$ jeweils konstant sind. Man spricht dann von einer Mikrostruktur aus *diskreten Phasen*, und es gilt

$$\langle \boldsymbol{\sigma} \rangle = \sum_{\alpha=1}^{n} c_\alpha \langle \boldsymbol{\sigma} \rangle_\alpha \,, \qquad \langle \boldsymbol{\varepsilon} \rangle = \sum_{\alpha=1}^{n} c_\alpha \langle \boldsymbol{\varepsilon} \rangle_\alpha \,, \qquad (8.47)$$

wobei

$$\langle \boldsymbol{\sigma} \rangle_\alpha = \frac{1}{V_\alpha} \int_{V_\alpha} \boldsymbol{\sigma} \, \mathrm{d}V \,, \qquad \langle \boldsymbol{\varepsilon} \rangle_\alpha = \frac{1}{V_\alpha} \int_{V_\alpha} \boldsymbol{\varepsilon} \, \mathrm{d}V \qquad (8.48)$$

die *Phasenmittelwerte* der Spannungen und Verzerrungen sind. Für diese ist dann jeweils

$$\langle \boldsymbol{\sigma} \rangle_\alpha = \boldsymbol{C}_\alpha : \langle \boldsymbol{\varepsilon} \rangle_\alpha \qquad \text{in} \quad V_\alpha \,. \qquad (8.49)$$

Für eine Mikrostruktur, die nur Hohlräume oder Risse enthält, ist es zweckmäßig, die Makrogrößen (8.46) in einer anderen Form darzustellen. Dazu bilden wir zunächst für den Fall von Hohlräumen die mittlere Verzerrung $\langle \varepsilon_{ij} \rangle_\mathrm{M}$ des umgebenden Matrixvolumens $V_\mathrm{M} = c_\mathrm{M} V$. Unter Verwendung des Gaußschen Satzes erhält man (vgl. Abb. 8.13b)

$$\langle \varepsilon_{ij} \rangle_\mathrm{M} = \frac{1}{2V_\mathrm{M}} \int_{V_\mathrm{M}} (u_{i,j} + u_{j,i}) \, \mathrm{d}V$$

$$= \frac{1}{2V_\mathrm{M}} \int_{\partial V} (u_i n_j + u_j n_i) \, \mathrm{d}A - \frac{1}{2V_\mathrm{M}} \int_{\partial V_c} (u_i n_j + u_j n_i) \, \mathrm{d}A \,,$$

wobei ∂V_c den Hohlraumrand bezeichnet. Ersetzt man das erste Integral auf der rechten Seite durch (8.43), so ergibt sich für die Makroverzerrung

$$\boxed{\langle \varepsilon_{ij} \rangle = c_\mathrm{M} \langle \varepsilon_{ij} \rangle_\mathrm{M} + \underbrace{\frac{1}{2V} \int_{\partial V_c} (u_i n_j + u_j n_i) \, \mathrm{d}A}_{\langle \varepsilon_{ij} \rangle_c}} \,. \qquad (8.50a)$$

Für Risse erhält man daraus mit $\partial V_c \to \Gamma = \Gamma^+ + \Gamma^-$ (Abb. 8.13c) und $\Delta u_i = u_i^+ - u_i^-$ den Zusammenhang

$$\boxed{\langle \varepsilon_{ij} \rangle = c_\mathrm{M} \langle \varepsilon_{ij} \rangle_\mathrm{M} + \underbrace{\frac{1}{2V} \int_{\Gamma} (\Delta u_i n_j + \Delta u_j n_i) \, \mathrm{d}A}_{\langle \varepsilon_{ij} \rangle_c}} \,. \qquad (8.50b)$$

Die Makroverzerrung setzt sich im Fall von Hohlräumen oder Rissen also zusammen aus der mittleren Matrixverzerrung sowie der Größe $\langle \boldsymbol{\varepsilon} \rangle_c$, die als die mittlere Verzerrung der Defektphase bezeichnet wird (c für *cavity* oder *crack*):

$$\langle \boldsymbol{\varepsilon} \rangle = c_\mathrm{M} \langle \boldsymbol{\varepsilon} \rangle_\mathrm{M} + \langle \boldsymbol{\varepsilon} \rangle_c \,. \qquad (8.51)$$

Im Gegensatz dazu ist für belastungsfreie Löcher und Risse die Makrospannung allein durch die mittlere Matrixspannung gegeben:

$$\langle \boldsymbol{\sigma} \rangle = c_{\mathrm{M}} \langle \boldsymbol{\sigma} \rangle_{\mathrm{M}} \ . \tag{8.52}$$

Für ein Material, das ausschließlich Risse enthält, ist der Volumenanteil der Matrixphase $c_{\mathrm{M}} = 1$.
Ist das Matrixmaterial homogen mit $\boldsymbol{C}_{\mathrm{M}} = const$, so ergibt sich mit $\langle \boldsymbol{\sigma} \rangle_{\mathrm{M}} = \boldsymbol{C}_{\mathrm{M}} :$
$\langle \boldsymbol{\varepsilon} \rangle_{\mathrm{M}}$ und (8.47) sowie (8.50a)

$$\langle \boldsymbol{\sigma} \rangle = \boldsymbol{C}_{\mathrm{M}} : \Big(\langle \boldsymbol{\varepsilon} \rangle - \langle \boldsymbol{\varepsilon} \rangle_c \Big) \qquad \text{bzw.} \qquad \langle \boldsymbol{\varepsilon} \rangle = \boldsymbol{C}_{\mathrm{M}}^{-1} : \langle \boldsymbol{\sigma} \rangle + \langle \boldsymbol{\varepsilon} \rangle_c \ . \tag{8.53}$$

Nach dieser Darstellung kann $\langle \boldsymbol{\varepsilon} \rangle_c$ auch als eine zusätzlich zur elastischen Matrixverzerrung auftretende Eigendehnung interpretiert werden.

8.3.1.3 Effektive elastische Konstanten

Analog zum Elastizitätsgesetz im Mikrobereich

$$\sigma_{ij}(\boldsymbol{x}) = C_{ijkl}(\boldsymbol{x})\, \varepsilon_{kl}(\boldsymbol{x}) \tag{8.54}$$

ist der *effektive Elastizitätstensor* C_{ijkl}^* durch die Beziehung zwischen den Makrospannungen und Makroverzerrungen (8.41) definiert:

$$\boxed{\langle \sigma_{ij} \rangle = C_{ijkl}^* \, \langle \varepsilon_{kl} \rangle} \ . \tag{8.55}$$

An die Interpretierbarkeit von C_{ijkl}^* als *Materialeigenschaft* sind einige Forderungen geknüpft. So ist es plausibel, die Gleichheit der mittleren Formänderungsenergiedichte $\langle U \rangle$ des Volumenbereichs V zu verlangen, wenn diese mittels der mikroskopischen oder makroskopischen Größen gebildet wird:

$$\langle U \rangle = \langle \frac{1}{2}\, \varepsilon_{ij}\, C_{ijkl}\, \varepsilon_{kl} \rangle = \frac{1}{2} \langle \varepsilon_{ij} \rangle C_{ijkl}^* \langle \varepsilon_{kl} \rangle \ . \tag{8.56}$$

Diese auch als *Hill-Bedingung* (HILL, 1963) bezeichnete Forderung kann mit (8.54) und (8.55) in der Form

$$\boxed{\langle \sigma_{ij}\, \varepsilon_{ij} \rangle = \langle \sigma_{ij} \rangle \langle \varepsilon_{ij} \rangle} \tag{8.57}$$

geschrieben werden. Führen wir die *Fluktuationen* $\tilde{\sigma}_{ij}(\boldsymbol{x}) = \sigma_{ij}(\boldsymbol{x}) - \langle \sigma_{ij} \rangle$ und $\tilde{\varepsilon}_{ij}(\boldsymbol{x}) = \varepsilon_{ij}(\boldsymbol{x}) - \langle \varepsilon_{ij} \rangle$ der Mikrofelder um ihre Mittelwerte ein, so folgt daraus

$$\langle \tilde{\sigma}_{ij}\, \tilde{\varepsilon}_{ij} \rangle = 0 \ . \tag{8.58}$$

Die Spannungsschwankungen (Fluktuationen) dürfen im Mittel also keine Arbeit an den Verzerrungsschwankungen leisten. Unter Verwendung des Gaußschen Satzes und der Gleichgewichtsbedingung $\sigma_{ik,k} = 0$ kann dies durch Größen auf dem Rand des Mittelungsbereichs ausgedrückt werden:

$$\frac{1}{V} \int_{\partial V} \left(u_i - \langle \varepsilon_{ij} \rangle x_j \right) \left(\sigma_{ik} - \langle \sigma_{ik} \rangle \right) n_k \, \mathrm{d}A = 0 \,. \tag{8.59}$$

In dieser Form ist die Hill-Bedingung auch so zu interpretieren, dass die in einem heterogenen Material auf dem Rand eines RVE fluktuierenden Felder im energetischen Sinne gleichwertig sind zu ihren Mittelwerten (Abb. 8.14). Wie bereits in Abschnitt 8.3.1.1 diskutiert, ist dies nur zu erwarten, wenn der Mittelungsbereich V eine hinreichend große Anzahl von Defekten enthält.

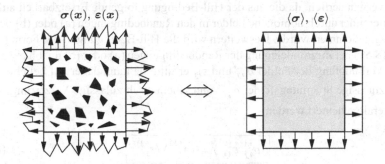

Abb. 8.14 Auf dem RVE-Rand fluktuierende Mikrofelder und ihre Mittelwerte

Um die Felder $\sigma_{ij}(\boldsymbol{x})$ und $\varepsilon_{ij}(\boldsymbol{x})$ in einem Volumenbereich V der Mikroebene tatsächlich berechnen zu können, ist die Gleichgewichtsbedingung $\sigma_{ij,j} = 0$ und das Elastizitätsgesetz (8.54) durch Randbedingungen auf ∂V zu ergänzen, d.h. es ist ein Randwertproblem zu formulieren. Der heterogene Volumenbereich soll äquivalent zu demselben Bereich aus homogenem (effektivem) Material sein und gleichzeitig auf der Makroebene einen Punkt repräsentiert, welcher nur homogene Spannungen und Verzerrungen "wahrnimmt". Es liegt deshalb nahe, solche homogenen Zustände auch als Randbedingungen auf ∂V vorzugeben. Dazu gibt es zwei Möglichkeiten:

a) *lineare Verschiebungen*: $\quad u_i = \varepsilon_{ij}^0 \, x_j \quad$ auf $\partial V \quad$ mit $\varepsilon_{ij}^0 = const$.

Hierfür folgt aus (8.43) mit $\displaystyle\int_{\partial V} x_i \, n_j \, \mathrm{d}A = V \delta_{ij} \quad$ das Ergebnis

$$\boxed{\langle \varepsilon_{ij} \rangle = \varepsilon_{ij}^0} \,. \tag{8.60a}$$

b) *uniforme Spannungen*: $\quad t_i = \sigma_{ij}^0 \, n_j \quad$ auf $\partial V \quad$ mit $\sigma_{ij}^0 = const$.

Aus (8.42) erhält man hierfür

$$\boxed{\langle \sigma_{ij} \rangle = \sigma_{ij}^0} \ . \tag{8.60b}$$

Für einen beliebigen heterogenen Volumenbereich V sind danach vorgegebene homogene Randverzerrungen ε_{ij}^0 gleich dem Volumenmittelwert der Verzerrungen. Analog sind vorgegebene homogene Randspannungen σ_{ij}^0 gleich dem Mittelwert der Spannungen in V, sofern dort keine Volumenkräfte wirken. Bei homogenem Material sind die beiden Typen von Randbedingungen äquivalent und rufen in einem Volumenbereich homogene Felder hervor. Die Beziehungen (8.60a) und (8.60b) werden häufig auch als *'average strain theorem'* und *'average stress theorem'* bezeichnet.

Anhand von (8.59) sieht man, dass durch beide Typen von Randbedingungen die Hill-Bedingung identisch, d.h. unabhängig vom Bereich V erfüllt wird. Dies ist nicht verwunderlich, da die aus der Hill-Bedingung folgende Ersetzbarkeit auf ∂V fluktuierender durch homogene Felder in den Randbedingungen (a) oder (b) bereits vorweg genommen wurde. Desweiteren wird die Hill-Bedingung in der Form (8.57) bzw. (8.59) bei Zugrundelegung der Randbedingungen (a) oder (b) unabhängig von einer Verknüpfung der Felder σ_{ij} und ε_{ij} erfüllt. Sie kann daher auf beliebige statisch zulässige Spannungsfelder $\sigma_{ij}^{(1)}$ und kinematisch zulässige Verzerrungsfelder $\varepsilon_{ij}^{(2)}$ verallgemeinert werden:

$$\boxed{\langle \sigma_{ij}^{(1)} \varepsilon_{ij}^{(2)} \rangle = \langle \sigma_{ij}^{(1)} \rangle \langle \varepsilon_{ij}^{(2)} \rangle} \ . \tag{8.61}$$

Dieser Zusammenhang, von dem wir später wiederholt Gebrauch machen werden, folgt unter den Randbedingungen (a) oder (b) auch direkt aus dem allgemeinen Arbeitssatz (1.95).

Aufgrund der Eindeutigkeit der Lösungen von Randwertproblemen der linearen Elastizitätstheorie hängen die Felder im Gebiet V *linear* von der "Belastung", d.h. von den Parametern ε_{ij}^0 oder σ_{ij}^0 der Randbedingungen (a) oder (b) ab. Sie können damit in der folgenden Form dargestellt werden:

a) $\varepsilon_{ij}(\boldsymbol{x}) = A_{ijkl}(\boldsymbol{x}) \, \varepsilon_{kl}^0$ $\qquad$ für $\qquad$ $u_i = \varepsilon_{ij}^0 \, x_j$ $\ $ auf ∂V, $\qquad$ (8.62a)

b) $\sigma_{ij}(\boldsymbol{x}) = B_{ijkl}(\boldsymbol{x}) \, \sigma_{kl}^0$ $\qquad$ für $\qquad$ $t_i = \sigma_{ij}^0 \, n_j$ $\ $ auf ∂V. $\qquad$ (8.62b)

Darin sind $A_{ijkl}(\boldsymbol{x})$ bzw. $B_{ijkl}(\boldsymbol{x})$ die Komponenten sogenannter *Einflusstensoren* $\boldsymbol{A}(\boldsymbol{x})$ und $\boldsymbol{B}(\boldsymbol{x})$. Diese Einflusstensoren repräsentieren die vollständige Lösung des jeweiligen Randwertproblems und hängen von der Mikrostruktur im gesamten Volumenbereich V ab. Dabei erfüllt $A_{ijkl}(\boldsymbol{x})$ bezüglich seiner ersten beiden Indizes (genau wie ε_{ij}) die Kompatibilitätsbedingung (1.30). Entsprechend erfüllt $B_{ijkl}(\boldsymbol{x})$ die Gleichgewichtsbedingung: $B_{ijkl,j}(\boldsymbol{x}) = 0$. Außerdem kann man durch Mittelung von (8.62a), (8.62b) über V und unter Beachtung von (8.60a), (8.60b) erkennen, dass der Mittelwert dieser Funktionen der Einheitstensor (8.7) ist:

$$\langle A \rangle = 1 \, , \qquad \langle B \rangle = 1 \, . \tag{8.63}$$

Für den effektiven Elastizitätstensor C^* bzw. den effektiven Nachgiebigkeitstensor C^{*-1} gelten nach (8.54) und (8.55) in symbolischer Schreibweise die Zusammenhänge

$$C^* : \langle \varepsilon \rangle = \langle \sigma \rangle = \langle C : \varepsilon \rangle \qquad \text{bzw.} \qquad C^{*-1} : \langle \sigma \rangle = \langle \varepsilon \rangle = \langle C^{-1} : \sigma \rangle \, . \tag{8.64}$$

Sie führen im Fall der Randbedingung (a) durch Einsetzen von (8.62a) auf die Darstellung

$$C^{*\,(a)} = \langle C : A \rangle \tag{8.65a}$$

und im Fall (b) mittels (8.62b) auf

$$C^{*\,(b)} = \langle C^{-1} : B \rangle^{-1} \, . \tag{8.65b}$$

Durch Einsetzen von (8.62a) und (8.62b) in den Energieausdruck (8.56) erhält man damit die alternativen Darstellungen

$$C^{*\,(a)} = \langle A^T : C : A \rangle \qquad \text{bzw.} \qquad C^{*\,(b)} = \langle B^T : C^{-1} : B \rangle^{-1} \, , \tag{8.66}$$

aus denen die Symmetrie des effektiven Elastizitätstensors bezüglich des ersten und des zweiten Indexpaares ersichtlich ist.

Durch das hochgestellte (a) bzw. (b) soll hervorgehoben werden, dass diese über einen zunächst beliebigen heterogenen Volumenbereich V gebildeten Mittelwerte im allgemeinen vom Typ der Randbedingungen auf ∂V abhängen. Deswegen kann man bei $C^{*\,(a)}$ bzw. $C^{*\,(b)}$ streng genommen noch nicht von effektiven *Materialeigenschaften* sprechen, da das gewählte Volumen V nicht von vornherein die Voraussetzungen eines RVE erfüllen muss. Der Abstand zwischen $C^{*\,(a)}$ und $C^{*\,(b)}$ (im Sinn einer geeigneten Norm) kann als Maß für die Güte eines Mittelungsbereiches angesehen werden. Erst wenn der Bereich V so beschaffen ist, dass $C^{*\,(a)} = C^{*\,(b)} = C^*$, kann C^* als (eindeutige) makroskopische Materialeigenschaft interpretiert werden. Es versteht sich, dass dies auch für jeden größeren Bereich, der V enthält gewährleistet sein muss.

Eine wichtige Aufgabe der Mikromechanik ist es, mit Hilfe der in Abschnitt 8.2 vorgestellten Grundlösungen und geeigneten Approximationen explizite Darstellungen für die Einflusstensoren $A(x)$ oder $B(x)$ und damit für die Mikrofelder sowie die effektiven elastischen Konstanten herzuleiten. Wir werden dazu in Abschnitt 8.3.2 eine Reihe unterschiedlicher Methoden diskutieren.

8.3.1.4 Periodische Mikrostrukturen, Einheitszellmodelle und Randbedingungen

Ein wichtiger Sonderfall heterogener Mikrostrukturen ist der einer periodischen Verteilung von Defekten (Abb. 8.15a). Es handelt sich hierbei zwar um eine starke Idealisierung, doch ist diese Situation einerseits von theoretischer Bedeutung in

Hinblick auf obige Diskussion der Rolle von RVE-Randbedingungen. Andererseits wird sie häufig bei der numerischen Ermittlung effektiver Materialeigenschaften (Abschnitt 8.5) herangezogen. Im Fall einer periodischen Anordnung von Inhomogenitäten lässt sich – wie in Abb. 8.15a dargestellt – ein Volumenbereich des Materials in identische Einheitszellen unterteilen. Eine solche Einheitszelle (Abb. 8.15b) ist dann repräsentativ für die Mikrostruktur und damit ein RVE.

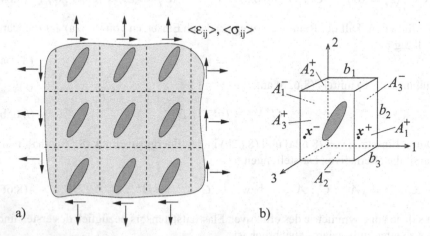

Abb. 8.15 a) Periodische Mikrostruktur, b) quaderförmige Einheitszelle

Aufgrund der periodischen Variation der lokalen Materialeigenschaften weisen auch die mikroskopischen Spannungs- und Verzerrungsfelder $\boldsymbol{\sigma}(\boldsymbol{x})$, $\boldsymbol{\varepsilon}(\boldsymbol{x})$ eine periodische Fluktuation auf. Insbesondere nehmen sie in einander zugeordneten Punkten $\boldsymbol{x}^+$ und $\boldsymbol{x}^-$ auf je zwei gegenüberliegenden Randflächen A_k^+ und A_k^- ($k = 1, 2, 3$) der quaderförmigen Einheitszelle gemäß Abb. 8.15b gleiche Wert an. Die Verschiebungen hingegen unterscheiden sich jeweils um konstante Werte, die sich aus dem Abstand der Punkte und der makroskopischen Verzerrung ε^0 ergeben:

$$u(\boldsymbol{x}^+) - u(\boldsymbol{x}^-) = \varepsilon^0 \cdot (\boldsymbol{x}^+ - \boldsymbol{x}^-) \quad . \tag{8.67}$$

Mit den Kantenlängen b_k der Zelle ist $\boldsymbol{x}^+ - \boldsymbol{x}^- = b_{(k)}\boldsymbol{e}_{(k)}$ auf $A_k^\pm$, wobei $\boldsymbol{e}_k$ der Einheitsvektor in k-Richtung ist und das Einklammern eines Index bedeutet, dass über diesen nicht summiert wird. Damit kann (8.67) auch als

$$u_i(A_k^+) - u_i(A_k^-) = \varepsilon_{i(k)}^0 \, b_{(k)} \tag{8.68}$$

geschrieben werden. Mit den Normaleneinheitsvektoren $\boldsymbol{n}(A_k^+) = -\boldsymbol{n}(A_k^-) = \boldsymbol{e}_k$ auf gegenüberliegenden Randflächen der Zelle gilt dort für die Spannungsvektoren

$$t(A_k^+) = -t(A_k^-) \quad . \tag{8.69}$$

Die Beziehungen (8.67),(8.68) und (8.69) werden auch als *periodische Randbedingungen* auf einer Einheitszelle bezeichnet.

Dass es sich bei ε^0 tatsächlich um den makroskopischen Verzerrungstensor handelt, lässt sich durch Einsetzen von (8.68) in (8.46)$_2$ zeigen, wobei wir hier für $(u_i\, n_j + u_j\, n_i)/2$ die Abkürzung $(u_i\, n_j)^{sym}$ verwenden:

$$\langle \varepsilon_{ij} \rangle = \frac{1}{V} \int\limits_{\partial V} (\, u_i\, n_j\,)^{sym}\, \mathrm{d}A$$

$$= \frac{1}{V} \sum_{k=1}^{3} \Big[\int\limits_{A_k^+} (\, u_i\, n_j\,)^{sym}\, \mathrm{d}A + \int\limits_{A_k^-} (\, u_i\, n_j\,)^{sym}\, \mathrm{d}A \Big]$$

$$= \frac{1}{V} \sum_{k=1}^{3} \int\limits_{A_k^+} \Big(\underbrace{[u_i(A_k^+) - u_i(A_k^-)]}_{\varepsilon_{i(k)}^0\, b_{(k)}}\, \underbrace{n_j(A_k^+)}_{\delta_{jk}} \Big)^{sym}\, \mathrm{d}A \qquad (8.70)$$

$$= \frac{1}{V} \Big[\varepsilon_{i1}^0 \delta_{j1}\, b_1 \underbrace{\int\limits_{A_1^+} \mathrm{d}A}_{V} + \varepsilon_{i2}^0 \delta_{j2}\, b_2 \underbrace{\int\limits_{A_2^+} \mathrm{d}A}_{V} + \varepsilon_{i3}^0 \delta_{j3}\, b_3 \underbrace{\int\limits_{A_3^+} \mathrm{d}A}_{V} \Big]$$

$$= \varepsilon_{ij}^0 \; .$$

Ebenso lässt sich leicht zeigen, dass durch die periodischen Randbedingungen die Hill-Bedingung (8.59) erfüllt wird:

$$\int\limits_{\partial V} \Big(u_i - \langle \varepsilon_{ij} \rangle x_j \Big) \Big(\sigma_{ik} - \langle \sigma_{ik} \rangle \Big) n_k\, \mathrm{d}A$$

$$= \sum_{k=1}^{3} \Big[\int\limits_{A_k^+} \big(u_i(A_k^+) - \langle \varepsilon_{ij} \rangle x_j^+ \big) \big(t_i(A_k^+) - \langle \sigma_{ik} \rangle n_k(A_k^+) \big)\, \mathrm{d}A +$$

$$\int\limits_{A_k^-} \big(u_i(A_k^-) - \langle \varepsilon_{ij} \rangle x_j^- \big) \Big(\underbrace{t_i(A_k^-)}_{-t_i(A_k^+)} - \langle \sigma_{ik} \rangle \underbrace{n_k(A_k^-)}_{-n_k(A_k^+)} \Big)\, \mathrm{d}A \Big] \qquad (8.71)$$

$$= \sum_{k=1}^{3} \int\limits_{A_k^+} \underbrace{\big(u_i(A_k^+) - u_i(A_k^-) - \langle \varepsilon_{ij} \rangle (x_j^+ - x_j^-) \big)}_{=\, 0 \text{ wegen (8.67)}} \big(t_i(A_k^+) - \langle \sigma_{ik} \rangle n_k(A_k^+) \big)\, \mathrm{d}A$$

$$= 0 \; .$$

Für den makroskopischen Spannungstensor gemäß (8.46)$_1$ ergibt sich im Fall periodischer Randbedingungen

$$\langle \sigma_{ij} \rangle = \frac{1}{V} \int_{\partial V} t_i \, x_j \, \mathrm{d}A = \frac{1}{V} \sum_{k=1}^{3} \left[\int_{A_k^+} t_i \, x_j \, \mathrm{d}A + \int_{A_k^-} t_i \, x_j \, \mathrm{d}A \right]$$

$$(8.72)$$

$$= \frac{1}{V} \sum_{k=1}^{3} \int_{A_k^+} t_i \, \underbrace{(x_j^+ - x_j^-)}_{b_{(k)} \delta_{jk}} \, \mathrm{d}A = \sum_{j=1}^{3} \frac{1}{A_j} \int_{A_j^+} t_i \, \mathrm{d}A$$

wobei $A_j = V/b_j$ der Flächeninhalt der Randfläche A_j^+ (bzw. A_j^-) ist.

8.3.2 Analytische Näherungsmethoden

8.3.2.1 Allgemeines

Nach (8.65a) oder (8.65b) lassen sich die effektiven elastischen Konstanten C^* als die mit einem Einflusstensor (z.B. $A(x)$) *gewichteten Mittelwerte* der mikroskopischen elastischen Eigenschaften $C(x)$ darstellen. Für eine reale Mikrostruktur ist jedoch weder die exakte Funktion $C(x)$ bekannt, noch lässt sich im allgemeinen der zugehörige Einflusstensor in geschlossener Form angeben. Man ist also bei der Modellierung der Mikrostruktur hinsichtlich der verfügbaren Information wie auch der Darstellung von Einflusstensoren auf geeignete Approximationen angewiesen.

Es bietet sich an, sich zunächst auf Mikrostrukturen aus diskreten Phasen mit jeweils homogenen elastischen Eigenschaften gemäß (8.49) zu beschränken, was für viele Materialien tatsächlich auch zutrifft (z.B. Polykristalle, Komposite). Unter Beachtung von (8.60a), (8.60b) folgt dann aus (8.62a), (8.62b) für die Phasenmittelwerte bei vorgegebenen Makroverzerrungen $\langle \varepsilon \rangle = \varepsilon^0$ bzw. Makrospannungen $\langle \sigma \rangle = \sigma^0$

$$\langle \varepsilon \rangle_\alpha = A_\alpha : \langle \varepsilon \rangle \qquad \text{bzw.} \qquad \langle \sigma \rangle_\alpha = B_\alpha : \langle \sigma \rangle \qquad (8.73)$$

mit

$$A_\alpha = \langle A \rangle_\alpha \qquad \text{und} \qquad B_\alpha = \langle B \rangle_\alpha \, . \qquad (8.74)$$

Darin drücken die konstanten Einflusstensoren A_α bzw. B_α den über das Volumen einer Phase α gebildeten Mittelwert eines Feldes in Abhängigkeit von der entsprechenden Makrogröße aus. Aus (8.65a) und (8.65b) wird damit

$$C^{*\,(a)} = \sum_{\alpha=1}^{n} c_\alpha \, C_\alpha : A_\alpha \qquad \text{bzw.} \qquad C^{*\,(b)} = \left(\sum_{\alpha=1}^{n} c_\alpha \, C_\alpha^{-1} : B_\alpha \right)^{-1} , \quad (8.75)$$

wobei wegen

$$\sum_{\alpha=1}^{n} c_\alpha A_\alpha = 1 \, , \qquad \sum_{\alpha=1}^{n} c_\alpha B_\alpha = 1 \qquad (8.76)$$

zur Darstellung der effektiven elastischen Konstanten C^* nur die Einflusstensoren A_α oder B_α von $n - 1$ Phasen benötigt werden.

Der Einfachheit halber werden wir uns im folgenden auf ein zweiphasiges Material beschränken; die diskutierten Methoden gelten jedoch allgemein. Bezeichnen wir die eine Phase als Matrix (M) und die andere als Inhomogenität (I), so folgt aus (8.75) und (8.76)

$$C^{*\,(a)} = C_M + c_I (C_I - C_M) : A_I \tag{8.77a}$$

bzw.

$$C^{*\,(b)} = \left(C_M^{-1} + c_I (C_I^{-1} - C_M^{-1}) : B_I\right)^{-1}. \tag{8.77b}$$

Diese Beziehungen sind nicht unmittelbar auf den Spezialfall einer homogenen Matrix anwendbar, die als zweite "Phase" Hohlräume oder Risse enthält. In diesem Fall drücken wir die lineare Abhängigkeit der in (8.50a), (8.50b) definierten mittleren Hohlraum- oder Rissverzerrung $\langle \varepsilon \rangle_c$ von den jeweils vorgegebenen Makrogrößen ε^0 bzw. σ^0 durch Einflusstensoren D und H aus:

$$\langle \varepsilon \rangle_c = D : \langle \varepsilon \rangle \quad \text{für} \quad \langle \varepsilon \rangle = \varepsilon^0 \quad , \quad \langle \varepsilon \rangle_c = H : \langle \sigma \rangle \quad \text{für} \quad \langle \sigma \rangle = \sigma^0 . \tag{8.78}$$

Mit (8.53) ergibt sich dann aus (8.64) für die effektiven elastischen Konstanten

$$C^{*\,(a)} = C_M : (1 - D) \quad \text{bzw.} \quad C^{*\,(b)} = \left[C_M^{-1} + H\right]^{-1}. \tag{8.79}$$

In Anbetracht der Tatsache, dass Hohlräume und Risse eine Reduktion der effektiven Steifigkeit eines Materials bewirken, kann der Einflusstensor D auch als *Schädigungsmaß* interpretiert werden (vgl. Kapitel 9), während H eine zusätzliche Nachgiebigkeit beschreibt.

Im folgenden werden wir einige Approximationen, Modelle und Methoden diskutieren, die eine näherungsweise Bestimmung effektiver elastischer Eigenschaften erlauben.

8.3.2.2 Voigt- und Reuss-Approximation

In einem homogenen Material folgen aus den Randbedingungen (8.60a) oder (8.60b) homogene Spannungen und Verzerrungen. Für einen heterogenen Volumenbereich besteht daher die einfachste Näherung darin, in Einklang mit den Randbedingungen (a) oder (b) je eines der Mikrofelder als konstant zu approximieren.

Setzt man nach VOIGT, 1889 (Woldemar Voigt, 1850-1919) die Verzerrungen in V als konstant an ($\varepsilon = \langle \varepsilon \rangle = const$), so folgt aus (8.62a) für den Einflusstensor $A = 1$. Nach (8.65a) bzw. (8.75) wird der effektive Elastizitätstensor in diesem Fall durch den *Mittelwert der Steifigkeiten* angenähert:

$$\boxed{C^*_{(\text{Voigt})} = \langle C \rangle = \sum_{\alpha=1}^{n} c_\alpha C_\alpha}\ . \tag{8.80a}$$

Analog dazu geht der Ansatz von REUSS, 1929 (Andras Reuss, 1900-1968) von einem konstanten Spannungsfeld aus ($\sigma = \langle \sigma \rangle = const$), was der Approximation $B = 1$ in (8.62b) entspricht. Dies führt nach (8.65b) bzw. (8.75) als Näherung für den effektiven Nachgiebigkeitstensor auf die *mittlere Nachgiebigkeit*

$$\boxed{C^{*\,-1}_{(\text{Reuss})} = \langle C^{-1} \rangle = \sum_{\alpha=1}^{n} c_\alpha C_\alpha^{-1}}\ . \tag{8.80b}$$

Für den Sonderfall diskreter Phasen aus *isotropem* Material ergeben sich daraus für den effektiven Kompressions- und Schubmodul die Näherungen

$$K^*_{(\text{Voigt})} = \sum_{\alpha=1}^{n} c_\alpha K_\alpha\ , \qquad \mu^*_{(\text{Voigt})} = \sum_{\alpha=1}^{n} c_\alpha \mu_\alpha \tag{8.81a}$$

bzw.

$$K^{*\,-1}_{(\text{Reuss})} = \sum_{\alpha=1}^{n} \frac{c_\alpha}{K_\alpha}\ , \qquad \mu^{*\,-1}_{(\text{Reuss})} = \sum_{\alpha=1}^{n} \frac{c_\alpha}{\mu_\alpha}\ . \tag{8.81b}$$

Man beachte, dass danach das makroskopische Verhalten immer als isotrop approximiert wird, obwohl in Wirklichkeit eine Anisotropie aufgrund der geometrischen Anordnung der Phasen vorliegen kann (z.B. faserverstärkte Materialien).

Im Fall einer Matrix mit Hohlräumen oder Rissen führt die verschwindende Steifigkeit bzw. unendliche Nachgiebigkeit dieser Defektphase auf die Voigt- und Reuss-Approximationen

$$C^*_{(\text{Voigt})} = c_\text{M} C_\text{M} \qquad \text{bzw.} \qquad C^*_{(\text{Reuss})} = 0\ . \tag{8.82}$$

Ist hingegen eine der Phasen starr (z.B. $C_\text{I} \to \infty$), so erhält man

$$C^*_{(\text{Voigt})} \to \infty \qquad \text{bzw.} \qquad C^*_{(\text{Reuss})} = \frac{1}{c_\text{M}} C_\text{M}\ . \tag{8.83}$$

Die Approximation effektiver elastischer Eigenschaften durch die mittleren Steifigkeiten bzw. mittleren Nachgiebigkeiten wird gelegentlich auch als "Mischungsregel" bezeichnet. Sie ist nur in den eindimensionalen Sonderfällen einer "Parallelschaltung" unterschiedlicher Materialien (Voigt) oder einer "Reihenschaltung" (Reuss) exakt. Im allgemeinen wird bei Annahme konstanter Verzerrungen das lokale Gleichgewicht (z.B. an Phasengrenzen) und bei konstanten Spannungen die Kompatibilität der Deformation verletzt. Neben diesem offensichtlichen Defizit haben die einfachen Ansätze von Voigt und Reuss jedoch den Vorteil, dass die resultierenden Approximationen exakte Schranken für die tatsächlichen effektiven elastischen Konstanten eines heterogenen Materials darstellen. In Abschnitt 8.3.3.1 werden wir zeigen, dass $K^*_{(\text{Reuss})} \leq K^* \leq K^*_{(\text{Voigt})}$, $\mu^*_{(\text{Reuss})} \leq \mu^* \leq \mu^*_{(\text{Voigt})}$ gilt.

Da die Voigt- und Reuss-Approximationen häufig sehr weit auseinander liegen, besteht ein pragmatischer Verbesserungsansatz zur Bestimmung der effektiven Konstanten in der Verwendung der Mittelwerte

$$K^* \approx \frac{1}{2}\left(K^*_{(\text{Reuss})} + K^*_{(\text{Voigt})}\right), \qquad \mu^* \approx \frac{1}{2}\left(\mu^*_{(\text{Reuss})} + \mu^*_{(\text{Voigt})}\right). \quad (8.84)$$

8.3.2.3 Wechselwirkungsfreie ("dünne") Defektverteilung

Mit Hilfe der in Abschnitt 8.2.2 bereitgestellten exakten Grundlösungen ist es möglich, mikromechanische Modelle zu entwickeln, die sowohl das lokale Gleichgewicht als auch die Kompatibilität der Deformation gewährleisten. Wir betrachten dabei ein zweiphasiges Material bestehend aus einer homogenen Matrix mit $C_M = const$, die nur eine Sorte jeweils gleicher Defekte (die 2. Phase) enthält. In Hinblick auf die verfügbaren Grundlösungen werden diese entweder als ellipsoidförmige elastische Inhomogenitäten mit $C_I = const$, als Kreislöcher (2D) oder als gerade (2D) bzw. kreisförmige (3D) Risse approximiert.

Die einfachste Situation liegt vor, wenn die Inhomogenitäten bzw. Defekte so "dünn" in einer homogenen Matrix verteilt sind, dass ihre Wechselwirkung untereinander oder mit dem Rand des betrachteten Volumenbereichs (RVE) vernachlässigt werden kann ('dilute distribution'). Nach Abb. 8.16 kann dann jeder Defekt als allein in einem unendlichen Gebiet unter der Wirkung eines homogenen Feldes $\varepsilon^0 = \langle\varepsilon\rangle$ oder $\sigma^0 = \langle\sigma\rangle$ betrachtet werden. Die charakteristischen Abmessungen der Defekte müssen dazu klein sein im Vergleich zu ihren Abständen untereinander und zum Rand des RVE. Die unter dieser Idealisierung gewonnenen Lösungen sind selbst zwar nur für sehr kleine Volumenanteile ($c_I \ll 1$) gültig; sie bilden jedoch den Ausgangspunkt für wichtige Verallgemeinerungen.

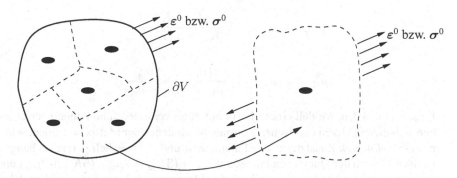

Abb. 8.16 Modell der dünnen Defektverteilung

a) Ellipsoidförmige Inhomogenitäten

Im Fall einer ellipsoidförmigen Inhomogenität Ω ist nach Abschnitt 8.2.2.2 die Verzerrung in der Inhomogenität konstant ($\varepsilon = \langle \epsilon \rangle_{\mathrm{I}}$ in Ω) und über den in (8.35a) eingeführten Einflusstensor A_{I}^{∞} gegeben. Nach (8.77a) lautet also der effektive Elastizitätstensor für ein Material mit dünn verteilten ellipsoidförmigen Inhomogenitäten gleicher Orientierung, gleicher Achsenverhältnisse und dem Volumenanteil c_{I}

$$C^{*\,(a)}_{(\mathrm{DD})} = C_{\mathrm{M}} + c_{\mathrm{I}}(C_{\mathrm{I}} - C_{\mathrm{M}}) : A_{\mathrm{I}}^{\infty} , \qquad (8.85a)$$

wobei (DD) für 'dilute distribution' steht. Einsetzen von (8.35a) führt auf die Darstellung

$$\boxed{C^{*\,(a)}_{(\mathrm{DD})} = C_{\mathrm{M}} + c_{\mathrm{I}}(C_{\mathrm{I}} - C_{\mathrm{M}}) : \left[1 + S_{\mathrm{M}} : C_{\mathrm{M}}^{-1} : (C_{\mathrm{I}} - C_{\mathrm{M}}) \right]^{-1}} \qquad (8.85b)$$

mit dem vom Matrixmaterial abhängigen Eshelby-Tensor S_{M}. Liegen mehrere Sorten von ellipsoidförmigen Inhomogenitäten mit z.B. unterschiedlicher Orientierung vor, so ist von (8.75) auszugehen, wobei die individuellen Einflusstensoren A_{α}^{∞} dann über den Eshelby-Tensor die jeweilige Orientierung der Ellipsoide wiederspiegeln.

In (8.85a,b) kommt durch das hochgestellte (a) zum Ausdruck, dass dieses Resultat nur für den Fall (a) vorgegebener Makroverzerrungen gilt. Wertet man das Modell der dünnen Defektverteilung für vorgegebene Makrospannungen (b) aus, so kommt man bei endlichem Volumenanteil c_{I} zu einem von $C^{*\,(a)}_{(\mathrm{DD})}$ abweichenden Ergebnis.

Im Gegensatz zur Voigt- oder Reuss-Approximation ist das durch (8.85a,b) beschriebene effektive Stoffverhalten auch bei isotropem Material der beiden Phasen im allgemeinen anisotrop aufgrund einer im Eshelby-Tensor berücksichtigten möglichen Vorzugsorientierung der Ellipsoide. Im Sonderfall kugelförmiger isotroper Inhomogenitäten in einer isotropen Matrix ist auch das makroskopische (effektive) Verhalten isotrop, und (8.85b) kann mit (8.10) bzw. (8.12) in den volumetrischen und den deviatorischen Anteil aufgespalten werden:

$$K^{*}_{(\mathrm{DD})} = K_{\mathrm{M}} + c_{\mathrm{I}} \frac{(K_{\mathrm{I}} - K_{\mathrm{M}})\,K_{\mathrm{M}}}{K_{\mathrm{M}} + \alpha\,(K_{\mathrm{I}} - K_{\mathrm{M}})} ,$$

$$\qquad\qquad\qquad\qquad\qquad\qquad\qquad\qquad\qquad (8.86)$$

$$\mu^{*}_{(\mathrm{DD})} = \mu_{\mathrm{M}} + c_{\mathrm{I}} \frac{(\mu_{\mathrm{I}} - \mu_{\mathrm{M}})\,\mu_{\mathrm{M}}}{\mu_{\mathrm{M}} + \beta\,(\mu_{\mathrm{I}} - \mu_{\mathrm{M}})} .$$

Entsprechend dem Modell einer Matrix mit dünn verteilten Inhomogenitäten ergeben sich die effektiven elastischen Konstanten aus denen der Matrix und einem (kleinen) in c_{I} *linearen* Zusatzterm. Die Parameter α und β des Eshelby-Tensors hängen nach (8.11) von der Querkontraktionszahl $\nu_{\mathrm{M}} = (3K_{\mathrm{M}} - 2\mu_{\mathrm{M}})/(6K_{\mathrm{M}} + 2\mu_{\mathrm{M}})$ und damit von beiden Moduli K_{M} und μ_{M} des Matrixmaterials ab. Sie bewirken daher eine Kopplung der Kompressions- und Schubsteifigkeit. Der effektive Elastizitätsmodul kann aus $E^{*} = 9K^{*}\mu^{*}/(3K^{*} + \mu^{*})$ bestimmt werden.

Wir betrachten abschließend noch den Spezialfall starrer kugelförmiger Inhomogenitäten (K_I, $\mu_I \to \infty$) in einer inkompressiblen Matrix ($K_M \to \infty$). Mit dem Wert $\beta = 2/5$ aus (8.11) führt (8.86) auf ein makroskopisch inkompressibles Material mit

$$\mu^*_{(DD)} = \mu_M \left(1 + \frac{5}{2} c_I \right) . \qquad (8.87)$$

Beachtet man die Analogie zwischen der linearen Elastizitätstheorie und einem Newtonschen (linear viskosen) Fluid, so entspricht dieses Resultat genau der von A. EINSTEIN (1906) gefundenen Beziehung für die effektive Viskosität einer Suspension aus einem zähen Fluid und starren Partikeln.

b) Kreislöcher (2D)

Als zweiten Anwendungsfall des Modells der dünnen Defektverteilung behandeln wir eine unendlich ausgedehnte isotrope Scheibe im ESZ mit Kreislöchern vom Radius a (Abb. 8.17). Aufgrund der vernachlässigten Wechselwirkung erhält man die mittlere Verzerrung $\langle \varepsilon_{ij} \rangle_c$ jedes einzelnen Loches bei homogener äußerer Belastung σ^0_{ij} mittels (8.50a) durch Integration der Grundlösung (8.37) über den Lochrand:

$$\langle \varepsilon_{ij} \rangle_c = \frac{1}{2A} \int_0^{2\pi} (u_i n_j + u_j n_i) \, a \, d\varphi . \qquad (8.88)$$

Darin sind $u_1 = u_r \cos\varphi - u_\varphi \sin\varphi$, $u_2 = u_r \sin\varphi + u_\varphi \cos\varphi$, $n_1 = \cos\varphi$, $n_2 = \sin\varphi$. In diesem zweidimensionalen Problem erfolgt die Mittelung über die Fläche A der Scheibe, so dass statt des Flächenintegrals in (8.50a) nur ein Kurvenintegral auszuwerten ist.

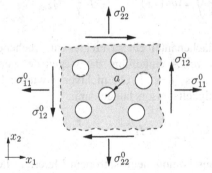

Abb. 8.17 Scheibe mit Kreislöchern

Aus dem Zusammenhang (8.78) zwischen mittlerer Lochverzerrung und äußerer Belastung σ^0 ergibt sich der zusätzliche Nachgiebigkeitstensor H^∞, mit dem nach (8.79) der effektive Elastizitätstensor bei dünner Defektverteilung dargestellt werden kann:

$$\boxed{C^{*\,(b)}_{(DD)} = \left[C^{-1}_M + H^\infty \right]^{-1}} . \qquad (8.89)$$

Die nichtverschwindenden Komponenten von $\boldsymbol{H}^\infty$ lauten

$$H_{1111}^\infty = H_{2222}^\infty = \frac{3c}{E} , \qquad H_{1122}^\infty = H_{2211}^\infty = -\frac{c}{E} ,$$

$$H_{1212}^\infty = H_{2121}^\infty = H_{1221}^\infty = H_{2112}^\infty = \frac{4c}{E} \qquad (8.90)$$

mit dem Flächenanteil $c = \pi a^2/A$ der Löcher und dem Elastizitätsmodul E des Matrixmaterials. Mit $C_{1111}^{-1} = 1/E$ und $C_{1212}^{-1} = 1/2\mu$ lassen sich daraus der effektive Elastizitäts- und Schubmodul ableiten:

$$E_{(\mathrm{DD})}^* = \frac{E}{1+3c} \approx E\,(1-3c) , \quad \mu_{(\mathrm{DD})}^* = \frac{E}{2(1+\nu+4c)} \approx \mu\,(1 - \frac{4c}{1+\nu}) . \quad (8.91)$$

Wie zu erwarten nehmen beide Steifigkeiten mit wachsendem Lochanteil ab.

c) Gerade Risse (2D)
Genau wie beim Kreisloch lässt sich für einen geraden Riss der Länge $2a$ dessen mittlere Verzerrung gemäß (8.50b) bei homogener äußerer Belastung aus der Grundlösung (8.38) ermitteln (vgl. Abb. 8.11b):

$$\langle \varepsilon_{11} \rangle_c = 0$$

$$\langle \varepsilon_{12} \rangle_c = \frac{1}{2A} \int_{-a}^{a} \Delta u_1(x_1)\,\mathrm{d}x_1 = \frac{a^2}{A}\,\frac{\pi}{E}\,\sigma_{12}^0 = f\,\frac{\pi}{E}\,\sigma_{12}^0 \qquad (8.92)$$

$$\langle \varepsilon_{22} \rangle_c = \frac{1}{A} \int_{-a}^{a} \Delta u_2(x_1)\,\mathrm{d}x_1 = f\,\frac{2\pi}{E}\,\sigma_{22}^0 .$$

Dem Volumen- oder Flächenanteil eines Defektes entsprechend wurde hier der *Rissdichteparameter* $f = a^2/A$ eingeführt, der wegen der vorausgesetzten dünnen Verteilung klein sein muss: $f \ll 1$. Die nichtverschwindenden Komponenten des zusätzlichen Nachgiebigkeitstensors lauten damit

$$H_{1212}^\infty = H_{2121}^\infty = H_{1221}^\infty = H_{2112}^\infty = f\,\frac{\pi}{E} , \qquad H_{2222}^\infty = f\,\frac{2\pi}{E} . \qquad (8.93)$$

Für eine Scheibe aus homogenem isotropem Material, die *parallele* Risse der einheitlichen Länge $2a$ enthält (Abb. 8.18a), ergeben sich nach (8.89) die effektiven elastischen Konstanten

$$E_{1\,(\mathrm{DD})}^* = E , \qquad E_{2\,(\mathrm{DD})}^* = \frac{E}{1+2\pi f} \approx E\,(1 - 2\pi f) ,$$

$$\mu_{12\,(\mathrm{DD})}^* = \frac{E}{2(1+\nu+\pi f)} \approx \mu\,(1 - \frac{\pi f}{1+\nu}) . \qquad (8.94)$$

Aufgrund der ausgezeichneten Rissorientierung ist das effektive Materialverhalten hier *anisotrop* mit einer normal zu den Rissen geringeren Steifigkeit.

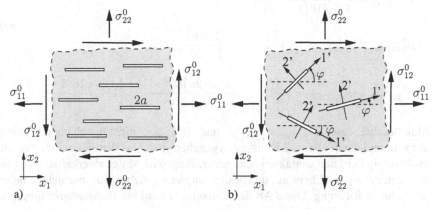

Abb. 8.18 a) Parallele und b) statistisch gleichverteilte Rissorientierung

Liegen die Risse hingegen mit *statistisch gleichverteilten* Orientierungen vor (Abb. 8.18b), so kann im Rahmen des Modells der dünnen Verteilung der zusätzliche Nachgiebigkeitstensor (8.93) der Einzelbeiträge über alle Orientierungen gemittelt werden zu

$$H_{ijkl}^{\infty} = \frac{1}{2\pi} \int\limits_{0}^{2\pi} H_{i'j'k'l'}^{\infty}(\varphi)\,\mathrm{d}\varphi \;\rightsquigarrow\; H_{1111}^{\infty} = H_{1212}^{\infty} = H_{2121}^{\infty} = H_{2222}^{\infty} = f\,\frac{\pi}{E}\,. \quad (8.95)$$

Da das Material dann auch makroskopisch keine ausgezeichnete Richtung besitzt, ist das effektive Verhalten isotrop mit

$$E_{(DD)}^{*} = \frac{E}{1+\pi f} \approx E\,(1-\pi f)\,, \quad \mu_{(DD)}^{*} = \frac{F_{,}}{2(1+\nu+\pi f)} \approx \mu\,(1-\frac{\pi f}{1+\nu})\,. \quad (8.96)$$

d) Kreisförmige ('penny shaped') Risse (3D)
Mit der gleichen Vorgehensweise wie zuvor erhält man aus der Grundlösung (8.39) für einen kreisförmigen Riss vom Radius a im unendlichen Gebiet unter der Belastung σ_{ij}^{0} den zusätzlichen Nachgiebigkeitstensor aus (8.50b) und (8.78). Im lokalen Koordinatensystem mit der Rissnormalen in x_3-Richtung lauten dessen nichtverschwindende Komponenten

$$H_{3333}^{\infty} = f\,\frac{16(1-\nu^2)}{3E}\,, \qquad H_{1313}^{\infty} = H_{2323}^{\infty} = f\,\frac{32(1-\nu^2)}{3E(2-\nu)}\,, \quad (8.97)$$

wobei der Rissdichteparameter nun (3D) durch $f = a^3/V$ definiert ist. Damit ergeben sich die effektiven elastischen Konstanten eines Materials, das aus einer isotropen Matrix mit dünn verteilten *parallelen* und gleich großen Rissen besteht, zu

$$E_{1\,(DD)}^* = E_{2\,(DD)}^* = E\,, \quad \nu_{12\,(DD)}^* = \nu\,, \quad \mu_{12\,(DD)}^* = \mu = \frac{E}{2(1+\nu)}\,,$$

$$E_{3\,(DD)}^* = \frac{3E}{3 + f16(1 - \nu^2)}\,,$$

$$\mu_{13\,(DD)}^* = \mu_{23\,(DD)}^* = \mu \left[1 + f\frac{16(1-\nu)}{3(2-\nu)}\right]^{-1}\,,$$

$$\nu_{13\,(DD)}^* = \nu_{23\,(DD)}^* = \nu \left[1 + f\frac{16(1-2\nu)(\nu^2-1)}{3\nu(2-\nu)}\right]\left[1 + f\frac{16(1-\nu^2)}{3}\right]^{-1}\,.$$

(8.98)

Man beachte, dass $E_{1\,(DD)}^*$, $\nu_{12\,(DD)}^*$ und $\mu_{12\,(DD)}^*$ nicht unabhängig voneinander sind und durch alleine 2 Konstanten gegeben sind. Das damit durch insgesamt 5 unabhängige Größen charakterisierte makroskopische Materialverhalten weist Isotropie in der x_1, x_2-Ebene auf und besitzt mit der x_3-Achse (Rissnormale) eine ausgezeichnete Richtung. Diese Art der Anisotropie wird als *Transversalisotropie* bezeichnet (vgl. (1.41), (1.42)).

Bei gleichhäufigem Auftreten aller möglichen Rissorientierungen ist das makroskopische Verhalten wieder isotrop. Die Mittelung

$$H_{ijkl}^\infty = \frac{1}{4\pi} \int\limits_0^{2\pi} \int\limits_0^{\pi} H_{i'j'k'l'}^\infty(\varphi, \vartheta)\, \cos\vartheta\, d\vartheta\, d\varphi$$

von (8.97) über alle Raumrichtungen liefert

$$H_{1111}^\infty = H_{2222}^\infty = H_{3333}^\infty = \frac{f}{E}\,\frac{16(1-\nu^2)(10-3\nu)}{45(2-\nu)}$$

$$H_{1122}^\infty = H_{2233}^\infty = H_{3311}^\infty = -\frac{f}{E}\,\frac{16\nu(1-\nu^2)}{45(2-\nu)}$$

(8.99)

$$H_{1212}^\infty = H_{2323}^\infty = H_{3131}^\infty = \frac{f}{E}\,\frac{32(1-\nu^2)(5-\nu)}{45(2-\nu)}\,,$$

woraus die effektiven Elastizitätskonstanten

$$E_{(DD)}^* = E\left[1 + f\,\frac{16(1-\nu^2)(10-3\nu)}{45(2-\nu)}\right]^{-1} \approx E\left[1 - f\,\frac{16(1-\nu^2)(10-3\nu)}{45(2-\nu)}\right]\,,$$

(8.100)

$$\mu_{(DD)}^* = \mu\left[1 + f\,\frac{32(1-\nu)(5-\nu)}{45(2-\nu)}\right]^{-1} \approx \mu\left[1 - f\,\frac{32(1-\nu)(5-\nu)}{45(2-\nu)}\right]$$

folgen.

8.3.2.4 Mori-Tanaka-Modell

Die Approximation einer dünnen, wechselwirkungsfreien Defektverteilung ist gleich-bedeutend mit der Annahme, dass in hinreichendem Abstand von einem Defekt näherungsweise das konstante Verzerrungs- bzw. Spannungsfeld ε^0 bzw. σ^0 der vorgegebenen äußeren Belastung wirkt. Diese Annahme ist ein erster Ansatzpunkt zu einer Verfeinerung des Modells in Hinblick auf die Berücksichtigung der Wechselwirkung von Defekten und damit ihres endlichen Volumenanteils. Im Mori-Tanaka-Modell (1973) wird dazu das Verzerrungs- oder Spannungsfeld in der Matrix in hinreichend großem Abstand von einem Defekt durch den Mittelwert $\langle\varepsilon\rangle_{\mathrm{M}}$ bzw. $\langle\sigma\rangle_{\mathrm{M}}$ approximiert (Abb. 8.19). Die Belastung eines jeden Defektes hängt somit über die mittlere Matrixverzerrung $\langle\varepsilon\rangle_{\mathrm{M}}$ bzw. Matrixspannung $\langle\sigma\rangle_{\mathrm{M}}$ vom Vorhandensein weiterer Defekte ab. Allerdings wird bei dieser Wechselwirkung die Fluktuation der Felder vernachlässigt.

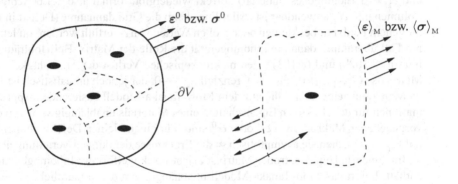

Abb. 8.19 Defektwechselwirkung bei Mori-Tanaka-Modell

Durch die idealisierte Betrachtung eines einzelnen Defektes in einer unendlich ausgedehnten Matrix unter einer homogenen *effektiven Belastung* $\langle\varepsilon\rangle_{\mathrm{M}}$ bzw. $\langle\sigma\rangle_{\mathrm{M}}$ entspricht das Mori-Tanaka-Modell formal dem der dünnen Verteilung (vgl. Abb. 8.16) und gestattet die Verwendung der bereits bekannten Tensoren A_{I}^{∞} und H^{∞} zur Beschreibung der mittleren Defektverzerrung:

$$\langle\varepsilon\rangle_{\mathrm{I}} = A_{\mathrm{I}}^{\infty} : \langle\varepsilon\rangle_{\mathrm{M}} \qquad \text{bzw.} \qquad \langle\varepsilon\rangle_c = H^{\infty} : \langle\sigma\rangle_{\mathrm{M}} . \qquad (8.101)$$

Zur Darstellung der effektiven Materialeigenschaften wird die mittlere Defektverzerrung in Abhängigkeit von den Makrogrößen $\langle\varepsilon\rangle = \varepsilon^0$ bzw. $\langle\sigma\rangle = \sigma^0$ benötigt (vgl. (8.73)); wir eliminieren daher die Matrixgrößen $\langle\varepsilon\rangle_{\mathrm{M}}$ und $\langle\sigma\rangle_{\mathrm{M}}$. Mit $\langle\varepsilon\rangle = c_{\mathrm{M}}\langle\varepsilon\rangle_{\mathrm{M}} + c_{\mathrm{I}}\langle\varepsilon\rangle_{\mathrm{I}}$ führt (8.101) im Fall ellipsoidförmiger Inhomogenitäten auf $\langle\varepsilon\rangle_{\mathrm{I}} = A_{\mathrm{I\,(MT)}} : \langle\varepsilon\rangle$, wobei

$$A_{\mathrm{I\,(MT)}} = \left[c_{\mathrm{I}}\mathbf{1} + c_{\mathrm{M}}A_{\mathrm{I}}^{\infty-1}\right]^{-1} = \left[\mathbf{1} + c_{\mathrm{M}}\,S_{\mathrm{M}} : C_{\mathrm{M}}^{-1} : (C_{\mathrm{I}} - C_{\mathrm{M}})\right]^{-1} \qquad (8.102a)$$

der Einflusstensor des Mori-Tanaka-Modells ist. Bei Hohlräumen und Rissen geht (8.101) mit $\langle \boldsymbol{\sigma} \rangle = c_{\mathrm{M}} \langle \boldsymbol{\sigma} \rangle_{\mathrm{M}}$ in $\langle \boldsymbol{\varepsilon} \rangle_c = \boldsymbol{H}_{(\mathrm{MT})} : \langle \boldsymbol{\sigma} \rangle$ über mit dem zusätzlichen Nachgiebigkeitstensor

$$\boldsymbol{H}_{(\mathrm{MT})} = \frac{1}{c_{\mathrm{M}}} \, \boldsymbol{H}^{\infty} \, . \tag{8.102b}$$

Als effektive elastische Konstanten erhält man damit nach (8.77a) bzw. (8.79) für die beiden Defektklassen

$$\boldsymbol{C}^{*}_{(\mathrm{MT})} = \begin{cases} \boldsymbol{C}_{\mathrm{M}} + c_{\mathrm{I}} (\boldsymbol{C}_{\mathrm{I}} - \boldsymbol{C}_{\mathrm{M}}) : \boldsymbol{A}_{\mathrm{I}\,(\mathrm{MT})} & \text{(Ellipsoide)} \\[2mm] \left[\boldsymbol{C}_{\mathrm{M}}^{-1} + \boldsymbol{H}_{(\mathrm{MT})} \right]^{-1} & \text{(Hohlräume, Risse)} \end{cases} \, . \tag{8.103}$$

Aus den Gleichungen (8.102a) und (8.103) erkennt man, dass das Mori-Tanaka-Modell – im Gegensatz zum Modell der dünnen Verteilung – die Grenzfälle $c_{\mathrm{I}} = 0$ und $c_{\mathrm{I}} = 1$ (homogenes Material) korrekt wiedergibt, formal also bei beliebigem Volumenanteil c_{I} anwendbar ist. Allerdings kann die Grundannahme (Defekt in homogenem Feld) nur bei kleinen oder großen Werten von c_{I} erfüllt werden. Im letzteren Fall übernimmt dann die Inhomogenität die Rolle der Matrix. Bei Hohlräumen liefern (8.102b) und (8.103) einen makroskopischen Verlust der Tragfähigkeit des Materials ($\boldsymbol{C}^{*}_{(\mathrm{MT})} \to 0$) für den Grenzfall $c_{\mathrm{M}} \to 0$, der jedoch unrealistisch ist.

Man kann zeigen, dass die auf dem Mori-Tanaka-Modell basierenden Approximationen für die effektiven Eigenschaften eines Materials unabhängig vom Typ der vorgegebenen Makrogrößen $\boldsymbol{\varepsilon}^0$ oder $\boldsymbol{\sigma}^0$ sind. Für einen kleinen Defektvolumenanteil ($c_{\mathrm{I}} \ll 1$) gehen sie asymptotisch in die Ergebnisse der dünnen Verteilung über.

Im Sonderfall einer isotropen Matrix, die isotrope kugelförmige Inhomogenitäten enthält, liefert das Mori-Tanaka-Modell unabhängig von deren räumlicher Anordnung ein isotropes effektives Verhalten mit den elastischen Konstanten (vgl. (8.86))

$$K^{*}_{(\mathrm{MT})} = K_{\mathrm{M}} + c_{\mathrm{I}} \, \frac{(K_{\mathrm{I}} - K_{\mathrm{M}}) \, K_{\mathrm{M}}}{K_{\mathrm{M}} + \alpha \, (1 - c_{\mathrm{I}}) \, (K_{\mathrm{I}} - K_{\mathrm{M}})} \, ,$$

$$\mu^{*}_{(\mathrm{MT})} = \mu_{\mathrm{M}} + c_{\mathrm{I}} \, \frac{(\mu_{\mathrm{I}} - \mu_{\mathrm{M}}) \, \mu_{\mathrm{M}}}{\mu_{\mathrm{M}} + \beta \, (1 - c_{\mathrm{I}}) \, (\mu_{\mathrm{I}} - \mu_{\mathrm{M}})} \, . \tag{8.104}$$

Eine aus der geometrischen Defektanordnung möglicherweise resultierende makroskopische Anisotropie ist also mit diesem Modell (wie beim Modell der dünnen Verteilung) nicht wiedergebbar. Man beachte, dass die effektiven Konstanten (8.104) im Gegensatz zu (8.86) nun nichtlinear von der Konzentration c_{I} der Inhomogenitäten abhängen. Sie reduzieren sich im Grenzfall starrer Kugeln ($K_{\mathrm{I}}, \mu_{\mathrm{I}} \to \infty$) in einer inkompressiblen Matrix ($K_{\mathrm{M}} \to \infty$, $\beta = 2/5$) auf (vgl. (8.87))

$$\mu^{*}_{(\mathrm{MT})} = \mu_{\mathrm{M}} \left(1 + \frac{5}{2} \, \frac{c_{\mathrm{I}}}{(1 - c_{\mathrm{I}})} \right) \, . \tag{8.105}$$

Für das 2D-Beispiel einer Scheibe im ESZ mit Kreislöchern vom Flächenanteil c nach Abb. 8.17 liefert die Mori-Tanaka-Methode durch Einsetzen von (8.90) in (8.102b), (8.103)

$$E^*_{(MT)} = E\,\frac{1-c}{1+2c}\,, \qquad \mu^*_{(MT)} = \mu\,\frac{(1-c)(1+\nu)}{1+\nu+c\,(3-\nu)}\,. \tag{8.106}$$

Risse haben aufgrund ihres verschwindenden Volumens ($c_M = 1$) keinen Einfluss auf die mittlere Spannung: $\langle\sigma\rangle_M = \langle\sigma\rangle$. Dadurch erhalten wir mit dem Mori-Tanaka-Modell für ein Material mit geraden oder kreisförmigen Rissen die gleichen effektiven elastischen Konstanten, wie unter der Annahme der dünnen Rissverteilung bei vorgegebenen Makrospannungen (siehe (8.94), (8.96), (8.98) bzw. (8.100)). Auf Risse angewendet sagt das Mori-Tanaka-Modell demnach auch bei beliebig hoher Rissdichte keinen Verlust der makroskopischen Tragfähigkeit voraus.

8.3.2.5 Selbstkonsistenzmethode

Bei der analytischen Bestimmung effektiver Materialeigenschaften beschränkt man sich wegen der Verfügbarkeit geschlossener Grundlösungen in der Regel auf die Betrachtung eines Einzeldefektes im unendlichen Gebiet. Die Wechselwirkung von Defekten hatten wir dabei im vorigen Abschnitt durch geeignete Approximation der Belastung der einzelnen Defekte berücksichtigt, wofür ihr hinreichender Abstand in einer homogenen Matrix Voraussetzung war. Diese Situation ist jedoch häufig nicht gegeben. So grenzen z.B. bei einem Polykristall die Inhomogenitäten in Form einzelner Körner direkt aneinander und es liegt gar keine ausgezeichnete Matrixphase vor. In Hinblick auf diesen Anwendungsfall wurde die Selbstkonsistenzmethode entwickelt. Bei ihr wird die gesamte Umgebung jedes einzelnen Defektes zu einer unendlich ausgedehnten homogenen Matrix *verschmiert*, deren elastische Eigenschaften gerade durch die zu bestimmenden effektiven Eigenschaften des heterogenen Materials gegeben sind (Abb. 8.20). Die Lösung des entsprechenden Randwertproblems (Einzeldefekt unter Belastung $\varepsilon^0 = \langle\varepsilon\rangle$ bzw. $\sigma^0 = \langle\sigma\rangle$) im Innern des Defektes ergibt sich formal aus der Lösung bei dünner Defektverteilung indem die Matrixeigenschaften durch die effektiven Eigenschaften ersetzt werden (vgl. Abb. 8.16). Für die mittlere Defektverzerrung und die Einflusstensoren gilt dementsprechend bei ellipsoidförmigen Inhomogenitäten

$$\langle\varepsilon\rangle_I = A_{I\,(SK)} : \langle\varepsilon\rangle\,, \tag{8.107a}$$

$$A_{I\,(SK)} = A_I^\infty\,(C_M = C^*) = \left[1 + S^* : C^{*-1} : (C_I - C^*)\right]^{-1}$$

und bei Hohlräumen und Rissen

$$\langle\varepsilon\rangle_c = H_{(SK)} : \langle\sigma\rangle\,, \qquad H_{(SK)} = H^\infty(C_M = C^*)\,. \tag{8.107b}$$

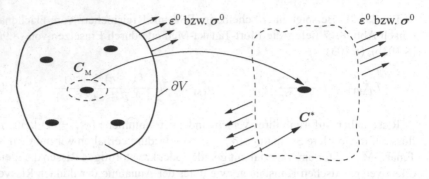

Abb. 8.20 Modell der Selbstkonsistenzmethode

Die effektiven elastischen Eigenschaften ergeben sich durch Einsetzen in (8.77a) bzw. (8.79). Von ihnen fordern wir, dass sie gerade die zur Darstellung der Einflusstensoren in (8.107a), (8.107b) verwendeten effektiven Matrixeigenschaften C^* sind, was den Begriff *Selbstkonsistenz* erklärt. Damit führt die Selbstkonsistenzmethode auf eine implizite Darstellung des effektiven Elastizitätstensors in Form nichtlinearer algebraischer Gleichungen. Diese lauten mit (8.77a) bzw. (8.79)

$$C^*_{(SK)} = \begin{cases} C_M + c_I(C_I - C_M) : A^\infty_I(C^*_{(SK)}) & \text{(Ellipsoide)} \\[2ex] \left[C_M^{-1} + H^\infty(C^*_{(SK)}) \right]^{-1} & \text{(Hohlräume, Risse)} \end{cases} . \qquad (8.108)$$

Wie das Mori-Tanaka-Modell liefert auch die Selbstkonsistenzmethode ein eindeutiges, d.h. von den Makrogrößen unabhängiges Ergebnis, welches die Grenzfälle für einphasiges Material korrekt enthält. Man beachte auch, dass bei der Selbstkonsistenzmethode bereits in dem für die Grundlösung $A^\infty_I(C^*_{(SK)})$ bzw. $H^\infty(C^*_{(SK)})$ anzusetzenden effektiven Materialverhalten eine aus der relativen Defektorientierung oder -anordnung resultierende makroskopische Anisotropie zu berücksichtigen ist. Als Beispiel seien hier parallele Risse genannt, die als Defekte selbst eine ausgezeichnete Richtung besitzen. Aber auch durch Vorzugsrichtungen in der räumlichen Verteilung isotroper Defekte kann eine makroskopische Anisotropie bedingt sein. Nur bei vollständiger (materieller und geometrischer) Isotropie der Mikrostruktur ergibt sich auch ein isotropes effektives Verhalten. Typisches Beispiel hierfür ist eine isotrope Verteilung kugelförmiger Inhomogenitäten aus isotropem Material in einer isotropen Matrix. In diesem Fall lassen sich nach Einsetzen der Parameter $\alpha^*(\nu^*)$, $\beta^*(\nu^*)$ des isotropen Eshelby-Tensors (8.11) die Bestimmungsgleichungen für den effektiven Kompressions- und Schubmodul in der Form

$$0 = \frac{c_{\mathrm{M}}}{K^*_{(\mathrm{SK})} - K_{\mathrm{I}}} + \frac{c_{\mathrm{I}}}{K^*_{(\mathrm{SK})} - K_{\mathrm{M}}} - \frac{3}{3K^*_{(\mathrm{SK})} + 4\mu^*_{(\mathrm{SK})}},$$

$$0 = \frac{c_{\mathrm{M}}}{\mu^*_{(\mathrm{SK})} - \mu_{\mathrm{I}}} + \frac{c_{\mathrm{I}}}{\mu^*_{(\mathrm{SK})} - \mu_{\mathrm{M}}} - \frac{6\left(K^*_{(\mathrm{SK})} + 2\mu^*_{(\mathrm{SK})}\right)}{5\mu^*_{(\mathrm{SK})}\left(3K^*_{(\mathrm{SK})} + 4\mu^*_{(\mathrm{SK})}\right)}$$

(8.109)

angeben. An dieser Darstellung wird deutlich, dass bei der Selbstkonsistenzmethode keine der beteiligten Phasen mehr die ausgezeichnete Rolle einer umgebenden Matrix spielt, was der Situation einer polykristallinen Mikrostruktur oder eines Durchdringungsgefüges gerecht wird.

Für den Sonderfall starrer Kugeln ($K_{\mathrm{I}} \to \infty$, $\mu_{\mathrm{I}} \to \infty$) in einer inkompressiblen Matrix ($K_{\mathrm{M}} \to \infty$) liefert die Selbstkonsistenzmethode im Gegensatz zu (8.87) und (8.105)

$$\mu^*_{(\mathrm{SK})} = \frac{2\mu_{\mathrm{M}}}{2 - 5c_{\mathrm{I}}}.$$

(8.110)

Daraus folgt bereits bei einem Volumenanteil der Kugeln von $c_{\mathrm{I}} = 2/5$ die makroskopische Starrheit des Materials ($\mu^*_{(\mathrm{SK})} \to \infty$). Auch der Sonderfall kugelförmiger Poren ($K_{\mathrm{I}} \to 0$, $\mu_{\mathrm{I}} \to 0$) in einer inkompressiblen Matrix ($K_{\mathrm{M}} \to \infty$) lässt sich direkt aus (8.109) ableiten zu

$$K^*_{(\mathrm{SK})} = \frac{4\mu_{\mathrm{M}}(1 - 2c_{\mathrm{I}})(1 - c_{\mathrm{I}})}{c_{\mathrm{I}}(3 - c_{\mathrm{I}})}, \qquad \mu^*_{(\mathrm{SK})} = \frac{3\mu_{\mathrm{M}}(1 - 2c_{\mathrm{I}})}{3 - c_{\mathrm{I}}}.$$

(8.111)

Hieraus erkennt man, dass die Selbstkonsistenzmethode für ein poröses Material bei einem Porenvolumenanteil von 50% ($c_{\mathrm{I}} = 1/2$) den völligen Verlust der makroskopischen Tragfähigkeit ($K^*_{(\mathrm{SK})} \to 0$, $\mu^*_{(\mathrm{SK})} \to 0$) vorhersagt. Das durch (8.110) und (8.111) beschriebene makroskopische Grenzverhalten eines heterogenen Materials ist qualitativ richtig, da statistisch bereits bei einem Volumenanteil starrer Partikel oder Poren deutlich unterhalb von 1 starre Brücken oder Hohlräume vorliegen, die das gesamte Material durchziehen und dessen effektives Verhalten bestimmen. Man bezeichnet diesen Effekt auch als *Perkolation*; die entsprechende statistische Theorie heißt Perkolationstheorie (s. Abschnitt 3.1.4). Diese vermeintliche Stärke der Selbstkonsistenzmethode wird allerdings dadurch relativiert, dass die zur Homogenisierbarkeit eines heterogenen Materials vorausgesetzte statistische Homogenität (RVE) durch das Vorhandensein solcher Brücken verletzt wird.

Ein weiterer Kritikpunkt an der Selbstkonsistenzmethode liegt in ihrer Vermischung der eigentlich strikt getrennten mikro- und makroskopischen Betrachtungsebenen. So wird ein einzelner, nur auf der Mikroebene "sichtbarer" Defekt in ein nur auf der Makroebene definiertes effektives Medium eingebettet. Um diese Inkonsequenz abzumindern, kann im Rahmen einer *verallgemeinerten Selbstkonsistenzmethode* der Defekt und die unendlich ausgedehnte effektive Matrix durch eine begrenzte Schicht des wahren Matrixmaterials getrennt werden. Auf diese recht aufwendige Methode sei hier jedoch nicht näher eingegangen.

Zum Abschluss wollen wir noch die Ergebnisse der Selbstkonsistenzmethode nach (8.108) für Kreislöcher und Risse auswerten. Beim Problem einer Scheibe mit isotrop verteilten kreisförmigen Löchern (makroskopische Isotropie) ist dazu lediglich in (8.90) der Elastizitätsmodul E der Matrix durch $E^*_{(SK)}$ zu ersetzen, was auf

$$E^*_{(SK)} = E\,(1 - 3\,c)\,, \qquad \mu^*_{(SK)} = \frac{E\,(1 - 3\,c)}{2\,[1 + c + \nu(1 - 3\,c)]} \qquad (8.112)$$

führt. Der völlige Verlust der effektiven Steifigkeit der Scheibe wird danach bereits für einen Flächenanteil an Löchern von $c = 1/3$ vorausgesagt. Experimentell ermittelte oder auf der Perkolationstheorie basierende Werte sind dagegen etwa doppelt so groß (siehe Abb. 8.22).

Die Anwendung der Selbstkonsistenzmethode auf Materialien mit parallelen Rissen erfordert wie schon erwähnt wegen der makroskopischen Anisotropie die etwas aufwendige Grundlösung eines Einzelrisses in einem anisotropen Material (Abschnitt 4.13). Unter Verweis auf die Spezialliteratur (T. MURA, 1982; KACHANOV ET AL., 2003) verzichten wir daher auf eine weitere Behandlung und beschränken uns auf die Situation statistisch gleichverteilter Rissorientierungen, für die das effektive Materialverhalten isotrop ist. Im Fall gerader Risse der Länge $2a$ in einer Scheibe (ESZ) ist dann in (8.95) nur E durch $E^*_{(SK)}$ zu ersetzen. Für den effektiven Elastizitäts- und Schubmodul ergibt sich auf diese Weise

$$E^*_{(SK)} = E\,(1 - \pi f)\,, \qquad \mu^*_{(SK)} = \frac{E\,(1 - \pi f)}{2\,[1 + \nu(1 - \pi f)]}\,. \qquad (8.113)$$

Hiernach wird ein völliger Verlust der makroskopischen Steifigkeit für $f = 1/\pi$ vorhergesagt. Bei diesem Wert ist die von einem Riss bei Variation seiner Richtung überstrichene Fläche πa^2 gleich der Bezugsfläche A des Materials. Für das dreidimensionale Problem kreisförmiger Risse statistisch gleichverteilter Orientierung erhält man den isotropen zusätzlichen Nachgiebigkeitstensor $H_{(SK)} = H^\infty\,(C^*_{(SK)})$ aus (8.99) durch Ersetzen von E und ν durch $E^*_{(SK)}$ und $\nu^*_{(SK)}$, was mit (8.108) auf nichtlineare Gleichungen für die effektiven isotropen Elastizitätskonstanten führt:

$$\frac{\nu^*_{(SK)}}{E^*_{(SK)}} = \frac{\nu}{E} + f\,\frac{16\nu^*_{(SK)}(1 - \nu^{*2}_{(SK)})}{45(2 - \nu^*_{(SK)})E^*_{(SK)}}\,,$$

$$ (8.114)$$

$$\frac{1 + \nu^*_{(SK)}}{E^*_{(SK)}} = \frac{1 + \nu}{E} + f\,\frac{32(1 - \nu^{*2}_{(SK)})(5 - \nu^*_{(SK)})}{45(2 - \nu^*_{(SK)})E^*_{(SK)}}\,.$$

8.3.2.6 Differentialschema

Im Gegensatz zur Selbstkonsistenzmethode, bei der jede Phase des heterogenen Materials mit ihrem vollen Volumenanteil in einem einzigen Schritt in die effektive

Matrix eingebettet wird, basiert das Differentialschema auf einer Unterteilung dieser Einbettung in infinitesimale Schritte. Man kann damit gedanklich die tatsächliche Herstellung eines heterogenen Materials durch schrittweises Einbringen einer Phase (Inhomogenität) in ein ursprünglich homogenes Ausgangsmaterial (Matrix) verbinden, wobei unerheblich ist, welcher Phase die Rolle des Ausgangsmaterials zukommt. Da in jedem Schritt nur ein infinitesimales Volumen dV der Defekt- oder Inhomogenitätsphase mit dem Elastizitätstensor C_I in eine unendlich ausgedehnte homogene Matrix eingebettet wird, sind das Modell der dünnen Verteilung und die entsprechenden Beziehungen für die effektiven Eigenschaften dann exakt. In einem beliebigen Schritt wird die Matrix durch die effektiven Eigenschaften $C^*(c_I)$ charakterisiert, die dem bis dahin eingebetteten Volumenanteil $c_I = V_I/V$ entsprechen.

Die Vorgehensweise ist in Abb. 8.21 anhand einer ellipsoidförmigen Inhomogenität dargestellt. Unter Erhaltung des Gesamtvolumens V wird ein infinitesimales Volumen dV der Inhomogenitätsphase eingebracht, wozu das gleiche Volumen aus dem effektiven Matrixmaterial entfernt werden muss. Dabei ändert sich der Volumenanteil der Inhomogenitätsphase auf $c_I + dc_I$, und ihre Volumenbilanz kann für diesen Vorgang wie folgt geschrieben werden

$$(c_I + dc_I)\, V = c_I\, V - c_I\, dV + dV \qquad \rightsquigarrow \qquad \frac{dV}{V} = \frac{dc_I}{1 - c_I}\,. \qquad (8.115)$$

Weil in diesem Schritt nur ein infinitesimales Volumen dV (Volumenanteil dV/V) eingebettet wird, ist die Beziehung (8.85a) des Modells der dünnen Verteilung exakt und lautet auf die vorliegende Situation angewandt

$$C^*(c_I + dc_I) = \underbrace{C^*(c_I)}_{\text{Matrix}} + \frac{dV}{V}\Big(C_I - \underbrace{C^*(c_I)}_{\text{Matrix}}\Big) : A_I^\infty\,. \qquad (8.116)$$

Darin hängt der Einflusstensor vom effektiven Matrixmaterial ab: $A_I^\infty\,(C^*(c_I))$.

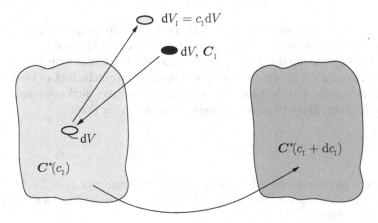

Abb. 8.21 Differentialschema

Mit $C^*(c_I + dc_I) = C^*(c_I) + dC^*(c_I)$ und (8.115) erhält man

$$\boxed{\frac{dC^*(c_I)}{dc_I} = \frac{1}{1 - c_I} \left(C_I - C^*(c_I) \right) : A_I^\infty .}$$ (8.117)

Das Differentialschema führt also auf eine nichtlineare gewöhnliche Differential-gleichung für den effektiven Elastizitätstensor in Abhängigkeit vom Volumenan-teil c_I der eingebetteten Phase. Das Ausgangsmaterial (zweite Phase) tritt nur in der Anfangsbedingung auf: $C^*(c_I = 0) = C_M$. Im Fall der vollständigen (ma-teriellen und geometrischen) Isotropie erhält man aus (8.117) für den effektiven Kompressions- und Schubmodul das folgende gekoppelte Differentialgleichungs-system

$$\frac{dK^*_{(DS)}}{dc_I} = \frac{1}{1 - c_I} \left(K_I - K^*_{(DS)} \right) \frac{3K^*_{(DS)} + 4\mu^*_{(DS)}}{3K_I + 4\mu^*_{(DS)}},$$

(8.118)

$$\frac{d\mu^*_{(DS)}}{dc_I} = \frac{1}{1 - c_I} \left(\mu_I - \mu^*_{(DS)} \right) \frac{5\mu^*_{(DS)} \left(3K^*_{(DS)} + 4\mu^*_{(DS)} \right)}{\mu^*_{(DS)} \left(9K^*_{(DS)} + 8\mu^*_{(DS)} \right) + 6\mu_I \left(K^*_{(DS)} + 2\mu^*_{(DS)} \right)}$$

mit den Anfangsbedingungen $K^*_{(DS)}(c_I = 0) = K_M$, $\mu^*_{(DS)}(c_I = 0) = \mu_M$.

Für das Beispiel starrer Kugeln (I) in einer inkompressiblen Matrix (M) reduziert sich (8.118) auf

$$\frac{d\mu^*_{(DS)}}{dc_I} = \frac{1}{1 - c_I} \frac{5\,\mu^*_{(DS)}}{2}$$ (8.119)

mit der Lösung

$$\mu^*_{(DS)}(c_I) = \frac{\mu_M}{(1 - c_I)^{5/2}} .$$ (8.120)

Im Gegensatz zur Selbstkonsistenzmethode (vgl. (8.110)) liefert das Differential-schema offenbar erst für $c_I \to 1$ die Starrheit des effektiven Materials.

Bei der Anwendung des Differentialschemas auf Materialien mit Hohlräumen oder Rissen sind diese als die einzubettende Phase zu behandeln. Im Fall kreisförmi-ger Löcher in einer Scheibe nach Abb. 8.17 gehen wir dabei direkt von den Bezie-hungen (8.91) bei dünner Lochverteilung aus, die wir in der Form

$$\frac{1}{E^*_{(DD)}} = \frac{1}{E} + c\,\frac{3}{E} , \qquad\qquad \frac{1}{2\mu^*_{(DD)}} = \frac{1}{2\mu} + c\,\frac{4}{E}$$ (8.121)

schreiben. Die inkrementelle Erhöhung dc des Flächenanteils c der Löcher führt dann mit der gleichen Vorgehensweise wie bei den Inhomogenitäten auf die Diffe-rentialgleichungen

$$\frac{\mathrm{d}E_{(\mathrm{DS})}^{*\,-1}}{\mathrm{d}c} = \frac{1}{1-c}\frac{3}{E_{(\mathrm{DS})}^{*}}, \qquad \frac{\mathrm{d}\mu_{(\mathrm{DS})}^{*\,-1}}{\mathrm{d}c} = \frac{1}{1-c}\frac{8}{E_{(\mathrm{DS})}^{*}} \qquad (8.122)$$

mit den Anfangsbedingungen $E_{(\mathrm{DS})}^{*}(c=0) = E$, $\mu_{(\mathrm{DS})}^{*}(c=0) = \mu$. Die erste Differentialgleichung in kann direkt, die zweite erst nach Einsetzen von $E_{(\mathrm{DS})}^{*}(c)$ integriert werden. Dies führt auf die Lösungen

$$E_{(\mathrm{DS})}^{*}(c) = E\,(1-c)^3 , \qquad \mu_{(\mathrm{DS})}^{*}(c) = \mu\,\frac{3(1+\nu)(1-c)^3}{4+(3\nu-1)(1-c)^3} . \qquad (8.123)$$

Ähnlich wie im vorhergehenden Beispiel liefert das Differentialschema im Gegensatz zur Selbstkonsistenzmethode den Grenzfall völligen makroskopischen Steifigkeitsverlustes erst für $c \to 1$.

Zum besseren Vergleich sind die Resultate der verschiedenen Näherungsmethoden für den effektiven Elastizitätsmodul einer Scheibe mit Kreislöchern in Abb. 8.22 einander gegenübergestellt. Zusätzlich angegeben sind experimentelle Ergebnisse

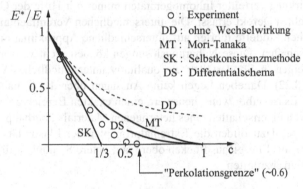

Abb. 8.22 Effektiver Elastizitätsmodul einer Scheibe mit isotrop verteilten Kreislöchern

und die Perkolationsgrenze, die bereits für einen Flächenanteil $c < 1$ den völligen makroskopischen Steifigkeitsverlust ($E^* \to 0$) zeigen. Dies wird quantitativ lediglich von der Selbstkonsistenzmethode (SK) vorhergesagt. Das Modell der dünnen (Loch-) Verteilung (DD) ist voraussetzungsgemäß nur für sehr kleine Werte von c gültig.

In gleicher Weise wie bei Löchern lässt sich das Differentialschema zur Homogenisierung von Materialen mit verteilten Rissen der Rissdichte f anwenden. Unter Verzicht auf die Herleitung sei hier nur das Ergebnis für den isotropen Fall gleichverteilter Risse gleicher Größe im ESZ angegeben:

$$E_{(\mathrm{DS})}^{*}(f) = E(1-f)^\pi , \qquad \mu_{(\mathrm{DS})}^{*}(f) = \mu\,\frac{(1+\nu)(1-f)^\pi}{1+\nu(1-f)^\pi} . \qquad (8.124)$$

Auch hier erfolgt der Verlust der makroskopischen Tragfähigkeit des Materials erst
für den Grenzfall $f \to 1$. Für kleine Werte von f geht (8.124) asymptotisch in das
Ergebnis (8.96) für die dünne Verteilung über.

In Tabelle 8.1 sind effektive elastische Konstanten für einige Fälle mit isotroper
oder transversalisotroper Mikrostruktur zusammengestellt. Dabei wurde jeweils eine möglichst einfache Darstellung gewählt. Deutlich betont sei noch einmal, dass es
sich bei diesen Konstanten um Approximationen handelt, deren Güte mit wachsendem Defektvolumenanteil (c_{I}, c, f) abnimmt.

8.3.3 Energieprinzipien und Schranken

In den vorangegangenen Abschnitten haben wir die effektiven elastischen Eigenschaften eines heterogenen Materials durch Lösen des Randwertproblems für ein
RVE bestimmt. Hierbei waren wir auf Näherungen und Vereinfachungen angewiesen. So haben wir zum Beispiel das RVE als unendlich ausgedehnt angesehen
und die Wirkung verteilter Inhomogenitäten immer mit Hilfe der Grundlösung für
einen einzelnen Defekt erfasst. Die unterschiedlichen Vereinfachungen der mikromechanischen Modelle führten auf unterschiedliche Approximationen der effektiven Eigenschaften. Diese Näherungslösungen können recht weit auseinander liegen und zeigen in Sonderfällen ein qualitativ unterschiedliches Verhalten (siehe
z.B. Abb. 8.22). Daneben liegen keine Aussagen über die Genauigkeit der Verfahren vor. Es ist daher wünschenswert, einen exakten Bereich anzugeben, in dem
die effektiven Eigenschaften eines heterogenen Materials überhaupt liegen können.
Den Schlüssel dazu bilden die Extremalprinzipien der Elastizitätstheorie, welche
es gestatten, aus Energieausdrücken obere und untere Schranken für die effektiven
Eigenschaften abzuleiten.

8.3.3.1 Voigt- und Reuss-Schranken

Die in Abschnitt 8.3.2.2 eingeführten Voigt- bzw. Reuss-Approximationen bieten
neben ihrer Einfachheit den Vorteil, dass sie obere und untere Schranken für die effektiven Eigenschaften eines heterogenen Materials darstellen. Um dies zu zeigen,
betrachten wir zunächst das Prinzip vom *Minimum des Gesamtpotentials* (1.99).
Danach machen unter allen kinematisch zulässigen Verzerrungsfeldern die wahren Verzerrungen das Gesamtpotential zu einem Minimum. Sind auf dem gesamten Rand ∂V des Volumenbereichs Verschiebungen vorgegeben, so verschwindet
das Potential der Randlasten, und das Gesamtpotential ergibt sich für ein kinema-
tisch zulässiges Verzerrungsfeld $\hat{\varepsilon}$ zu $\hat{\Pi}(\hat{\varepsilon}) = \hat{\Pi}^i(\hat{\varepsilon}) = \frac{1}{2} \int_V \hat{\varepsilon} : \boldsymbol{C} : \hat{\varepsilon} \, \mathrm{d}V =
\frac{V}{2} \langle \hat{\varepsilon} : \boldsymbol{C} : \hat{\varepsilon} \rangle$ (man beachte, dass $\hat{\varepsilon}$ nicht die wahren Verzerrungen sein müssen).

Tabelle 8.1 Effektive elastische Konstanten

1	**kugelförmige Inhomogenitäten** $$K^* = K_\mathrm{M} + c_\mathrm{I}\,\frac{(K_\mathrm{I} - K_\mathrm{M})\,K_\mathrm{M}}{K_\mathrm{M} + \alpha\,(1 - c_\mathrm{I})\,(K_\mathrm{I} - K_\mathrm{M})}$$ $$\mu^* = \mu_\mathrm{M} + c_\mathrm{I}\,\frac{(\mu_\mathrm{I} - \mu_\mathrm{M})\,\mu_\mathrm{M}}{\mu_\mathrm{M} + \beta\,(1 - c_\mathrm{I})\,(\mu_\mathrm{I} - \mu_\mathrm{M})}$$
2	**kugelförmige Poren** $$K^* = K\Big(1 - \frac{c}{1 - \alpha(1 - c)}\Big)$$ $$\mu^* = \mu\Big(1 - \frac{c}{1 - \beta(1 - c)}\Big)$$
3	**unidirektionale Fasern (Inhomogenitäten)** $$E_3^* = c_\mathrm{I} E_\mathrm{I} + (1 - c_\mathrm{I})E_\mathrm{M}\,, \quad \mu_{12}^* = \frac{2 + c_\mathrm{I}}{5(1 - c_\mathrm{I})}\,E_\mathrm{M}\,,$$ $$\mu_{13}^* = \mu_{23}^* = \frac{2(1 + c_\mathrm{I})}{5(1 - c_\mathrm{I})}\,E_\mathrm{M}\,, \quad \nu_{31}^* = \nu_{32}^* = 1/4\,,$$ $$\frac{1}{E_{1,2}^*} = \frac{1}{4}\Big(\frac{1}{\mu_{12}^*} + \frac{5(1 - c_\mathrm{I})}{2E_\mathrm{M}(2 + c_\mathrm{I})} + \frac{1}{4E_3^*}\Big)$$ für $\nu_\mathrm{I} = \nu_\mathrm{M} = 1/4\,, \quad E_\mathrm{I} \gg E_\mathrm{M}\,, \quad c_\mathrm{I} < 1$
4	**unidirektionale Hohlzylinder (EVZ)** $$E_{1,2}^* = \frac{(1 - c)E}{1 + c(2 - 3\nu^2)}\,, \quad \mu_{12}^* = \frac{(1 - c)\mu}{1 + 3c - 4\nu c}$$
5	**isotrop verteilte Fasern** $$E^* = \frac{c_\mathrm{I}}{6}\,E_\mathrm{I} + \frac{1 + c_\mathrm{I}/4 + c_\mathrm{I}^2/6}{1 - c_\mathrm{I}}\,E_\mathrm{M}\,, \quad \nu^* = \frac{1}{4}$$ für $\nu_\mathrm{I} = \nu_\mathrm{M} = 1/4\,, \quad E_\mathrm{I} \gg E_\mathrm{M}\,, \quad c_\mathrm{I} < 1$

Tabelle 8.1   Effektive elastische Konstanten (Fortsetzung)

6		**parallele Kreisrisse im 3D** $E_{1,2}^* = E \ , \quad E_3^* = \dfrac{3E}{3 + f16(1 - \nu^2)} \ , \quad \nu_{12}^* = \nu \ ,$ $\nu_{13}^* = \nu_{23}^* = \nu \left[1 + f \dfrac{16(1 - 2\nu)(\nu^2 - 1)}{3\nu(2 - \nu)} \right] \dfrac{E_3^*}{E} \ ,$ $\mu_{12}^* = \dfrac{E}{2(1 + \nu)} \ , \quad \mu_{13}^* = \mu_{23}^* = \mu \left[1 + f \dfrac{16(1 - \nu)}{3(2 - \nu)} \right]^{-1}$
7		**isotrop verteilte Kreisrisse im 3D** $E^* = E \left[1 + f \dfrac{16(1 - \nu^2)(10 - 3\nu)}{45(2 - \nu)} \right]^{-1} \ ,$ $\mu^* = \mu \left[1 + f \dfrac{32(1 - \nu)(5 - \nu)}{45(2 - \nu)} \right]^{-1}$
8		**Kreislöcher im 2D (ESZ)** $E^* = E \dfrac{1 - c}{1 + 2c} \ , \quad \mu^* = E \dfrac{1 - c}{2(1 + \nu + c\,(3 - \nu))}$
9		**parallele Risse im 2D (ESZ)** $E_1^* = E \ , \quad E_2^* = \dfrac{E}{1 + 2\pi f} \ , \quad \mu_{12}^* = \dfrac{E}{2(1 + \nu + \pi f)}$
10		**isotrop verteilte Risse im 2D (ESZ)** $E^* = \dfrac{E}{1 + \pi f} \ , \quad \mu^* = \dfrac{E}{2(1 + \nu + \pi f)}$

Für die Randbedingung *linearer* Verschiebungen $u|_{\partial V} = \varepsilon^0 \cdot x$ mit $\varepsilon^0 = const = \langle \varepsilon \rangle$ ist die (wahre) Formänderungsenergie nach der HILL-Bedingung (8.56) $\Pi = \frac{V}{2} \langle \varepsilon \rangle : C^* : \langle \varepsilon \rangle$. Aus dem Extremalprinzip $\hat{\Pi}(\hat{\varepsilon}) \geq \Pi$ folgt damit

$$\langle \hat{\varepsilon} : C : \hat{\varepsilon} \rangle \geq \langle \varepsilon \rangle : C^* : \langle \varepsilon \rangle \tag{8.125}$$

für alle Verzerrungsfelder $\hat{\varepsilon}$, die mit obiger Randbedingung verträglich sind. Ein solches zulässiges Verzerrungsfeld stellt beispielsweise der VOIGT-Ansatz $\hat{\varepsilon} = const = \langle \varepsilon \rangle$ dar. Einsetzen in (8.125) liefert

$$\langle \varepsilon \rangle : \langle C \rangle : \langle \varepsilon \rangle \geq \langle \varepsilon \rangle : C^* : \langle \varepsilon \rangle$$

bzw.

$$\langle \varepsilon \rangle : (\langle C \rangle - C^*) : \langle \varepsilon \rangle \geq 0 . \tag{8.126}$$

Im Sinne einer quadratischen Form in $\langle \varepsilon \rangle$ ist also der mittlere Elastizitätstensor $\langle C \rangle$ größer als C^* und stellt damit eine *obere Schranke* für den effektiven Elastizitätstensor dar.

In gleicher Weise kann man vom Prinzip vom *Minimum des Komplementärpotentials* (1.104) ausgehen, bei dem zulässige Spannungsfelder $\hat{\sigma}$ die Gleichgewichtsbedingung erfüllen und mit den vorgegebenen Randspannungen verträglich sein müssen. Für reine Spannungsrandbedingungen ist das Komplementärpotential durch $\hat{\Pi}(\hat{\sigma}) = \frac{V}{2} \langle \hat{\sigma} : C^{-1} : \hat{\sigma} \rangle$ gegeben. Daneben ist im Fall *uniformer* Randspannungen $t|_{\partial V} = \sigma^0 \cdot n$ mit $\sigma^0 = const = \langle \sigma \rangle$ nach der HILL-Bedingung die (wahre) Komplementärenergie $\tilde{\Pi} = \frac{V}{2} \langle \sigma \rangle : C^{*-1} : \langle \sigma \rangle$. Aus $\hat{\tilde{\Pi}}(\hat{\sigma}) \geq \tilde{\Pi}$ folgt also

$$\langle \hat{\sigma} : C^{-1} : \hat{\sigma} \rangle \geq \langle \sigma \rangle : C^{*-1} : \langle \sigma \rangle \tag{8.127}$$

für alle zulässigen Felder $\hat{\sigma}$. Ein solches Feld stellt gerade der REUSS-Ansatz $\hat{\sigma} = const = \langle \sigma \rangle$ dar, und man erhält für ihn

$$\langle \sigma \rangle : (\langle C^{-1} \rangle - C^{*-1}) : \langle \sigma \rangle \geq 0 . \tag{8.128}$$

Danach stellt die Reuss-Approximation (8.80b) im Sinne einer quadratischen Form in $\langle \sigma \rangle$ eine *untere Schranke* für C^* dar.

Fassen wir beide Ergebnisse zusammen, so liegt der effektive Elastizitätstensor zwischen der VOIGT- und der REUSS-Schranke:

$$\boxed{C^*_{(\text{Voigt})} = \langle C \rangle \geq C^* \geq \langle C^{-1} \rangle^{-1} = C^*_{(\text{Reuss})}} . \tag{8.129}$$

Im Fall eines Materials aus diskreten isotropen Phasen, die makroskopisch isotrop verteilt sind, ist auch das effektive Verhalten isotrop, und (8.129) kann in die Kompressions- und Schubsteifigkeiten aufgespalten werden. So gilt zum Beispiel für ein zweiphasiges Material

$$K^*_{(\text{Voigt})} = c_{\text{I}} K_{\text{I}} + c_{\text{M}} K_{\text{M}} \geq K^* \geq \frac{K_{\text{I}} K_{\text{M}}}{c_{\text{I}} K_{\text{M}} + c_{\text{M}} K_{\text{I}}} = K^*_{(\text{Reuss})}$$

(8.130)

$$\mu^*_{(\text{Voigt})} = c_{\text{I}} \mu_{\text{I}} + c_{\text{M}} \mu_{\text{M}} \geq \mu^* \geq \frac{\mu_{\text{I}} \mu_{\text{M}}}{c_{\text{I}} \mu_{\text{M}} + c_{\text{M}} \mu_{\text{I}}} = \mu^*_{(\text{Reuss})} \; .$$

Die Voigt- und Reuss-Schranken gelten völlig unabhängig von der vorliegenden Mikrostruktur. Die ihnen zugrunde liegenden Ansätze konstanter Spannungen oder Verzerrungen verletzen in allgemeinen die Kompatibilität der Deformation bzw. das lokale Gleichgewicht (vgl. Abschnitt 8.3.2.2). In einer realen Mikrostruktur sind Kompatibilität und Gleichgewicht jedoch erfüllt, so dass die extremen Werte der Schranken nicht angenommen werden können. Die effektiven Eigenschaften aller realen Mikrostrukturen liegen daher immer innerhalb dieser Grenzen.

8.3.3.2 Hashin-Shtrikman-Variationsprinzip und -Schranken

Die aus den klassischen Extremalprinzipien gewonnenen Voigt- und Reuss-Schranken für die effektiven Elastizitätskonstanten liegen im allgemeinen recht weit auseinander, was ihren Wert beeinträchtigt. Zu schärferen Schranken gelangt man mit Hilfe eines Variationsprinzips, das von HASHIN und SHTRIKMAN (1962) speziell für heterogene Materialien entwickelt wurde. Hierbei werden nicht wie zuvor das gesamte Spannungs- oder Verzerrungsfeld sondern geeignet gewählte Hilfsfelder betrachtet, in denen nur noch die Abweichung von einer Bezugslösung zum Ausdruck kommt. Dadurch wirkt sich der bei einer Approximation gemachte Fehler geringer auf das Endergebnis aus. Ein solches Hilfsfeld stellt beispielsweise die in Abschnitt 8.2.2.1 eingeführte *Spannungspolarisation* $\tau(x)$ dar.

Im folgenden betrachten wir einen Volumenbereich V eines heterogenen Materials, auf dessen Rand die Randbedingung $u|_{\partial V} = \varepsilon^0 \cdot x$ mit $\varepsilon^0 = const = \langle \varepsilon \rangle$ vorgegeben ist. Die Spannungspolarisation (8.30) beschreibt die Differenz der wahren Spannung von der Spannung, welche durch die wahre Verzerrung $\varepsilon(x)$ in einem homogenen Vergleichsmaterial mit dem Elastizitätstensor C^0 hervorgerufen würde. Sie lässt sich mit Hilfe der Verzerrungsfluktuation $\tilde{\varepsilon}(x) = \varepsilon(x) - \varepsilon^0$ wie folgt darstellen

$$\tau(x) = \left[C(x) - C^0 \right] : \left[\varepsilon^0 + \tilde{\varepsilon}(x) \right] \; .$$

(8.131)

Aus den Grundgleichungen (8.28) für die Fluktuationen

$$\nabla \cdot \tilde{\sigma} = 0 \; , \qquad \tilde{\sigma} = C^0 : \left(\tilde{\varepsilon} - \varepsilon^* \right) \; , \qquad \tilde{u}|_{\partial V} = 0$$

(8.132)

ergibt sich $\tilde{\varepsilon}(x)$ in Abhängigkeit von der äquivalenten Eigendehnung $\varepsilon^*(x)$. Zwischen dieser und der Spannungspolarisation besteht nach (8.29),(8.30) der lineare Zusammenhang $\tau(x) = -C^0 : \varepsilon^*(x)$, so dass die Lösung von (8.132) formal auch als $\tilde{\varepsilon}[\tau(x)]$ angegeben werden kann. Einsetzen in (8.131) liefert damit eine Bestimmungsgleichung für $\tau(x)$ in Abhängigkeit von der Makroverzerrung ε^0:

$$-\left[C(x) - C^0\right]^{-1} : \tau(x) + \tilde{\varepsilon}[\tau(x)] + \varepsilon^0 = 0 \,. \qquad (8.133)$$

Mit Hilfe der Variationsrechnung lässt sich zeigen, dass (8.133) äquivalent ist zum *Hashin-Shtrikman-Variationsprinzip*

$$F(\hat{\tau}) = \frac{1}{V} \int_V \left\{ -\hat{\tau} : (C - C^0)^{-1} : \hat{\tau} + \hat{\tau} : \tilde{\varepsilon}[\hat{\tau}] + 2\hat{\tau} : \varepsilon^0 \right\} \mathrm{d}V$$

$$= \text{stationär} \,, \qquad (8.134)$$

wobei $F(\hat{\tau})$ bezüglich des Feldes $\hat{\tau}$ zu variieren ist. Danach nimmt der Ausdruck $F(\hat{\tau})$ unter allen denkbaren $\hat{\tau}$ für die exakte Spannungspolarisation τ einen Stationärwert an.

Um zu Aussagen über die effektiven Eigenschaften C^* zu gelangen, bestimmen wir zunächst den Stationärwert von $F(\hat{\tau})$. Man erhält ihn durch Einsetzen des wahren τ nach (8.131) und (8.133) in (8.134). Unter Verwendung der Hill-Bedingung ergibt sich der Stationärwert zu $F(\tau) = \varepsilon^0 : (C^* - C^0) : \varepsilon^0$. Man kann zeigen, dass es sich dabei um ein Maximum handelt, wenn für beliebige τ der Ausdruck $\tau(x) : \left[C(x) - C^0\right]^{-1} : \tau(x) \geq 0$ ist, d.h. wenn die Differenz $C(x) - C^0$ positiv definit ist. Umgekehrt nimmt $F(\hat{\tau})$ für das exakte τ ein Minimum an, wenn $C(x) - C^0$ negativ definit ist. Schließlich modifizieren wir den Integralausdruck in (8.134) noch etwas. Wegen der Randbedingung $\tilde{u}|_{\partial V} = 0$ in (8.132) muss für beliebiges $\hat{\tau}$ der Mittelwert der Verzerrungsfluktuation verschwinden: $\frac{1}{V} \int_V \tilde{\varepsilon} \, \mathrm{d}V = 0$. Daher ist auch $\frac{1}{V} \int_V \langle \hat{\tau} \rangle : \tilde{\varepsilon} \, \mathrm{d}V = 0$, und der zweite Term unter dem Integral kann zu $(\hat{\tau} - \langle \hat{\tau} \rangle) : \tilde{\varepsilon}$ erweitert werden. Zusammenfassend folgt damit aus (8.134)

$$F(\hat{\tau}) \begin{Bmatrix} \leq \\ \geq \end{Bmatrix} \varepsilon^0 : (C^* - C^0) : \varepsilon^0 \quad \text{für} \quad C - C^0 \begin{Bmatrix} \text{pos. def.} \\ \text{neg. def.} \end{Bmatrix} , \qquad (8.135a)$$

wobei

$$F(\hat{\tau}) = \frac{1}{V} \int_V \left\{ -\hat{\tau} : (C - C^0)^{-1} : \hat{\tau} + (\hat{\tau} - \langle \hat{\tau} \rangle) : \tilde{\varepsilon}[\hat{\tau}] + 2\hat{\tau} : \varepsilon^0 \right\} \mathrm{d}V \,. \qquad (8.135b)$$

Bei geeigneter Wahl des homogenen Vergleichsmaterials C^0 und einer Approximation für $\hat{\tau}$ liefert also $F(\hat{\tau})$ nach (8.135b) eine obere oder untere Schranke für $\varepsilon^0 : (C^* - C^0) : \varepsilon^0$. Die Auswertung dieser Schranken erfordert noch die Bestimmung von $\tilde{\varepsilon}$ in Abhängigkeit von $\hat{\tau}$, was nur für Sonderfälle möglich ist.

Einer dieser Sonderfälle ist der wichtige Fall eines aus n diskreten Phasen mit den Teilvolumina $V_\alpha = c_\alpha V$ und jeweils konstanten Steifigkeiten C_α bestehenden Materials. Es liegt hier nahe, auch die Spannungspolarisation als stückweise konstant zu approximieren: $\hat{\tau}(x) = \tau_\alpha = const$ in V_α. Mit deren Mittelwert

$\langle \hat{\boldsymbol{\tau}} \rangle = \sum\limits_{\alpha=1}^{n} c_\alpha \boldsymbol{\tau}_\alpha$ und den Phasenmittelwerten $\tilde{\boldsymbol{\varepsilon}}_\alpha = \langle \tilde{\boldsymbol{\varepsilon}} \rangle_\alpha$ der Verzerrungsfluktuation vereinfacht sich $F(\hat{\boldsymbol{\tau}})$ zu

$$F(\boldsymbol{\tau}_\alpha) = -\sum_{\alpha=1}^{n} c_\alpha \boldsymbol{\tau}_\alpha : (\boldsymbol{C}_\alpha - \boldsymbol{C}^0)^{-1} : \boldsymbol{\tau}_\alpha$$

$$+ \sum_{\alpha=1}^{n} c_\alpha (\boldsymbol{\tau}_\alpha - \langle \hat{\boldsymbol{\tau}} \rangle) : \tilde{\boldsymbol{\varepsilon}}_\alpha \ + \ 2\langle \hat{\boldsymbol{\tau}} \rangle : \boldsymbol{\varepsilon}^0 .$$

(8.136)

Im Eigendehnungsproblem (8.132) zur Bestimmung der Verzerrungsfluktuation $\tilde{\boldsymbol{\varepsilon}}$ treten die einzelnen Phasen nur noch als Bereiche V_α konstanter Eigendehnung $\boldsymbol{\varepsilon}_\alpha^* = -\boldsymbol{C}^{0-1} : \boldsymbol{\tau}_\alpha$ im homogenen Vergleichsmaterial auf (Einschlüsse). Man kann zeigen, dass bei Isotropie aller Phasen und deren makroskopisch isotroper Verteilung in einem unendlichen Gebiet die mittlere Verzerrung $\tilde{\boldsymbol{\varepsilon}}_\alpha$ jeder Phase in (8.132) gleich ist der (konstanten) Verzerrung in einem kugelförmigen Einschluss der Eigendehnung $\boldsymbol{\varepsilon}_\alpha^* = -\boldsymbol{C}^{0-1} : \boldsymbol{\tau}_\alpha$. Es gilt dann mit dem isotropen Eshelby-Tensor $\boldsymbol{S}$ nach (8.10) der Zusammenhang

$$\tilde{\boldsymbol{\varepsilon}}_\alpha = \boldsymbol{S} : \boldsymbol{\varepsilon}_\alpha^* = -\boldsymbol{S} : \boldsymbol{C}^{0-1} : \boldsymbol{\tau}_\alpha ,$$

(8.137)

der die noch benötigte Lösung $\tilde{\boldsymbol{\varepsilon}}[\boldsymbol{\tau}]$ von (8.132) darstellt. Nach Einsetzen in (8.136) liegt $F(\boldsymbol{\tau}_\alpha)$ als explizite Funktion der n Parameter $\boldsymbol{\tau}_\alpha$ vor. Um in (8.135a) zu möglichst engen Schranken zu gelangen, sind die $\boldsymbol{\tau}_\alpha$ so zu wählen, dass der Ausdruck $F(\boldsymbol{\tau}_\alpha)$ extremal wird. Die dazu notwendigen Bedingungen

$$\frac{\partial F}{\partial \boldsymbol{\tau}_\alpha} = 0$$

(8.138)

liefern die n Gleichungen

$$\boldsymbol{\tau}_\alpha : (\boldsymbol{C}_\alpha - \boldsymbol{C}^0)^{-1} + (\boldsymbol{\tau}_\alpha - \langle \hat{\boldsymbol{\tau}} \rangle) : \boldsymbol{S} : \boldsymbol{C}^{0-1} = \boldsymbol{\varepsilon}^0$$

(8.139)

zur Bestimmung der "optimalen" Parameter $\boldsymbol{\tau}_\alpha(\boldsymbol{\varepsilon}^0)$. Diese sind linear von $\boldsymbol{\varepsilon}^0$ abhängig, so dass durch Einsetzen in $F(\boldsymbol{\tau}_\alpha)$ die linke Seite der Ungleichung in (8.135a) ein quadratischer Ausdruck in $\boldsymbol{\varepsilon}^0$ wird. Im Sinne einer quadratischen Form in $\boldsymbol{\varepsilon}^0$ führt (8.135a) somit auf obere und untere Schranken für $\boldsymbol{C}^*$, die als *Hashin-Shtrikman-Schranken* bezeichnet werden.

Als wichtigen Anwendungsfall betrachten wir ein heterogenes Material aus zwei isotropen Phasen mit Steifigkeiten $\boldsymbol{C}_M$ und $\boldsymbol{C}_I$ bzw. K_M, μ_M und K_I, μ_I, wobei wir $K_M < K_I$ und $\mu_M < \mu_I$ annehmen. Dadurch ist es möglich, die elastischen Eigenschaften eines der Materialen jeweils als die des homogenen Vergleichsmaterials zu wählen, wodurch die positive oder negative Definitheit von $\boldsymbol{C} - \boldsymbol{C}^0$ gewährleistet wird. Diese Wahl hat daneben den Vorteil, dass nach (8.139) für eine der Phasen die Spannungspolarisation verschwindet. Wir betrachten zunächst den Fall $\boldsymbol{C}^0 = \boldsymbol{C}_M$, womit $\boldsymbol{\tau}_M = 0$ und $\langle \boldsymbol{\tau} \rangle = c_I \boldsymbol{\tau}_I$ wird und sich (8.135b) mit (8.136) auf

$$F(\boldsymbol{\tau}_{\mathrm{I}}) = -c_{\mathrm{I}}\boldsymbol{\tau}_{\mathrm{I}} : \left[(\boldsymbol{C}_{\mathrm{I}} - \boldsymbol{C}_{\mathrm{M}})^{-1} : \boldsymbol{\tau}_{\mathrm{I}} + c_{\mathrm{M}}\boldsymbol{S}_{\mathrm{M}} : \boldsymbol{C}_{\mathrm{M}}^{-1} : \boldsymbol{\tau}_{\mathrm{I}} - 2\boldsymbol{\varepsilon}^0\right]$$

$$\leq \boldsymbol{\varepsilon}^0 : (\boldsymbol{C}^* - \boldsymbol{C}_{\mathrm{M}}) : \boldsymbol{\varepsilon}^0 \tag{8.140}$$

reduziert. Die Extremalbedingung $\partial F/\partial \boldsymbol{\tau}_{\mathrm{I}} = 0$ liefert unter Ausnutzung der Symmetrie der Elastizitätstensoren und des Eshelby-Tensors sowie mit (8.102a)

$$\boldsymbol{\tau}_{\mathrm{I}} = \left[(\boldsymbol{C}_{\mathrm{I}} - \boldsymbol{C}_{\mathrm{M}})^{-1} + c_{\mathrm{M}}\boldsymbol{S}_{\mathrm{M}} : \boldsymbol{C}_{\mathrm{M}}^{-1}\right]^{-1} : \boldsymbol{\varepsilon}^0 = \boldsymbol{A}_{\mathrm{I}\,(\mathrm{MT})} : (\boldsymbol{C}_{\mathrm{I}} - \boldsymbol{C}_{\mathrm{M}}) : \boldsymbol{\varepsilon}^0 . \tag{8.141}$$

Dass dabei auf der rechten Seite gerade der Einflusstensor (8.102a) auftaucht, stellt einen bemerkenswerten Zusammenhang zwischen dem Mori-Tanaka-Modell und dem Hashin-Shtrikman-Variationsprinzip im Fall der Isotropie dar. Einsetzen von (8.141) in (8.140) führt auf $F(\boldsymbol{\tau}_{\mathrm{I}}) = c_{\mathrm{I}}\boldsymbol{\tau}_{\mathrm{I}} : \boldsymbol{\varepsilon}^0 = \langle \boldsymbol{\tau} \rangle : \boldsymbol{\varepsilon}^0$, wobei der letzte Ausdruck auch im allgemeinen Fall eines n-phasigen Materials gilt. Die Ungleichung (8.140) kann damit zu

$$\boldsymbol{\varepsilon}^0 : \left(\boldsymbol{C}_{\mathrm{M}} + c_{\mathrm{I}}\left[(\boldsymbol{C}_{\mathrm{I}} - \boldsymbol{C}_{\mathrm{M}})^{-1} + c_{\mathrm{M}}\boldsymbol{S}_{\mathrm{M}} : \boldsymbol{C}_{\mathrm{M}}^{-1}\right]^{-1}\right) : \boldsymbol{\varepsilon}^0 \leq \boldsymbol{\varepsilon}^0 : \boldsymbol{C}^* : \boldsymbol{\varepsilon}^0 \tag{8.142}$$

umgeformt werden und liefert die *untere Hashin-Shtrikman-Schranke*

$$\boldsymbol{C}^*_{(\mathrm{HS}-)} = \boldsymbol{C}_{\mathrm{M}} + c_{\mathrm{I}}\left[(\boldsymbol{C}_{\mathrm{I}} - \boldsymbol{C}_{\mathrm{M}})^{-1} + c_{\mathrm{M}}\boldsymbol{S}_{\mathrm{M}} : \boldsymbol{C}_{\mathrm{M}}^{-1}\right]^{-1} \tag{8.143a}$$

für den effektiven Elastizitätstensor. Durch Vergleich erkennt man, dass sie mit dem Ergebnis (8.102a), (8.103) des Mori-Tanaka-Modells übereinstimmt.

Wählt man das steifere Material als Vergleichsmaterial ($\boldsymbol{C}^0 = \boldsymbol{C}_{\mathrm{I}}$), so führt das völlig analoge Vorgehen auf die *obere Hashin-Shtrikman-Schranke*

$$\boldsymbol{C}^*_{(\mathrm{HS}+)} = \boldsymbol{C}_{\mathrm{I}} + c_{\mathrm{M}}\left[(\boldsymbol{C}_{\mathrm{M}} - \boldsymbol{C}_{\mathrm{I}})^{-1} + c_{\mathrm{I}}\boldsymbol{S}_{\mathrm{I}} : \boldsymbol{C}_{\mathrm{I}}^{-1}\right]^{-1} . \tag{8.143b}$$

Sie entspricht dem Mori-Tanaka-Resultat bei Vertauschung der Rollen von Matrixmaterial und Inhomogenität. Für den effektiven Elastizitätstensor gilt also (im Sinne einer quadratischen Form)

$$\boxed{\boldsymbol{C}^*_{(\mathrm{HS}+)} \geq \boldsymbol{C}^* \geq \boldsymbol{C}^*_{(\mathrm{HS}-)}} . \tag{8.144}$$

Hieraus folgt aufgrund der vorausgesetzten phasenweisen und makroskopischen Isotropie

$$K^*_{(\mathrm{HS}+)} \geq K^* \geq K^*_{(\mathrm{HS}-)} \qquad \text{und} \qquad \mu^*_{(\mathrm{HS}+)} \geq \mu^* \geq \mu^*_{(\mathrm{HS}-)} \tag{8.145}$$

mit

$$K^*_{(HS-)} = K_M + c_I \left(\frac{1}{K_I - K_M} + \frac{3\,c_M}{3K_M + 4\mu_M} \right)^{-1}$$

$$K^*_{(HS+)} = K_I + c_M \left(\frac{1}{K_M - K_I} + \frac{3\,c_I}{3K_I + 4\mu_I} \right)^{-1}$$

$$(8.146)$$

$$\mu^*_{(HS-)} = \mu_M + c_I \left(\frac{1}{\mu_I - \mu_M} + \frac{6\,c_M\,(K_M + 2\mu_M)}{5\,\mu_M(3K_M + 4\mu_M)} \right)^{-1}$$

$$\mu^*_{(HS+)} = \mu_I + c_M \left(\frac{1}{\mu_M - \mu_I} + \frac{6\,c_I\,(K_I + 2\mu_I)}{5\,\mu_I(3K_I + 4\mu_I)} \right)^{-1}.$$

Die Hashin-Shtrikman-Schranken (8.145), (8.146) grenzen den Bereich, in dem die effektiven Eigenschaften eines heterogenen Materials liegen können, wesentlich stärker ein als die Voigt- und Reuss-Schranken (8.130). Für spezielle Mikrostrukturen zeigt sich daneben, dass der effektive Kompressionsmodul je nach Zuordnung von Matrixmaterial und Inhomogenität mit der oberen oder unteren Hashin-Shtrikman-Schranke übereinstimmen kann. Dies ist zum Beispiel beim sogenannten *Composite Spheres Model* der Fall, bei dem der gesamte Raum von kugelförmigen Inhomogenitäten unterschiedlicher Größe und umgebenden Matrixschalen ausgefüllt wird, wobei die Radien von Kugeln und Matrixschalen in einem festen Verhältnis stehen (siehe z.B. R.M. CHRISTENSEN, 1979). Aufgrund dieser tatsächlichen Realisierbarkeit sind die Schranken $K^*_{(HS+)}$ und $K^*_{(HS-)}$ die bestmöglichen, d.h. die schärfsten, die basierend allein auf den Volumenanteilen und Phaseneigenschaften angegeben werden können.

Für ein isotropes zweiphasiges Material mit $K_I = 10K_M$ und $\mu_I = 10\mu_M$ sind die Hashin-Shtrikman- und Voigt-Reuss-Schranken sowie die Näherungslösungen der unterschiedlichen Modelle anhand des effektiven Kompressionsmoduls in Abb. 8.23 einander gegenübergestellt. Die Ergebnisse für den effektiven Schubmodul zeigen qualitativ gleiche Verläufe. Wie zu erwarten liefern die Hashin-Shtrikman-Schranken einen deutlich engeren Bereich möglichen effektiven Materialverhaltens als die Voigt-Reuss-Schranken. Sie stimmen wie bereits erwähnt mit den Resultaten des Mori-Tanaka-Modells überein. Das Ergebnis der Selbstkonsistenzmethode, der keine ausgezeichnete Matrixphase zugrundeliegt, geht für große oder kleine Volumenanteile asymptotisch in diese Lösungen über. Dieses asymptotische Verhalten entspricht bei kleinem c_I der hier nicht dargestellten Lösung für eine dünne Verteilung von Inhomogenitäten.

Im Grenzfall einer starren Phase ($K_I \to \infty$, $\mu_I \to \infty$) führt (8.146) genau wie die Voigt-Schranke (8.83) auf das Ergebnis einer unendlichen oberen Hashin-Shtrikman-Schranke. Entsprechend liefert bei einem Material mit Hohlräumen die untere Hashin-Shtrikman-Schranke genau wie (8.82) den Wert Null.

Die Auswertung des Hashin-Shtrikman-Variationsprinzips für ein n-phasiges Material kann analog zur Vorgehensweise beim zweiphasigen Material erfolgen. Sie ist jedoch wegen der Bestimmung der dann $n-1$ freien Parameter τ_α wesent-

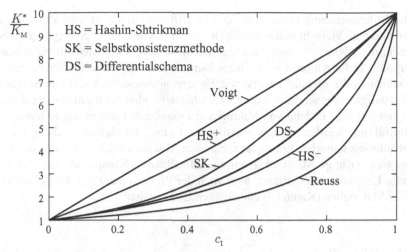

Abb. 8.23 Effektiver Kompressionsmodul bei $K_I = 10 K_M$, $\mu_I = 10\mu_M$

lich aufwendiger. Zahlreiche Verallgemeinerungen dieser hier in der Grundversion vorgestellten Methode in Hinblick auf anisotrope, periodische oder stochastische Mikrostrukturen sowie auch auf nichtlineares Materialverhalten sind in der Spezial-literatur zu finden.

Es sei an dieser Stelle angemerkt, dass durch allein die *Volumenanteile* der einzelnen Phasen (auch bei genauer Kenntnis deren physikalischer Eigenschaften) eine heterogene Mikrostruktur nur unvollständig beschrieben wird. Einflüsse, die sich aus der konkreten *Phasentopologie* (z.B. relative Partikelanordnung, Rolle von Einschluss- und Matrixphase) ergeben, werden dabei nicht erfasst. Hinsichtlich der Berücksichtigung solcher Effekte, die unter anderem die Herleitung engerer Schranken für die effektiven Eigenschaften ermöglichen, sei ebenfalls auf die Spezialliteratur (z.B. TORQUATO, 2002) verwiesen.

8.4 Homogenisierung elastisch-plastischer Materialien

Reale Materialen verhalten sich häufig inelastisch und weisen einen nichtlinearen Spannungs-Verzerrungs-Zusammenhang auf. Hierauf sind die bisher diskutierten Modelle und Homogenisierungsmethoden nicht anwendbar. Bei ihnen war ja gerade ein linear elastisches Stoffverhalten und die Verfügbarkeit entsprechender Grundlösungen Voraussetzung. Zur Behandlung des effektiven Verhaltens mikroheterogener inelastischer Materialien sind daher weitergehende Überlegungen notwendig. Wir wollen uns dabei auf den Fall der ratenunabhängigen Plastizität (vgl. Abschnitt 1.3.3) beschränken.

Die Mikromechanik gestattet es, den Begriff der Plastizität sehr allgemein zu fassen und eine Vielzahl völlig unterschiedlicher mikroskopischer Vorgänge zu betrachten, die allesamt Ursache des makroskopischen Phänomens von bleibenden, plastischen Deformationen sind. Dabei kann es sich um die verschiedenskaligen Mechanismen der Metallplastizität wie Versetzungswanderung und Gleitvorgänge auf Kristallgitterebenen oder Korngrenzen handeln, aber auch um reibungsbehaftete Gleitvorgänge entlang von Mikrorissen in sprödem Gestein. Im Rahmen dieser Einführung werden wir uns allerdings auf eine Materialbeschreibung mittels der phänomenologischen Elastoplastizität nach Abschnitt 1.3.3 beschränken. Damit lassen sich wichtige Materialklassen wie Metallmatrix-Komposite oder metallinfiltrierte Keramiken modellieren, aber auch der Einfluss einer mit der Schädigung duktiler Materialien (Kapitel 9) einhergehenden Porosität.

8.4.1 Grundlagen

Wir betrachten wieder einen Volumenbereich V auf der Mikroebene eines heterogenen Materials (Abb. 8.24a), innerhalb dessen die Gleichungen nach Abschnitt 1.3.3 gelten sollen. Danach wird das elastisch-plastische Stoffverhalten (Mikrostruktur) beschrieben durch den ortsabhängigen Elastizitätstensor $C(x)$ sowie die ebenfalls ortsabhängige *Fließbedingung*

$$F\Big(\sigma(x),\, x\Big) \le 0\,. \tag{8.147}$$

Letztere charakterisiert zulässige, d.h. vom Material ertragbare Spannungszustände, die daneben der Gleichgewichtsbedingung $\nabla \cdot \sigma(x) = 0$ genügen. Sie sind über das Elastizitätsgesetz mit den elastischen Verzerrungsanteilen $\varepsilon^e(x)$ verknüpft, die sich nach (1.73) mit den plastischen Verzerrungen $\varepsilon^p(x)$ zu den Gesamtverzerrungen addieren:

$$\sigma = C(x) : \varepsilon^e = C(x) : \Big(\varepsilon - \varepsilon^p \Big)\,. \tag{8.148}$$

Hierzu kommt als weitere Gleichung im Rahmen der inkrementellen Theorie die *Fließregel* (1.82) für die plastischen Verzerrungsinkremente $\dot{\varepsilon}^p$ oder im Rahmen der Deformationstheorie die Gleichung (1.86).

Zur Beschreibung des makroskopischen oder *effektiven* Verhaltens des Materials suchen wir im folgenden Zusammenhänge zwischen den nach (8.41) als Mittelwerte über den Volumenbereich V definierten Makrospannungen $\langle \sigma \rangle$ und Makroverzerrungen $\langle \varepsilon \rangle$ bzw. deren Inkrementen. Dabei geben wir wie im elastischen Fall homogene Randbedingungen ε^0 oder σ^0 vor (Abb. 8.24a). Jeweils eine der Makrogrößen ist dann durch die vom Stoffverhalten unabhängigen Beziehungen (8.60a) oder (8.60b) bekannt.

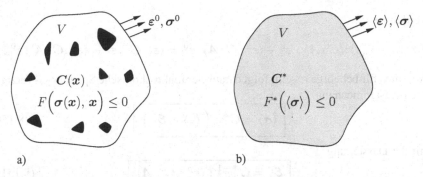

Abb. 8.24 a) Mikroheterogenes elastisch-plastisches Material, b) homogenisiertes Material

8.4.1.1 Plastische und elastische Makroverzerrungen

Wie bereits erwähnt, sind die Makroverzerrungen $\langle \varepsilon \rangle$ als Volumenmittelwerte der mikroskopischen Verzerrungen $\varepsilon(x)$ definiert. Entsprechendes gilt in dieser einfachen Form aber nicht für die plastischen oder elastischen Verzerrungsanteile. Wir wollen deshalb untersuchen, wie die auf der Mikroebene räumlich verteilten plastischen und elastischen Verzerrungen $\varepsilon^p(x)$ und $\varepsilon^e(x)$ auf der Makroebene zum Ausdruck kommen. Dazu betrachten wir zusätzlich ein rein *elastisches Vergleichsproblem* für den heterogenen Volumenbereich unter den gleichen Randbedingungen jedoch bei verschwindenden plastischen Verzerrungen. Die zugehörigen Felder kennzeichnen wir mit einer Tilde. Diese sind statisch und kinematisch zulässig und lassen sich für beide Typen von Randbedingungen mittels der in (8.62a) und (8.62b) eingeführten Einflusstensoren darstellen:

a) $u|_{\partial V} = \varepsilon^0 \cdot x$: $\tilde{\varepsilon}^{(a)}(x) = A(x) : \varepsilon^0$, $\langle \tilde{\varepsilon}^{(a)} \rangle = \langle \varepsilon \rangle = \varepsilon^0$,

$$\text{(8.149)}$$

b) $t|_{\partial V} = \sigma^0 \cdot n$: $\tilde{\sigma}^{(b)}(x) = B(x) : \sigma^0$, $\langle \tilde{\sigma}^{(b)} \rangle = \langle \sigma \rangle = \sigma^0$,

wobei $\tilde{\sigma}^{(a)} = C : \tilde{\varepsilon}^{(a)}$ bzw. $\tilde{\sigma}^{(b)} = C : \tilde{\varepsilon}^{(b)}$ gilt. Multipliziert man im Fall der Randbedingung (a) das Elastizitätsgesetz (8.148) mit $\tilde{\varepsilon}^{(a)}(x)$ und bildet den Mittelwert über V, so erhält man

$$\langle \sigma : \tilde{\varepsilon}^{(a)} \rangle = \langle \varepsilon : \underbrace{\overbrace{C : \underbrace{A : \varepsilon^0}_{\tilde{\varepsilon}^{(a)}}}^{\tilde{\sigma}^{(a)}}} \rangle - \langle \varepsilon^p : C : A : \varepsilon^0 \rangle \ .$$

Da die Felder $\tilde{\varepsilon}^{(a)}$ und $\tilde{\sigma}^{(a)}$ sowie ε und σ kinematisch bzw. statisch zulässig sind, kann diese Gleichung unter Verwendung von (8.61) und (8.65a) umgeschrieben werden zu

$$\langle \boldsymbol{\sigma} \rangle : \varepsilon^0 = \langle \varepsilon \rangle : \langle \boldsymbol{C} : \boldsymbol{A} \rangle : \varepsilon^0 - \langle \varepsilon^p : \boldsymbol{C} : \boldsymbol{A} \rangle : \varepsilon^0 = \langle \varepsilon \rangle : \boldsymbol{C}^* : \varepsilon^0 - \langle \varepsilon^p : \boldsymbol{C} : \boldsymbol{A} \rangle : \varepsilon^0 .$$

Weil dies für beliebige ε^0 gilt, folgt daraus der makroskopische Spannungs-Verzerrungs-Zusammenhang

$$\boxed{\langle \boldsymbol{\sigma} \rangle = \boldsymbol{C}^* : \left(\langle \varepsilon \rangle - \boldsymbol{\mathcal{E}}^p \right)} \tag{8.150}$$

mit der Darstellung

$$\boxed{\boldsymbol{\mathcal{E}}^p = \boldsymbol{C}^{*\,-1} : \langle \varepsilon^p : \boldsymbol{C} : \boldsymbol{A} \rangle} \tag{8.151a}$$

für den makroskopischen plastischen Verzerrungsanteil. Dementsprechend erhält man für den elastischen Anteil der Makroverzerrungen

$$\boxed{\boldsymbol{\mathcal{E}}^e = \langle \varepsilon \rangle - \boldsymbol{\mathcal{E}}^p = \boldsymbol{C}^{*\,-1} : \langle \varepsilon^e : \boldsymbol{C} : \boldsymbol{A} \rangle} . \tag{8.151b}$$

Die makroskopischen elastischen und plastischen Verzerrungsanteile sind also tatsächlich nicht die einfachen Mittelwerte, sondern die mit der elastischen Heterogenität (in Form der Tensoren $\boldsymbol{C}$ und $\boldsymbol{A}$) *gewichteten Mittelwerte* der entsprechenden Mikrofelder. Nur für ein elastisch homogenes Material ($\boldsymbol{C} = const$, $\boldsymbol{A} = 1$) oder für homogene elastische und plastische Verzerrungen ist $\boldsymbol{\mathcal{E}}^p = \langle \varepsilon^p \rangle$ und $\boldsymbol{\mathcal{E}}^e = \langle \varepsilon^e \rangle$.

Im Fall der Randbedingung (b) führt eine analoge Vorgehensweise unter Verwendung des elastischen Vergleichsfeldes $\tilde{\boldsymbol{\sigma}}^{(b)}$ auf die etwas kürzere Darstellung

$$\boldsymbol{\mathcal{E}}^{p,e} = \langle \varepsilon^{p,e} : \boldsymbol{B} \rangle , \tag{8.152}$$

wobei der effektive Elastizitätstensor dann durch (8.65b) ausgedrückt wird. Für ein repräsentatives Volumenelement (RVE) müssen beide Darstellungen ineinander übergehen.

8.4.1.2 Elastische Energie und Dissipation

Wird ein mikroheterogenes elastisch-plastisches Material nach vorangegangenem plastischen Fließen makroskopisch entlastet ($\langle \boldsymbol{\sigma} \rangle \to \mathbf{0}$), so findet im allgemeinen nicht in allen Punkten $\boldsymbol{x}$ der Mikroebene eine vollständige Entlastung ($\boldsymbol{\sigma}(\boldsymbol{x}) \to \mathbf{0}$) statt. Es bleibt vielmehr elastische Energie in einem inhomogenen Restspannungsfeld (Eigenspannungsfeld) gespeichert. Um dies etwas genauer zu untersuchen betrachten wir ein Material, das sich auf der Mikroebene *elastisch-idealplastisch* verhält. Bei ihm ist eine Energiespeicherung nur in Form elastischer Verzerrungen möglich, und die Formänderungsenergiedichte lautet

$$U(\boldsymbol{x}) = \frac{1}{2} \varepsilon^e : \boldsymbol{C}(\boldsymbol{x}) : \varepsilon^e . \tag{8.153}$$

Unter der Randbedingung (b) vorgegebener Makrospannungen $\langle \sigma \rangle = \sigma^0$ führen wir nun die Abweichung der wahren Spannung $\sigma(x)$ des elastisch-plastischen Problems von der Spannung $\tilde{\sigma}^{(b)}(x)$ im rein elastischen Vergleichsproblem als Hilfsfeld ein:

$$\sigma^r(x) = \sigma(x) - \tilde{\sigma}^{(b)}(x) = \sigma(x) - B(x) : \sigma^0 . \tag{8.154}$$

Dieses beschreibt bei makroskopischer Entlastung ($\sigma^0 = 0$) die im Volumen V vorhandenen Restspannungen. Offensichtlich hat dieses Feld die Eigenschaften

$$\nabla \cdot \sigma^r = 0 \quad \text{in } V , \qquad \sigma^r \cdot n = 0 \quad \text{auf } \partial V , \qquad \langle \sigma^r \rangle = 0 , \tag{8.155}$$

und es verschwindet nur, wenn keine plastischen Verzerrungen ε^p in V vorliegen. Ersetzt man das elastische Verzerrungsfeld in (8.153) unter Verwendung von (8.154) durch

$$\varepsilon^e = C^{-1}(x) : \sigma = C^{-1}(x) : \left(B(x) : \sigma^0 + \sigma^r \right) \tag{8.156}$$

und mittelt über V, so erhält man

$$\langle U \rangle = \frac{1}{2} \left\langle \left(C^{-1} : B : \sigma^0 + C^{-1} : \sigma^r \right) : C : \left(C^{-1} : B : \sigma^0 + C^{-1} : \sigma^r \right) \right\rangle$$

$$= \frac{1}{2} \sigma^0 : \underbrace{\langle B^T : C^{-1} : B \rangle}_{C^{*-1},\ \text{vgl. (8.66)}} : \sigma^0 + \frac{1}{2} \langle \sigma^r : C^{-1} : \sigma^r \rangle + \langle \underbrace{\sigma^r : C^{-1} : \underbrace{B : \sigma^0}_{\tilde{\sigma}^{(b)}}}_{\tilde{\varepsilon}^{(b)}} \rangle .$$

Der letzte Klammerausdruck verschwindet wegen (8.155) und (8.61), so dass sich die mittlere Formänderungsenergiedichte in V zu

$$\boxed{\langle U \rangle = \frac{1}{2} \underbrace{\sigma^0 : C^{*-1} : \sigma^0}_{\mathcal{E}^e : C^* : \mathcal{E}^e} + \frac{1}{2} \langle \sigma^r : C^{-1} : \sigma^r \rangle} \tag{8.157}$$

ergibt. Darin beschreibt der erste Term die Energie der makroskopischen elastischen Verzerrungen während der zweite Anteil die inhomogenen Restspannungen enthält.

Bei idealplastischem Materialverhalten wird auf der Mikroebene die Leistung der Spannungen an den plastischen Verzerrungen vollständig dissipiert, und die mittlere Dissipationsleistung im Volumenbereich V lautet

$$\mathcal{D} = \langle \sigma : \dot{\varepsilon}^p \rangle . \tag{8.158}$$

Unter Verwendung der inkrementellen Formen von (8.61) und (8.155) sowie des Hilfsfeldes

$$\dot{\sigma}^r(x) = \dot{\sigma}(x) - B(x){:}\dot{\sigma}^0 = \underbrace{C(x){:}\Big(\dot{\varepsilon}(x) - \dot{\varepsilon}^p(x)\Big)}_{\dot{\sigma}(x)} - B(x){:}\underbrace{C^*{:}\Big(\langle\dot{\varepsilon}\rangle - \dot{\mathcal{E}}^p\Big)}_{\dot{\sigma}^0}$$

lässt sich der Zusammenhang

$$\boxed{\mathcal{D} = \langle\sigma\rangle : \dot{\mathcal{E}}^p - \frac{1}{2}\langle\sigma^r : C^{-1} : \sigma^r\rangle^{\boldsymbol{\cdot}}} \qquad (8.159)$$

herleiten. Er besagt, dass die Leistung der Makrospannungen an den makroskopischen plastischen Verzerrungen nur zum Teil dissipiert wird. Der Rest wird als elastische Energie der Restspannungen gespeichert.

Die unter der Randbedingung (b), d.h. bei vorgegebenen Makrospannungen σ^0 gewonnenen Ergebnisse (8.157) und (8.159) lassen sich auch bei Vorgabe der Makroverzerrungen ε^0 erhalten, wobei dann das Verzerrungshilfsfeld

$$\varepsilon^r(x) = \varepsilon^e(x) - A(x) : \mathcal{E}^e \qquad (8.160)$$

zu verwenden ist. Für einen statistisch repräsentativen Volumenbereich (RVE) sind beide Zugänge äquivalent, und für die Hilfsfelder gilt $\sigma^r(x) = C(x) : \varepsilon^r(x)$.

8.4.1.3 Makrofließbedingung

Findet in einem Punkt der Mikroebene plastisches Fließen mit $\dot{\varepsilon}^p \neq 0$ statt, so liegt nach (8.147) der Spannungszustand σ in diesem Punkt auf der Fließfläche $F = 0$. Für Spannungszustände, die im Innern ($F < 0$) dieser Fläche liegen, verhält sich das Material dagegen elastisch. Wir betrachten nun wieder ein mikroskopisch *elastisch-idealplastisches* Material, bei dem sich die Fließfläche infolge des Fließens also nicht verändert (mikroskopisch keine Verfestigung). Sie kann jedoch wegen der Ortsabhängigkeit der Materialeigenschaften von Ort zu Ort auf der Mikroebene eine unterschiedliche Gestalt aufweisen. Zur Untersuchung der Konsequenzen für die Makrospannungen $\langle\sigma\rangle$ wählen wir für den Volumenbereich V die Randbedingung $\langle\sigma\rangle = \sigma^0$ (Abb. 8.24).

Wir gehen zunächst von einer Situation aus, in der an keiner Stelle in V plastische Verzerrungen vorliegen: $\varepsilon^p(x) = 0$. Das Spannungsfeld in V ist dann rein elastisch und lässt sich nach (8.62b) als $\sigma(x) = B(x) : \langle\sigma\rangle$ schreiben. Durch Einsetzen in die Fließbedingung (8.147) für jeden Punkt x ergeben sich die (unendlich vielen) Bedingungen an die Makrospannungen $\langle\sigma\rangle$

$$F\Big(B(x) : \langle\sigma\rangle, \, x\Big) \equiv F_x^*\Big(\langle\sigma\rangle\Big) \leq 0 \qquad \text{für alle } x \text{ in } V, \qquad (8.161)$$

die formal zu der *Makrofließbedingung*

$$\boxed{F^*\Big(\langle\sigma\rangle\Big) \leq 0} \qquad (8.162)$$

zusammengefasst werden können. Die der Bedingung (8.162) genügende Menge der zulässigen Makrospannungszustände stellt die *Schnittmenge* aller $\langle \sigma \rangle$ dar, für welche (8.161) in allen Punkten x erfüllt ist. Wir illustrieren dies durch die Betrachtung zweier Punkte x_a und x_b und stellen die zugehörigen Fließflächen als Kurven in der 1,2-Ebene des Hauptspannungsraumes dar (Abb. 8.25). Der schraf-

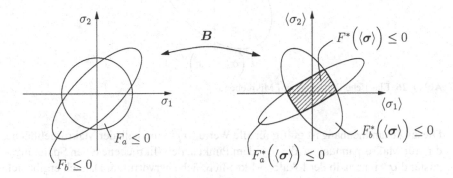

Abb. 8.25 Elastische Bereiche und Fließflächen auf Mikro- und Makroebene

fierte Bereich bezeichnet darin die Menge der zulässigen Makrospannungen $\langle \sigma \rangle$, für welche die Mikrospannungen $\sigma(x)$ die Bedingung (8.147) sowohl in x_a als auch in x_b erfüllen. Der Einflusstensor B überführt als lineare Abbildung die konvexen Mikrofließflächen $F_{a,b} = 0$ in ebenfalls konvexe Flächen $F^*_{a,b} = 0$; als deren Schnitt ist auch der schraffierte Bereich zulässiger Makrospannungen konvex. Da Makrospannungen, die plastisches Fließen hervorrufen, auf dessen Rand liegen, kann dieser als *Makrofließfläche* $F^*(\langle \sigma \rangle) = 0$ interpretiert werden.

Um den möglichen Einfluss plastischen Fließens auf die Makrofließfläche zu untersuchen, betrachten wir nun einen Punkt x der Mikroebene, in dem eine Plastizierung $\varepsilon^p \neq 0$ stattgefunden hat und der Spannungszustand σ auf der Fließfläche liegt (Abb. 8.26). Der entsprechende Makrospannungszustand $\langle \sigma \rangle$ befindet sich dann auf der Makrofließfläche. Infolge der Plastizierung ist gleichzeitig das in (8.154) eingeführte Hilfsfeld von Null verschieden: $\sigma^r(x) \neq 0$. Eine Entlastung an der Stelle x führt zu einem mikroskopischen Spannungszustand σ^* innerhalb des elastischen Bereichs (Abb. 8.26). Findet eine Entlastung in allen Punkten der Mikroebene statt, so geht der Makrospannungszustand in einen Zustand $\langle \sigma \rangle^*$ innerhalb des makroskopischen elastischen Bereichs über (vgl. Abb. 8.25). Der Zusammenhang zwischen der Änderung des Mikrospannungsfeldes und der Makrospannungen kann dann mit (8.62b) zunächst in der Form

$$\sigma(x) - \sigma^*(x) = B(x) : \left(\langle \sigma \rangle - \langle \sigma \rangle^* \right) \tag{8.163}$$

geschrieben werden. Mit Hilfe des Restspannungsfeldes (8.154) erhält man daraus

$$B(x) : \langle \sigma \rangle^* = \sigma^*(x) - \sigma^r(x) \ . \tag{8.164}$$

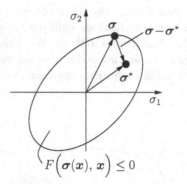

Abb. 8.26 Elastische Entlastung auf Mikroebene

Dieser Zusammenhang ist gültig für alle Werte $\langle \sigma \rangle^*$ innerhalb der Makrofließfläche, d.h. für Makrospannungen, die in jedem Punkt x der Mikroebene einen Spannungszustand σ^* innerhalb der lokalen Mikrofließfläche hervorrufen. Danach ergibt sich die Makrofließfläche (bzw. die Menge aller in ihrem Innern liegenden Spannungszustände $\langle \sigma \rangle^*$) aus den zulässigen Mikrospannungen $\sigma^*(x)$ durch eine *Translation* um $\sigma^r(x)$ sowie die Transformation mit $B(x)$ und die Schnittmengenbildung bezüglich x. Die Translation mit $\sigma^r(x)$ hat zu Folge, dass die Makrofließfläche infolge mikroskopischer plastischer Verzerrungen ihre Lage im Spannungsraum ändert. Das makroskopische Materialverhalten eines heterogenen elastisch idealplastischen Materials weist demnach eine *kinematische Verfestigung* auf (vgl. Abschnitt 1.3.3.1).

Dieser Sachverhalt lässt sich am eindimensionalen Beispiel der Parallelschaltung eines rein elastischen und eines elastisch ideal plastischen Stabes illustrieren (Abb. 8.27). Der Einfachheit halber seien die elastischen Steifigkeiten beider Stäbe gleich; die Fließspannung des Stabes (2) sei k. Der in Abb. 8.27 dargestellte Be- und Entlastungszyklus (durchgezogene Linie) zeigt die Verschiebung des makroskopischen elastischen Bereiches infolge plastischen Fließens in Stab (2). Nach der makroskopischen Entlastung $\langle \sigma \rangle = 0$ beträgt die inhomogene Restspannung im elastischen Stab (1) $\sigma_1 = k$ und im Stab (2) $\sigma_2 = -k$.

Für den Fall, dass die Fließbedingung in jedem Punkt der Mikroebene durch die VON MISESsche Fließbedingung (1.77) mit einer ortsabhängigen Fließspannung $k(x)$ gegeben ist, kann man eine grobe obere Schranke für die Makrofließspannung angeben. Aus

$$\frac{1}{2}\, s(x) : s(x) \leq k^2(x) \qquad \text{für alle} \quad x \quad \text{in } V \qquad (8.165)$$

folgt nämlich durch Mittelung

$$\frac{1}{2}\langle s \rangle : \langle s \rangle \leq \frac{1}{2}\langle s : s \rangle \leq \langle k^2 \rangle . \qquad (8.166)$$

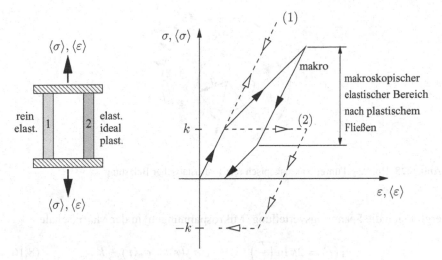

Abb. 8.27 Zur Illustration der kinematischen Verfestigung

Der Bereich zulässiger Makrospannungen liegt danach innerhalb des VON MISES-Zylinders vom Radius $\sqrt{2\langle k^2\rangle}$ (vgl. Abb. 1.7). Diese Schranke ist jedoch nicht mehr sinnvoll, wenn das Material in einem Teilbereich der Mikroebene rein elastisch ($k = \infty$) ist. Für ein poröses Material mit der Porosität f und der Matrixfließspannung $k = const$ folgt aus (8.52), dass die Markospannungen gemäß der Bedingung

$$\frac{1}{2}\langle s\rangle : \langle s\rangle \leq (1-f)^2 k^2 \qquad (8.167)$$

eingeschränkt sind.

Während für die deviatorischen Makrospannungen nur Schranken angegeben werden können (s.o.), gestattet der Fall der rein hydrostatischen Belastung eines porösen ideal-plastischen Materials die Herleitung einer exakten Lösung. Dazu betrachten wir das kugelsymmetrische mikromechanische Modell einer kugelförmigen Pore umgeben von einer dickwandigen Matrixschale (Hohlkugel) mit Innenradius $r = a$ und Außenradius $r = b$ (Abb. 8.28). Der Innenrand (Pore) sei belastungsfrei, d.h. $\sigma_r(r = a) = 0$, und auf dem Außenrand wirke die konstante Radialspannung $\sigma_r(r = b) = \Sigma_m$. Letztere ist in diesem Zellmodell auch gleichzeitig die mittlere hydrostatische Spannung (vgl. 8.52). Die Porosität ist durch $f = (a/b)^3$ gegeben. Das Matrixmaterial sei starr-ideal-plastisch und genüge der VON MISES-Fließbedingung $\sqrt{\frac{3}{2} s : s} = \sigma_e \leq k$, wobei s die deviatorische Mikrospannung ist. Deformationen können in diesem Modell nur auftreten, wenn sich alle Punkte des Matrixmaterials im Zustand plastischen Fließens befinden. Aus der Gleichgewichtsbedingung und der Fließbedingung

$$\frac{d\sigma_r}{dr} - \frac{2}{r}(\sigma_\varphi - \sigma_r) = 0 \quad , \qquad \sigma_\varphi - \sigma_r \equiv \sigma_e = k = const \qquad (8.168)$$

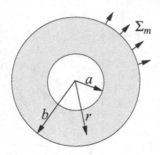

Abb. 8.28 Hohlkugel unter makroskopisch rein hydrostatischer Belastung

ergibt sich die Spannungsverteilung (Mikrospannungen) in der Matrixschale:

$$\sigma_r(r) = 2k \ln \left(\frac{r}{a} \right) \quad , \qquad \sigma_\varphi(r) = \sigma_r(r) + k \,. \qquad (8.169)$$

Einsetzen der Randbedingungen führt auf die makroskopische Fließbedingung

$$\Sigma_m = \frac{2k}{3} \ln \left(\frac{1}{f} \right) \quad \text{bzw.} \quad 2f \cosh \left(\frac{3\Sigma_m}{2k} \right) - (1 + f^2) = 0 \,, \qquad (8.170)$$

wobei für die zweite Form von (8.170) die Identität $\ln(x) = \text{Arcosh} \left(\frac{x^2+1}{2x} \right)$ verwendet wurde.

Die Einschränkung, dass (8.170) zunächst nur für das Zellmodell einer einzelnen Hohlkugel gilt, welches nicht raumfüllend ist, kann durch die kollektive Betrachtung einander berührender unterschiedlich großer aber geometrisch ähnlicher Hohlkugeln gleicher Porosität f behoben werden, analog zum *Composite Spheres Model* (Abschnitt 8.3.3.2). Dadurch lässt sich der Raum vollständig ausfüllen, wobei die Hohlkugeln alle die Radialspannung Σ_m aufeinander ausüben. Die Makrofließbedingung (8.170) gilt demnach für ein raumfüllendes poröses Medium mit starr-ideal-plastischer Matrix und Porosität f unter rein hydrostatischer Belastung. Es ist jedoch anzumerken, dass in realen porösen Materialien die Porengröße i.a. nicht gemäß dem *Composite Spheres Model* verteilt ist. Die exakte Lösung (8.170) spielt eine wichtige Rolle im sogenannten GURSON-Modell, das in Abschnitt 9.4.2. diskutiert wird.

8.4.2 Näherungen

Die im vorangegangenen Abschnitt gewonnenen allgemeinen Aussagen über das effektive Verhalten mikroheterogener elastisch-plastischer Materialien basieren allein auf der Existenz der Einflusstensoren $A(x)$ oder $B(x)$ bzw. der durch sie beschriebenen elastischen Hilfsfelder. Ihre expliziten Darstellungen mit Hilfe der Eshelby-

Lösung sind nur für das Innere ellipsoidförmiger Inhomogenitäten (in sonst homogener Matrix) verfügbar. Für die Homogenisierung rein elastischer Materialien war diese Information ausreichend. Dies ist jedoch nicht mehr der Fall, wenn zusätzlich räumlich verteilte ortsabhängige plastische Verzerrungen vorliegen – auch wenn diese formal als Eigendehnungen betrachtet werden können. Zur Anwendung analytischer Homogenisierungsmethoden in der Elastoplastizität sind daher weitergehende Approximationen notwendig. Von der Vielzahl unterschiedlicher Zugänge, die in der Spezialliteratur diskutiert werden und die aktueller Forschungsgegenstand sind, können hier nur einige grundlegende Gesichtspunkte angesprochen werden.

Wir betrachten dazu ellipsoidförmige Inhomogenitäten (I) in einer unendlich ausgedehnten Matrix (M) mit jeweils konstanten Stoffeigenschaften in Form der Elastizitätsgesetze

$$\sigma = C_\alpha : (\varepsilon - \varepsilon^p) \tag{8.171}$$

mit $\alpha = \mathrm{I}, \mathrm{M}$ und der Fließregeln (vgl. (1.82))

$$\dot{\varepsilon}^p = \dot{\lambda}_\alpha \, \frac{\partial F_\alpha(\sigma)}{\partial \sigma} \ . \tag{8.172}$$

Vor dem Einsetzen plastischen Fließens sind die Spannungen und Verzerrungen in einer einzelnen Inhomogenität aufgrund der Eshelby-Lösung konstant. Verhält sich alleine die Inhomogenität plastisch, so sind die sich dort gemäß der Fließregel entwickelnden plastischen Verzerrungen ebenfalls konstant. Da wir sie als Eigendehnungen auffassen können, treten sie analog zu ε^t in der Gleichung (8.31a) für die äquivalente Eigendehnung auf und ermöglichen damit weiterhin die direkte Anwendung des Eshelby-Resultats. Für die Homogenisierung im Rahmen des Modells der dünnen Verteilung oder der Mori-Tanaka-Methode sind dann keine zusätzlichen Approximationen notwendig, die über die bei rein elastischem Materialverhalten hinausgehen. Die Selbstkonsistenzmethode hingegen erfordert wegen der Einbettung der Inhomogenität in das effektive, jetzt elastisch-plastische Material bereits bei diesem einfachsten Sonderfall Modifikationen, die wir jedoch nicht näher betrachten wollen.

Im weiteren wenden wir uns dem für praktische Anwendungen wichtigeren Fall von Inhomogenitäten in einer duktilen Matrix zu, in welcher inhomogene plastische Verzerrungen auftreten. Hierfür werden wir einige gängige Näherungen und deren Unterschiede diskutieren. Wir beschränken uns dabei auf kugelförmige Inhomogenitäten, auf isotropes elastisches Verhalten beider Phasen sowie auf die VON MISES-Fließbedingung (1.77).

8.4.2.1 Stückweise konstante plastische Verzerrungen

Der einfachste Zugang besteht darin, die plastischen Verzerrungen in beiden Phasen jeweils als konstant und damit gleich ihren Mittelwerten zu approximieren:

$$\varepsilon^p(\boldsymbol{x}) = \begin{cases} \langle \varepsilon^p \rangle_{\mathrm{I}} & \text{in } V_{\mathrm{I}} \\ \langle \varepsilon^p \rangle_{\mathrm{M}} & \text{in } V_{\mathrm{M}} \end{cases}. \tag{8.173}$$

Daneben verwenden wir nur die jeweiligen Phasenmittelwerte der Spannungen in den lokalen Fließregeln (8.172):

$$\langle \dot{\boldsymbol{\varepsilon}}^p \rangle_{\mathrm{I}} = \dot{\lambda}_{\mathrm{I}} \, \frac{\partial F_{\mathrm{I}}(\langle \boldsymbol{\sigma} \rangle_{\mathrm{I}})}{\partial \langle \boldsymbol{\sigma} \rangle_{\mathrm{I}}} \,, \qquad \langle \dot{\boldsymbol{\varepsilon}}^p \rangle_{\mathrm{M}} = \dot{\lambda}_{\mathrm{M}} \, \frac{\partial F_{\mathrm{M}}(\langle \boldsymbol{\sigma} \rangle_{\mathrm{M}})}{\partial \langle \boldsymbol{\sigma} \rangle_{\mathrm{M}}} \,. \tag{8.174}$$

Aufgrund dieser Näherung können wir auf die in Abschnitt 8.4.1.3 diskutierte formale Konstruktion einer Makrofließbedingung $F^*(\langle \boldsymbol{\sigma} \rangle) \leq 0$ verzichten und uns auf die Auswertung der lokalen Bedingungen $F_\alpha(\langle \boldsymbol{\sigma} \rangle_\alpha) \leq 0$ beschränken. Da hierzu die Phasenmittelwerte der Spannungen benötigt werden, beschreiben wir im folgenden das effektive Materialverhalten *implizit* durch ein System von Gleichungen zwischen Phasenmittelwerten und Makrogrößen. Wegen der als phasenweise konstant approximierten plastischen Verzerrungen können die makroskopischen plastischen Verzerrungen (8.151a) in der Form

$$\boldsymbol{\mathcal{E}}^p = \boldsymbol{C}^{*-1} : \left(c_{\mathrm{I}} \langle \varepsilon^p \rangle_{\mathrm{I}} : \boldsymbol{C}_{\mathrm{I}} : \boldsymbol{A}_{\mathrm{I}} + c_{\mathrm{M}} \langle \varepsilon^p \rangle_{\mathrm{M}} : \boldsymbol{C}_{\mathrm{M}} : \boldsymbol{A}_{\mathrm{M}} \right) \tag{8.175}$$

geschrieben werden. Darin sind c_{I} und c_{M} die Volumenanteile, und es gilt der Zusammenhang $c_{\mathrm{M}} \boldsymbol{A}_{\mathrm{M}} = \boldsymbol{1} - c_{\mathrm{I}} \boldsymbol{A}_{\mathrm{I}}$ (vgl. (8.76)). Für den Einflusstensor $\boldsymbol{A}_{\mathrm{I}}$ der Inhomogenität, mit dem nach (8.77a) auch der effektive Elastizitätstensor $\boldsymbol{C}^*$ bekannt ist, kann nun jede der in Abschnitt 8.3.2 nach verschiedenen Methoden hergeleiteten Darstellungen verwendet werden. Der Vollständigkeit halber seien noch die weiteren Gleichungen angegeben, aus denen bei Vorgabe der Makroverzerrung $\langle \varepsilon \rangle = \varepsilon^0$ alle Phasenmittelwerte sowie die Makrospannungen bestimmt werden können:

$$\langle \boldsymbol{\sigma} \rangle_\alpha = \boldsymbol{C}_\alpha : \left(\langle \varepsilon \rangle_\alpha - \langle \varepsilon^p \rangle_\alpha \right) \,, \qquad \langle \boldsymbol{\sigma} \rangle = \boldsymbol{C}^* : \left(\langle \varepsilon \rangle - \boldsymbol{\mathcal{E}}^p \right) \,,$$

$$\langle \boldsymbol{\sigma} \rangle = c_{\mathrm{I}} \langle \boldsymbol{\sigma} \rangle_{\mathrm{I}} + c_{\mathrm{M}} \langle \boldsymbol{\sigma} \rangle_{\mathrm{M}} \,, \qquad \langle \varepsilon \rangle = c_{\mathrm{I}} \langle \varepsilon \rangle_{\mathrm{I}} + c_{\mathrm{M}} \langle \varepsilon \rangle_{\mathrm{M}} \,. \tag{8.176}$$

Der wesentliche Bestandteil dieses einfachen Zugangs, der die Verwendung elastischer Grundlösungen wie des Eshelby-Tensors gestattet, ist die Annahme phasenweise konstanter plastischer Verzerrungen. Konkrete Auswertungen am Beispiel steifer elastischer Partikel (I) in einer weichen (duktilen) Matrix zeigen jedoch auch seine Schwäche. Danach fällt das vorhergesagte effektive Verhalten im Vergleich zu Resultaten von Finite-Elemente-Rechnungen und alternativen Homogenisierungstechniken (Abschnitt 8.4.2.3, Abb. 8.29) viel zu steif aus. Der Grund dafür ist die vernachlässigte Konzentration plastischen Fließens der Matrix in der unmittelbaren Umgebung der Partikel (Spannungskonzentratoren). Im vorgestellten Modell befinden sich die Partikel in einer gegenüber der Realität scheinbar weniger nachgiebigen Umgebung; ihr Beitrag zum Gesamtverhalten des Materials (Versteifung) wird dadurch überschätzt.

8.4.2.2 Inkrementelle Theorie

Wir verzichten nun auf die Annahme stückweise konstanter plastischer Verzerrungen und gehen zunächst von einem im Fließbereich gültigen inkrementellen Stoffgesetz aus. Hierfür kann das *Prandtl-Reuss-Gesetz* (1.83c)

$$\dot{e} = \left[\frac{1}{2\mu_\alpha} \mathbf{1} + \frac{3}{2g_\alpha} \frac{\boldsymbol{s} \otimes \boldsymbol{s}}{\boldsymbol{s} : \boldsymbol{s}} \right] : \dot{\boldsymbol{s}} \tag{8.177}$$

für beide Phasen verwendet werden, wobei die Summe aus $\dot{e}(\boldsymbol{x})$ und dem rein elastischen volumetrischen Anteil die Gesamtverzerrungsrate $\dot{\varepsilon}(\boldsymbol{x})$ ergibt. Mit dem Symbol $\otimes$ wird dabei das dyadische Produkt zweier Tensoren bezeichnet: $(\boldsymbol{\sigma} \otimes \boldsymbol{\sigma})_{ijkl} = \sigma_{ij}\sigma_{kl}$. Die Beziehungen zwischen den Spannungs- und Verzerrungsinkrementen können unter Verwendung der elastisch-plastischen Tangententensoren $\tilde{\boldsymbol{C}}_\alpha$ in der Form

$$\dot{\boldsymbol{\sigma}} = \tilde{\boldsymbol{C}}_\alpha : \dot{\boldsymbol{\varepsilon}} \qquad (\alpha = \mathrm{I}, \mathrm{M}) \tag{8.178}$$

geschrieben werden. Man beachte, dass diese Tangententensoren über die aktuelle Spannungsverteilung vom Ort abhängen: $\tilde{\boldsymbol{C}}_\alpha = \tilde{\boldsymbol{C}}_\alpha(\boldsymbol{s}(\boldsymbol{x}))$. Zwischen den Inkrementen besteht nach (8.178) formal eine zum heterogenen Elastizitätsgesetz (8.54) analoge Beziehung. Allerdings sind die Tangententensoren nun selbst bei isotropem elastischen Materialverhalten *anisotrop*, da sie durch den zweiten Anteil in (8.177) von der Richtung des plastischen Fließens im Spannungsraum abhängen.

Im weiteren approximieren wir die Spannungsabhängigkeit der Tangententensoren durch die Abhängigkeit nur vom Spannungsmittelwert der jeweiligen Phase. Hierdurch erhält man für die Inkremente ein lineares Stoffgesetz mit phasenweise konstanter Tangentensteifigkeit:

$$\dot{\boldsymbol{\sigma}} = \tilde{\boldsymbol{C}}_\alpha\Big(\langle \boldsymbol{s} \rangle_\alpha\Big) : \dot{\boldsymbol{\varepsilon}} \ . \tag{8.179}$$

Damit lässt sich wieder das Eshelby-Resultat anwenden, wobei allerdings der Eshelby-Tensor für ein anisotropes Matrixmaterial $\tilde{\boldsymbol{C}}_\mathrm{M}(\langle \boldsymbol{s} \rangle_\mathrm{M})$ zu verwenden ist. Die in Abschnitt 8.3.2 dargestellten Homogenisierungsmethoden führen schließlich auf einen *effektiven Tangententensor* $\tilde{\boldsymbol{C}}^*(\langle \boldsymbol{s} \rangle_\alpha)$ zur Beschreibung des makroskopischen Materialverhaltens:

$$\langle \dot{\boldsymbol{\sigma}} \rangle = \tilde{\boldsymbol{C}}^*\Big(\langle \boldsymbol{s} \rangle_\alpha\Big) : \langle \dot{\boldsymbol{\varepsilon}} \rangle \ . \tag{8.180}$$

Bei der Auswertung in inkrementellen Schritten sind jeweils die momentanen Mittelwerte $\langle \boldsymbol{s} \rangle_\mathrm{I}$ und $\langle \boldsymbol{s} \rangle_\mathrm{M}$ der deviatorischen Spannungszustände in den beiden Phasen zu bestimmen, mit denen die Tangententensoren aktualisiert werden. Wegen der sich mit der Belastung ändernden Anisotropie der Tangententensoren und des Eshelby-Tensors ist dieses Verfahren sehr aufwendig. Es führt jedoch zu realistischeren Resultaten, da die plastischen Verzerrungsraten in der Matrix mit

$$\dot{e}^p(\boldsymbol{x}) = \frac{3}{2g_\mathrm{M}} \left[\frac{\langle \boldsymbol{s} \rangle_\mathrm{M} \otimes \langle \boldsymbol{s} \rangle_\mathrm{M}}{\langle \boldsymbol{s} \rangle_\mathrm{M} : \langle \boldsymbol{s} \rangle_\mathrm{M}} \right] : \dot{\boldsymbol{s}}(\boldsymbol{x}) \tag{8.181}$$

hier nicht mehr konstant sind.

8.4.2.3 Deformationstheorie

Erhebliche Vereinfachungen ergeben sich, wenn wir uns auf monotone und *proportional* erfolgende Belastungsvorgänge beschränken (vgl. Abschnitt 1.3.3.3). Wegen der Koaxialität von σ, s und $\dot{\sigma}$ gilt dann $s(s:\dot{s}) = (s:s)\dot{s} = \frac{2}{3}\sigma_e^2\,\dot{s}$, und (8.177) kann zum *Hencky-Ilyushin-Gesetz*

$$s = 2\mu_\alpha^s\,e \tag{8.182}$$

integriert werden (vgl. (1.86)). Es hat die Gestalt eines isotropen nichtlinearen Elastizitätsgesetzes mit dem *Sekantenmodul* $\mu^s(\sigma_e(x))$. Dieser hängt vom Spannungszustand nur über die einachsige Vergleichsspannung $\sigma_e = \sqrt{\frac{3}{2}s:s}$ ab. Im Fall isotroper Verfestigung mit einer von der einachsigen plastischen Vergleichsdehnung $p \equiv \varepsilon_e^p = \sqrt{\frac{2}{3}\varepsilon^p:\varepsilon^p}$ abhängigen Fließspannung $k(p) = k_0 + A\,p^{1/n}$ lautet der Sekantenmodul

$$\mu^s(\sigma_e) = \frac{\mu\,\sigma_e\,A^n}{\sigma_e\,A^n + 3\mu(\frac{\sigma_e}{\sqrt{3}} - k_0)^n} \tag{8.183}$$

für $\sigma_e \geq \sqrt{3}\,k_0$, wobei k_0 die Anfangsfließspannung ist.

Zur Elimination der Ortsabhängigkeit der Sekantensteifigkeiten beider Phasen werden die inhomogenen Spannungsfelder durch ihre Phasenmittelwerte approximiert. Damit ergeben sich die einachsigen Vergleichsspannungen zu $\Sigma_\alpha = \sqrt{\frac{3}{2}\langle s\rangle_\alpha : \langle s\rangle_\alpha}$. Aus (8.182) folgt auf diese Weise wieder ein Elastizitätsgesetz mit phasenweise konstanten Steifigkeiten

$$s = 2\mu_\alpha^s(\Sigma_\alpha)\,e\,. \tag{8.184}$$

Wegen der jetzt räumlichen Konstanz der Matrixsteifigkeit lässt sich auch auf dieses nichtlineare Problem das Eshelby-Resultat für eine Einzelinhomogenität übertragen. Dabei hängt der Eshelby-Tensor über den Sekanten-Schubmodul $\mu_M^s(\Sigma_M)$ vom Mittelwert der Matrixspannung bzw. der daraus gebildeten einachsigen Vergleichsspannung Σ_M ab. Im Fall kugelförmiger Inhomogenitäten lauten die Parameter (8.11) des isotropen Eshelby-Tensors (8.10) daher

$$\alpha^s(\Sigma_M) = \frac{3K_M}{3K_M + 4\mu_M^s}\,, \qquad \beta^s(\Sigma_M) = \frac{6(K_M + 2\mu_M^s)}{5(3K_M + 4\mu_M^s)}\,. \tag{8.185}$$

Eine Homogenisierung kann nun mittels der in Abschnitt 8.3.2 erläuterten Verfahren durchgeführt werden, wobei in den Darstellungen für die effektiven Steifigkeiten die Schubmoduli μ_I und μ_M durch $\mu_I^s(\Sigma_I)$ und $\mu_M^s(\Sigma_M)$ zu ersetzen sind. Dies führt auf die *effektiven Sekantenmoduli* K_s^* und μ_s^* und damit auf ein makroskopisches Stoffgesetz der Form

$$\boxed{\langle\sigma_{kk}\rangle = 3K_s^*\langle\epsilon_{kk}\rangle\,, \qquad \langle s\rangle = 2\mu_s^*\langle e\rangle} \tag{8.186}$$

Die Ermittlung von K_s^* und μ_s^* erfordert die Lösung eines nichtlinearen Gleichungssystems, da die aktuellen Phasenmittelwerte $\langle s \rangle_\alpha$ in Abhängigkeit von einer vorgegebenen Makrogröße mit zu bestimmen sind. Dazu ist es zweckmäßig, aus den allgemeinen Beziehungen für die Makrogrößen die Verzerrungsmittelwerte zu eliminieren:

$$c_I \langle s \rangle_I + c_M \langle s \rangle_M = \langle s \rangle \;, \qquad \frac{c_I \langle s \rangle_I}{2\mu_I^s(\Sigma_I)} + \frac{c_M \langle s \rangle_M}{2\mu_M^s(\Sigma_M)} = \langle e \rangle \;. \qquad (8.187)$$

Als Anwendungsbeispiel betrachten wir ein elastisch-plastisches Kompositmaterial aus einer duktilen Aluminium-Matrix, in die rein elastische kugelförmige Aluminiumoxid-Partikel mit der Konzentration $c_I = 0.3$ eingebettet sind. Das Verhalten der Matrix wird durch die Materialdaten $E_M = 75\,\text{GPa}$, $\nu_M = 0.3$, $k_0 = 75\,\text{MPa}$, $A = 400\,\text{MPa}$ und $n = 3$ beschrieben und das der Partikel durch $E_I = 400\,\text{GPa}$ und $\nu_I = 0.2$. In Abb. 8.29 ist das Spannungs-Dehnungs-Verhalten der beiden Phasen sowie das makroskopische Stoffverhalten unter einachsigem Zug dargestellt. Aufgrund der gewählten Materialparameter und der Morphologie des Komposits (steife Partikel in weicher Matrix) ist zu erwarten, dass das makroskopische Verhalten im wesentlichen durch die Matrix bestimmt wird. Verstärktes plastisches Fließen in der Umgebung der Partikel reduziert deren versteifende Wirkung gegenüber einem rein elastischen Komposit. Zum Vergleich zeigt Abb. 8.29 neben dem auf der Deformationstheorie basierenden effektiven Verhalten auch den aus der Annahme konstanter plastischer Verzerrungen (Abschnitt 8.4.2.1) resultierenden $\langle \sigma \rangle, \langle \varepsilon \rangle$-Verlauf.

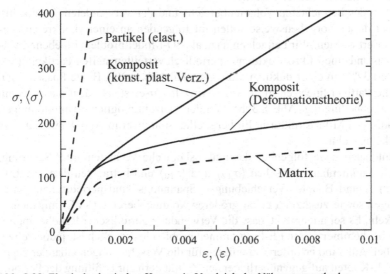

Abb. 8.29 Elastisch-plastisches Komposit, Vergleich der Näherungsmethoden

Zur Homogenisierung wurde bei beiden Methoden das Mori-Tanaka-Modell verwendet. Man erkennt, dass die Annahme homogener plastischer Verzerrungen zu einem unrealistisch schwachen Einfluss der Matrixplastizität auf das effektive Verhalten führt; hierauf wurde in Abschnitt 8.4.2.1 schon hingewiesen. Das auf der Deformationstheorie und der Berücksichtigung inhomogener plastischer Verzerrungen basierende Resultat spiegelt hingegen sehr viel deutlicher die Dominanz der duktilen Matrix im makroskopischen Verhalten wieder.

8.5 Numerische Homogenisierung

Das effektive makroskopische Verhalten eines Materials mit komplexer Mikrostruktur (z.B. nicht ellipsoidförmigen Partikeln) und nichtlinearem (z.B. elastisch-plastischem) Verhalten der einzelnen Phasen lässt sich nur mittels numerischer Methoden berechnen. Bei Verwendung der Finite Elemente Methode (FEM) wird dabei ein geeigneter Volumenbereich des Materials diskretisiert und die heterogenen lokalen Stoffeigenschaften den einzelnen finiten Elementen zugeordnet. Unter Auferlegung der zur Homogenisierung geeigneten Randbedingungen (lineare Verschiebungen, uniforme Spannungen oder periodische Randbedingungen; s. Abschnitt 8.3.1) wird das gesamte Verschiebungs-, Verzerrungs- und Spannungsfeld im Volumenbereich durch numerische Lösung des Randwertproblems ermittelt. Aus den Feldern kann dann die je nach verwendeter Randbedingung noch unbekannte Makrogröße gemäß (8.41) bzw. (8.46) berechnet werden. Bei nichtlinearem Materialverhalten erfolgt dies in inkrementellen Schritten.

Einflüsse des betrachteten Volumenbereichs und der verwendeten Randbedingungen bei dieser Vorgehensweise sollen im folgenden an einem konkreten Beispiel illustriert werden. Wir betrachten dazu als 2D-Modellproblem im ebenen Verzerrungszustand eine Mikrostruktur aus periodisch verteilten steifen Partikeln (Volumenanteil 32%) in einer duktilen Matrix gemäß Abb. 8.30a. Beide Phasen seien isotrop, die Partikel linear-elastisch, die Matrix linear-elastisch ideal-plastisch mit v. Mises-Fließbedingung (Abb. 8.30b). Von der Vielzahl möglicher Unterteilungen der periodischen Mikrostruktur in Einheitszellen sind zwei in Abb. 8.30a durch A und B gekennzeichnet.

Wir untersuchen im folgenden das makroskopische Verhalten unter Scherung, d.h. den Zusammenhang zwischen $\langle \sigma_{12} \rangle$ und $\langle \varepsilon_{12} \rangle$ und betrachten dazu die Einheitszellen A und B unter Verschiebungs-, Spannungs- und periodischen Randbedingungen sowie zusätzlich einen größeren Volumenbereich (RVE) mit mehreren Partikeln. Es sei angemerkt, dass die Verwendung periodischer Randbedingungen auch bei kommerziellen FE-Programmen problemlos möglich ist, jedoch einen zusätzlichen Aufwand erfordert. So müssen für die Verschiebungen einander zugeordneter FE-Knoten auf gegenüberliegenden Zellrändern zur Erfüllung der Periodizitätsbedingung (8.67) und zur Kopplung an die Makroverzerrung entsprechende Zwangsbedingungen implementiert werden.

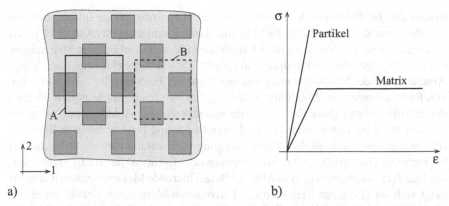

a)

b)

Abb. 8.30 a) Periodische Mikrostruktur mit zwei verschiedenen Einheitszellen A und B, b) 1D-Stoffverhalten von Partikel- und Matrixphase

In Abb. 8.31 sind die deformierten Einheitszellen A und B für die verschiedenen Typen von Randbedingungen dargestellt; die unterschiedlichen lokalen Deformationen sind anhand der (bewusst grob gewählten) FE-Netze erkennbar. Der Vergleich jeweils gegenüberliegender Ränder in Abb. 8.31 (rechts) zeigt, dass unter uniformen Randspannungen deformierte Einheitszellen im allgemeinen nicht mehr zusammen-

Abb. 8.31 Einheitszelle A (oben) und Einheitszelle B (unten) unter linearen Randverschiebungen (links), periodischen Randbedingungen (Mitte) und uniformen Randspannungen (rechts)

passen, d.h. im Widerspruch zur Periodizität der Mikrostruktur eine Inkompatibilität der Deformation resultiert. Im Fall linearer Randverschiebungen (Abb. 8.31 links) ist die Deformation zwar kompatibel, doch wird i.a. die Gleichheit der Spannungen in einander zugeordneten Randpunkten verletzt. Dies äußert sich in einer deutlichen Abhängigkeit der Makrospannung von der Wahl der Einheitszelle bei diesem Typ von Randbedingungen. Abbildung 8.32a zeigt im Vergleich zum Materialverhalten der duktilen Matrixphase das simulierte makroskopische Verhalten des heterogenen Materials bei Betrachtung der Einheitszellen A und B unter linearen Randverschiebungen und periodischen Randbedingungen. Ebenfalls dargestellt ist das bei Betrachtung eines größeren Volumenbereichs der Mikrostruktur (RVE) unter linearen Randverschiebungen gemäß Abb. 8.32b resultierende Makroverhalten. Generell zeigt sich im effektiven Verhalten des heterogenen Materials – sowohl im elastischen wie auch im plastischen Bereich – die versteifende Wirkung der Partikel. Im Gegensatz zum Matrixverhalten erfolgt der Übergang zwischen diesen Bereichen beim Komposit kontinuierlich infolge der räumlich inhomogenen Ausbildung plastischer Deformationen. Daneben ist deutlich erkennbar, dass lineare Randverschiebungen zu einem 1.) von der Einheitszelle (A, B) abhängigen und 2.) zu steifen Makroverhalten im Vergleich zu den bei periodischen Mikrostrukturen korrekten periodischen Randbedingungen führen. Letztere liefern für beide Einheitszellen das gleiche makroskopische Verhalten.

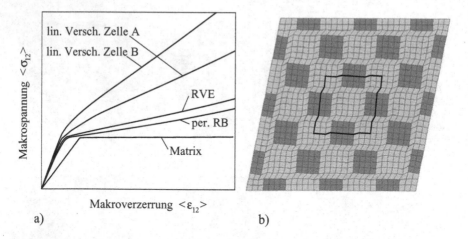

Abb. 8.32 a) Einfluss von Einheitszellen und Randbedingungen auf homogenisiertes Materialverhalten, b) RVE mit größerer Partikelanzahl unter linearen Randverschiebungen

Bei der numerischen Analyse von Volumenbereichen mit einer größeren Anzahl an Heterogenitäten nimmt der Einfluss des Typs der Randbedingungen mit der Größe des betrachteten Bereichs, d.h. mit der Anzahl der enthaltenen Heterogenitäten, ab. Dies zeigt sich für den in Abb. 8.32b unter linearen Randverschiebungen deformiert dargestellten Bereich der periodischen Mikrostruktur. Wie in Abb. 8.32a ersichtlich resultiert hierbei ein Makroverhalten, das deutlich „weicher" ist als das der Einheitszellen unter gleicher Randbedingung und näher am (korrekten) Verhalten der Einheitszellen unter periodischen Randbedingungen liegt. Anhand des deformierten FE-Netzes in Abb. 8.32b ist erkennbar, dass im Innern des Bereichs eine periodische Deformation (vgl. Abb. 8.31 oben Mitte)

8.6 Thermoelastisches Material

Neben den rein elastischen Eigenschaften sind in heterogenen Materialien in der Regel auch andere Stoffparameter ortsabhängig. Einer der wichtigsten darunter ist der thermische Ausdehnungskeffizient k, der nach (1.43), (1.44) im *Duhamel-Neumann-Gesetz*

$$\boldsymbol{\sigma}(\boldsymbol{x}) = \boldsymbol{C}(\boldsymbol{x}) : \Big(\boldsymbol{\varepsilon}(\boldsymbol{x}) - \boldsymbol{\varepsilon}^{th}(\boldsymbol{x}) \Big) = \boldsymbol{C}(\boldsymbol{x}) : \Big(\boldsymbol{\varepsilon}(\boldsymbol{x}) - \boldsymbol{k}(\boldsymbol{x}) \Delta T(\boldsymbol{x}) \Big) \quad (8.188)$$

eines mikroinhomogenen Materials auftritt. Für die meisten praktischen Anwendungen ist es dabei zulässig, die Temperaturänderung ΔT auf der Mikroebene als konstant zu betrachten. Auf der Makroebene lässt sich dann das Materialverhalten durch den effektiven Elastizitätstensor $\boldsymbol{C}^*$ nach Abschnitt 8.3 sowie einen *effektiven Wärmeausdehnungskoeffizienten* $\boldsymbol{k}^*$ charakterisieren:

$$\langle \boldsymbol{\sigma} \rangle = \boldsymbol{C}^* : \Big(\langle \boldsymbol{\varepsilon} \rangle - \boldsymbol{\mathcal{E}}^{th} \Big) \quad \text{mit} \quad \boldsymbol{\mathcal{E}}^{th} = \boldsymbol{k}^* \Delta T . \quad (8.189)$$

Vergleicht man (8.188) und (8.189) mit (8.4) bzw. (8.148) und (8.150), so erkennt man, dass Wärmedehnungen $\boldsymbol{\varepsilon}^{th} = \boldsymbol{k} \Delta T$ äquivalent zu spannungsfreien Transformationverzerrungen $\boldsymbol{\varepsilon}^t$ oder zu plastischen Verzerrungen $\boldsymbol{\varepsilon}^p$ sind. Diese schon wiederholt angesprochene Analogie können wir zur Bestimmung von $\boldsymbol{k}^*$ ausnutzen. Danach liefert (8.151a) die makroskopische thermische Verzerrung

$$\boldsymbol{\mathcal{E}}^{th} = \boldsymbol{C}^{*-1} : \langle \boldsymbol{\varepsilon}^{th} : \boldsymbol{C} : \boldsymbol{A} \rangle \quad (8.190a)$$

und nach Einsetzen von $\boldsymbol{\mathcal{E}}^{th}$ und $\boldsymbol{\varepsilon}^{th}$

$$\boxed{\boldsymbol{k}^* = \boldsymbol{C}^{*-1} : \langle \boldsymbol{k} : \boldsymbol{C} : \boldsymbol{A} \rangle} . \quad (8.190b)$$

Der effektive Wärmeausdehnungskoeffizient ist also der mit der elastischen Heterogenität (in Form von $\boldsymbol{C}(\boldsymbol{x})$ und dem Einflusstensor $\boldsymbol{A}(\boldsymbol{x})$) *gewichtete Mittelwert* des mikroskopischen Wärmeausdehnungskoeffizienten. Für ein elastisch homogenes Material ($\boldsymbol{C} = const$, $\boldsymbol{A} = \boldsymbol{1}$) ist $\boldsymbol{k}^* = \langle \boldsymbol{k} \rangle$.

Als wichtigen Anwendungsfall betrachten wir wieder ein Kompositmaterial aus zwei stückweise homogenen Phasen mit $\boldsymbol{C}_\mathrm{M}$, $\boldsymbol{C}_\mathrm{I}$, $\boldsymbol{k}_\mathrm{M}$, $\boldsymbol{k}_\mathrm{I}$ und den Volumenanteilen c_M, c_I. Unter Beachtung von $c_\mathrm{I} \boldsymbol{A}_\mathrm{I} + c_\mathrm{M} \boldsymbol{A}_\mathrm{M} = \boldsymbol{1}$ erhält man dafür aus (8.190b)

$$k^* = C^{*-1} : \left(k_{\mathrm{M}} : C_{\mathrm{M}} + c_{\mathrm{I}}(k_{\mathrm{I}} : C_{\mathrm{I}} - k_{\mathrm{M}} : C_{\mathrm{M}}) : A_{\mathrm{I}} \right) . \qquad (8.191\mathrm{a})$$

Ersetzt man mit Hilfe von (8.77a) noch den Einflusstensor A_{I} der Inhomogenitäts-phase, so folgt

$$k^* = C^{*-1} : \left(k_{\mathrm{M}} : C_{\mathrm{M}} + (k_{\mathrm{I}} : C_{\mathrm{I}} - k_{\mathrm{M}} : C_{\mathrm{M}}) : (C_{\mathrm{I}} - C_{\mathrm{M}})^{-1} : (C^* - C_{\mathrm{M}}) \right) . \qquad (8.191\mathrm{b})$$

Für den effektiven Elastizitätstensor C^* kann nun jede der in Abschnitt 8.3.2 nach unterschiedlichen mikromechanischen Modellen hergeleiteten Darstellungen verwendet werden.

Eine in der Praxis häufig auftretende Frage ist die nach thermisch induzierten Eigenspannungen beim Abkühlen oder Aufheizen eines heterogenen Gefüges oder Komposits. Betrachtet man das Material dabei als makroskopisch belastungsfrei $\langle \sigma \rangle = 0$, so gilt nach (8.47) für die mittleren Spannungen in den beiden Phasen $c_{\mathrm{I}}\langle \sigma \rangle_{\mathrm{I}} = -c_{\mathrm{M}}\langle \sigma \rangle_{\mathrm{M}}$, und die mittlere Verzerrung ist $\langle \varepsilon \rangle = c_{\mathrm{I}}\langle \varepsilon \rangle_{\mathrm{I}} + c_{\mathrm{M}}\langle \varepsilon \rangle_{\mathrm{M}} = k^* \Delta T$. Durch Einsetzen der Stoffgesetze $\langle \sigma \rangle_\alpha = C_\alpha : (\langle \varepsilon \rangle_\alpha - k_\alpha \Delta T)$ erhält man für die Spannungsmittelwerte

$$c_{\mathrm{I}}\langle \sigma \rangle_{\mathrm{I}} = -c_{\mathrm{M}}\langle \sigma \rangle_{\mathrm{M}} = \left(C_{\mathrm{M}}^{-1} - C_{\mathrm{I}}^{-1} \right)^{-1} : (c_{\mathrm{I}}k_{\mathrm{I}} + c_{\mathrm{M}}k_{\mathrm{M}} - k^*) \Delta T . \qquad (8.192)$$

Wir betrachten nun ein Material, dessen beide Phasen elastisch (K_α, μ_α) sowie thermisch isotrop sind. Die lokalen thermischen Dehnungen sind dann rein volumetrisch: $\varepsilon^{th} = k_\alpha \Delta T\, I$. Verhält sich das Material auch auf der Makroebene elastisch isotrop, so ist nach (8.191b) der effektive Wärmeausdehnungskoeffizient ebenfalls isotrop $k^* = k^* I$ und nur vom effektiven Kompressionsmodul abhängig:

$$k^* = \frac{k_{\mathrm{M}} K_{\mathrm{M}}(K_{\mathrm{I}} - K_{\mathrm{M}}) + (k_{\mathrm{I}} K_{\mathrm{I}} - k_{\mathrm{M}} K_{\mathrm{M}})(K^* - K_{\mathrm{M}})}{K^*(K_{\mathrm{I}} - K_{\mathrm{M}})} . \qquad (8.193)$$

Verwendet man im Fall einer Mikrostruktur aus kugelförmigen Inhomogenitäten zur Homogenisierung beispielsweise das Mori-Tanaka-Modell (Abschnitt 8.3.2.4), so ergibt sich mit (8.104) und dem volumetrischen Anteil $\alpha = (1+\nu)/3(1-\nu)$ des isotropen Eshelby-Tensors (8.10), (8.11)

$$k^*_{(\mathrm{MT})} = k_{\mathrm{M}} + c_{\mathrm{I}} \frac{K_{\mathrm{I}}(k_{\mathrm{I}} - k_{\mathrm{M}})}{K_{\mathrm{M}} + (\alpha + c_{\mathrm{I}}(1 - \alpha))(K_{\mathrm{I}} - K_{\mathrm{M}})} . \qquad (8.194)$$

Einsetzen in (8.192) liefert die mittleren thermisch induzierten Spannungen in den beiden Phasen, die rein hydrostatisch sind:

$$\langle \sigma \rangle_{\mathrm{I}} = -\frac{c_{\mathrm{M}}}{c_{\mathrm{I}}} \langle \sigma \rangle_{\mathrm{M}} = \frac{-3 K_{\mathrm{I}} K_{\mathrm{M}} c_{\mathrm{M}}(1 - \alpha)(k_{\mathrm{I}} - k_{\mathrm{M}})}{K_{\mathrm{M}} + (\alpha + c_{\mathrm{I}}(1 - \alpha))(K_{\mathrm{I}} - K_{\mathrm{M}})} \Delta T\, I . \qquad (8.195)$$

Für den Sonderfall einer sehr steifen Matrix ($K_{\mathrm{M}} \gg K_{\mathrm{I}}$) erhält man

$$\langle \sigma \rangle_{\mathrm{I}} = -3 K_{\mathrm{I}}(k_{\mathrm{I}} - k_{\mathrm{M}}) \Delta T\, I . \qquad (8.196)$$

Im Fall eines elastisch homogenen Materials ($K_M = K_I = K$) hingegen folgt

$$\langle \sigma \rangle_I = -3K c_M (1 - \alpha)(k_I - k_M)\, \Delta T\, I \,, \tag{8.197}$$

worin für eine rein auf die Inhomogenität beschränkte Wärmedehnung ($k_M = 0$) und sehr kleine Volumenanteile ($c_I \ll 1$, $c_M \approx 1$) das Ergebnis (8.14) enthalten ist:

$$\langle \varepsilon \rangle_I = \frac{\langle \sigma \rangle_I}{3K} + k_I\, \Delta T\, I = \alpha\, k_I\, \Delta T\, I \,. \tag{8.198}$$

Als praxisrelevantes Beispiel betrachten wir ein Gefüge, das durch die Infiltration von Aluminium in eine poröse Keramikmatrix aus Aluminiumoxid (Al_2O_3) entsteht. Da die Herstellung bei hohen Temperaturen erfolgt, kommt es beim Abkühlen auf Raumtemperatur zu thermisch induzierten Eigenspannungen in den beiden Phasen. Typische Materialdaten für die Keramikmatrix (M) und die als kugelförmige Inhomogenitäten approximierte Aluminiumphase (I) sind: $K_M = 220\,\text{GPa}$, $\nu_M = 0.2$, $k_M = 8 \cdot 10^{-6}\text{K}^{-1}$, $K_I = 60\,\text{GPa}$, $\nu_I = 0.3$, $k_I = 2.4 \cdot 10^{-5}\text{K}^{-1}$. Damit ergibt sich $\alpha(\nu_M) = 0.5$, und für einen Volumenanteil an Aluminium von $c_I = 0.25$ erhält man aus (8.194) den effektiven Wärmeausdehnungskoeffizienten zu $k^* \approx 10^{-5}\text{K}^{-1}$. Eine Temperaturänderung beim Abkühlen von $\Delta T = -400\,\text{K}$ führt nach (8.195) zu mittleren Druckeigenspannungen von $\sigma_M \approx -250\,\text{MPa}$ in der Keramikmatrix (M) und Zugeigenspannungen $\sigma_I \approx 750\,\text{MPa}$ im Aluminiuminfiltrat (I). Trotz der stark vereinfachenden Approximation der Morphologie durch kugelförmige Aluminiumpartikel entsprechen diese Werte recht gut dem experimentellen Befund. Man beachte, dass die mittlere Spannung in der Aluminiumphase weit über der Fließspannung von Aluminium liegt. Wegen des rein hydrostatischen Spannungszustandes tritt jedoch während des Abkühlvorganges kein plastisches Fließen auf, sondern es bilden sich Hohlräume (Kavitäten) in der Aluminiumphase.

8.7 Übungsaufgaben

Aufgabe 8.1   Von einem heterogenen, makroskopisch isotropen Material sei der effektive Kompressionsmodul K^* *gemessen* worden. Über die Mikrostruktur sei bekannt, dass sie aus zwei isotropen Phasen mit elastischen Eigenschaften K_I, μ_I, K_M, μ_M besteht. Geben Sie mit Hilfe der Voigt-Reuss-Schranken und der Hashin-Shtrikman-Schranken den Bereich an, in dem die Volumenanteile c_I bzw. $c_M = 1 - c_I$ der beiden Phasen liegen können. Es sei $K_I = 10 K_M$, $\mu_I = 10\mu_M$ und $K^* = 5 K_I$.

Lösung: aus Voigt-Reuss-Schranken: $0.44 \le c_I \le 0.88$

aus Hashin-Shtrikman-Schranken: $0.56 \le c_I \le 0.79$

Aufgabe 8.2   Wenden Sie das Hashin-Shtrikman-Variationsprinzip auf das 1D-Beispiel eines heterogenen Zugstabes an.

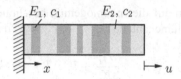

Abb. 8.33

Lösung: Wählt man als Vergleichsmaterial einmal E_1 und einmal E_2, so erhält man als obere und untere Hashin-Shtrikman-Schranke jeweils den Wert $E^* = E_1 E_2/(c_1 E_1 + c_2 E_2)$; im vorliegenden 1D-Beispiel ist dies die exakte Lösung für den effektiven E-Modul.

Aufgabe 8.3   Zwei isotrope linear-elastische Materialien (a), (b) mit Lamé'schen Konstanten λ^a, μ^a, λ^b, μ^b seien fest miteinander verbunden. In einem beliebigen Punkt P der Grenzfläche sei der Verzerrungszustand ε_{ij}^a im Material (a) bekannt.

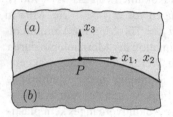

Bestimmen Sie den Verzerrungszustand im Material (b) am Punkt P.

Hinweis: Entlang der Grenzfläche gelten die folgenden Beziehungen bezüglich des skizzierten lokalen kartesischen Koordinatensystems:

Abb. 8.34

$$\sigma_{i3}^a = \sigma_{i3}^b \quad (i = 1, 2, 3)\,, \qquad \varepsilon_{11}^a = \varepsilon_{11}^b\,, \qquad \varepsilon_{12}^a = \varepsilon_{12}^b\,, \qquad \varepsilon_{22}^a = \varepsilon_{22}^b$$

Lösung: Die gesuchten Verzerrungen im Material (b) lauten

$$\varepsilon_{\gamma 3}^b = \frac{\mu^a}{\mu^b}\, \varepsilon_{\gamma 3}^a \quad (\gamma = 1, 2)\,,$$

$$\varepsilon_{33}^b = \frac{1}{\lambda^b + 2\mu^b} \left[(\lambda^a + 2\mu^a)\, \varepsilon_{33}^a + (\lambda^a - \lambda^b)\, (\varepsilon_{11}^a + \varepsilon_{22}^a) \right].$$

Aufgabe 8.4 Ein isotropes linear-elastisches Kompositmaterial mit kugelförmigen Partikeln I in einer Matrix M sei durch eine einachsige Makrospannung Σ belastet.

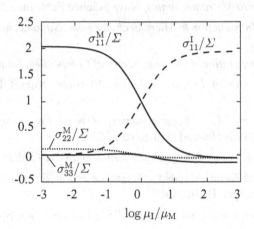

Ermitteln Sie unter Verwendung des Ergebnisses aus Aufgabe 8.3 sowie der Eshelby-Lösung (Abschnitte 8.2.1.4 und 8.2.2.2) den Spannugszustand im Matrixmaterial im (Äquator-) Punkt P der Partikel-Matrix-Grenzfläche.

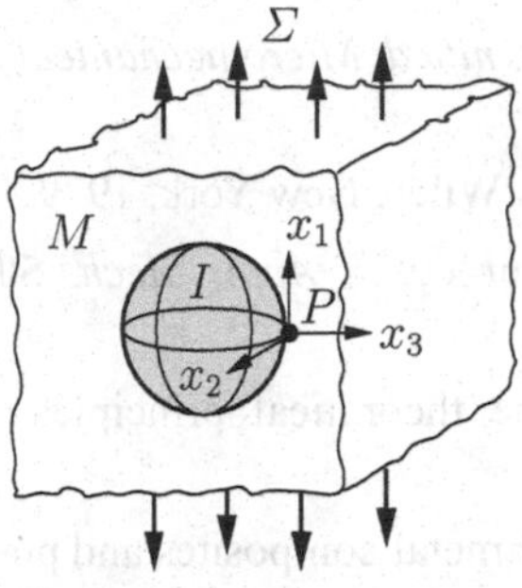

Abb. 8.35

Lösung: Für den Sonderfall $K_M = 2\mu_M$, $K_I = 2\mu_I$, d.h. $\nu_M = \nu_I = 2/7$, sind die mit Σ entdimensionierten Spannungskomponenten im Punkt P in Abb. 8.36 als Funktionen des Steifigkeitsverhältnisses μ_I/μ_M dargestellt.

Abb. 8.36

8.8 Literatur

Aboudi, J.   *Mechanics of Composite Materials - A Unified Micromechanical Approach*. Elsevier, Amsterdam, 1991

Christensen, R.M.   *Mechanics of Composite Materials*. Wiley, New York, 1979

Hashin, Z.   Analysis of Composite Materials – A Survey. *J. Appl. Mech.* **50** (1983), 481-505

Hill, R.   Elastic properties of reinforced solids: some theoretical principles. *J. Mech. Phys. Solids* **11** (1963), 357-372

Hill, R.   The essential structure of constitutive laws for metal composites and polycrystals. *J. Mech. Phys. Solids* **15** (1967), 79-95

Jones, R.M.   *Mechanics of Composite Materials*. McGraw-Hill, Washington, 1975

Kachanov, M., Shafiro, B. and Tsukrov, I.   *Handbook of Elasticity Solutions*. Kluwer Academic Publishers, Dordrecht, 2003

Kreher, W. and Pompe, W.   *Internal Stresses in Heterogeneous Solids*. Akademie Verlag, Berlin, 1989

Le, K.C.   *Introduction to Micromechanics*. Nova Science Publ. Inc., 2010

Li, S. and Wang, G.   *Introduction to Micromechanics and Nanomechanics*. World Scientific, 2008

Mishnaevsky, L.,   *Computational Mesomechanics of Composites*. John Wiley, 2007

Mura, T.   *Micromechanics of Defects in Solids*. Martinus Nijhoff Publishers, Dordrecht, 1982

Nemat-Nasser, S. and Hori, M.   *Micromechanics – Overall Properties of Heterogeneous Materials*. North-Holland, Amsterdam, 1993

Qu, J. and Cherkaoui, M.   *Fundamentals of Micromechanics of Solids*. Wiley, 2006

Sanchez-Palencia, E. and Zaoui, A. (eds.)   *Homogenization Techniques for Composite Materials*. Springer, Berlin, 1987

Suquet, P. (ed.)   *Continuum Micromechanics*. CISM Lecture notes, Springer, Berlin, 1997

Torquato, S.,   *Random heterogeneous Materials: Microstructure and Macroscopic Properties*. Springer, Berlin, 2002

Van der Giessen, E.   Background on micromechanics. In: Lemaitre, J. (ed.), *Handbook of Materials Behavior Models*, Vol. 3. Academic Press, 2001, 959-967

Yang, W. and Lee, W.B.   *Mesoplasticity and its Applications*. Springer, Berlin, 1993

Zohdi, T.I. and Wriggers, P.   *Introduction to Computational Micromechanics*. Springer, Berlin, 2004

Kapitel 9
Schädigung

9.1 Allgemeines

Ein reales Material enthält meist schon im Ausgangszustand eine Vielzahl von Defekten wie Mikrorisse oder Poren. Bei einem Deformationsvorgang können sich diese inneren Hohlräume vergrößern und verbinden, während es an Spannungskonzentratoren (z.B. Einschlüsse, Korngrenzen, Inhomogenitäten) gleichzeitig zu weiteren Materialtrennungen kommt, d.h. neue Mikrodefekte entstehen. Hierdurch ändern sich die makroskopischen Eigenschaften des Materials, und seine Festigkeit wird merklich reduziert. Diesen Prozess der Strukturänderung des Materials, welcher mit der Entstehung, dem Wachstum und der Vereinigung von Mikrodefekten verbunden ist, nennt man *Schädigung (damage)*. Er führt in seinem Endstadium zur vollständigen Auflösung der Bindungen, d.h. zur Materialtrennung und zur Bildung eines makroskopischen Risses.

Die Materialschädigung klassifiziert man ausgehend vom dominierenden makroskopischen Phänomen in *spröde Schädigung, duktile Schädigung, Kriechschädigung* und *Ermüdungs-Schädigung*. Vorherrschender Mechanismus bei der spröden Schädigung ist die Bildung und das Wachstum von Mikrorissen. Beispiele hierzu sind Keramiken, Geomaterialien oder Beton. Im Gegensatz dazu sind die duktile Schädigung und die Kriechschädigung in Metallen im wesentlichen mit dem Wachstum, der Vereinigung und der Neuentstehung von Mikroporen verbunden. Bei der Ermüdungs-Schädigung entstehen an Spannungskonzentratoren aufgrund der mikroplastischen Wechselbelastung zunächst Mikrorisse, die sich dann ausbreiten und vereinigen.

Die Beschreibung des makroskopischen Verhaltens eines geschädigten Materials kann nach wie vor im Rahmen der Kontinuumsmechanik erfolgen. Die auftretenden Makrospannungen und Makroverzerrungen sind dann als Mittelwerte über ein *repräsentatives Volumenelement* (RVE) aufzufassen, in welchem sich der Schädigungsprozess abspielt (siehe auch Abschnitt 8.3.1.1). Die zugehörigen charakteristischen Längen hängen dabei vom Material sowie vom Schädigungsmechanismus ab. Der Schädigungszustand wird durch sogenannte *Schädigungsvariable* (innere Variable) erfasst. Für diese muss ein Evolutionsgesetz aufgestellt werden, das die Entwicklung der Schädigung physikalisch adäquat beschreibt. Hierbei bedient man sich zweckmäßig mikromechanischer Modelle, welche die wesentlichen Eigenschaften der Defekte abbilden und eine detaillierte Untersuchung ihres Wachstums erlauben. Man kann eine entsprechende Schädigungstheorie als Bindeglied zwischen der klassischer Kontinuumsmechanik und der Bruchmechanik auffassen. Sie ist prinzipiell in der Lage, die Entstehung eines Risses in einem makroskopisch zunächst Rissfreien Körper zu beschreiben.

In diesem Kapitel wollen wir einige Elemente der Schädigungsmechanik behandeln. Dabei beschränken wir uns auf die einfachsten Fälle der spröden bzw. der duktilen Schädigung unter monoton zunehmender Belastung.

9.2 Grundbegriffe

Schädigungsvariable lassen sich auf verschiedene Weise einführen. Eine einfache Möglichkeit zur Beschreibung des Schädigungszustandes besteht in seiner geometrischen Quantifizierung; diese Idee geht auf L.M. KACHANOV (1914-1993) zurück. Wir betrachten dazu in einem Schnitt durch einen geschädigten Körper ein Flächenelement dA mit dem Normalenvektor n (Abb. 9.1a). Den Flächenanteil der Defekte in diesem Element bezeichnen wir als 'Defektfläche' dA_D. Dann kann man die Schädigung in diesem Element durch das Flächenverhältnis

$$\omega(n) = \frac{dA_D}{dA} \qquad \text{mit} \qquad 0 \leq \omega \leq 1 \qquad (9.1)$$

charakterisieren. Danach entsprechen $\omega = 0$ einem ungeschädigten Material und $\omega = 1$ formal einem völlig geschädigten Material mit Verlust der Tragfähigkeit (=Bruch). In realen Werkstoffen treten allerdings bereits bei Werten von $\omega \approx 0.2 \ldots 0.5$ Prozesse auf, die zu einem völligen Versagen führen. Ist die Schädigung über eine endliche Fläche konstant, wie dies zum Beispiel beim einachsigen Zug nach Abb. 9.1b der Fall ist, dann vereinfacht sich (9.1) zu $\omega = A_D/A$. Offensichtlich eignet sich diese einfachste Schädigungsdefinition nur für porenförmige Defekte, die eine räumliche Ausdehnung und damit in einem beliebigen Schnitt eine Defektfläche dA_D aufweisen. Der Einfluss etwa von Mikrorissen, die schräg zur Schnittfläche liegen, kann hiermit nicht hinreichend erfasst werden.

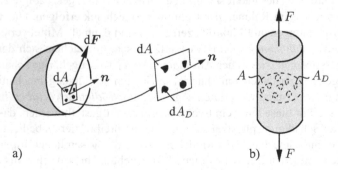

a)   b)

Abb. 9.1 Definition der Schädigung

Beim Deformationsprozess wachsen die Defekte im isotropen Material bevorzugt in bestimmte Richtungen, die durch den Spannungszustand festgelegt sind. In diesem Fall ist ω von n abhängig; die Schädigung ist *anisotrop*. Von *isotroper Schädigung* spricht man, wenn die Defekte und ihre räumliche Verteilung keine Vorzugsrichtungen besitzen. Dann ist ω unabhängig von n, der Schädigungszustand also durch einen Skalar beschreibbar. Eine hinreichend kleine Schädigung kann man häufig in erster Näherung als isotrop ansehen.

Bezieht man die im Schnitt wirkende Kraft dF auf die Fläche dA, so erhält man nach (1.1) den üblichen Spannungsvektor t. Der *effektive Spannungsvektor* $\tilde{t}$ ergibt sich, indem man die Kraft auf die effektive (tragende) Fläche $d\tilde{A} = dA - dA_D = (1 - \omega)dA$ bezieht:

$$\tilde{t} = t\,\frac{dA}{d\tilde{A}} = \frac{t}{1 - \omega}\,. \tag{9.2}$$

Dementsprechend folgen bei isotroper Schädigung (ω unabhängig von n) die *effektiven Spannungen* zu

$$\tilde{\sigma}_{ij} = \frac{\sigma_{ij}}{1 - \omega}\,. \tag{9.3}$$

Dabei sind $\tilde{\sigma}_{ij}$ die mittleren Spannungen im ungeschädigten *Matrixmaterial*.

Bei der Formulierung von Stoffgesetzen nimmt man häufig an, dass die effektiven Spannungen $\tilde{\sigma}_{ij}$ am geschädigten Material die gleichen Verzerrungen hervorrufen, wie die üblichen Spannungen σ_{ij} am ungeschädigen Material (*Dehnungs-Äquivalenz-Prinzip*). Danach kann man das Spannungs-Dehnungs-Verhalten des geschädigten Materials durch das Stoffgesetz des ungeschädigten Matrixmaterials beschreiben, indem man die Spannungen durch die effektiven Spannungen ersetzt. Auf diese Weise ergibt sich zum Beispiel für ein geschädigtes, linear elastisches Material im einachsigen Fall

$$\varepsilon = \frac{\tilde{\sigma}}{E} = \frac{\sigma}{(1 - \omega)E}\,, \tag{9.4}$$

wobei E der Elastizitätsmodul des ungeschädigten Materials ist. Entsprechend kann man auch bei inelastischem Materialverhalten vorgehen. So folgt in der Plastizität für den elastischen Anteil der Verzerrungen

$$d\varepsilon^e = \frac{d\tilde{\sigma}}{E} = \frac{d\sigma}{(1 - \omega)E} \qquad \text{bzw.} \qquad \varepsilon^e = \frac{\tilde{\sigma}}{E} = \frac{\sigma}{(1 - \omega)E}\,. \tag{9.5}$$

Danach lässt sich die Schädigung durch Messung des effektiven Elastizitätsmoduls

$$E^* = (1 - \omega)E \tag{9.6a}$$

des geschädigten Materials bestimmen (Abb. 9.2):

$$\omega = 1 - \frac{E^*}{E}\,. \tag{9.6b}$$

Es bietet sich an, die Darstellung (9.6a) mit dem Ergebnis (8.73)

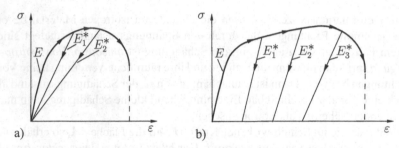

Abb. 9.2 Schädigungsentwicklung: a) elastisch, b) elastisch-plastisch

$$C^* = C : (1 - D) \tag{9.7}$$

aus der mikromechanischen Untersuchung von Materialien mit Hohlräumen und Rissen zu vergleichen. Man erkennt dann, dass die Schädigungsvariablen ω der eindimensionale Sonderfall des Einflusstensors D ist, der auch eine anisotrope Schädigung aufgrund von Vorzugsrichtungen der Defektorientierung erfasst. Die zur Herleitung von (9.7) in Abschnitt 8.3 zugrunde gelegte Randbedingung (RVE) vorgegebener Makroverzerrungen (vgl. (8.72), (8.73)) findet sich hier im Dehnungs-Äquivalenz-Prinzip wieder.

Neben ω nach (9.1) oder D nach (9.7) werden auch andere Größen zur Charakterisierung der Schädigung verwendet. So lässt sich unabhängig vom Materialverhalten die anisotrope Schädigung durch Mikrorisse mit Hilfe des *Schädigungstensors*

$$\omega_{ij} = \frac{1}{2V} \int\limits_{A_R} (n_i \Delta u_j + n_j \Delta u_i)\, \mathrm{d}A \tag{9.8}$$

beschreiben. Hierin sind V das Volumen des repräsentativen Volumenelements, Δu_i der Verschiebungssprung, n_i der Normalenvektor, und die Integration hat über die gesamte Rissfläche A_R, d.h. über alle Risse im RVE zu erfolgen. Man kann die durch (9.8) definierte Größe auch als 'Eigendehnungen' auffassen, die durch die Schädigung induziert sind (vgl. auch (8.50b),(8.53)). Schließen sich die Mikrorisse beim Entlastungsvorgang nicht vollständig, dann beschreibt (9.8) die bleibenden (inelastischen) Verzerrungen.

Die Schädigung durch Poren in duktilen Metallen wird meist durch die Porenvolumenfraktion oder kurz *Porosität*

$$f = \frac{V_p}{V} \tag{9.9}$$

beschrieben, wobei V_p das Porenvolumen im Volumen V des RVE ist. Analog dazu kann bei einer Schädigung durch Mikrorisse auch der in Abschnitt 8.3 eingeführte Rissdichteparameter als Schädigungsvariable verwendet werden.

9.3 Spröde Schädigung

Dominierender Mechanismus bei der spröden Schädigung ist die Ausbreitung und die Neubildung von Mikrorissen. Diese Risse haben in der Regel eine Vorzugsorientierung, die durch die Hauptachsen des Spannungstensors vorgegeben ist. So beobachtet man bei einer Zugbelastung Risse vorwiegend senkrecht zur größten Zugspannung (Abb. 9.3). Ihre charakteristische Länge im Ausgangszustand ist daneben meist durch die Mikrostruktur des Materials (z.B. Korngröße) bestimmt. Bei zunehmender Belastung beginnen sich die Risse ab einer bestimmten Last zu vergrößern und zu vermehren, was zu einer abnehmenden Steifigkeit (abnehmender Elastizitätsmodul) in der entsprechenden Zugrichtung führt. Obwohl das ungeschädigte Matrixmaterial linear elastisch ist, verhält sich das geschädigte Material aufgrund der zunehmenden Schädigung makroskopisch nichtlinear (Abb. 9.3). Der Deformationsvorgang verläuft auf diese Weise, bis das Material makroskopisch *instabil* wird und es zur *Lokalisierung* der Schädigung kommt (Abschnitt 9.5). Dann entwickelt sich die Schädigung nicht mehr gleichförmig im gesamten Gebiet sondern einer der Risse dominiert gegenüber den anderen, und er alleine wächst weiter.

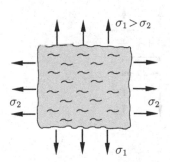 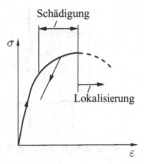

Abb. 9.3 Spröde Schädigung bei Zugbelastung

Bei einer Druckbelastung stellt man häufig Risse in Richtung der größten Druckspannung fest, die mit zunehmender Belastung wachsen (Abb. 9.4a). Sie haben ihre Ursache in verschiedenen Mechanismen, die zu lokalen Zugspannungsfeldern führen. Ein Beispiel hierfür ist der kugelförmige Hohlraum oder Einschluss, an dessen Polen unter globaler Druckbelastung ein lokaler Zug entsteht. Ein anderer Mechanismus besteht in Scherrissen unter Modus II Belastung, welche abknicken und dann unter lokalen Modus I Bedingungen in Richtung der Druckbelastung wachsen (Abb. 9.4b). Makroskopisch verhält sich das Material aufgrund des Schädigungswachstums wiederum nichtlinear. Auch hier kommt es im Verlauf der Deformation zur Materialinstabilität bzw. zur Lokalisierung der Schädigung. Häufig beobachtet man dabei die Ausbildung von *Scherbändern*, welche durch die Vereinigung und das Wachstum von Scherrissen unter einem bestimmten Winkel zur Drucklast hervorgerufen werden.

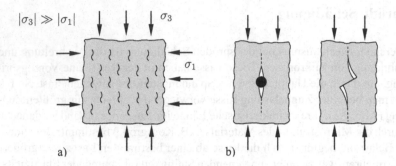

Abb. 9.4 Spröde Schädigung bei Druckbelastung

Im weiteren wollen wir als einfachstes Beispiel die Schädigung unter einachsigem Zug betrachten (Abb. 9.5). Dabei modellieren wir das RVE als ebenen Bereich ΔA, der im Ausgangszustand nur einen Modus I Riss enthält. Seine Länge sei im Vergleich zum Abstand von weiteren Rissen immer so klein, dass eine Wechselwirkung der Risse nicht berücksichtigt werden muss (vgl. Abschnitt 8.3.2.3). Die

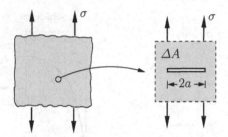

Abb. 9.5 2D-Schädigungsmodell für Zugbelastung

Beschreibung des makroskopischen Stoffverhaltens erfolgt unter Zuhilfenahme der Komplementärenergie $\widetilde{U}$ (vgl. Abschnitt 1.3.1):

$$\widetilde{U} = \widetilde{U}^e(\sigma_{ij}) + \Delta\widetilde{U}(\sigma_{ij}, a) \ . \tag{9.10}$$

Hierin beschreibt der erste Anteil die Energie des ungeschädigten Materials, welche nach (1.50) in unserem Fall durch $\widetilde{U}^e = \sigma^2/2E'$ gegeben ist. Der zweite Anteil kennzeichnet die Energieänderung infolge der Existenz der Mikrorisse. Diese errechnen wir - bezogen auf die Größe des RVE - aus der Energiefreisetzungsrate $\mathcal{G} = K_I^2/E'$ mit $K_I = \sigma\sqrt{\pi a}$ zu

$$\Delta\widetilde{U} = \frac{2}{\Delta A}\int_0^a \mathcal{G}\mathrm{d}a = \frac{\pi}{E'\Delta A}\sigma^2 a^2 \ . \tag{9.11}$$

Damit ergibt sich für die Komplementärenergie

$$\tilde{U}(\sigma, a) = \frac{\sigma^2}{2E'}\left(1 + \frac{2\pi}{\Delta A}a^2\right), \qquad (9.12)$$

und nach (1.48) erhält man durch Ableitung

$$\varepsilon(\sigma, a) = \frac{\partial \tilde{U}}{\partial \sigma} = \frac{\sigma}{E'}\left(1 + \frac{2\pi}{\Delta A}a^2\right). \qquad (9.13)$$

Darin hat die Risslänge die Bedeutung einer inneren Variablen.

Für eine feste Risslänge ($a = const$) beschreibt (9.13) ein linear elastisches Verhalten, das man durch den zugehörigen effektiven Elastizitätsmodul $E^* = E'/(1 + 2\pi a^2/\Delta A)$ charakterisieren kann (vgl. Abb. 9.2a). Damit ist nach (9.6b) auch die Schädigung ω bestimmt. Im weiteren nehmen wir an, dass die Risse eine Ausgangslänge $2a_0$ haben und sich ab einer bestimmten Belastung σ_0 bzw. Dehnung ε_0 ausbreiten können. Der Rissfortschritt erfolge entsprechend der Fortschrittsbedingung $\mathcal{G}(\sigma, a) = R(\Delta a)$ (vgl. Abschnitt 4.8) bzw.

$$K_I(\sigma, a) = K_R(\Delta a) \qquad \text{oder} \qquad \sigma\sqrt{\pi a} = K_R(\Delta a), \qquad (9.14)$$

wobei K_R die Risswiderstandskurve für einen Mikroriss sei. Dies ist das Evolutionsgesetz für die innere Variable. Zusammen mit (9.13) ist hierdurch das Stoffverhalten eindeutig festgelegt:

$$\varepsilon(\sigma, a) = \frac{\sigma}{E'}\left(1 + \frac{2\pi}{\Delta A}a^2\right) \quad \begin{cases} a = const \ \text{für } \sigma\sqrt{\pi a} < K_R(\Delta a) \\ \dot{a} > 0 \quad \text{für } \sigma\sqrt{\pi a} = K_R(\Delta a) \end{cases} \qquad (9.15)$$

Zur Illustration beschreiben wir die Risswiderstandskurve näherungsweise durch den Ansatz $K_R = K_\infty[1 - (1 - K_0/K_\infty)e^{-\eta\Delta a/a_0}]$ mit $K_0 = \sigma_0\sqrt{\pi a_0}$. Hierin sind K_0 der Initiierungswert und K_∞ der Plateauwert von K_R; letzterer wird je nach Wahl von η schneller oder langsamer erreicht. In Abb. 9.6 sind exemplarisch einige hiermit gewonnene Spannungs-Dehnungsverläufe dargestellt.

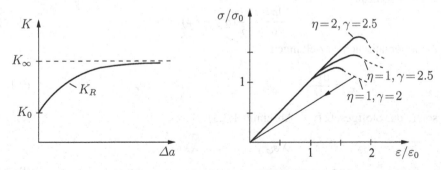

Abb. 9.6 Risswiderstandskurve und zugehörige σ-ε-Verläufe mit $2\pi a_0^2/\Delta A = 0.05$, $\gamma = K_\infty/K_0$

9.4 Duktile Schädigung

9.4.1 Porenwachstum

Die duktile Schädigung ist durch das Wachstum, die Vereinigung und die Neuentstehung von Mikroporen gekennzeichnet. Diese bilden sich bevorzugt an eingeschlossenen Partikeln, an Korngrenzen oder an anderen Hindernissen für die Versetzungsbewegung. Sie können aber auch durch das Aufreißen von spröden Mikroeinschlüssen initiiert werden.

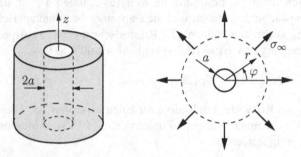

Abb. 9.7 McClintock Modell

Zur Beschreibung alleine des Porenwachstums gibt es verschiedene Modelle, von denen wir hier das Modell von MCCLINTOCK (1968) betrachten wollen. Bei ihm wird eine Einzelpore vereinfacht als zylindrisches Loch im unendlichen Gebiet unter radialer Zugspannung σ_∞ angesehen (Abb. 9.7). Zugrunde gelegt wird ein starr-idealplastisches Materialverhalten sowie ein ebener Verzerrungszustand mit vorgegebener Verzerrungsgeschwindigkeit $\dot{\varepsilon}_z = \dot{\varepsilon}_0$. Unter Verwendung von Zylinderkoordinaten und Beachtung der Rotationssymmetrie lauten hierfür die Gleichgewichtsbedingung

$$\frac{d\sigma_r}{dr} - \frac{1}{r}(\sigma_\varphi - \sigma_r) = 0 \,, \qquad (9.16)$$

die kinematischen Beziehungen

$$\dot{\varepsilon}_r = \frac{d\dot{u}_r}{dr} \,, \qquad \dot{\varepsilon}_\varphi = \frac{\dot{u}_r}{r} \qquad \rightarrow \qquad \dot{\varepsilon}_r = \frac{d(r\dot{\varepsilon}_\varphi)}{dr} \qquad (9.17)$$

sowie das Stoffgesetz (vgl. Abschnitt 1.3.3)

$$\dot{\varepsilon}_r = \dot{\lambda}\, s_r \,, \qquad \dot{\varepsilon}_\varphi = \dot{\lambda}\, s_\varphi \,, \qquad \dot{\varepsilon}_z = \dot{\lambda}\, s_z$$

$$\text{mit} \qquad \dot{\lambda} = \frac{1}{\tau_F}\sqrt{\frac{1}{2}(\dot{\varepsilon}_r^2 + \dot{\varepsilon}_\varphi^2 + \dot{\varepsilon}_z^2)} \,, \qquad\qquad \dot{\varepsilon}_r + \dot{\varepsilon}_\varphi + \dot{\varepsilon}_z = 0 \qquad (9.18)$$

und $\tau_F = \sigma_F/\sqrt{3}$. Dann ergibt sich zunächst aus der Volumenkonstanz nach (9.18) mit (9.17) durch Integration

$$\dot\varepsilon_\varphi + r\,\frac{\mathrm{d}\dot\varepsilon_\varphi}{\mathrm{d}r} + \dot\varepsilon_\varphi + \dot\varepsilon_0 = 0 \qquad \rightarrow \qquad \dot\varepsilon_\varphi = \frac{C_1}{r^2} - \frac{\dot\varepsilon_0}{2}\,.$$

Führen wir mit $\dot\varepsilon_a = \dot a/a = \dot u_r(a)/a = \dot\varepsilon_\varphi(a)$ die Lochwachstumsrate ein, so folgen

$$\dot\varepsilon_\varphi = \frac{a^2}{r^2}(\dot\varepsilon_a + \dot\varepsilon_0/2) - \dot\varepsilon_0/2\,, \qquad \dot\varepsilon_r = -\frac{a^2}{r^2}(\dot\varepsilon_a + \dot\varepsilon_0/2) - \dot\varepsilon_0/2\,. \qquad (9.19)$$

Mit der Abkürzung

$$\xi = \frac{2a^2}{\sqrt{3}\,r^2}\,\frac{\dot\varepsilon_a + \dot\varepsilon_0/2}{\dot\varepsilon_0}$$

liefert (9.19)

$$\sigma_\varphi - \sigma_r = s_\varphi - s_r = \frac{\tau_F(\dot\varepsilon_\varphi - \dot\varepsilon_r)}{\sqrt{\frac{1}{2}(\dot\varepsilon_r^2 + \dot\varepsilon_\varphi^2 + \dot\varepsilon_z^2)}} = \tau_F\,\frac{2\xi}{\sqrt{1+\xi^2}}\,.$$

Hiermit lässt sich die Gleichgewichtsbedingung in folgender Form schreiben und durch Integration lösen:

$$\frac{\mathrm{d}\sigma_r}{\mathrm{d}\xi} = -\frac{\tau_F}{\sqrt{1+\xi^2}} \qquad \rightarrow \qquad \sigma_r = -\tau_F\,\mathrm{arsinh}\,\xi + C_2\,.$$

Mit den Randbedingungen für $r \rightarrow \infty$: $\sigma_r = \sigma_\infty$ und $r = a$: $\sigma_r = 0$ erhält man daraus schließlich

$$\dot\varepsilon_a = \frac{\dot\varepsilon_0}{2}\left(\sqrt{3}\,\sinh\frac{\sigma_\infty}{\tau_F} - 1\right)\,, \qquad (9.20)$$

wobei $\dot\varepsilon_0$ unter Verwendung von (9.20) auch durch die plastische Vergleichsverzerrungsrate im Unendlichen ersetzt werden kann: $\dot\varepsilon_e^p = [\frac{3}{2}(\dot\varepsilon_z^2 + \dot\varepsilon_\varphi^2 + \dot\varepsilon_r^2)]^{1/2} = \dot\varepsilon_0$. Berechnet man nun noch für $r \rightarrow \infty$ die hydrostatische Spannung zu $\sigma_m = \sigma_{kk}/3 = \sigma_r - s_r = \sigma_\infty + \tau_F/\sqrt{3}$ und führen wir mit $\dot V_P/V_P = 2\dot\varepsilon_a + \dot\varepsilon_0$ die Wachstumsrate für das Porenvolumen ein, so kann man das Ergebnis auch in der Form

$$\frac{\dot V_P}{V_P} = \sqrt{3}\,\dot\varepsilon_e^p\,\sinh\frac{\sigma_m - \tau_F/\sqrt{3}}{\tau_F} \qquad (9.21)$$

schreiben. Danach ist für ein Porenvolumenwachstum ($\dot V_P > b0$) ein hinreiched großer hydrostatischer Spannungszustand σ_m erforderlich; das Wachstum ist umso stärker, je größer σ_m ist.

Zu einem ähnlichen Resultat gelangt das Modell nach RICE und TRACEY (1969), bei dem die Wachstumsrate einer einzelnen kugelförmigen Pore in einem ideal plastischen, unendlich ausgedehnten Körper untersucht wird:

$$\frac{\dot{V}_P}{V_P} = 0.85\,\dot{\varepsilon}_e^p \exp\frac{3\sigma_m}{2\sigma_F}\ . \tag{9.22}$$

Dabei wird angenommen, dass (wie zuvor) im Unendlichen die Dehnungsraten $\dot{\varepsilon}_z = -2\dot{\varepsilon}_x = -2\dot{\varepsilon}_y = \dot{\varepsilon}_0$ herrschen, was einem einachsigen Zug im inkompressiblen Material entspricht: $\dot{\varepsilon}_e^p = \dot{\varepsilon}_0$.

Man kann diese Ergebnisse in der Schädigungsmechanik benutzen, wenn wir annehmen, dass die Poren soweit voneinander entfernt sind, dass sie sich gegenseitig nicht beeinflussen. Wir können sie aber auch unmittelbar in der elastisch plastischen Bruchmechanik anwenden. Vor einer Rissspitze ist der hydrostatische Spannungszustand im allgemeinen groß. Schätzen wir ihn nach (5.27) ab, so erhält man $\sigma_m \approx \tau_F(1 + \pi)$, und es folgt aus (9.20) bzw. (9.21) (die Ergebnisse sind praktisch gleich) $\dot{V}_P/V_P \approx 31\,\dot{\varepsilon}_e^p$. Dies lässt an der Rissspitze ein starkes Porenwachstum erwarten.

9.4.2 Schädigungsmodelle

Wir wollen nun das Verhalten eines duktilen geschädigten Materials betrachten. Dabei setzen wir eine isotrope Schädigung durch verteilte Poren voraus, welche durch die Porosität f charakterisiert wird. Die Beschreibung des elastisch-plastischen Stoffverhaltens kann ähnlich wie bei ungeschädigten Materialien erfolgen (vgl. Abschnitt 1.3.3). Hierzu spalten wir nach (1.73) die Verzerrungsraten in einen elastischen und einen plastischen Anteil auf, wobei für den elastischen Anteil das Elastizitätsgesetz (1.38) gültig sei. Den plastischen Anteil ermitteln wir mit Hilfe einer Fließbedingung und einer Fließregel. Im Unterschied zum ungeschädigten Material geht nun aber in die Fließbedingung nicht nur der Spannungszustand σ_{ij} sondern auch die Schädigungsvariable f ein: $F(\sigma_{ij}, f) = 0$. Daneben kann man jetzt nicht mehr annehmen, dass die hydrostatische Spannung σ_m bzw. die Invariante I_σ das Fließen nicht beeinflusst; sie steuert vielmehr das Porenwachstum und damit auch die plastischen Volumendehnungen (vgl. Abschnitt 9.4.1). Dementsprechend lässt sich die Fließbedingung durch

$$F(I_\sigma, II_s, f) = 0\ . \tag{9.23}$$

ausdrücken, wobei wir gleich angenommen haben, dass F von III_s nicht abhängt. Die durch das Porenwachstum hervorgerufenen plastischen Volumendehnungen sind durch die Volumenänderung des RVE gegeben: $\dot{V}/V = \dot{\varepsilon}_V^p = \dot{\varepsilon}_{kk}^p$. Unter Beachtung der plastischen Inkompressibilität des Matrixmaterials ergibt sich damit aus (9.9) für die Schädigungsvariable

$$\dot{f} = (1 - f)\,\dot{\varepsilon}_{kk}^p\ . \tag{9.24}$$

Hinsichtlich der Fließbedingung und des weiteren Vorgehens gibt es unterschiedliche Modelle, von denen wir hier nur das Modell von GURSON (1977) betrachten wollen. Es geht von der Fließbedingung

$$F(I_\sigma, II_s, f) = \frac{\sigma_e^2}{\sigma_M^2} + 2f \cosh \frac{3\sigma_m}{2\sigma_M} - (1 + f^2) = 0 \qquad (9.25)$$

aus. Hierin sind $\sigma_e = (\frac{3}{2} s_{ij} s_{ij})^{1/2}$ die makroskopische Vergleichsspannung und σ_M die aktuelle Fließspannung des Matrixmaterials. Bei σ_M handelt es sich um eine effektive, räumlich konstante Fließspannung, die den in Wirklichkeit inhomogenen Fließ- und Verfestigungszustand im die Poren umgebende Matrixmaterial repräsentiert. Die Gurson-Fließbedingung (9.25) umfasst einige wichtige Spezialfälle. Für rein hydrostatische Belastung ($\sigma_e = 0$) reduziert sich (9.25) auf die analytische Lösung (8.170). Unter deviatorischer Belastung ($\sigma_m = 0$) hingegen stimmt (9.25) wegen $\cosh(0) = 1$ mit der oberen Schranke (8.167) überein. Und für $f = 0$ verschwindet der Einfluss der hydrostatischen Spannung, und (9.25) geht in die von Mises'sche Fließbedingung (1.77) über.

Die makroskopischen plastischen Verzerrungsraten ergeben sich aus der Fließregel

$$\dot{\varepsilon}_{ij}^p = \dot{\lambda} \frac{\partial F}{\partial \sigma_{ij}} \; . \qquad (9.26)$$

Daneben wird angenommen, dass die plastische Arbeitsrate der Matrixspannungen – ausgedrückt durch die Fließspannung σ_M und die zugehörige plastische Vergleichsdehungsrate $\dot{\varepsilon}_M^p$ – gleich ist der entsprechenden Arbeitsrate der makroskopischen Spannungen:

$$\sigma_{ij} \dot{\varepsilon}_{ij}^p = (1 - f) \sigma_M \dot{\varepsilon}_M^p \; . \qquad (9.27)$$

Bei Kenntnis der einachsigen Spannungs-Dehnungs-Kurve des ungeschädigten Materials, d.h. bei Kenntnis von $\dot{\varepsilon}_M^p(\dot{\sigma}_M)$ liegt damit das Stoffverhalten fest.

Es hat sich gezeigt, dass das Verhalten eines duktil geschädigten Materials durch die Gleichungen (9.24) bis (9.27) nicht befriedigend wiedergegeben wird. So tritt der Verlust der Tragfähigkeit erst bei einer unrealistisch großen Schädigung ein. Ein Grund hierfür ist, dass in dem Modell sowohl eine Porenneuentstehung als auch die sich verstärkende Wechselwirkung der Poren bei ihrem Wachstum und ihrer schließlichen Vereinigung unberücksichtigt sind. Bessere Ergebnisse erhält man mit der modifizierten Fließbedingung nach TVERGAARD und NEEDLEMAN (1984)

$$F(I_\sigma, II_s, f) = \frac{\sigma_e^2}{\sigma_M^2} + 2q_1 f^* \cosh \frac{3q_2\sigma_m}{2\sigma_M} - (1 + (q_1 f^*)^2) = 0 \; , \qquad (9.28)$$

wobei q_1, q_2 Materialparameter sind. Die Funktion $f^*(f)$ wird so gewählt, dass völliges Materialversagen bei einer realistischen Schädigung ($f \approx 0.25$) eintritt. Zusätzlich wird die Änderung der Porosität infolge der Porenneuentstehung berücksichtigt. Für eine dehnungskontrollierte Porenneubildung dient hierzu der Ansatz

$$\dot{f}_{Neu} = \mathcal{D}(\varepsilon_M^p) f_N \dot{\varepsilon}_M^p \; , \qquad \mathcal{D}(\varepsilon_M^p) = \frac{1}{\sigma \sqrt{2\pi}} \exp\left[-\frac{(\varepsilon_M^p - \varepsilon_N)^2}{2\sigma^2} \right] \; , \qquad (9.29)$$

wobei f_N die Volumenfraktion der Partikel ist, an denen neue Poren entstehen. Die Funktion $\mathcal{D}$ ist eine Normalverteilung mit dem Mittelwert ε_N und der Standardabweichung σ (vgl. Abschnitt 10.2). Einen ähnlichen Ansatz kann man für eine spannungskontrollierte Porenneuentstehung (z.B. durch Aufreißen von Partikeln) machen, worauf wir hier jedoch verzichten wollen. Das gesamte Porenwachstum setzt sich also aus dem Wachstumsterm (9.24) und dem Entstehungsterm (9.29) zusammen.

In Abb. 9.8 ist das Materialverhalten unter einachsigem Zug für eine spezielle Parameterwahl veranschaulicht. Für das Matrixmaterial wurde dabei ein Potenzgesetz zugrunde gelegt. Dargestellt sind die Verläufe der Zugspannung σ, der hydrostischen Spannung σ_{kk} und der Schädigung f in Abhängigkeit von der plastischen Dehnung ε^p (die elastische Dehnung ε^e ist vernachlässigbar klein). Man erkennt, dass mit zunehmender plastischer Dehnung die Schädigung ansteigt, was zunächst zu einer Entfestigung und schließlich zum völligen Verlust der Spannungstragfähigkeit führt. Bemerkenswert ist daneben der Einfluss der Dehnungsbehinderung. Sie begünstigt eine stärkere Schädigungsentwicklung zu Lasten der makroskopischen Deformation und damit ein Versagen bei kleineren plastischen Dehnungen.

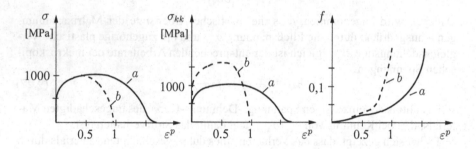

Abb. 9.8 Gurson-Modell: Einachsiger Zug, (a) ohne, (b) mit Querdehnungsbehinderung

9.4.3 Bruchkonzept

Schädigungsmodelle beschreiben das Stoffverhalten bis zum völligen Verlust der Tragfähigkeit. Lokales Versagen bzw. Bruch tritt ein, wenn die Schädigung f einen bestimmten kritischen Wert f_c erreicht:

$$\boxed{f = f_c} \tag{9.30}$$

Diese lokale Versagensbedingung kann man zur Behandlung von verschiedenen Problemen der Bruchmechanik verwenden. So lässt sich hiermit die Bildung eines Risses bei vorhergegangener Schädigungsentwicklung beschreiben. Daneben kann man (9.30) als Bruchkriterium verwenden, das bei der Rissinitiierung und bei der weiteren Rissausbreitung erfüllt sein muss. Der Vorteil einer solchen Vorgehensweise ist, dass man dann auf Bruchparameter wie J, δ_t oder J_R-Kurven nicht angewiesen ist.

Abschließend sei hier noch auf einen Schwachpunkt der (Kontinuums-) Schädigungsmechanik hingewiesen: Wie mehrfach erwähnt, kommt es mit zunehmender Schädigung zu einer Instabilität im makroskopischen Materialverhalten (Entfestigung), die eine Lokalisierung der Deformation und Schädigung zur Folge hat (z.B. Wachstum nur noch eines Risses oder Porenwachstum und -neuentstehung in einem schmalen Band). Durch diese Lokalisierung werden die in Kapitel 8 diskutierten Voraussetzungen an ein RVE verletzt, und mikromechanisch motivierte Schädigungsmodelle verlieren ihre Gültigkeit. Die Schädigungsvariablen besitzen dann nicht mehr die ihnen ursprünglich zugewiesene physikalische Bedeutung; sie haben nur noch einen rein formalen Charakter. Ein weiterer Nachteil der Kontinuums-Schädigungsmechanik besteht in der Abhängigkeit numerischer Lösungen von der verwendeten Diskretisierung (Finite-Elemente-Netz), die als Folge der Lokalisierung in der Regel auftritt.

9.5 Entfestigung und Verzerrungslokalisierung

Der schon mehrfach angesprochene Zusammenhang zwischen einem durch Schädigung hervorgerufenen entfestigenden Materialverhalten und einer daraus folgenden Lokalisierung der Verzerrung soll im folgenden genauer analysiert werden. Als *Entfestigung* wird dabei die Situation einer mit zunehmender Deformation abfallenden Spannung bezeichnet, wie sie bereits in Abb. 9.2 und 9.3 skizziert oder auch als Ergebnis konkreter Schädigungsmodelle in Abb. 9.6 und 9.8 dargestellt ist.

Solange für eine Zunahme der Deformation die Spannung erhöht werden muss, spricht man von einem *stabilen Materialverhalten*; dabei ist $d\sigma d\varepsilon > 0$ bzw. im 3D-Fall $d\sigma_{ij} d\varepsilon_{ij} > 0$. Demgegenüber wird ein entfestigendes Materialverhalten mit $d\sigma d\varepsilon < 0$ auch als *instabil* bezeichnet; mit zunehmender Deformation wird dabei der Widerstand gegen die Deformation geringer. Von besonderem Interesse ist der Übergangspunkt, in dem wegen $d\sigma d\varepsilon = 0$ bei verschwindender Spannungsänderung verschiedene Dehnungsänderungen möglich sind und es zu einer *Verzweigung* (Mehrdeutigkeit) des Deformationszustandes kommt.

Zur Illustration betrachten wir ein einfaches eindimensionales Materialgesetz mit Schädigung (siehe z.B. auch DOGHRI (2000))

$$\sigma = E(1 - D)\varepsilon \qquad (0 \leq D \leq 1) . \qquad (9.31)$$

Dabei ist die Schädigungsvariable zu einem Zeitpunkt t durch das Verhältnis der bislang erreichten maximalen Dehnung zur Bruchdehnung ε_f gegeben:

$$D(t) := \frac{1}{\varepsilon_f} \max_{\tau \leq t} \varepsilon(\tau) . \qquad (9.32)$$

Für eine monoton zunehmende Dehnung ist $D = \varepsilon/\varepsilon_f$ und der Spannungs-Dehnungs-Zusammenhang

$$\sigma = E\left(1 - \frac{\varepsilon}{\varepsilon_f}\right)\varepsilon \qquad (9.33)$$

zeigt den in Abb. 9.9 als durchgezogene Linie dargestellten parabolischen Verlauf.

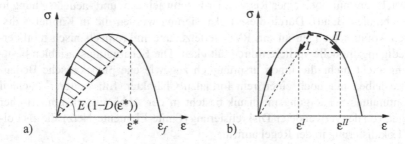

Abb. 9.9 a) Rücknahme der Dehnung, b) Verzweigung der Deformation bei Rücknahme der Spannung

Wird von einem beliebigen Zustand ε^* ausgehend die Dehnung verringert, so folgt die Spannung dem gestrichelten linearen Verlauf in Abb. 9.9a mit der Steigung $E(1 - D(\varepsilon^*))$. Von der gesamten bis zum Zustand ε^* verrichteten Arbeit (pro Volumen) $\int_0^{\varepsilon^*}\sigma\mathrm{d}\varepsilon$ (=Fläche unter der $\sigma(\varepsilon)$-Kurve) wird dabei der Anteil unter der Entlastungsgeraden als elastische Energie zurückgewonnen, während der schraffierte Anteil durch die Schädigung dissipiert wurde. Erfolgt hingegen eine Rücknahme der Spannung (Abb. 9.9b), so gibt es ab Überschreiten des Maximums der $\sigma(\varepsilon)$-Kurve, d.h. sobald $\mathrm{d}\sigma\mathrm{d}\varepsilon \leq 0$, jeweils zwei Möglichkeiten der Dehnungsänderung hin zu den Zuständen ε^I und ε^{II} (=Verzweigung). Das Material kann entweder eine elastische Entlastung (I) oder aber eine fortschreitende inelastische Deformation mit Entfestigung (II) erfahren.

In einem räumlich ausgedehnten Bereich wie dem 1D-Zugstab nach Abb. 9.10a führt dieses Verhalten zum Vorliegen von Teilbereichen mit unterschiedlichen Deformationen ε^I und ε^{II} bei gleicher Belastung. Mit der Randverschiebung u und der Gesamtlänge $L = L^I + L^{II}$ des Stabes ist dessen makroskopische Dehnung

$$\langle\varepsilon\rangle = \frac{u}{L} = \frac{L^I}{L}\varepsilon^I + \frac{L^{II}}{L}\varepsilon^{II} \quad , \qquad (9.34)$$

während die makroskopische Spannung $\langle\sigma\rangle = \sigma$ ist. Das Materialverhalten in den einzelnen Bereichen ist durch

$$\sigma = E(1 - D^I)\varepsilon^I \quad \text{mit} \quad D^I = \frac{\varepsilon_f/2}{\varepsilon_f} = \frac{1}{2} \quad \text{(elast. Entlastung ab } \varepsilon_f/2\text{)}$$
$$(9.35)$$

sowie

$$\sigma = E(1 - D^{II})\varepsilon^{II} = E\left(1 - \frac{\varepsilon^{II}}{\varepsilon_f}\right)\varepsilon^{II} \qquad \text{(inelast. Deformation)} \qquad (9.36)$$

gegeben. Einsetzen in (9.34) liefert

$$\langle\varepsilon\rangle = \frac{L^I}{L}\frac{2}{E}\langle\sigma\rangle + \frac{L^{II}}{L}\frac{\varepsilon_f}{2}\left(1 + \sqrt{1 - \frac{4}{\varepsilon_f E}\langle\sigma\rangle}\right) \quad . \qquad (9.37)$$

Das makroskopische Verhalten des Zugstabes ist für verschiedene Größen L^{II} des Bereichs zunehmender Deformation und Schädigung in Abb. 9.10b dargestellt. Von den unendlich vielen Lösungen des Randwertproblems ist diejenige energetisch am günstigsten (geringste Dissipation), bei der die inelastische Deformation und Schädigung in einem unendlich schmalen Bereich ($L^{II} \to 0$) stattfindet. Dies bedeutet, dass ein entfestigendes Materialverhalten gemäß (9.31),(9.32) zu einer *Lokalisierung* der Deformation führt. Im Fall des betrachteten Zugstabes resultiert dies in der Bildung eines Risses.

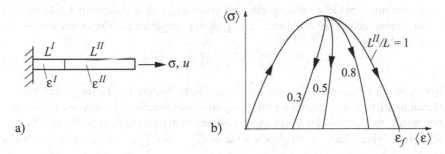

Abb. 9.10 a) Zugstab, b) globales Spannungs-Dehnungs-Verhalten

Die Zusammenhänge zwischen einem schädigungsinduzierten entfestigenden Materialverhalten und einer Lokalisierung der Verzerrung sollen im folgenden für das dreidimensionale Kontinuum diskutiert werden. Der einer Lokalisierung vorangehenden Verzweigung der Deformation entspricht dabei das Auftreten einer Fläche im Raum, über die hinweg das Verzerrungsinkrement $d\varepsilon_{ij}$ bzw. der Verzerrungsgeschwindigkeitstensor eine Unstetigkeit (Sprung) erfährt

$$\Delta\dot{\varepsilon}_{ij} = \dot{\varepsilon}_{ij}^{II} - \dot{\varepsilon}_{ij}^{I} \neq 0 \quad . \qquad (9.38)$$

Aufgrund des lokalen Gleichgewichts bleibt der Spannungsvektor $t_i = \sigma_{ij}n_j$ auf der Unstetigkeitsfläche dabei stetig

$$\Delta t_i = t_i^{II} - t_i^{I} = 0 \quad , \qquad (9.39)$$

wobei n_j den Normaleneinheitsvektor auf der Fläche bezeichnet. In einen möglichen Sprung des Verzerrungsgeschwindigkeitstensors gehen zwei Richtungen ein: die Orientierung n_i der Unstetigkeitsfläche sowie die Richtung der sich unstetig ändernden Verzerrungskomponente. Dies lässt sich durch den Ansatz

$$\Delta \dot{\varepsilon}_{ij} = \frac{1}{2} \left(n_i \, g_j + n_j \, g_i \right) \qquad (9.40)$$

mit einem beliebigen Vektor g_i ausdrücken. Ist g_i parallel zu n_i orientiert, so beschreibt $\Delta \dot{\varepsilon}_{ij}$ einen Dehnungssprung senkrecht zur Fläche (analog zu dem zuvor diskutierten 1D-Beispiel), während der Fall g_i senkrecht zu n_i einem Gleitungssprung entspricht. Das Materialverhalten kann mann in inkrementeller Form durch

$$\dot{\sigma}_{ij} = \tilde{C}_{ijkl} \, \dot{\varepsilon}_{kl} \qquad (9.41)$$

beschreiben mit dem vierstufigen Tangententensor $\tilde{C}_{ijkl}$. Wegen der Symmetrie von $\tilde{C}_{ijkl}$ bzgl. der Indizes k und l lässt sich dies auch in der Form

$$\dot{\sigma}_{ij} = \tilde{C}_{ijkl} \, \dot{u}_{k,l} \qquad (9.42)$$

schreiben mit dem Geschwindigkeitsgradienten $\dot{u}_{k,l}$ (siehe Abschnitt 1.2.1), dessen Sprung entsprechend (9.40) durch $\Delta \dot{u}_{i,j} = n_i g_j$ gegeben ist. Einsetzen von (9.42) in (9.39) liefert

$$\left(\tilde{C}^{II}_{ijkl} \, \dot{u}^{II}_{k,l} - \tilde{C}^{I}_{ijkl} \, \dot{u}^{I}_{k,l} \right) n_j = 0 \quad , \qquad (9.43)$$

wobei durch $\tilde{C}^{I}_{ijkl}$ und $\tilde{C}^{II}_{ijkl}$ das unterschiedliche Materialverhalten in den beiden Bereichen I und II (elastische Entlastung bzw. inelastische Deformation) beschrieben wird. Im Moment der Verzweigung ist das Materialverhalten auf beiden Seiten der Unstetigkeitsfläche noch gleich, so dass $\tilde{C}^{II}_{ijkl} = \tilde{C}^{I}_{ijkl} = \tilde{C}_{ijkl}$ gilt und (9.43) sich mit $\dot{u}^{II}_{k,l} - \dot{u}^{I}_{k,l} = \Delta \dot{u}_{k,l} = g_k n_l$ auf

$$\underbrace{\tilde{C}_{ijkl} \, n_j \, n_l}_{A_{ik}} \, g_k = 0 \qquad (9.44)$$

reduziert. Dies stellt ein lineares homogenes Gleichungssystem für der Vektor g_k dar, wobei man A_{ik} als *Akustiktensor* bezeichnet. Als notwendige Bedingung für die Existenz nichttrivialer Lösungen $g_k \neq 0$ muss dessen Determinante verschwinden:

$$\det A_{ik} = 0 \quad . \qquad (9.45)$$

Das Verschwinden der Determinante des Akustiktensors als Funktion des momentanen Materialverhaltens $\tilde{C}_{ijkl}$ und der Richtung n_i ist somit eine Voraussetzung für das Auftreten einer Unstetigkeitfläche bezüglich der Verzerrungsgschwindigkeit, d.h. einer Verzweigung der Deformation ($\rightarrow \varepsilon^{I}_{ij}, \varepsilon^{II}_{ij}$). Da die inelastische Deformation (Entfestigung) dabei in einem – energetisch begünstigten – unendlich schmalen Bereich erfolgt, bedeutet dies die Bildung eines Risses (g_i parallel zu n_i) oder eines sogenannten Scherbandes (g_i senkrecht zu n_i). Die Richtung n_i dieser Lokalisierungszone ist durch die erstmalige Erfüllung der Bedingung (9.45) im Verlauf der Deformation gegeben.

9.6 Nichtlokale Regularisierung von Schädigungsmodellen

Die im vorangegangenen Abschnitt erläuterte Lokalisierung von Verzerrungen in einer unendlich dünnen Zone als Folge eines entfestigenden Materialverhaltens (z.B. aufgrund von Schädigung) ist aus verschiedenen Gründen problematisch. Zum einen führt sie bei der numerischen Behandlung von Randwertproblemen zu einer Abhängigkeit der Lösung von der Diskretisierungslänge (z.B. Größe finiter Elemente); man spricht in diesem Zusammenhang von einer „Netzabhängigkeit". Daneben steht aus physikalischer Sicht eine solche Verzerrungslokalisierung im Widerspruch zu den in Abschnitt 8.3.1.1 diskutierten Voraussetzungen für die Verwendung „effektiver" Materialeigenschaften. Danach muss die Schwankung der Makrofelder vernachlässigbar klein sein über einen Bereich (RVE), der gegenüber der realen Mikrostruktur hinreichend groß ist; siehe (8.40). Bei beiden Betrachtungsweisen – der numerisch-mathematischen sowie der physikalischen – liegt der Problematik der Verzerrungslokalisierung die gleiche Ursache zugrunde, nämlich das Fehlen einer charakteristischen Längenskala in der Materialmodellierung.

Eine Abhilfe besteht darin, den zur Verzerrungslokalisierung und letztlich zur Riss- oder Scherbandbildung führenden entfestigenden Teil des Materialverhaltens nicht auf der Kontinuumsebene sondern mithilfe eines Kohäsivzonenmodells (Abschnitt 5.3) zu beschreiben. Hierdurch wird über die Kohäsivspannung σ^{coh} und die spezifische Separationsarbeit $\mathcal{G}_c$ indirekt eine materialspezifische charakteristische Länge δ_c, siehe (5.15), definiert und in die Materialbeschreibung eingeführt. Diese Vorgehensweise hat sich vielfach bewährt, bedeutet jedoch, dass bei der numerischen Umsetzung, z.B. mittels der FEM, sogenannte Kohäsivelemente zu verwenden sind. Diese müssen entweder a priori in einem FE-Netz vorgesehen werden – was die Kenntnis der entstehenden Lokalisierungszone (Rissverlauf) voraussetzt. Oder aber die Kohäsivelemente müssen adaptiv, d.h. je nach Bedarf, mit dann recht großem Aufwand durch sukzessive Modifikation des FE-Modells „eingebaut" werden.

Als Alternative zu Kohäsivmodellen wurden verschiedene Ansätze zur „Regularisierung" der mathematischen Beschreibung auf Kontinuumsebene entwickelt, die der Vermeidung einer Verzerrungslokalisierung in unendlich dünnen Zonen dienen und die auf der Einbeziehung einer charakteristischen Länge basieren. Eine von PIJAUDER-CABOT & BAZANT (1987) vorgeschlagene und danach vielfach weiterentwickelte Methode beruht darauf, gewisse Größen der Materialbeschreibung (z.B. Schädigungsvariablen) nicht punktweise im Kontinuum zu berücksichtigen sondern *nichtlokal*, d.h. über einen endlichen Bereich gemittelt („verschmiert"). Diese Vorgehensweise und einige ihrer Varianten sollen im folgenden erläutert werden, wobei wir uns der Einfachheit halber auf den 1D-Fall beschränken und hinsichtlich allgemeinerer Formulierungen auf die Spezialliteratur verweisen (z.B. DO-GHRI, 2000; DE BORST ET AL., 2014).

Die Ersetzung einer lokalen Feldgröße $f(x)$ durch eine nichtlokale $\bar{f}(x)$ erfolgt dabei durch die *gewichtete Mittelung* über einen Bereich der charakteristischen Länge l

$$\bar{f}(x) = \int\limits_{-l}^{l} f(x+\xi)w(\xi)\,\mathrm{d}\xi \quad , \tag{9.46}$$

wobei $w(\xi)$ eine Wichtungsfunktion ist mit der Eigenschaft

$$\int\limits_{-l}^{l} w(\xi)\,\mathrm{d}\xi = 1 \quad . \tag{9.47}$$

Sinnvollerweise werden dabei Einflüsse umso geringer gewichtet, je weiter sie vom interessierenden Ort x entfernt liegen; typische Verläufe einer solchen Wichtungsfunktion sind in Abb. 9.11a dargestellt. Unter den vielen verschiedenen Möglichkeiten verwenden wir hier die Funktion

$$w(\xi) = \frac{1}{2l}\left(1 + \cos\left(\pi\frac{\xi}{l}\right)\right) \quad , \qquad w(\xi) = 0 \quad \text{für} \quad |\xi| > l \quad . \tag{9.48}$$

Die regularisierende (glättende) Wirkung gemäß (9.46) is exemplarisch für einen Einheitssprung $H(x-x_0)$ (Heaviside-Funktion) an der Stelle x_0 in Abb. 9.11b dargestellt.

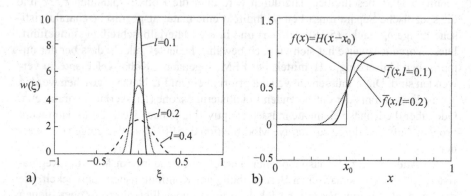

Abb. 9.11 a) Wichtungsfunktion (9.48), b) nichtlokale Regularisierung der Sprungfunktion

Im folgenden wollen wir die Wirkung einer nichtlokalen Regularisierung der Schädigung am Beispiel des 1D-Materialmodells (9.31),(9.32) und des Randwertproblems eines Zugstabes gemäß Abschnitt 9.5 untersuchen. In Hinblick auf die numerische Auswertung schreiben wir das Materialmodell zunächst in inkrementeller (Raten-) Form

$$\dot{\sigma}(t) = E(1 - D(x,t))\,\dot{\varepsilon}(x,t) - E\varepsilon(x,t)\dot{D}(x,t)\ , \quad \dot{D}(x,t) = \frac{1}{\varepsilon_f}\,\langle\dot{\varepsilon}(x,t)\rangle\ , \quad (9.49)$$

wobei t ein die Evolution beschreibender zeitartiger Parameter ist und durch $\langle.\rangle$ hier das Föppl-Symbol (Macauley-Klammer) bezeichnet wird. Es gewährleistet mit seiner Definition $\langle x\rangle = xH(x)$, dass eine Schädigungszunahme nur für anwachsende Dehnungen erfolgt. Desweiteren wurde in (9.49) bereits berücksichtigt, dass aufgrund der 1D-Gleichgewichtsbedingung $\partial\sigma/\partial x = 0$ die Spannung konstant (unabhängig von x) ist. Durch Anwendung der nichtlokalen Modifikation gemäß (9.46) auf die Schädigungsvariable $D(x,t)$ nimmt das Materialmodell die Form

$$\dot{\sigma}(t) = E(1 - \bar{D}(x,t))\,\dot{\varepsilon}(x,t) - E\varepsilon(x,t)\dot{\bar{D}}(x,t)\ ,$$

$$\dot{\bar{D}}(x,t) = \frac{1}{\varepsilon_f}\int_{-l}^{l}\langle\dot{\varepsilon}(x+\xi,t)\rangle\,w(\xi)\,\mathrm{d}\xi \quad (9.50)$$

an. Im Grenzfall $l \to 0$ geht die Wichtungsfunktion (9.48) in die δ-Distribution und die nichtlokale Formulierung (9.50) in die lokale Form (9.49) über.

Zur numerischen Auswertung des Materialmodells wurde der Zugstab der Länge $L = 1$ durch n gleich lange finite Elemente mit jeweils konstanter Dehnung diskretisiert. Um in der Simulation zu erreichen, dass die Dehnungskonzentration in der Stabmitte stattfindet, wurde eine kleine zur Stabmitte hin kontinuierlich ansteigende Anfangsschädigung mit einem Maximalwert $D(x=0.5, t=0) = 0.01$ vorgegeben. Abbildung 9.12a und 9.12b zeigen die Dehnungsverteilung längs des Stabes bei Berechnung mittels des lokalen Materialmodells (9.49) bzw. der nichtlokalen Formulierung (9.50) mit $l = 0.1$, wobei jeweils unterschiedlich feine Diskretisierungen ($n = 20, 40, 80$ Elemente) verwendet wurden. Die Dehnungsentwicklung während des Deformationsprozesses ist anhand der drei Stadien (1),(2),(3) erkennbar, die in den globalen Spannungs-Verschiebungs-Verläufen in Abb. 9.13 markiert sind. Wie bereits in Abschnitt 9.5 diskutiert, erfolgt bei der lokalen Materialmodellierung nach Erreichen des Spannungsmaximums bei $\varepsilon = 0.5\varepsilon_f$ (Stadium (2)) ein weiterer Dehnungszuwachs nur noch im kleinst möglichen Bereich, d.h. hier in einem einzelnen finiten Element (Stadium (3) in Abb. 9.12a). Dies führt zu der in Abb. 9.13a erkennbaren Diskretisierungsabhängigkeit des globalen Spannungs-Verschiebungs-Verlaufs. Das nichtlokale Materialmodell hingegen bewirkt, dass der Bereich zunehmender Dehnungen in Abb. 9.12b eine nur von der charakteristischen Länge l abhängige endliche Breite aufweist und die Dehnungsverteilung im Stab mit Verfeinerung der Diskretisierung (n) gegen ein konstantes Profil konvergiert. Der zugehörige globale Spannungs-Verschiebungs-Verlauf in Abb. 9.13b ist von der Diskretisierung praktisch unabhängig!

Die nichtlokale Regularisierung eines entfestigenden Materialverhaltens ist offenbar geeignet, die Verzerrungslokalisierung in unendlich dünnen Zonen (bzw. einzelnen finiten Elementen wie in Abb. 9.12a) sowie die Diskretisierungsabhängigkeit des globalen Strukturverhaltens (siehe Abb. 9.13a) zu verhindern. Jedoch ist das Material- und Strukturverhalten von der zunächst künstlich eingeführten cha-

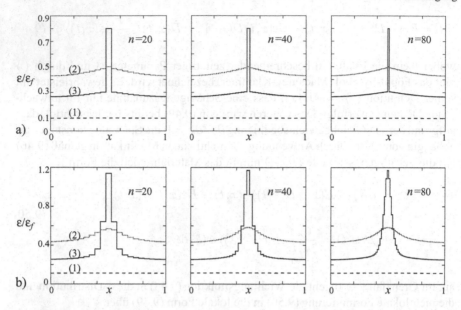

Abb. 9.12 Dehnungsverteilung im Stab in Abhängigkeit von der Anzahl n finiter Elemente; a) lokale Materialformulierung ($l = 0$), b) nichtlokale Materialformulierung ($l = 0.1$)

rakteristischen Länge l abhängig, wie die Spannungs-Verschiebungs-Verläufe in Abb. 9.13b und c für $l = 0.1$ und $l = 0.2$ zeigen. Die physikalisch sinnvolle Bestimmung von l (z.B. Kalibrierung über die beim Versagensprozesss dissipierte Energie) ist somit eine zentrale Frage bei der Verwendung nichtlokaler Materialmodelle. Die Regularisierung durch gewichtete Mittelung über einen endlichen Bereich gemäß (9.46) bzw. (9.50)$_2$ lässt sich problemlos auf den 3D-Fall verallgemeinern und hat bereits Eingang in kommerzielle FE-Programme gefunden; jedoch ist der damit verbundenen numerische Rechenaufwand erheblich.

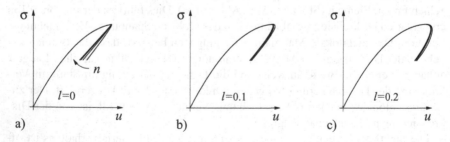

Abb. 9.13 Globales Spannungs-Verschiebungs-Verhalten des Dehnstabs bei a) lokaler und b),c) nichtlokaler Materialmodellierung für jeweils $n = 10, 20, 40, 80$ finite Elemente

Im folgenden sollen (wiederum ohne Beschränkung der Allgemeinheit nur für die 1D-Situation) zwei Modifikationen der nichtlokalen Regularisierung vorgestellt werden, die auf einer Approximation es Integralausdrucks (9.46) bzw. (9.50) $_2$ durch Taylorreihenentwicklung basieren. Ersetzt man in (9.46) die Funktion $f(x + \xi)$ durch

$$f(x+\xi) = f(x)+f'(x)\xi + \frac{1}{2}f''(x)\xi^2 + \frac{1}{6}f'''(x)\xi^3 + \frac{1}{24}f''''(x)\xi^4 + \dots , \quad (9.51)$$

so folgt wegen der Symmetrie der Funktion $w(\xi) = w(|\xi|)$ bezüglich $\xi = 0$

$$\bar{f}(x) = f(x)\underbrace{\int_{-l}^{l} w(\xi)\,\mathrm{d}\xi}_{=1} + \frac{1}{2}f''(x)\int_{-l}^{l} w(\xi)\xi^2\,\mathrm{d}\xi + \frac{1}{24}f''''(x)\int_{-l}^{l} w(\xi)\xi^4\,\mathrm{d}\xi + \dots \quad (9.52)$$

bzw.

$$\bar{f}(x) = f(x) + \alpha l^2 f''(x) + \beta l^4 f''''(x) + \dots \quad (9.53)$$

mit den dimensionslosen Abkürzungen

$$\alpha = \frac{1}{2l^2} \int_{-l}^{l} w(\xi)\xi^2\,\mathrm{d}\xi \quad , \qquad \beta = \frac{1}{24l^4} \int_{-l}^{l} w(\xi)\xi^4\,\mathrm{d}\xi \quad . \quad (9.54)$$

Vernachlässigt man bei hinreichend kleinem l die höheren Terme ab l^4, so wird eine nichtlokale Größe $\bar{f}(x)$ also durch die entsprechende lokale Größe sowie ihre zweite Ableitung (im 3D-Fall den Laplace-Operator $\partial^2(\dots)/\partial x_i^2$) approximiert. Die Anwendung auf (9.50) $_2$ liefert dann

$$\dot{D}(x,t) = \frac{1}{\varepsilon_f} \left(\langle \dot{\varepsilon}(x,t) \rangle + \alpha l^2 \langle \dot{\varepsilon}(x,t) \rangle'' \right) \quad . \quad (9.55)$$

Durch eine solche *Gradientenformulierung* (sie enthält höhere Ableitungen einer Feldgröße) lassen sich analoge Ergebnisse wie in Abb. 9.12b und Abb. 9.13b,c erzielen. Ihr wesentlicher Nachteil besteht allerdings darin, dass bei der numerischen Umsetzung mittels der FEM hinreichend glatte Ansatzfunktionen verwendet werden müssen, welche die Bildung der höheren Ableitungen gestatten.

Eine weitere Formulierungsvariante kann hergeleitet werden, indem man die zweifache Ableitung von (9.53) unter Elimination von $f''(x)$ in (9.53) einsetzt; dies führt auf

$$\bar{f}(x) = f(x) + \alpha l^2 \left[\bar{f}''(x) - \alpha l^2 f''''(x) - \dots \right] \quad . \quad (9.56)$$

Vernachlässigt man wiederum Terme in l^4 und höherer Ordnung, so folgt

$$\bar{f}(x) - \alpha l^2 \bar{f}''(x) = f(x) \quad , \quad (9.57)$$

d.h. eine Differentialgleichung für die nichtlokale Größe $\bar{f}(x)$ in Abhängigkeit von der lokalen Größe $f(x)$ sowie der charakteristischen Länge l. Im Rahmen dieser

Formulierung ist die nichtlokale Größe (z.B. Schädigungsvariable) also durch eine zusätzliche Feldgleichung gegeben, die simultan zur Gleichgewichtsbedingung für das Spannungs- bzw. Verschiebungsfeld zu lösen ist. Dabei sind auf dem Rand des betrachteten Gebiets (beim 1D-Stab für $x = 0$ und $x = L$) Randbedingungen vorzugeben, üblicherweise das Verschwinden der ersten Ableitung $\bar{f}' = 0$ (in 1D) bzw. der Normalableitung $n_i \, \partial \bar{f}/\partial x_i = 0$ (in 3D). Konkret wird aus der nichtlokalen Schädigungsevolutionsgleichung (9.50)$_2$ unseres 1D-Beispiels bei dieser Formulierung die Feldgleichung

$$\dot{D}(x,t) - \alpha l^2 \dot{D}''(x,t) = \frac{1}{\varepsilon_f} \langle \dot{\varepsilon}(x,t) \rangle \tag{9.58}$$

mit den Randbedingungen $\dot{D}'(x = 0, t) = \dot{D}'(x = L, t) = 0$. Auch diese Formulierung führt zu analogen Ergebnissen wie in Abb. 9.12b und Abb. 9.13b,c. Es sei abschließend angemerkt, dass sie in ihrer mathematischen Struktur als *Mehrfeldproblem* der in jüngerer Zeit zur numerischen Behandlung von Schädigungs- und Bruchprozessen vielfach eingesetzten *Phasenfeldmethode* entspricht.

9.7 Literatur

Bazant, Z.P. and Planas, J.   *Fracture and Size Effects in Concrete and Other Quasibrittle Materials*. CRC Press, Boca Raton, 1997

De Borst, R., Chrisfield, M.A., Remmers, J.J.C., Verhoosel, C.V.   *Nichtlineare Finite-Elemente-Analyse von Festkörpern und Strukturen*. Wiley, 2014

Doghri, I.   *Mechanics of Deformable Solids*. Springer, Berlin, 2000

Gurson, A.L.   Continuum theory of ductile rupture by void nucleation and growth. *Journal of Engineering Materials and Technology* **99** (1977), 2-15

Hutchinson, J.W.   *Micro-Mechanics of Damage in Deformation and Fracture*, The Technical University of Denmark, 1987

Kachanov, L.M.   *Introduction to Continuum Damage Mechanics*. Martinus Nijhoff Publishers, Dordrecht, 1986

Kachanov, M.   Elastic Solids with Many Cracks and Related Problems. *Advances in Applied Mechanics* **30** (1993), 259-445

Krajcinovic, D.   *Damage Mechanics*. Elsevier, Amsterdam, 1996

Lemaitre, J.   *A Course on Damage Mechanics*. Springer, Berlin, 1992

Miannay, D.P.   *Fracture Mechanics*. Springer, New York, 1998

Murakami, S.,   *Continuum Damage Mechanics*. Springer, 2012

Skrzypek, J. and Ganczarski, A.   *Modeling of Material Damage and Fracture of Structures*. Springer, Berlin, 1999

Kapitel 10
Probabilistische Bruchmechanik

10.1 Allgemeines

Die Versagensanalyse einer Struktur erfolgt auf der Basis einer Bruch- oder Versagensbedingung. Ein Beispiel hierfür ist die Sprödbruchbedingung $K_I = K_{Ic}$, nach der kein Versagen für $K_I < K_{Ic}$ auftritt. Wendet man diese Bedingung im deterministischen Sinn an, so muss vorausgesetzt werden, dass alle erforderlichen Größen genau bekannt sind. Dies ist aber nicht immer der Fall. So können die Betriebsbelastung eines Bauteiles schwanken und die Bruchzähigkeit K_{Ic} des Materials streuen. Auch kennt man manchmal die Lage, Länge und Orientierung der Risse nicht genau. Lässt man dies unberücksichtigt und verwendet 'gemittelte' Größen, so kann die deterministische Analyse zu unsicheren Aussagen führen. Berücksichtigt man dagegen die Schwankungen, indem man für K_I seinen oberen Grenzwert und für K_{Ic} seinen unteren Grenzwert verwendet, so gelangt man zwar zu vermutlich sicheren aber möglicherweise übertrieben konservativen Aussagen. Hierbei ist zu beachten, dass die genannten Grenzwerte ja ebenfalls häufig nicht exakt bekannt sind. Das Bruchrisiko ist jedenfalls bei einer deterministischen Betrachtung unbekannt. Entsprechendes trifft auf beliebige andere Versagensbedingungen zu, wie zum Beispiel auf die klassischen Versagenshypothesen (Kapitel 2) oder auf die Lebensdauerhypothese nach dem Paris-Gesetz (Abschnitt 4.10).

Im Unterschied zum deterministischen Vorgehen werden bei einer probabilistischen Betrachtungsweise die Streuungen der Materialeigenschaften und die Unsicherheiten hinsichtlich der Belastung und der Defektverteilung in geeigneter Weise berücksichtigt. Hierbei wird angenommen, dass die in eine Versagensbedingung eingehenden Größen in Form von Wahrscheinlichkeitsverteilungen vorliegen. Dies führt dann auf Aussagen über die Versagenswahrscheinlichkeit, durch die das Bruchrisiko bestimmt ist.

Statistische Aspekte spielen aber auch eine Rolle, wenn man die bruchmechanisch relevanten Mikrostruktureigenschaften eines Materials erfassen will. So befinden sich in einem realen Material im allgemeinen sehr viele 'Defekte' wie Mikroporen, Mikrorisse, Einschlüsse oder Inhomogenitäten unterschiedlicher Größe, Form und Orientierung. Durch sie wird der Bruchprozess wesentlich bestimmt. Aufgrund ihrer Vielzahl lassen sich diese Defekte in ihrer Auswirkung auf das makroskopische Verhalten zweckmäßig mit statistischen Methoden beschreiben.

Wir wollen uns in diesem Kapitel nur mit den Grundzügen der probabilistischen Bruchmechanik befassen. Exemplarisch beschränken wir uns dabei auf spröde Materialien. Diese bieten sich unter anderem deshalb besonders an, weil bei ihnen die Festigkeitskennwerte besonders stark streuen können. Spröde Materialien zeigen auch häufig eine signifikante Abnahme der Festigkeit mit zunehmendem Volumen eines Körpers. Ursache hierfür ist die in ihnen vorhandene Defektstruktur. Sie lässt erwarten, dass die Wahrscheinlichkeit des Auftretens eines kritischen Defektes umso größer ist, je größer das Volumen ist. Auf dieser Überlegung beruht die auf W. WEIBULL (Waloddi Weibull, 1887-1979) zurückgehende statistische Theorie des Sprödbruchs. Sie wird in vielen Fällen zur Beurteilung des Verhaltens von keramischen Werkstoffen, faserverstärkten Materialien, Geomaterialien, Beton oder spröden Metallen herangezogen.

10.2 Grundlagen

Die Häufigkeit des Auftretens einer Größe x wie zum Beispiel der gemessenen K_{Ic}-Werte eines Materials oder der festgestellten Risslängen wird durch die *Wahrscheinlichkeitsdichte* $f(x)$ beschrieben (Abb. 10.1). Setzen wir voraus, dass x nur positive Werte annehmen kann, dann ist die *Wahrscheinlichkeitsverteilung* durch

$$F(x) = \int\limits_0^x f(\bar{x}) \mathrm{d}\bar{x} \tag{10.1}$$

gegeben. Durch sie ist die Wahrscheinlichkeit P festgelegt, dass eine Zufallsgröße X im Intervall $0 \leq X \leq x$ liegt:

$$P(X \leq x) = F(x) \,. \tag{10.2}$$

Dabei kann P Werte zwischen 0 und 1 annehmen. Dementsprechend gelten die Beziehungen

$$P(X < \infty) = \int\limits_0^\infty f(x)\mathrm{d}x = 1 \,,$$

$$P(X \geq x) = 1 - F(x) \,, \tag{10.3}$$

$$P(a \leq X \leq b) = \int\limits_a^b f(x)\mathrm{d}x = F(b) - F(a) \,.$$

Der *Mittelwert* $\langle X \rangle$ einer Zufallsgröße (auch *Erwartungswert* oder *Median* genannt) sowie die *Varianz* $var X$ oder *Streuung* sind definiert als

$$\langle X \rangle = \int\limits_0^\infty x f(x)\mathrm{d}x = \int\limits_0^\infty [1 - F(x)]\mathrm{d}x \ ,$$

$$varX = \int\limits_0^\infty [x - \langle X \rangle]^2 f(x)\mathrm{d}x \ . \tag{10.4}$$

Letztere kann man auch als mittlere quadratische Abweichung vom Mittelwert $\langle X \rangle$ bezeichnen. Die Wurzel aus der Varianz heißt *Standardabweichung*: $\sigma = \sqrt{varX}$.

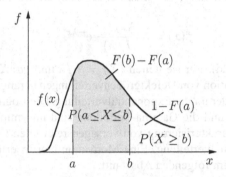

Abb. 10.1 Wahrscheinlichkeitsdichte und -verteilung

Als Wahrscheinlichkeitsdichten oder -verteilungen finden unterschiedliche Funktionen Anwendung, von denen hier nur einige angegeben seien. Die *Normalverteilung* (Gaußsche Glockenkurve) ist durch

$$f(x) = \frac{1}{\sigma\sqrt{2\pi}} \exp\left(-\frac{(x - \mu)^2}{2\sigma^2}\right) \tag{10.5}$$

gegeben (Abb. 10.2a). Darin sind μ der Mittelwert und σ die Standardabweichung. Häufig werden K_{Ic}-Werte, J_c-Werte oder andere Werkstoffparameter sowie ihre Streuung näherungsweise durch Normalverteilungen beschrieben.

Die *logarithmische Normalverteilung* oder kurz *Lognormalverteilung* (Abb. 10.2b) ist definiert durch

$$f(x) = \frac{1}{\sigma\sqrt{2\pi}x} \exp\left(-\frac{(\ln x - \mu)^2}{2\sigma^2}\right) \ , \tag{10.6}$$

mit dem Mittelwert $\langle X \rangle = \mathrm{e}^{\mu + \sigma^2/2}$ und der Streuung $varX = \mathrm{e}^{2\mu + \sigma^2}(\mathrm{e}^{\sigma^2} - 1)$. Sie wird in vielen Fällen zur Beschreibung von Belastungen, Risslängen- und Defektverteilungen verwendet.

Eine besondere Bedeutung kommt der *Weibull-Verteilung* zu. Für sie sind Dichte und Wahrscheinlichkeitsverteilung durch

$$f(x) = \lambda \alpha x^{\alpha-1} e^{-\lambda x^{\alpha}} , \qquad F(x) = 1 - e^{-\lambda x^{\alpha}} \tag{10.7}$$

gegeben (Abb. 10.2c). Der Mittelwert und die Varianz folgen hieraus zu

$$\langle X \rangle = \frac{\Gamma(1 + \frac{1}{\alpha})}{\lambda^{1/\alpha}} , \qquad varX = \frac{\Gamma(1 + \frac{2}{\alpha}) - [\Gamma(1 + \frac{1}{\alpha})]^2}{\lambda^{2/\alpha}} , \tag{10.8}$$

wobei Γ die Gammafunktion kennzeichnet. Die Weibull-Verteilung wird besonders häufig bei Ermüdungsvorgängen und bei der Erfassung von Rissgrößen- und Defektverteilungen in spröden Materialien verwendet. Für $\alpha = 1$ bezeichnet man sie auch als *Exponentialverteilung*. Schließlich sei noch die *Gamma-Verteilung* genannt, die durch

$$f(x) = \lambda \frac{(\lambda x)^{\alpha-1}}{\Gamma(\alpha)} e^{-\lambda x} \tag{10.9}$$

bestimmt ist (Abb. 10.2d). Für sie gelten $\langle X \rangle = \alpha/\lambda$ und $varX = \alpha/\lambda^2$. Auch sie wird zur Approximation von Defektgrößenverteilungen herangezogen. Im Falle $\alpha = 1$ folgt aus ihr wiederum die Exponentialverteilung. Die Lognormalverteilung, die Weibull-Verteilung und die Gamma-Verteilung sind unsymmetrisch. Dadurch eignen sie sich zur Charakterisierung von versagensrelevanten Größen besser als die symmetrische Normalverteilung. Eine Motivation hierfür erfolgt am Beispiel der Weibull-Verteilung im folgenden Abschnitt.

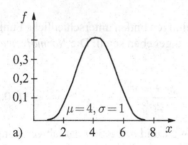
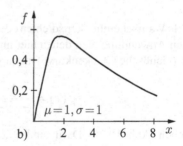
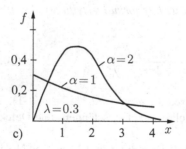
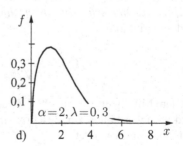

Abb. 10.2 Wahrscheinlichkeitsdichte: a) Normalverteilung, b) Lognormalverteilung, c) Weibull-Verteilung, d) Gamma-Verteilung

10.3 Statistisches Bruchkonzept nach Weibull

10.3.1 Bruchwahrscheinlichkeit

Wir betrachten ein isotropes, sprödes Material unter einachsiger, homogener Spannung σ, das innere Defekte (z.B. Mikrorisse) aber keinen makroskopischen Riss enthalten soll. Von den Defekten sei vorausgesetzt, dass sie statistisch homogen verteilt sind, d.h. die Wahrscheinlichkeit des Auftretens eines Defektes bestimmter Art, Größe, Orientierung etc. ist überall gleich. Außerdem nehmen wir an, dass es zum totalen Versagen (=Bruch) des Körpers kommt, wenn nur ein einziger Defekt kritisch wird, sich also ausbreitet. Dies soll nur bei einer Zugspannung möglich sein; eine Defektausbreitung unter einer Druckspannung wollen wir hier der Einfachheit halber ausschließen.

Die Wahrscheinlichkeit, dass bei der Zugspannung σ in einem beliebigen Volumen V kein kritischer Defekt vorhanden ist, bezeichnen wir mit $F^*(V)$. Die entsprechende Wahrscheinlichkeit für ein beliebiges anderes Volumen V_1 (das V nicht enthält) sei $F^*(V_1)$. Setzt man die Unabhängigkeit der Ereignisse in V und V_1 voraus, dann ist die Wahrscheinlichkeit des Nichtauftretens eines kritischen Defektes in $V + V_1$ durch

$$F^*(V + V_1) = F^*(V)F^*(V_1)$$
(10.10)

gegeben. Ableitung bei konstantem V_1 und anschließende Division durch (10.10) liefert

$$\frac{\mathrm{d}F^*(V + V_1)}{\mathrm{d}V} = \frac{\mathrm{d}F^*(V)}{\mathrm{d}V}F^*(V_1) \,, \qquad \frac{\left[\dfrac{\mathrm{d}F^*(V + V_1)}{\mathrm{d}V}\right]}{F^*(V + V_1)} = \frac{\left[\dfrac{\mathrm{d}F^*(V)}{\mathrm{d}V}\right]}{F^*(V)}$$

bzw.

$$\frac{\mathrm{d}}{\mathrm{d}V}\ln[F^*(V + V_1)] = \frac{\mathrm{d}}{\mathrm{d}V}\ln[F^*(V)] = -c \,.$$

Darin ist c eine Konstante, die nur von der Spannung abhängt: $c = c(\sigma)$. Durch Integration unter Berücksichtigung von $F^*(0) = 1$ folgt daraus schließlich die Wahrscheinlichkeit, dass kein kritischer Defekt vorhanden ist zu

$$F^*(V) = \mathrm{e}^{-cV} \,.$$
(10.11)

Umgekehrt ist die Wahrscheinlichkeit, dass sich in V doch ein kritischer Defekt befindet, $F(V) = 1 - F^*(V) = 1 - \mathrm{e}^{-c(\sigma)V}$. Aufgrund der Annahme, dass ein einziger kritischer Defekt zum Bruch führt, ist dies auch die Bruchwahrscheinlichkeit P_f:

$$\boxed{P_f = 1 - \mathrm{e}^{-c(\sigma)V}} \,.$$
(10.12)

Danach nimmt die Bruchwahrscheinlichkeit bei konstantem c (d.h. konstantem σ) mit zunehmendem Volumen zu. Die 'Überlebenswahrscheinlichkeit' (kein Bruch) ist durch $P_s = 1 - P_f = e^{-cV}$ gegeben; sie nimmt mit zunehmendem Volumen ab.

Die Gleichung (10.12) ist recht allgemein. Sie enthält keine Annahme über die physikalische Natur der Defekte. Ob es sich um Mikrorisse oder um andere Spannungskonzentratoren handelt, ist gleichgültig. Es versteht sich von selbst, dass man das Volumen bei flächenförmigen bzw. bei stabförmigen Körpern durch die Fläche bzw. die Länge ersetzen kann. Durch Vergleich mit (10.7) erkennt man, dass (10.12) bei festem c eine Exponentialverteilung darstellt. Dabei kann man $c = 1/\bar{V}$ als Durchschnittskonzentration von Defekten interpretieren. Je kleiner das Durchschnittsvolumen $\bar{V}$ pro Defekt ist, umso schneller erfolgt der Anstieg von P_f mit V. Man kann die Annahmen, die hinter (10.12) stehen auch als *'Theorie des schwächsten Kettengliedes' (weakest link theory)* bezeichnen. Danach versagt eine Kette an der Stelle des schwächsten Gliedes, wenn dort die Zugfestigkeit überschritten wird.

In (10.12) ist $c(\sigma)$ eine zunächst noch unbekannte Funktion. Für sie wird häufig nach Weibull der empirische Ansatz

$$c(\sigma) = \begin{cases} \dfrac{1}{V_0} \left(\dfrac{\sigma - \sigma_u}{\sigma_0} \right)^m & \text{für } \sigma > \sigma_u \\[3mm] 0 & \text{für } \sigma \leq \sigma_u \end{cases} \tag{10.13}$$

eingeführt. Darin sind V_0, σ_0 Normierungsgrößen und σ_u die Schwellenspannung, unterhalb der die Bruchwahrscheinlichkeit Null ist. Diese wird vielfach der Einfachheit halber zu Null gesetzt. Den materialspezifischen Exponenten m bezeichnet man als *Weibull-Modul*; einige Werte sind in Tabelle 10.1 angegeben. Einsetzen von (10.13) in (10.12) liefert für die Bruchwahrscheinlichkeit die Weibull-Verteilung (vgl. (10.7))

$$P_f = F(\sigma) = 1 - \exp\left[-\frac{V}{V_0} \left(\frac{\sigma - \sigma_u}{\sigma_0} \right)^m \right], \tag{10.14}$$

wobei nun V als fest angesehen wird.

Material	m
Glas	2.3
SiC	4...10
Al$_2$O$_3$	8...20
Graphit	12
Gusseisen	38

Tabelle 10.1 Weibull-Modul

Die Beziehung (10.14) gilt nur für einen homogenen einachsigen Spannungszustand. Man kann sie jedoch leicht auf einen inhomogenen einachsigen Spannungszustand verallgemeinern, wie er zum Beispiel in Balken unter Biegung herrscht. Zu diesem Zweck wenden wir (10.11) auf ein Volumenelement ΔV_i an, in dem eine konstante Spannung σ_i herrschen soll: $c_i = c(\sigma_i)$. Dann ist

$$F^*(\Sigma \Delta V_i) = \mathrm{e}^{-c_1 \Delta V_1} \mathrm{e}^{-c_2 \Delta V_2} \mathrm{e}^{-c_3 \Delta V_3} \ldots = \mathrm{e}^{-\Sigma c_i \Delta V_i}$$

die Wahrscheinlichkeit, dass in einer Summe von Volumenelementen mit unterschiedlicher Spannung kein kritischer Defekt vorhanden ist. Durch Grenzwertbildung ergibt sich $F^*(V) = \exp[-\int c\,\mathrm{d}V]$, und für die Bruchwahrscheinlichkeit erhält man unter Verwendung von (10.13)

$$P_f = F(\sigma) = 1 - F^* = 1 - \exp\left[-\frac{1}{V_0} \int\limits_V \left(\frac{\sigma - \sigma_u}{\sigma_0} \right)^m \mathrm{d}V \right] . \qquad (10.15)$$

10.3.2 Bruchspannung

Für einen Körper unter homogenen Zug ist $F(\sigma)$ durch (10.14) gegeben. Setzen wir $\sigma_u = 0$, dann erhält man nach (10.7), (10.8) die mittlere Bruchspannung (=Zugfestigkeit) und die Streuung zu

$$\bar{\sigma} = \langle \sigma \rangle = \sigma_0 \left(\frac{V_0}{V} \right)^{\frac{1}{m}} \Gamma(1 + 1/m) ,$$

$$\qquad\qquad (10.16)$$

$$var\,\sigma = \sigma_0^2 \left(\frac{V_0}{V} \right)^{\frac{2}{m}} \left\{ \Gamma(1 + 2/m) - [\Gamma(1 + 1/m)]^2 \right\} .$$

Dementsprechend hängen beide Größen vom Volumen des Körpers ab. So ergibt sich für ein und dasselbe Material bei unterschiedlichen Volumina V_1 und V_2

$$\frac{\bar{\sigma}_1}{\bar{\sigma}_2} = \left(\frac{V_2}{V_1} \right)^{1/m} , \qquad \frac{(var\,\sigma)_1}{(var\,\sigma)_2} = \left(\frac{V_2}{V_1} \right)^{2/m} . \qquad (10.17)$$

Danach folgen zum Beispiel für $V_2/V_1 = 5$ und $m = 2$ die Werte $\bar{\sigma}_1/\bar{\sigma}_2 = 2.24$ und $(var\,\sigma)_1/(var\,\sigma)_2 = 5$. Die mittlere Bruchfestigkeit ist also für das kleinere Volumen V_1 mehr als doppelt so groß als für V_2; die Streuung ist allerdings ebenfalls größer. Erwähnt sei noch, dass die erste Gleichung von (10.17) die Bestimmung von m erlaubt, indem die mittlere Bruchspannung für unterschiedliche Volumina gemessen wird.

Wir wollen nun noch den Einfluss eines veränderlichen Spannungszustandes untersuchen. Hierzu betrachten wir als Beispiel einen Balken der Länge l mit Rechteckquerschnitt (Breite b, Höhe h) unter konstantem Biegemoment. Die Spannungsverteilung über die Balkenhöhe ist in diesem Fall durch $\sigma(z) = \sigma_B 2z/h$ gegeben, wobei σ_B die maximale Spannung am Rand ist. Durch Einsetzen in (10.15) erhält man für diesen Fall mit $V = lbh$ und unter Beachtung, dass nur über den Zugbereich integriert wird (im Druckbereich werden die Defekte als wirkungslos angenommen!)

$$P_f = F(\sigma_B) = 1 - \exp\left[-\frac{V}{V_0}\left(\frac{\sigma_B}{\sigma_0}\right)^m \frac{1}{2(m+1)}\right] . \qquad (10.18)$$

Die mittlere Bruchspannung unter Biegung (=Biegefestigkeit) und die Streuung ergeben sich damit aus (10.7) zu

$$\bar{\sigma}_B = \langle\sigma_B\rangle = \sigma_0 \left(\frac{V_0}{V}\right)^{\frac{1}{m}} \Gamma(1+1/m)[2(m+1)]^{1/m} , \qquad (10.19)$$

$$var\,\sigma_B = \sigma_0^2 \left(\frac{V_0}{V}\right)^{\frac{2}{m}} \left\{\Gamma(1+2/m) - [\Gamma(1+1/m)]^2\right\} [2(m+1)]^{2/m}.$$

Durch Vergleich mit (10.16) erkennt man, dass sich die Abhängigkeit vom Volumen nicht geändert hat. Die mittlere Festigkeit und die Streuung sind für Biegung allerdings größer als für Zug. Kennzeichnen wir die Größen nach (10.16) mit dem Index 'Z', so gilt

$$\frac{\bar{\sigma}_B}{\bar{\sigma}_Z} = [2(m+1)]^{1/m} , \qquad \frac{var\,\sigma_B}{var\,\sigma_Z} = [2(m+1)]^{2/m} , \qquad (10.20)$$

woraus zum Beispiel für $m = 5$ das Ergebnis $\bar{\sigma}_B/\bar{\sigma}_Z = 1.64$ folgt.

10.3.3 Verallgemeinerungen

Das Weibullsche Bruchkonzept lässt sich in verschiedene Richtungen verallgemeinern. So kann man es auf Druckspannungen und auf mehrachsige Spannungszustände erweitern. Daneben ist es möglich, die im konkreten Fall vorliegende Defektstruktur durch geeignete mikromechanische Modelle zu erfassen und damit das statistische Konzept abzustützen. Außerdem kann man das Weibullsche Konzept auch zur Beschreibung des zeitabhängigen Bruchs zum Beispiel von faserverstärkten Materialien einsetzen. In diesem Fall führt man für c anstelle von (10.13) einen Ansatz vom Typ $c = \alpha\,t^\beta$ ein, wobei α und β von der Spannung σ abhängen und t die Zeit ist.

Wir wollen hier nur eine Erweiterungsmöglichkeit diskutieren. Hierbei nehmen wir an, dass nicht nur ein einziger kritischer Defekt zum Bruch führt, sondern dass dazu eine bestimmte minimale Zahl $n > 1$ von kritischen Defekten erforderlich ist. Hiermit trägt man der Beobachtung Rechnung, dass oft viele Defekte (z.B. Mikrorisse) wachsen, bevor es zum endgültigen Versagen kommt. Ausgangspunkt ist die Wahrscheinlichkeit

$$P^*_{X=k} = \frac{1}{k!} \, (cV)^k \, \mathrm{e}^{-cV} \,, \tag{10.21}$$

für das Auftreten von genau k voneinander unabhängigen kritischen Defekten im Volumen V. Sie wird auch als *Poisson-Verteilung* bezeichnet, und sie enthält als Spezialfall für $k = 0$ die Wahrscheinlichkeit (10.11) für das Nichtauftreten eines Defektes in V. Dann ergibt sich die Wahrscheinlichkeit für das Vorliegen von weniger als n Defekten in V aus der Summe der Wahrscheinlichkeiten des Auftretens von 0 bis $(n-1)$ Defekten:

$$P^*_{X<n-1} = \mathrm{e}^{-cV} \sum_{k=0}^{n-1} \frac{1}{k!} \, (cV)^k \,.$$

Die Wahrscheinlichkeit des Auftretens von n oder mehr kritischen Defekten in V folgt damit zu

$$P_f = P_{X>n-1} = 1 - P^*_{X<n-1} = 1 - \mathrm{e}^{-cV} \sum_{k=0}^{n-1} \frac{1}{k!} \, (cV)^k \,. \tag{10.22}$$

Dies ist auch gleichzeitig die Bruchwahrscheinlichkeit. Aus der zugehörigen Dichte $p_f = \mathrm{d}P_f/\mathrm{d}V = [c/(n-1)!](cV)^{n-1}\mathrm{e}^{-cV}$ erkennt man, dass es sich hierbei um eine Gamma-Verteilung handelt (vgl. (10.9)). Aus (10.22) und durch Vergleich mit (10.12) kann man außerdem ablesen, dass die Zunahme der Bruchwahrscheinlichkeit mit dem Volumen geringer ist als beim einfachen Weibull-Modell und umso langsamer erfolgt je größer n gewählt wird. So ergeben sich zum Beispiel für $n = 3$ bzw. $n = 10$ bei $cV = 3$ die Werte $P_{f,3}(3) = 0.577$ bzw. $P_{f,10}(3) = 0.001$ und bei $cV = 10$ die Werte $P_{f,3}(10) = 0.997$ bzw. $P_{f,10}(10) = 0.542$.

Die Abhängigkeit der mittleren Bruchspannung vom Volumen sowie von den auftretenden Parametern erhält man unter Verwendung des Ansatzes $cV_0 = (\sigma/\sigma_0)^n$ (vgl. (10.13)) aus (10.4) und (10.22):

$$\bar{\sigma} = \langle \sigma \rangle = \sigma_0 \left(\frac{V_0}{V} \right)^{\frac{1}{m}} \frac{\Gamma(n + 1/m)}{\Gamma(n)} \,. \tag{10.23}$$

Die Volumenabhängigkeit ist die gleiche wie in (10.16) bzw. (10.19).

10.4 Probabilistische bruchmechanische Analyse

In diesem Abschnitt soll die prinzipielle Vorgehensweise bei einer probabilistischen bruchmechanischen Analyse erläutert werden. Als Beispiel betrachten wir ein ebenes Bauteil unter einachsigem Zug, in dem wir im Laufe seines Einsatzes das Auftreten von Rissen unterschiedlicher Größe erwarten. Als Versagensbedingung legen wir das K-Konzept $K_I = K_{Ic}$ mit $K_I = \sigma\sqrt{\pi a}\, G(a)$ zugrunde, wobei $G(a)$ ein Geometriefaktor ist. Wir nehmen nun an, dass uns zu einem bestimmten Zeitpunkt die Wahrscheinlichkeitsdichte $f_a(a)$ für die auftretenden Risslängen durch Inspektion bekannt ist. Hieraus lässt sich mittels obiger Beziehung bei bekannter Belastung σ die Wahrscheinlichkeitsdichte $f_{K_I}(K)$ für die auftretenden Spannungsintensitätsfaktoren bestimmen. Aus Messungen sei uns außerdem die Dichteverteilung $f_{K_{Ic}}(K)$ für die Bruchzähigkeit des Materials bekannt. Beide Verteilungen sind schematisch in Abb. 10.3 dargestellt.

Die Wahrscheinlichkeit, dass die Bruchzähigkeit kleiner als ein bestimmter Wert K ist, wird durch

$$P(K_{Ic} \leq K) = F_{K_{Ic}}(K) = \int_0^K f_{K_{Ic}}(\bar{K})\,\mathrm{d}\bar{K} \tag{10.24}$$

beschrieben. Entsprechend ist $f_{K_I}(K)\,\mathrm{d}K$ die Wahrscheinlichkeit für Rissbelastungen im Intervall $K \leq K_I \leq K + \mathrm{d}K$. Dann ist das Produkt

$$\mathrm{d}P_f = F_{K_{Ic}}(K)\,f_{K_I}(K)\,\mathrm{d}K$$

die Wahrscheinlichkeit dafür, dass beides zutrifft, d.h. dass das Bauteil versagt. Die Integration über alle möglichen Rissbelastungen liefert schließlich die totale Versagenswahrscheinlichkeit:

$$P_f = \int_0^\infty F_{K_{Ic}}(K)\,f_{K_I}(K)\,\mathrm{d}K = \int_0^\infty \int_0^K f_{K_{Ic}}(\bar{K})\,\mathrm{d}\bar{K}\,f_{K_I}(K)\,\mathrm{d}K \tag{10.25}$$

Sie entspricht der schraffierten Fläche in Abb. 10.3. Wenn sich die Verteilungsdichten für die Rissbelastung und die Bruchzähigkeit mit der Zeit ändern, dann ändert sich auch P_f. Dies ist zum Beispiel der Fall, wenn die Risse aufgrund von Wechselbelastung wachsen und das Material altert.

Die Bestimmung der Versagenswahrscheinlichkeit muss nicht auf der Basis der K-Faktoren durchgeführt werden. Alternativ kann auch direkt die Verteilungsdichte

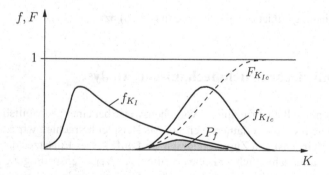

Abb. 10.3 Verteilungen von K_I und K_{Ic}

$f_a(a)$ der Risslängen zugrunde gelegt werden. Zu diesem Zweck muss man die K_{Ic}-Verteilungsdichte in eine Dichte $f_{a_c}(a)$ für kritische Risslängen umrechnen. Als weitere Alternative lässt sich die Versagenswahrscheinlichkeit

$$P_f = P(K_I \geq K \text{ und } K_{Ic} \leq K) \quad \text{mit} \quad 0 \leq K < \infty \qquad (10.26)$$

direkt durch *Monte-Carlo-Simulation* bestimmen. Hierbei werden Zufallswerte von K_I und K_{Ic} miteinander verglichen. Die Zahl der Ereignisse $K_I \geq K_{Ic}$ bezogen auf die Zahl der Versuche liefert P_f.

An dieser Stelle soll noch darauf hingewiesen werden, dass die probabilistische bruchmechanische Analyse im konkreten Fall häufig mit Schwierigkeiten verbunden ist. Der Grund hierfür liegt im wesentlichen in den oft nicht verfügbaren Daten, die eine hinreichend genaue Information über die Verteilungsdichten von Risslängen, Belastungen oder Werkstoffkennwerten (z.B. K_{Ic}) sowie deren zeitlicher Änderung geben.

10.5 Literatur

Bazant, Z.P. and Planas, J.   *Fracture and Size Effects in Concrete and Other Quasibrittle Materials*. CRC Press, Boca Raton, 1997

Broberg, K.B.   *Cracks and Fracture*. Academic Press, London, 1999

Eggwertz, S. and Lind, N.C. (eds.)   *Probabilistic Methods in the Mechanics of Solids and Structures*. Springer, Berlin, 1994

Krajcinovic, D.   *Damage Mechanics*. Elsevier, Amsterdam, 1996

Liebowitz, H. (ed.)   *Fracture – A Treatise*, Vol. 2, Chap. 6. Academic Press, London, 1968

Sachverzeichnis

3-Punkt Biegeprobe, 190, 194

Airysche Spannungsfunktion, 181
Akustiktensor, 346
Anisotropie, 15, 36, 151, 287
Äquivalente Eigendehnung, 253, 262, 302, 317
–, plastische Dehnung, 54
Arbeitssatz, 30
Average strain theorem, 276
–, stress theorem, 276

Barenblatt-Modell, 168
Beanspruchung, gemischte, 132
Bettischer Satz, 31, 90
Bewegungsgleichungen, 11
Bimaterialkonstante, 144
–, -riss, 143
Blunting line, 190
Brucharten, 66
–, -flächen, 54
–, -flächenenergie, 112, 116, 131
–, -grenze, 45
–, -kriterium, 79, 111, 124, 127, 132, 148, 153, 158, 183, 210, 224, 246, 337, 342
–, -wahrscheinlichkeit, 357
Bruchzähigkeit, 79, 103, 108, 116, 129, 133, 139, 148, 151, 213, 227, 247, 362
–, dynamische, 241
Bruchzeit, 210
Burgers-Vektor, 59, 254

C*-Integral, 206, 217
C-Integral, 206, 217
Charakteristische Länge, 347
Clapeyronscher Satz, 31, 106
Cleavage, 62
Cluster, 64

Compliance, 110
Composite spheres model, 306, 316
Coulomb-Mohr-Hypothese, 49
Craze-Zone, 61, 205
Crazing, 61
CT-Probe, 103, 190
CTOD, 163

DCB-Probe, 111, 132, 207
Defekte, 59, 64, 122, 155, 253, 269, 332, 353, 357
Defektenergie, 259
–, -verteilung, 64, 252, 283, 356
–, -wechselwirkung, 289, 291
Deformation, 12
Deformationstheorie, 24, 27, 163, 177, 320
Dehnung, plastische, 53, 54
–, thermische, 17
Dehnungs-Äquivalenz-Prinzip, 333
Dehnungszentrum, 253, 261
Delamination, 110, 148
Deviator, 9
dielektrische Materialkonstanten, 154
–, Verschiebung, 154
Differentialschema, 294
Dilatationszentrum, 41, 253, 261
dilute distribution, 283
Dimples, 63
Dissipationsleistung, 23, 311
Drucker-Prager-Hypothese, 52
Dugdale-Modell, 164
Duhamel-Neumann-Gesetz, 17, 325
Duktiler Bruch, 66
dünne Schicht, 108, 114, 150, 160
–, Verteilung, 283
Dynamische Bruchzähigkeit, 241

Ebener Spannungszustand, 32, 72, 202, 285
–, Verzerrungszustand, 32, 72, 174
Effektive Bruchflächenenergie, 67
–, Dehnung, 19
–, Eigenschaften, 252, 268
–, elastische Konstanten, 274
–, Risslänge, 127
–, Spannung, 19, 333
Effektiver Elastizitätsmodul, 284, 286, 297
–, Elastizitätstensor, 274
–, Kompressionsmodul, 282
–, Schubmodul, 282
Eigendehnung, 148, 253, 255, 256, 259
–, -spannung, 253
Einflusstensor, 276, 280, 281, 284, 290, 291,
       295, 309, 325
Einheitstensor, 8
–, -zelle, 277, 322
Einschluss, 255
Einsteinsche Summationsvereinbarung, 6
Elastisch-plastische Bruchmechanik, 163
Elastisch-viskoelastische Analogie, 21
elastisches Potential, 18
Elastizität, 15
Elastizitätsgesetz, 15, 24
–, -modul, 16
–, -tensor, 15
elektrische Enthalpiedichte, 155
–, Randbedingungen, 155
Elektrisches Feld, 154
–, Potential, 155
Elektrostriktion, 154
energetisches Kriterium, 108, 113, 117, 124,
       133, 139, 140
Energie-Impuls-Tensor, 119
Energiebilanz, 105
–, -dissipation, 129
–, -fluss, 198, 238, 242
–, -freisetzung, 105, 106
–, -freisetzungsrate, 107, 109, 110, 113, 119,
       124, 136, 139, 146, 148, 153, 157, 169,
       199, 230, 238, 242
–, -prinzipien, 28, 298
–, -satz, 29, 105, 111, 118
Entfestigung, 343
Erhaltungsintegrale, 119
Ermüdungsbruch, 66
–, -riss, 63
–, -risswachstum, 66, 141
Eshelby-Lösung, 256
–, -Tensor, 256
Essential work of fracture, 201
Exponentialgesetz, 171

Failure assessment curve, 167
Faltungsintegral, 21
Fasern, 299
Ferroelektrika, 154
Ferroelektrisches Material, 154
Festigkeit, theoretische, 57
Festigkeitshypothesen, 45
Finite Bruchmechanik, 141
Finite Elemente Methode, 101, 322
Fließbedingung, 24, 172, 308, 312, 340
–, -fläche, 24, 313
–, -grenze, 45
–, -potential, 23
–, -regel, 26, 39, 317
Fluktuation, 274, 278, 289, 302
Foreman-Beziehung, 142
Formänderungsenergie, 301, 310
–, -dichte, 17, 29
–, -hypothese, 48
–, -rate, 23
Fragmentierung, 248

Gamma-Verteilung, 356
Gauß-Punkt, 101
gemischte Beanspruchung, 80, 132, 137, 150
Gesamtpotential, 110, 116, 131, 259, 298
Gestaltänderung, 13
Gestaltänderungsenergiedichte, 18
Gewichtsfunktion, 80, 90, 92
Gleichgewichtsbedingungen, 11
Gleitband, 60
–, -linien, 38
–, -linienfelder, 37
–, -linientheorie, 37, 174
Gradientenformulierung, 351
– , -material, 270
Grenzflächenriss, 143
Grenzlast, 166
–, plastische, 176
Griffith, 108, 111, 113
Griffithsches Bruchkriterium, 111, 113
Größenbedingung, 103, 127
–, -effekt, 138
Grundlösungen, 253
Gurson-Modell, 341

Hashin-Shtrikman-Schranken, 302, 306
–, -Variationsprinzip, 302
Hauptachsensystem, 8
–, -dehnungen, 13
–, -dehnungshypothese, 47
–, -spannungen, 8
–, -spannungshypothese, 47
–, -spannungskriterium, 139

Hencky-Ilyushin-Gesetz, 27
Henckysche Gleichungen, 39, 174
Hill-Bedingung, 274, 275, 279, 310
Hohlraum, 266
–, -bildung, 169
Homogenisierung, 268, 269, 307
–, numerische, 322
Hookesches Gesetz, 15
HRR-Feld, 177
Hui-Riedel-Feld, 220, 222
Hundeknochenmodell, 128
hybrides Kriterium, 140

Idealplastisches Material, 37, 126, 128, 172,
    196, 200, 310
Inhomogenität, 253, 256, 262, 281
–, ellipsoidförmige, 265, 284
–, kugelförmige, 266, 284
Initiierungszeit, 210
inkrementelle Plastizität, 26
Inkubationszeit, 210
Innere Energie, 29
Instabile Rissausbreitung, 131, 210
Integralgleichung, 87
Interface, 145, 151
–, -Riss, 113, 143, 148
Interkristalliner Bruch, 62
Intersonische Rissausbreitung, 244
Invarianten des Deviators, 9
–, des Spannungstensors, 8
–, des Verzerrungstensors, 13, 18
Irwin, 79, 126, 127
Irwinsche Risslängenkorrektur, 126
Isotrope Verfestigung, 24
Isotropie, 15

J-Integral, 119, 121–123, 146, 153, 155, 163,
    179, 200
J-Widerstandskurve, 190
Johnson-Cook-Kriterium, 53

K-Faktor, 72, 79, 80, 90, 92, 93, 96, 110, 113,
    119, 148, 158
K-Konzept, 78, 108, 113, 124, 139, 142, 143
Kachanov, 93, 332
Kanalbildung, 114
Kerbe, 75, 76, 98, 138
Kerbfaktor, 98
Kinematische Verfestigung, 24, 314
Kinetische Energie, 29, 231, 238, 248
Kinken-Modell, 136
Klebeverbindung, 143
Kleinbereichsfließen, 126, 211
–, -kriechen, 218, 223

Kohäsionsmodul, 169
–, -spannung, 58, 168
Kohäsivelement, 171
–, -gesetz, 170
–, -modell, 118
–, -spannungen, 118
–, -zone, 168
– ,-zonenmodelle, 141, 168
Kolosovsche Formeln, 35
Kompakt-Zugprobe, 103
Kompatibilitätsbedingung, 14, 181
Komplementärarbeit, 31
–, -energie, 18
–, -potential, 31, 301
Komplexe Methode, 35
Kompositwerkstoff, 113, 143, 169, 329
Kompressionsmodul, 16
–, effektiver, 282, 284, 306, 326
Konfigurationskraft, 121, 122, 155
–, -moment, 122
–, -spannungstensor, 119
Konzept der wesentlichen Brucharbeit, 201
Korrespondenzprinzip, 21
Kreisloch, 285, 297
Kriechbruch, 66, 205
Kriechen, 22, 205
Kriechfunktion, 20
–, -zeit, 213
–, -zone, 206, 218, 224
Kriterium der maximalen Umfangsspannung,
    134
Kriterium von Leguillon, 139
Kronecker-Symbol, 8
Kurzzeitbereich, 218

Lamé sche Konstanten, 16
Laplace-Transformation, 21
Lennard-Jones-Potential, 59
Linearer Standardkörper, 207
Logarithmische Singularität, 197
Lokalisierung, 70, 335, 343
Longitudinaler Schub, 34, 70, 156, 172, 229,
    234

Makroebene, 251, 312
–, -fließbedingung, 312
–, -fließfläche, 313
–, -fließspannung, 314
–, -spannung, 271, 272
–, -verzerrung, 271, 272
–, -verzerrung, plastische, 309
materielle Kraft, 122
Matrix, 255, 265, 266, 281, 333, 341
Matrixeigenschaften, effektive, 292

–, -spannung, mittlere, 274, 289, 320
–, -verzerrung, mittlere, 274
Maxwell-Körper, 215
McClintock-Modell, 338
Mehrprobenmethode, 187
Mesoskala, 59
Methode der Gewichtsfunktionen, 80, 90
Mikroebene, 251, 268, 312
–, -skala, 59
–, -struktur, 251, 268
Mischungsregel, 282
Misessche Fließbedingung, 25, 37, 52, 128,
    314, 315
–, Vergleichsspannung, 25, 320
Mittelung, 271
–, gewichtete, 310, 325, 348
Mixed mode, 132
Mohrsche Spannungskreise, 10, 33
Monte-Carlo-Simulation, 363
Mori-Tanaka-Modell, 289, 305, 322

Nachgiebigkeit, 110, 131, 212, 281
–, mittlere, 282
Nachgiebigkeitstensor, 15
–, effektiver, 277
Nahfeld, 73, 76, 78, 79, 127, 128, 134
–, -lösung, 125, 181
Netzabhängigkeit, 347
Nichtebener Spannungszustand, 34
nichtlinear elastisches Material, 18
Nichtlokal, 347
Normalenregel, 26
Normalflächiger Bruch, 54, 66
Normalspannung, 6
–, -verteilung, 355
Nortonsches Kriechgesetz, 22, 23, 215

Oberflächenenergie, 57, 111, 113
Oktaederspannungen, 9
Orthotropie, 16, 36, 151

Paris-Gesetz, 142
Peel-Test, 116
Penny-shaped Riss, 86, 232, 268, 287, 300
periodische Randbedingungen, 277, 322
Perkolation, 64, 293
Petroski-Achenbach-Ansatz, 92
Phasen, diskrete, 272
Phasenmittelwerte, 272
–, -winkel, 145, 148, 150
Piezoelektrika, 154
Piezoelektrischer Effekt, 154
Plastische Dehnung, 53
–, äquivalente, 54

Plastische Grenzlast, 176
–, Verzerrung, 26, 317
–, Zone, 103, 126, 128, 129, 142, 143, 164,
    173, 210
Plastischer Kollaps, 56, 166
Plastizität, 23
Poisson-Verteilung, 361
Poissonsche Konstante, 16
Polarisation, 154
Poren, 53, 251, 266, 293, 315, 331, 334
–, -wachstum, 175, 183, 205, 338, 340
Porosität, 315, 334, 340
Potential, elastisches, 18, 29
Potenzgesetz, 19, 28, 178
Prandtl-Feld, 174
Prandtl-Reuss-Gesetz, 27, 319
Prinzip der maximalen plastischen Arbeit, 26
–, der virtuellen Arbeit, 29
–, der virtuellen Komplementärarbeit, 31
–, der virtuellen Kräfte, 31
–, der virtuellen Verrückungen, 30, 117
–, vom Minimum des Gesamtpotentials, 31,
    298
–, vom Minimum des Komplementärpotentials,
    31, 301
–, vom Stationärwert des Gesamtpotentials, 30
–, vom Stationärwert des Komplementärpoten-
    tials, 31
Proportionalbelastung, 28, 54, 180, 192, 320
Prozesszone, 70, 79, 111, 118, 142, 210

R-Kurve, 130, 190
Ramberg-Osgood Gesetz, 177
Randelemente-Methode, 101
Rayleigh-Funktion, 229
–, -Wellen, 229
Referenzbelastung, 92
–, konfiguration, 91
–, verschiebung, 92
Regularisierung, nichtlokale, 347
Reißmodul, 193
Relaxationsfunktion, 20, 207
Repräsentatives Volumenelement, 269, 310
Reuss-Approximation, 281, 298
–, -Schranke, 298
Reynoldsches Transporttheorem, 199
Reziprozitätstheorem, 32
Rice, J., 163, 339
Rissablenkung, 137, 150
–, -ablenkungswinkel, 134
–, -arrest, 66, 227, 241, 243
–, -ausbreitung, 65
–, -ausbreitungskraft, 107, 108, 130, 157, 192
–, -bildung, 62, 106, 331, 343

–, -dichteparameter, 286, 334
–, -flanken, 69
–, -front, 69
–, -geschwindigkeit, 210, 222, 225, 235, 237, 241
–, -initiierung, 65, 130, 138, 186, 210, 219, 230
–, -oberflächen, 69
–, -öffnungsarten, 69
–, -öffnungswinkel, 195
–, -orientierung, 287
–, -schließen, 76, 137
–, -spitze, 69
–, -spitzenbeanspruchungsparameter, 123
–, -spitzenfeld, 70, 72, 76, 77, 99, 113, 137, 143, 146, 148, 152, 156, 172, 195, 206, 216, 220, 230, 234
–, -spitzenöffnung, 163, 164, 174, 184
–, -ufer, 69
–, -verzweigung, 242
Risswachstum, 108, 114, 135, 163, 165, 190, 210, 234
–, J–kontrolliertes, 190
–, schnelles, 241
–, stabiles, 129, 192
–, stationäres, 195, 245
Risswachstumsrate, 141, 210, 213
–, -wechselwirkung, 93, 294
Risswiderstand, 108, 190
–, geschwindigkeitsabhängiger, 241
Risswiderstandskraft, 108, 117
–, -kurve, 130, 190
Rundkerbe, 76

S-Kriterium, 49, 135
Satz von Betti, 31, 90
Satz von Clapeyron, 31, 106
Schädigung, 142, 281, 331
–, anisotrope, 334
–, duktile, 338
–, isotrope, 333
–, nichtlokale, 347
–, spröde, 335
Schädigungsmaß, 281, 332
–, -tensor, 334
–, -variable, 332, 334, 343
Scherband, 347
Scherflächiger Bruch, 55, 66
Scherlippen, 66
–, -riss, 137
Schranke, Hashin-Shtrikman, 302, 306
–, obere für Makrofließspannung, 314
–, Reuss, 298
–, Voigt, 298
Schraubenversetzung, 254

Schubmodul, 16
–, effektiver, 282, 284
Schubspannung, 6
–, maximale, 9
Schwingbruch, 66
Sekantenmodul, 320
–, effektiver, 320
Selbstenergie, 260
–, -konsistenz, 92, 95
–, -konsistenzmethode, 291
Separationsarbeit, spezifische, 170
Skalen, 252
Spaltriss, 62
Spannung, 5
–, effektive, 333
–, makroskopische, 271
Spannungs-Separations-Gesetz, 168
Spannungsintensitätsfaktor, 72, 74, 101
–, verallgemeinerter, 100
Spannungskonzentration, 98
–, -polarisation, 302
–, -tensor, 7
–, -vektor, 5
–, -zustand, 7
–, hydrostatischer, 9
Spezifische Bruchflächenenergie, 67
Spitzkerbe, 75
Sprödbruch, 66
Stabiles Risswachstum, 65, 129, 192
Stationäres Risswachstum, 195
Statistisch homogen, 269
Stufenversetzung, 40, 87, 254
Substrat, 160
Summationsvereinbarung, 6

T-Spannung, 74, 176
Tangentenmodul, plastischer, 27
–, -tensor, effektiver, 319
–, -tensor, elastisch-plastischer, 319
Tearing modulus, 193
Temperaturdehnung, 160
Tension cut-off, 51
Theoretische Festigkeit, 57
Thermische Dehnung, 17, 259, 325
Trägheitskräfte, 11, 227
Transformationsbeziehungen, 8
–, -verzerrung, 255
Transversale Isotropie, 17, 154, 288
Trennbruch, 66
Trescasche Fließbedingung, 25, 50, 164

Übertragungsfaktor, 94

van der Waals Kräfte, 59, 61

Verallgemeinerte Kraft, 108, 117, 122, 261
Verallgemeinerter Spannungsintensitätsfaktor,
   100
Verfestigung, 24, 314
Verfestigungsexponent, 178
Vergleichsdehnung, 19
–, einachsige, 19
–, plastische, 27, 320
Vergleichsmaterial, homogenes, 263, 302
Vergleichsspannung, 19, 25
Versagensfläche, 46
–, -grenzkurve, 167
–, -hypothesen, 45
–, -wahrscheinlichkeit, 362
Verschiebungssprung, 87, 268
–, -vektor, 12
Versetzungen, 59, 254
Versetzungsdichte, 88
Verwerfungen, 50
Verzerrung, 12
–, makroskopische, 271
–, makroskopische plastische, 309
–, plastische, 26
Verzerrungsgeschwindigkeit, 14
Verzerrungsgeschwindigkeitstensor, 14
Verzerrungstensor, 12
Verzweigung, 344
Viertelpunkt-Elemente, 102

Viskoelastizität, 20
Voigt-Approximation, 281, 298
–, -Schranke, 298
Volumenänderungsenergiedichte, 18
Volumenanteil, 272
Volumendehnung, 13
–, plastische, 340
Volumenmittelwert, 272

Wahrscheinlichkeitsdichte, 356
Wärmedehnungskoeffizient, 17, 160, 325
–, effektiver, 325
Wechselwirkungsenergie, 261
Weibull, 357
Weibull-Modul, 358
–, -Verteilung, 356
Wellengeschwindigkeiten, 228
–, -gleichung, 228
Wesentliche Brucharbeit, 201
Westergaardsche Funktion, 36
Wichtungsfunktion, 348

Yoffe, 238, 244

Zähbruch, 66
Zweiparameterkriterien, 141
Zwischengitteratom, 254, 262
zyklischer Spannungsintensitätsfaktor, 142

Printed in the United States
By Bookmasters